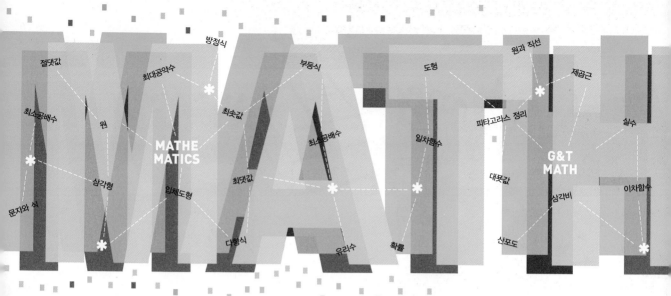

절댓값 방정식 부등식 도형 원과 직선 제곱근
최대공약수 최솟값 피타고라스 정리 실수
최소공배수 원 MATHE MATICS 최소공배수 일차함수 G&T MATH
문자와 식 삼각형 입체도형 최댓값 대푯값 삼각비 이차함수
다항식 유리수 확률 산포도

충학생을 위한

新 **영재수학**의

지름길 2^{단계} **─상**

중국 사천대학교 지음

KB149249

G&T MATH

'지앤티'는 영재를 뜻하는 미국·영국식
약어로 Gifted and talented의 줄임말로 '축복
받은 재능' 이라는 뜻을 담고 있습니다.

씨실과 날실

씨실과 날실은 도서출판 세화의 자매브랜드입니다.

新 영재수학의 지름길(중학G&T)과 함께
꿈의 날개를 활짝 펼쳐보세요.

新 영재수학의 지름길

중학 2 단계 상

■ 이 책을 감수하신 선생님들

　이주형 선생님　e-mail : moldlee@dreamwiz.com

　이성우 선생님　e-mail : superamie@naver.com

　조현득 선생님　e-mail : gegura12@naver.com

　김 준 선생님　e-mail : matholic_kje@naver.com

　문지현 선생님　e-mail : yubkidrug@hanmail.net

　정한철 선생님　e-mail : jdteacher@daum.net

　현해균 선생님　e-mail : suhaksesang@hanmail.net

* 이 책의 내용에 관하여 궁금한 점이나 상담을 원하시는 독자 여러분께서는 www.sehwapub.co.kr의 게시판에 글을
　남겨주시거나 전화로 연락을 주시면 적절한 확인 절차를 거쳐서 상세 설명을 받으실수 있습니다.

본 도서는 중국 사천대학교의 도서를 공식 라이선스한 책으로 원서 내용 중 우리나라 교육과정과 정서에 맞지 않는 부분은 수정, 보완 편집하였습니다.

중학 사고력 新 영재수학의 지름길 2단계-상 | 중학 G&T 2-1

원저 중국사천대학교　이 책을 감수하신 선생님들 이주형, 이성우, 조현득, 김준, 문지현, 정한철　이 책에 도움을 주신 분들 정호영, 김강식, 한승우 선생님

펴낸이 박정석　펴낸곳 (주)씨실과 날실　발행일 3판 1쇄　2020년 1월 30일　등록번호 (등록번호: 2007.6.15 제302-2007-000035)
주소 경기도 파주시 회동길 325-22(서패동 469-2) 1층　전화 (02)523-3143-4　팩스 (02)597-6627
표지디자인/제작 dmisen*　삽화 부창조　인쇄 (주)대우인쇄　종이 (주)신승제지

판매대행 도서출판 세화　주소 경기도 파주시 회동길 325-22(서패동 469-2)
전화 (031)955-9332-3　구입문의 (02)719-3142, (031)955-9332 팩스 (02)719-3146　홈페이지 www.sehwapub.co.kr
정가 25,000원　ISBN 978-89-93456-40-0　53410

*독자여러분의 의견을 기다립니다. 잘못된 책은 바꾸어드립니다.

머리말

新 영재 수학의 지름길(중학 G&T) 중학편 감수 및 편집을 마치며

본 도서는 국내 많은 선생님과 학생들의 사랑을 받아온 '올림피아드 수학의 지름길 중급편'의 최신 개정판 교재로 내신 심화와 영재고 및 경시대회 준비 학생 교육용 교재입니다.

'올림피아드 수학의 지름길'은 중국사천대학교의 영재교육용 교재로 이미 탁월한 효과를 입증한 바 있습니다. 이 시리즈 또한 최신 영재유형 문제와 상세한 풀이를 수록하였기 때문에 더욱더 우수한 학습효과를 얻을 수 있을것입니다. 영재교육 프로그램에 참여하지 않는 일반 학생들에게도 내신심화와 연결된 좋은 참고서가 될것이며 혼자서도 익혀갈 수 있도록 잘 꾸며져 있습니다. 또한 특수분야를 제외한 나머지 대부분의 내용은 정규과정의 학습에도 많은 도움을 주도록 잘 가꾸어진 내용들로 꾸며져 있습니다. 그리고 영재교육을 담당하는 교사들에게도 좋은 교재와 참고자료가 되리라고 생각합니다.

원서 내용 중 우리나라 교육과정에 맞게 장별 순서와 목차를 바꾸었으며 정서에 맞지 않는 부분과 문제 및 강의를 수정, 보완 편집하였고 각 단계 상하에 모의고사 2회분을 추가하였습니다.

무엇보다도 영재수학학습은 지도하시는 선생님들과 공부하는 학생들의 포기하지 않는 인내와 끈기 그리고 반드시 해내겠다는 집념과 노력이 가장 중요합니다.

우리나라의 우수한 학생들이 축복받은 재능의 날개를 활짝 펴고 세계적인 인재로 성장할 수 있도록 수학 능력 개발에 조금이나마 도움이 되길 바라며 이 책을 출판하기까지 많은 질책과 격려를 아끼지 않았던 독자님들과 많은 도움을 주신 여러 학원 종사자 및 학부모, 선생님들께 무한한 감사를 드리며 도와주신 중국 사천대학 및 세화출판사 임직원 여러분께 감사드립니다.

감수자 및 (주) 씨실과 날실 편집부 일동

이 책의 구성과 활용법

이 책은 중학교 내신심화와 경시 및 영재교육 과정에서 다루는 수학 과정을 체계적으로 나열하고 있으며 주제들의 구성과 전개에 있어 몇가지 특징을 두어 엮었습니다. 특히 영재수학에서 다루는 기본개념을 중심으로 자세한 설명을 하였습니다.

이 책으로 공부하는 학생들은 이 기본개념과 문제의 풀이과정을 충분히 이해함으로써 어떠한 유형의 문제라도 해결할 수 있는 단단한 능력을 갖추게 될 것입니다.

기본개념의 숙지와 응용문제 해결 능력을 키우기 위하여 각 장별로 다음과 같이 구성하였습니다.

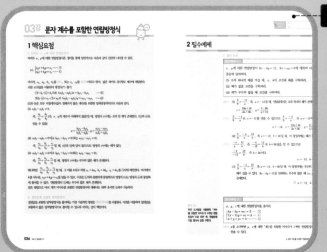

1 필수예제문제

■ 핵심요점과 필수예제

각 강의에서 꼭 알아야 하는 핵심요점을 설명하고 이와 관련된 필수예제를 실어 기본개념을 확고히 인식할 수 있도록 하였습니다.

1. 각 강의별로 핵심이론 설명 후 강의에 따른 필수예제를 구성하였습니다.
2. 예제풀이 과정을 상세히 기술하여 문제에 대한 적응력 및 집중도를 높이도록 하였습니다.

2 참고 및 분석

■ 참고 및 분석

예제문제 풀이시 난이도가 높은 문제는 참고할 수 있는 팁(TIP)을 구성하여 유형연습에 도움이 되도록 하였습니다.

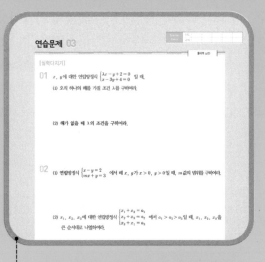

3 연습문제

■ 연습문제

앞에서 학습한 내용을 확인하는 문제를 실력다지기 문제, 실력향상 문제, 응용 문제 3단계로 분류하여 개념을 확인하고 고급 문제를 대비할 수 있도록 하였습니다.

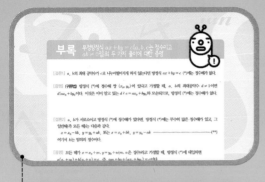

4 부록문제

■ 부록문제

강의별 부록으로 심화이론 설명 및 단원별 Test 문제를 수록
하여 앞에서 배웠던 단원의 핵심을 꿰뚫어 보고 부족한 부분
은 다시 학습할 수 있는 기회를 제공합니다.

5 G&T학습법

■ G&T학습법

쉬어가는 페이지에 부록으로 효과적인 공부법과 두뇌개발에
좋은 내용들에 관한 G&T학습법을 실었습니다.

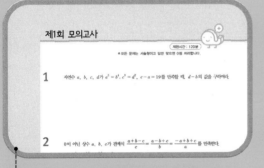

6 영재모의고사

■ 영재모의고사

모의고사 2회 분(각 20문제)을 수록하여 단계별로 학습한 강의
에 대한 최종점검 및 실전 연습을 갖도록 하였습니다.

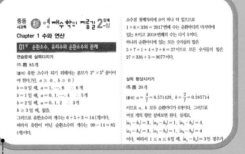

7 연습문제 정답과 풀이

■ 연습문제 정답과 풀이

책속의 책으로 연습문제 정답과 풀이를 분권으로 분리하여
강의 및 학습배양에 편의를 기하도록 하였습니다.
문제의 이해력을 높일수 있도록 하였습니다.

이 책의 활용법

기본 개념을 충분히 숙지해야 합니다. 창의적 사고력은 기본개념에 대한 지식 없이 길러질 수 없습니다. 각 강의
의 핵심요점 설명을 정독하여야 합니다. 만약 필수예제를 풀 수 없는 학생이 있다면, 핵심요점에 나와 있는 개념
설명을 자신이 얼마나 소화했는가를 판단해 보고 다시 한번 정독하여 기본개념을 충분히 숙지하도록 해야 할 것
입니다.

종합적인 사고를 할 수 있어야 합니다. 기본 개념을 숙지한 후에는 수학 과목 상호간의 다른 개념들과의 연관성을
항상 염두에 두고 있어야 합니다. 하나의 문제는 여러가지 기본 개념들을 종합적으로 활용할 때 풀릴수 있는 경우
가 많기 때문입니다. 필수예제문제와 연습문제는 이를 확인하기 위해 설정된 코너입니다.

Contents

新 영재수학의 지름길 **2단계—상**

중학 G&T 2-1

Part I 수와 연산

Part II 문자와 식

영재수학의 新 지름길 2단계 상

Gifted and Talented
in mathemathics

위대한 성취는 부지런한 노동과 정비례된다. 즉 일한것만큼 수확이 있게 되고 그 수확이 하나하나 쌓여 기적을 창조하게 된다. 〈로신〉

Part I 수와 연산

01강 순환소수, 유리수와 순환관계

1 핵심요점

1. 유리수의 소수 표현

(1) 유리수의 뜻 : a, b가 정수이고, $b \neq 0$일 때, 분수 $\dfrac{a}{b}$의 꼴로 나타내어지는 수

(2) 유한소수와 무한소수

　① 유한소수 : 소수점 아래의 0이 아닌 숫자가 유한개인 소수

　② 무한소수 : 소수점 아래의 0이 아닌 숫자가 무한개인 소수

(3) 유한소수로 나타내어지는 분수

　정수가 아닌 유리수를 기약분수로 나타내었을 때, 분모의 소인수가

　① 2 또는 5뿐이면 그 분수는 유한소수로 나타낼 수 있다.

　② 2 또는 5이외의 소인수가 있으면 그 분수는 유한소수로 나타낼 수 없다.

2 필수예제

필수예제 1

분수 $\dfrac{39}{2^3 \times 3 \times 5^2 \times x}$를 소수로 나타내면 순환소수가 된다고 할 때, x가 될 수 있는 가장 작은 두 자리의 자연수와 가장 큰 두 자리 수의 합을 구하여라.

[풀이] $\dfrac{39}{2^3 \times 3 \times 5^2 \times x} = \dfrac{13}{2^3 \times 5^2 \times x}$에서 x는 소인수 2와 5로만 이루어진 수가 아니면 된다.

그러므로 가장 작은 두 자리 수는 11이고, 가장 큰 두 자리 수는 99이다.

따라서 구하는 합은 110이다.

답 110

필수예제 2

두 자연수 a, b가 10보다 크고 30보다 작으며, $\dfrac{9}{70} \times \dfrac{b}{a}$가 유한소수가 될 때, 기약분수 $\dfrac{b}{a}$를 모두 구하여라.

[풀이] 주어진 조건을 만족하는 $\dfrac{b}{a}$를 구하면

$\dfrac{14}{15}$, $\dfrac{14}{25}$, $\dfrac{21}{16}$, $\dfrac{21}{20}$, $\dfrac{21}{25}$, $\dfrac{28}{15}$, $\dfrac{28}{25}$ 이다.

답 풀이참조

> **필수예제 3**
>
> 양의 정수 A, B에 대하여 $10 < A < 15$일 때, 분수 $\dfrac{B}{2 \times 3 \times A}$를 소수로 나타내면 유한소수가 된다고 한다. B가 될 수 있는 가장 작은 두 자리의 자연수를 구하여라.

[풀이] $\dfrac{B}{2 \times 3 \times A}$에서 $10 < A < 15$이므로

(i) A $= 11$이면 $\dfrac{B}{2 \times 3 \times 11}$일 때, 유한소수가 되려면 B $= 33$이다.

(ii) A $= 12$이면 $\dfrac{B}{2 \times 3 \times 2^2 \times 3} = \dfrac{B}{2^3 \times 3^2}$일 때, B는 9의 배수이다.

　　두 자리 수 중 가장 작은 수는 B $= 18$이다.

(iii) A $= 13$이면 $\dfrac{B}{2 \times 3 \times 13}$일 때, 유한소수가 되려면 B $= 39$이다.

(iv) A $= 14$이면 $\dfrac{B}{2^2 \times 3 \times 7}$일 때, 유한소수가 되려면 B $= 21$이다.

따라서 B의 값 중 가장 작은 두 자리 자연수는 18이다. 　📒 18

2. 유리수와 순환소수

(1) 순환소수

　소수점 아래의 어떤 자리에서부터 일정한 숫자의 배열이 끝없이 되풀이되는 무한소수

　① 순환마디 : 순환소수에서 일정하게 되풀이되는 한 부분

　② 순환소수의 표현 방법 : 순환마디의 양 끝의 숫자 위에 점을 찍어 간단히 나타낸다.

(2) 순환소수의 분수 표현 : 순환소수에 적당한 10의 거듭제곱을 곱하면 두 수의 차를 정수로 만들 수 있다. 이 사실을 이용하면 모든 순환소수를 분수로 나타낼 수 있다.

　① $x = a.\dot{b}$ $\Rightarrow 10x - x$

　② $x = a.\dot{b}\dot{c}$ $\Rightarrow 100x - x$

　③ $x = a.\dot{b}c\dot{d}$ $\Rightarrow 1000x - x$

　④ $x = a.b\dot{c}\dot{d}$ $\Rightarrow 1000x - 10x$

(3) 유리수와 순환소수

　① 모든 순환소수는 분수로 나타낼 수 있으므로 유리수이다.

　② 0이 아닌 모든 유리수는 순환소수로 나타낼 수 있다.

(4) 순환소수의 대소 관계

　① 순환소수의 순환마디가 반복되도록 풀어서 쓴 다음 각 자리의 수를 비교한다.

　② 순환소수를 분수로 고쳐서 비교한다.

(5) 순환소수의 사칙계산 : 순환소수를 분수로 바꾸어 계산한다.

$\dfrac{2}{35}$ 를 소수로 표현할 때 소수점 아래 2014번째 자리의 수를 구하여라.

[풀이] $\dfrac{2}{35} = 0.05\dot{7}142\dot{8}$ 이므로 소수점 아래 2014번째 자리의 수는 1이다.

答 1

분수 $\dfrac{27}{110}$ 을 소수로 나타낼 때, 소수점 아래 n번째 자리의 숫자를 $f(n)$ 이라고 할 때, 다음 값을 구하여라.

$$f(1) \times f(2) \times f(3) \times f(4) \times \cdots \times f(49) \times f(50)$$

[풀이] $\dfrac{27}{110}$ 을 순환소수로 고치면 $0.2\dot{4}\dot{5}$ 이다.

그러므로 $f(1) = 2$, $f(2) = 4$, $f(3) = 5$, $f(4) = 4$, $f(5) = 5$, $\cdots$, $f(50) = 4$이다.

따라서 $f(1) \times f(2) \times f(3) \times f(4) \times \cdots \times f(49) \times f(50) = 2^{51} \times 5^{24}$이다.

答 $2^{51} \times 5^{24}$

순환소수 $0.\dot{a}\dot{b}$ 와 분수 $\dfrac{8}{3}$ 의 곱은 순환소수 $0.\dot{b}\dot{a}$ 이고 두 순환소수 $0.\dot{a}\dot{b}$ 와 $0.\dot{b}\dot{a}$ 의 합은 1이다. 이때, a와 b를 구하여라.

[풀이] $\begin{cases} \dfrac{10a+b}{99} \times \dfrac{8}{3} = \dfrac{10b+a}{99} & \cdots \text{①} \\ \dfrac{10a+b}{99} + \dfrac{10b+a}{99} = 1 & \cdots \text{②} \end{cases}$ 라고 하자.

①의 양변에 99×3을 곱하면, $80a + 8b = 30b + 3a$이므로 $77a = 22b$ 즉, $7a = 2b$ $\cdots$ ③다.

②의 양변에 99를 곱하면, $10a + b + 10b + a = 99$이므로 $a + b = 9$ $\cdots$ ④다.

③과 ④를 풀면 $a = 2$, $b = 7$이다.

答 $a = 2$, $b = 7$

[실력다지기]

01 분수 $\dfrac{1}{2}$, $\dfrac{1}{3}$, $\cdots$, $\dfrac{1}{100}$ 중에서, 유한소수가 아닌 순환소수가 되는 것은 모두 몇 개인지 구하여라.

02 진분수 $\dfrac{a}{420}$ 가 유한소수로 나타내어지는 자연수 a는 모두 몇 개인지 구하여라.

03 자연수 a에 대하여 $\dfrac{3 \times a}{126}$ 를 소수로 나타내면 1보다 작은 유한소수가 된다. 이때, a의 값을 구하여라.

04 분수 $\dfrac{2}{35}$를 소수로 나타낼 때, 소수점 아래 2018번째 자리까지 나타나는 모든 수의 합을 구하여라.

[실력 향상시키기]

05 두 수 $a = \dfrac{4}{7}$와 $b = \dfrac{2}{7}$의 소수점 아래 n번 째 자리의 숫자를 각각 a_n, b_n이라 한다.
$1 \leq n \leq 60$일 때, $|a_n - b_n| = 3$을 만족하는 n의 개수를 구하여라.

06 어떤 기약분수를 순환소수로 고치는 문제를 푸는데 승우는 분모를 잘못 보아서 답이
$0.21\dot{8}$이 되었고, 원준이는 분자를 잘못 보아서 답이 $0.\dot{5}\dot{9}$가 되었다. 원래 주어진
기약분수를 구하여라.

07 $250 \leq A \leq 500$이다. $\dfrac{A}{56}$와 $\dfrac{A}{45}$가 모두 유한소수로 나타내어질 때, A가 될 수 있는 자연수를 모두 구하여라.

08 분수 $\dfrac{11}{7}$을 소수로 나타낼 때, 소수점 아래 n번째 자리의 숫자를 $f(n)$이라고 하자. 이때, $f(2012)+f(2013)+f(2014)+f(2015)+f(2016)+f(2017)$를 구하여라.

09 양의 유리수 $\dfrac{2a}{735}$ 와 $\dfrac{a^2}{675}$ 이 모두 유한소수가 되는 가장 작은 자연수 a 를 구하여라.

Part II 문자와 식

02강 식의 계산

1 핵심요점

1. 지수의 연산법칙

① $a^m \cdot a^n = a^{m+n}$, ② $(a^m)^n = a^{mn}$, ③ $(a \cdot b)^m = a^m \cdot b^m$, ④ $a^m \div a^n = a^{m-n}(a \neq 0)$

⑤ $a^0 = 1(a \neq 0)$, ⑥ $a^{-n} = \dfrac{1}{a^n}(a \neq 0,\ n$은 양의 정수)

2. 식의 곱셈과 나눗셈

(1) 단항식 연산
  ① 계수연산
  ② 문자의 지수연산
  ③ 문자 순으로 연산
(2) 다항식 연산
  ① 분배법칙으로 식을 전개
  ② 동류항 연산
(3) 두 개의 다항식을 서로 나누는 간단한 방법

3. 자주 이용하는 기본공식

① $(a+b)(a-b) = a^2 - b^2$
② $(a \pm b)^2 = a^2 \pm 2ab + b^2$
③ $(a \pm b)^3 = a^3 \pm 3a^2b + 3ab^2 \pm b^3$
④ $(a+b+c)^2 = a^2 + b^2 + c^2 + 2ab + 2bc + 2ca$

2 필수예제

1. 지수의 연산법칙 응용

필수예제 1·1

아래의 연산 중에서 옳은 것은?

① $a^2 \cdot a^3 = a^5$ ② $(a^2)^3 = a^5$

③ $a^6 \div a^2 = a^3$ ④ $a^5 + a^5 = 2 \cdot a^{10}$

[풀이] $(a^2)^3 = a^{2 \times 3} = a^6$, $a^6 \div a^2 = a^{6-2} = a^4$,

$a^5 + a^5 = 2a^5$이기 때문에 ②, ③, ④은 모두 성립되지 않는다.

그러므로 답은 ①이다.

답 ①

제02강

필수예제 1·2

아래의 식들의 계산 중 옳은 것은?

① $(a^5)^2 = a^7$

② $2x^{-2} = \dfrac{1}{2x^2}$

③ $4a^3 \cdot 2a^2 = 8a^6$

④ $a^8 \div a^2 = a^6$

[풀이] $(a^5)^2 = a^{5\times 2} = a^{10}$, $2x^{-2} = \dfrac{2}{x^2}$, $4a^3 \cdot 2a^2 = 8a^{3+2} = 8a^5$

그러므로 ①, ②, ③은 모두 성립되지 않고 ④은 성립된다.
그러므로 답은 ④이다.

답 ④

필수예제 1·3

3^{50}, 4^{40}, 5^{30}의 크기 관계를 바르게 나타낸 것은?

① $3^{50} < 4^{40} < 5^{30}$

② $5^{30} < 3^{50} < 4^{40}$

③ $5^{30} < 4^{40} < 3^{50}$

④ $4^{40} < 5^{30} < 3^{50}$

[풀이] $3^{50} = (3^5)^{10} = 243^{10}$, $4^{40} = (4^4)^{10} = 256^{10}$,

$5^{30} = (5^3)^{10} = 125^{10}$이다. $125 < 243 < 256$ 이므로

$125^{10} < 243^{10} < 256^{10}$이고 즉, $5^{30} < 3^{50} < 4^{40}$이다.

그러므로 답은 ②이다.

답 ②

분석 tip

지수의 정의에 근거하여 $a^b = 1$ (a, b는 정수)가 되게 하려면
① $a \neq 0$, $b = 0$,
② $a = 1$; b는 임의의 정수
③ $a = -1$; b는 0이 아닌 짝수일 때이다. 그렇기 때문에 3가지 상황으로 나누어 정수 n의 개수를 구하여야 한다.

필수예제 2

$(n^2 - n - 1)^{n+2} = 1$을 만족하는 정수 n은 몇 개인지 구하여라.

[풀이] (i) $n^2 - n - 1 \neq 0$, $n + 2 = 0$일 때, $n = -2$이다.

(ii) $n^2 - n - 1 = 1$일 때 $n(n-1) = 2$, $2 = 2 \times 1$이나 $(-1) \times (-2)$이므로

$n(n-1) = 2 \times 1$이면 $n = 2$이고,

$n(n-1) = (-1) \times (-2)$일 때, $n = -1$이다.

(주의 : 만약 이차방정식을 배웠다면 식 $n^2 - n - 1 = 1$을 계산하여
두 개의 근 $n = 2$ 또는 -1을 얻을 수 있다.)

(iii) $n^2 - n - 1 = -1$이고 $n + 2$가 0이 아닌 짝수일 때,

$n(n-1) = 0$, $n + 2$가 짝수이므로 $n \neq 1$이다. 즉, $n = 0$뿐이다.

그러므로 $n = -2$, 2, -1, 0이 네 개의 수일 때, $(n^2 - n - 1)^{n+2} = 1$이다.
따라서 답은 4개다.

답 4개

2. 식의 곱셈, 나눗셈의 간단한 유형의 예

필수예제 3

다음 식을 간단히 나타내어라.

(1) $(3x - 2y)(2x - y + 1)$

(2) $(\dfrac{2}{3}a^4b^7 - \dfrac{1}{9}a^2b^6) \div (-\dfrac{1}{3}ab^3)^2$

[풀이] (1) 다항식 곱의 기본방법에 의하면

$$원식 = 3x \cdot 2x - 3x \cdot y + 3x \cdot 1 - 2y \cdot 2x + 2y \cdot y - 2y \cdot 1$$
$$= 6x^2 - 3xy + 3x - 4xy + 2y^2 - 2y$$
$$= 6x^2 - 7xy + 3x + 2y^2 - 2y$$

📋 $6x^2 - 7xy + 3x + 2y^2 - 2y$

(2) 다항식을 단항식으로 나누는 기본방법에 의하면

$$원식 = (\dfrac{2}{3}a^4b^7 - \dfrac{1}{9}a^2b^6) \div (\dfrac{1}{9}a^2b^6)$$
$$= (\dfrac{2}{3} \div \dfrac{1}{9})a^{4-2}b^{7-6} - (\dfrac{1}{9}a^2b^6) \div (\dfrac{1}{9}a^2b^6)$$
$$= 6a^2b - 1$$

📋 $6a^2b - 1$

3. 곱셈공식의 응용

① 기본 공식을 식의 곱셈에 자연스럽게 활용한다.

② 이미 알고 있는 조건을 통해 값을 구하는 문제에 공식을 자연스럽게 활용한다.

필수예제 4

다음 식을 간단히 나타내어라.

(1) $(2x + y)(2x - y) + (x + y)^2 - 2(2x^2 - xy)$

(2) $\{(x - y)^2 + (x + y)(x - y)\} \div 2x \quad (x = 3, \ y = 1.5)$

[풀이] (1) $원식 = 4x^2 - y^2 + x^2 + 2xy + y^2 - 4x^2 + 2xy = x^2 + 4xy$

📋 $x^2 + 4xy$

(2) $원식 = (x^2 - 2xy + y^2 + x^2 - y^2) \div 2x = (2x^2 - 2xy) \div 2x = x - y$

그러므로 $x = 3$, $y = 1.5$일 때, 원식 $= 3 - 1.5 = 1.5$이다.

📋 1.5

Teacher Check | 진도 | | | |
| 과제 | | | |

제02강

필수예제 5

$a = 2018x + 2019$, $b = 2018x + 2020$, $c = 2018x + 2021$일 때, 다항식 $a^2 + b^2 + c^2 - ab - bc - ca$의 값을 구하여라.

[풀이] 이미 알고 있는 3개의 등식에서 알 수 있는 것은

$a - b = -1$, $b - c = -1$, $c - a = 2$이다.

이것들은 제곱하면

$a^2 - 2ab + b^2 = 1$, $b^2 - 2bc + c^2 = 1$, $c^2 - 2ca + a^2 = 4$이다.

위의 세 식을 서로 더하면 $2(a^2 + b^2 + c^2 - ab - bc - ca) = 6$이다.

그러므로 $a^2 + b^2 + c^2 - ab - bc - ca = 3$이다.

[평가] 만약 인수분해를 배웠다면 이런 방법으로 해를 구할 수도 있다.

$$원식 = \frac{1}{2}\{(a^2 - 2ab + b^2) + (b^2 - 2bc + c^2) + (c^2 - 2ca + a^2)\}$$

$$= \frac{1}{2}\{(a-b)^2 + (b-c)^2 + (c-a)^2\}$$

$$= \frac{1}{2}\{(-1)^2 + (-1)^2 + 2^2\} = \frac{1}{2} \times 6 = 3$$

답 3

필수예제 6

$x^2 + 3x - 1 = 0$일 때, $x^3 + 5x^2 + 5x + 18$의 값을 구하여라.

[풀이] 조건에서 알 수 있는 것은 $x^2 + 3x = 1$이다.

양변에 x와 2를 각각 곱하면 $x^3 + 3x^2 = x$, $2x^2 + 6x = 2$이다.

두 식을 더하면 $x^3 + 3x^2 + 2x^2 + 6x = x + 2$이다. 즉, $x^3 + 5x^2 + 5x = 2$

그러므로 $x^3 + 5x^2 + 5x + 18 = 2 + 18 = 20$이다.

[평가] 인수분해를 배웠다면 항을 나누는 방법으로 식을 전체로 대입하여 해를 구한다.

$$원식 = x^3 + 3x^2 - x + 2x^2 + 6x - 2 + 20$$

$$= x(x^2 + 3x - 1) + 2(x^2 + 3x - 1) + 20$$

$$= 0 + 0 + 20 = 20$$

여기서는 $5x^2$을 $3x^2 + 2x^2$로 나누고 $5x$는 $-x + 6x$로 나누고 18은 $-2 + 20$으로 나눈다. 이는 $x^2 + 3x - 1$이 0과 같다는 것을 이용하기 위해서이다.

답 20

4. 기타

a_1, a_2, $\cdots$, a_{2020}는 양수일 때, M과 N 사이의 대소관계를 비교하여라.

$$M = (a_1 + a_2 + \cdots + a_{2019})(a_2 + a_3 + \cdots + a_{2019} - a_{2020})$$

$$N = (a_1 + a_2 + \cdots + a_{2019} - a_{2020})(a_2 + a_3 + \cdots + a_{2019})$$

분석 tip

M, N의 항수는 비교적 많지만 그들의 같은 부분이 있다. 그러므로 같은 부분을 한 부분으로 생각하여(즉, 다른 문자로 치환한다.) 연산을 진행한다. 이러면 간단하게 문제를 풀 수 있다.

[풀이] $x = a_2 + a_3 + \cdots + a_{2019}$라고 한다면

$$M = (a_1 + x)(x - a_{2020}) = x^2 + a_1 x - a_{2020} x - a_1 a_{2020},$$

$$N = (a_1 + x - a_{2020})x = x^2 + a_1 x - a_{2020} x \text{이다.}$$

즉, $M - N = -a_1 a_{2020} < 0$($a_1$, a_{2020}은 양수이기 때문이다.)

그러므로 $M < N$이다.

$\boxed{\exists}$ $M < N$

[실력다지기]

01 다음 물음에 답하여라.

(1) 계산 결과가 옳은 것은?

① $a^4 \times a^3 = a^7$

② $a^6 \div a^3 = a^2$

③ $(a^3)^2 = a^5$

④ $a^3 - b^3 = (a \times b)^3$

(2) 계산 결과가 옳은 것은?

① $a^3 \times a^4 = a^{12}$

② $a^{10} \div a^2 = a^5$

③ $a^2 + a^3 = a^5$

④ $4a - a = 3a$

(3) 계산 결과가 옳은 것은?

① $2^2 \times 2^0 = 2^3 = 8$

② $(2^3)^2 = 2^5 = 32$

③ $(-2)^3 = -2^3 = -8$

④ $2^3 \div 2^3 = 2$

02 다음 식을 계산하여라.

(1) $(0.04)^{2019} \times \left\{ (-5)^{2019} \right\}^2$

(2) $\left(\dfrac{25}{9} \right)^{-2019} \times \left\{ \left(1\dfrac{2}{3} \right)^{2020} \right\}^2$

03 다음 물음에 답하여라.

(1) $(x-y)(-y-x)$를 전개한 것은?

① $-x^2-y^2$ ② $-x^2+y^2$

③ x^2-y^2 ④ x^2+y^2

(2) $x+y=1$일 때, $\dfrac{1}{2}x^2+xy+\dfrac{1}{2}y^2$의 값을 구하여라.

(3) 다음 중 옳지 <u>않은</u> 것은?

① $(a+b)^2=a^2+2ab+b^2$ ② $(b-a)^2=a^2-2ab+b^2$

③ $(a+b)(a-b)=a^2-b^2$ ④ $(a-b)^2=a^2-b^2$

04 p가 두 자리 양의 정수일 때, 다음 중 성립될 수 있는 등식을 고르면?

① $(x-38)(x-54)=x^2+px+2052$

② $(x-18)(x-114)=x^2+px+2052$

③ $(x+18)(x+114)=x^2+px+2052$

④ $(x+38)(x+54)=x^2+px+2052$

05 $a = 2019$, $b = 1$일 때, $a^2 + 2b^2 + 3ab$의 값을 구하여라.

[실력 향상시키기]

06 $x^2 - x - 1 = 0$일 때, $-x^3 + 2x^2 + 2020$의 값을 구하여라.

07 $x^2 + y^2 = 25$, $x + y = 7$, $x > y$일 때, $x - y$의 값을 구하여라.

08 $a-b=5$, $c-b=10$일 때, $a^2+b^2+c^2-ab-bc-ca$의 값을 구하여라.

09 $x=123456789 \times 123456786$, $y=123456788 \times 123456787$일 때, x와 y의 대소 관계를 비교하여라.

[응용하기]

10 $a^4 + b^4 + (a+b)^4 = 2(a^2 + ab + b^2)^2$가 성립함을 증명하여라.

11 $x + y = m + n$, $x^2 + y^2 = m^2 + n^2$일 때, $x^{2020} + y^{2020} = m^{2020} + n^{2020}$임을 증명하여라.

03강 문자 계수를 포함한 연립방정식

1 핵심요점

1. 미지수 x, y에 대한 연립방정식

미지수 x, y에 대한 연립방정식은 정리를 통해 일반적으로 다음과 같이 간단히 나타낼 수 있다.

$$(*) \begin{cases} a_1 x + b_1 y = c_1 & \cdots\cdots \text{①} \\ a_2 x + b_2 y = c_2 & \cdots\cdots \text{②} \end{cases}$$

여기서, a_1, a_2, b_1, b_2를 **계수**, 또는 c_1, c_2를 **상수항**이라고 한다. 넓은 의미로 상수항도 계수에 해당한다.

가감 소거법을 이용하여 방정식(*) 풀기

①$\times b_2$ - ②$\times b_1$으로 $(a_1 b_2 - a_2 b_1) x = b_2 c_1 - b_1 c_2$ $\quad\cdots\cdots$③

또는 ②$\times a_1$ - ①$\times a_2$로 $(a_1 b_2 - a_2 b_1) y = a_1 c_2 - a_2 c_1$ $\quad\cdots\cdots$④

③과 ④은 모두 미정계수(값이 정해지지 않은 계수)를 포함한 일차방정식이므로 다음과 같다.

(1) $a_1 b_2 - a_2 b_1 \neq 0$.

즉, $\dfrac{a_1}{a_2} \neq \dfrac{b_1}{b_2}$(즉, x, y의 계수가 비례하지 않음)일 때, 방정식 (*)에는 오직 한 해가 존재한다. (③과 ④로 얻을 수 있음)

$$x = \frac{b_2 c_1 - b_1 c_2}{a_1 b_2 - a_2 b_1}, \, y = \frac{a_1 c_2 - a_2 c_1}{a_1 b_2 - a_2 b_1}$$

(2) $a_1 b_2 - a_2 b_1 = 0$이고 $b_2 c_1 - b_1 c_2 \neq 0$(또는 $a_1 c_2 - a_2 c_1 \neq 0$).

즉, $\dfrac{a_1}{a_2} = \dfrac{b_1}{b_2} \neq \dfrac{c_1}{c_2}$일 때, (③과 ④에 답이 없으므로) 방정식 (*)에는 해가 없다.

(3) $a_1 b_2 - a_2 b_1 = 0$이고 $b_2 c_1 - b_1 c_2 = 0$(또는 $a_1 c_2 - a_2 c_1 = 0$).

즉, $\dfrac{a_1}{a_2} = \dfrac{b_1}{b_2} = \dfrac{c_1}{c_2}$일 때, 방정식 (*)에는 무수히 많은 해가 존재한다.

왜냐하면 $\dfrac{a_1}{a_2} = \dfrac{b_1}{b_2} = \dfrac{c_1}{c_2}$일 때, 그 비를 k라고 하면 $a_1 = k a_2$, $b_1 = k b_2$, $c_1 = k c_2$를 ①식에 대입한다. 여기에서 k를 나누면, $a_2 x + b_2 y = c_2$를 얻을 수 있고, 이것은 ②식과 완전하게 동일하므로 방정식 (*)는 방정식 ②과 동일하게 풀이할 수 있다. 연립방정식 ②에는 무수히 많은 해가 존재한다.

같은 방법으로 여러 개의 미지수를 포함한 연립방정식에 대해서도 위와 유사한 논의가 가능하다.

2. 절댓값을 포함한 일차방정식

절댓값을 포함한 일차방정식을 풀이하는 가장 기본적인 방법은 **영점 분리법**을 이용한다. 이것을 이용하여 절댓값을 포함하지 않은 일차방정식으로 풀이할 수 있도록 바꾸는 것이 핵심이다.

2 필수예제

1. 풀이 논의

필수예제 1

x, y에 대한 연립방정식 $3x - 4y = 12$, $9x + ay = b$에 대하여 다음 물음에 답하여라.

(1) 오직 하나의 해를 가질 때, a, b의 조건과 해를 구하여라.

(2) 해가 없을 조건을 구하여라.

(3) 해가 무수히 많을 때 조건을 구하여라.

[풀이] (1) $\dfrac{3}{9} \neq \dfrac{-4}{a}$, 즉, $a \neq -12$일 때, 연립방정식은 오직 하나의 해가 존재한다.

$$x = \frac{12a + 4b}{3a + 36}, \quad y = \frac{b - 36}{a + 12}$$

[주의] $\dfrac{3}{9} = \dfrac{-4}{a}$로 $a = -12$를 얻을 수 있으므로 $\dfrac{3}{9} \neq \dfrac{-4}{a}$, 즉 $a \neq -12$이다.

$$\boxed{=}\ a \neq -12,\ x = \frac{12a + 4b}{3a + 36},\ y = \frac{b - 36}{a + 12}$$

(2) $\dfrac{3}{9} = \dfrac{-4}{a} \neq \dfrac{12}{b}$, 즉 $a = -12$, $b \neq 36$일 때, 이 방정식에는 해가 없다.

[주의] $\dfrac{-4}{a} = \dfrac{12}{b}$, 즉 $\dfrac{-4}{-12} = \dfrac{12}{b}$로 $b = 36$임을 알 수 있으므로

$\dfrac{-4}{-12} \neq \dfrac{12}{b}$, 즉 $b \neq 36$이다.

$$\boxed{=}\ a = -12,\ b \neq 36$$

(3) $\dfrac{3}{9} = \dfrac{-4}{a} = \dfrac{12}{b}$, 즉 $a = -12$, $b = 36$일 때, 이 방정식에는 무수히 많은 해가 있을 수 있다. $3x - 4y = 12$를 만족하는 무수히 많은 해 (x, y)가 존재한다.

$$\boxed{=}\ a = -12,\ b = 36$$

필수예제 2

분석 tip
우선 소거법을 사용하여 "계수를 포함한 미지수가 2개인 연립방정식"으로 바꾼 후, 연립방정식을 풀어서 답을 구한다.

x, y, z에 대한 연립방정식을 풀어라.

$$\begin{cases} 4x - 5y + mz = 3 & \cdots\ \text{㉠} \\ 7x - 11y + nz = 3 & \cdots\ \text{㉡} \\ x + y + pz = 3 & \cdots\cdots\ \text{㉢} \end{cases}$$

[풀이] x를 소거하면 y, z에 대한 "계수를 포함한 미지수가 2개인 연립방정식"을 얻을 수 있다.

©×4−㉠을 하면 $9y+(4p-m)z=9$ ┈┈ ㉣

©×7−ⓒ을 하면 $18y+(7p-n)z=18$ ┈┈ ㉤

다시 y를 소거하기 위해 ㉣×2−㉤을 하면 $(p+n-2m)z=0$ ┈┈ ㉥

(ⅰ) $p+n-2m \neq 0$일 때, ㉥에는 오직 하나의 해 $z=0$이다.

그러므로 원래 방정식에 다음과 같은 오직 하나의 해를 갖는다.

$z=0$, $y=1$($z=0$을 ㉣에 대입시켜 얻음),

$x=2$($y=1$, $z=0$을 ©에 대입시켜 얻음)

(ⅱ) $p+n-2m=0$일 때, ㉥에는 무수히 많은 해를 갖는다.

또 ㉠, ⓒ식의 x, y의 계수는 서로 비례하지 않으므로 z의 값에 대하여 ㉠, ⓒ을 연립하면 x, y를 풀 수 있으므로 이 방정식에는 무수히 많은 해를 구할 수 있다.

🔑 (ⅰ) $p+n-2m \neq 0$일 때, $x=2$, $y=1$, $z=0$

(ⅱ) $p+n-2m=0$일 때, 무수히 많은 해를 갖는다.

2. 계수의 값 구하기

필수예제 3·1

x, y에 대한 연립방정식 $\begin{cases} 3x+4y=3 & \cdots\cdots ㉠ \\ 2mx+3y=2 & \cdots ⓒ \end{cases}$ 에서 x, y의 합이 1일 때, m의 값을 구하여라.

[풀이] 연립방정식을 풀면 $x=\dfrac{1}{9-8m}$, $y=\dfrac{6(1-m)}{9-8m}$ 임을 알 수 있다.

$\dfrac{1}{9-8m}+\dfrac{6(1-m)}{9-8m}=1$이므로 $1+6(1-m)=9-8m$이다.

따라서 $m=1$이다.

[다른 풀이] $x+y=1$과 $3x+4y=3$을 연립하여 풀면 $x=1$, $y=0$을 얻는다.

이를 ⓒ에 대입하면 $2m=2$이다. 즉, $m=1$이다.

🔑 $m=1$

필수예제 3·2

x, y에 대한 연립방정식 $\begin{cases} 3x-5y=2m & \cdots\cdots ㉠ \\ 2x+7y=m-18 & \cdots ⓒ \end{cases}$ 에서 x, y는 절댓값은 같고 부호만 다른 수이다. 이때, m, x, y의 값을 구하여라.

[풀이] "x, y가 부호만 다른 수"이므로 $y=-x$를 원 방정식에 대입하면

$\begin{cases} 8x-2m=0 & \cdots ㉠' \\ 5x+m=18 & \cdots ⓒ' \end{cases}$ 이다. 여기서, ㉠'를 간단히 하면 $m=4x \cdots ㉠''$ 이다.

㉠''를 ⓒ'에 대입하면 $m=8$, $x=2$이다. 또, $y=-2$이다.

🔑 $m=8$, $x=2$, $y=-2$

분석 tip
이 문제에는 계수를 포함한 연립방정식을 푸는 것 외에 두 가지 조건이 더 있다. 계수 m 이 정수여야 하고, 방정식에도 정수의 해가 존재해야 한다는 것이다. 그러므로 문제를 풀 때, 계수 m이 방정식의 해가 존재하는 것 뿐만 아니라 두 가지 조건을 모두 만족시켜야 한다.

필수예제 4

m은 정수이고, x, y에 대한 연립방정식 $\begin{cases} 4x - 3y = 6 \\ 6x + my = 26 \end{cases}$ 의 해도 정수일 때, m의 값을 모두 구하여라.

[풀이] ⓛ×2−㉠×3을 하면 $(2m+9)y = 34$, 즉 $y = \dfrac{34}{2m+9}$ ······ ㉢

(만약 $2m+9=0$이면 주어진 연립방정식은 해를 갖지 않으므로 $2m+9 \neq 0$이다.)

m이 정수이므로 $(2m+9)$는 홀수이다.

㉢의 식에서 y가 정수가 되려면 $2m+9 = \pm 1$ 또는 ± 17이어야 한다.

즉, m은 -4, -5, 4, -13만이 가능하다.

(i) $m = -4$일 때, $(x, y) = (27, 34)$이다.

(ii) $m = -5$일 때, $(x, y) = (-24, -34)$이다.

(iii) $m = 4$일 때, $(x, y) = (3, 2)$이다.

(iv) $m = -13$일 때, $(x, y) = (0, -2)$이다.

따라서 구하는 m의 값은 -4, -5, 4, -13이다.

답 $m = -4$, -5, 4, -13

필수예제 5

형제가 x, y에 대한 연립방정식 $\begin{cases} ax + by = 2 \\ cx - 7y = 8 \end{cases}$ 을 풀었다. 형은 정확하게 풀어 $x = 3$, $y = -2$라는 답을 얻었으나, 동생은 c값을 잘못 보고 $x = -2$, $y = 2$라는 답을 얻었다. 이때 a, b, c의 값을 구하여라.

[풀이] $x = 3$, $y = -2$가 연립방정식의 해이므로, 이를 원 방정식에 대입하면

$\begin{cases} 3a - 2b = 2 \cdots\cdots\cdots\cdots\cdots\cdots\cdots ㉠ \\ 3c + 14 = 8 \cdots\cdots\cdots\cdots\cdots\cdots\cdots ㉡ \end{cases}$

이다. ㉡에서 $c = -2$이다.

$x = -2$, $y = 2$를 $ax + by = 2$에 대입하면

$-2a + 2b = 2 \cdots\cdots\cdots\cdots\cdots\cdots\cdots ㉢$

이다. ㉠, ㉢을 연립하여 풀면 $a = 4$, $b = 5$이다.

따라서 $a = 4$, $b = 5$, $c = -2$이다.

답 $a = 4$, $b = 5$, $c = -2$

3. 응용 예제

분석 tip

구하고자 하는 대수식의 분자, 분모의 각 항들은 모두 2차식이다. 두 관계식 중 임의의 한 미지수(예 미지수 z)를 "상수"라 보면, 나머지 두 "미지수" x, y (z에 대한)의 연립방정식으로 생각하고 푼다. 계수 z를 대입한 후(분자, 분모에), z를 소거하면 구하는 답을 얻을 수 있다.

필수예제 6

$4x - 3y - 6z = 0$, $x + 2y - 7z = 0$ $(xyz \neq 0)$일 때,

대수식 $\dfrac{5x^2 + 2y^2 - z^2}{2x^2 - 3y^2 - 10z^2}$ 의 값을 구하여라.

[풀이] z를 상수라 보면 주어진 관계식은 $4x - 3y = 6z$, $x + 2y = 7z$이고, 이를 연립하여 풀면, $x = 3z$, $y = 2z$이다.

이를 대수식에 대입하면

$$\frac{5(3z)^2 + 2(2z)^2 - z^2}{2(3z)^2 - 3(2z)^2 - 10z^2} = \frac{45z^2 + 8z^2 - z^2}{18z^2 - 12z^2 - 10z^2} = \frac{52z^2}{-4z^2} = -13 \text{이다.}$$

[평론] x 또는 y를 "상수"로 생각하고도 풀 수 있다.

답 -13

분석 tip

이 문제에는 세 가지 서로 다른 양(개수 : 즉, 두 사람이 산 물건 수, 8만원인 물건의 개수, 9만원인 물건의 개수)이 나온다. 그러나 우리는 총 개수와 총 가격의 상관관계만을 알고 있으므로 위의 세 가지 서로 다른 양에 대해서 직접 산출해 낼 수 없다. 그러므로 우리는 그 중 하나의 양(개수)을 "계수(상수)"로 삼아 나머지 두 "개수"를 알아내야 한다. 그런 후 숨겨져 있는 조건인 "개수는 자연수"에 근거하여 범위와 풀이를 구해야 한다.

필수예제 7

A와 B 두 사람은 할인마트에서 물건을 샀다. 두 사람이 산 물건의 수는 동일하고, 각 물건의 가격은 8만원, 9만원 둘 중 하나이다. 두 사람이 산 물건의 총 가격이 172만원이었다면, 그 중 가격이 9만원인 물건은 몇 개를 샀는지 구하여라.

[풀이] 두 사람이 산 물건의 개수가 각각 n개라고 하자. 그 중 가격이 8만원인 물건은 x개이고, 9만원인 물건은 y개라 하자. (단, n, x, y는 모두 자연수)

그러면, $\begin{cases} x + y = 2n \\ 8x + 9y = 172 \end{cases}$

이다. 만약 n을 계수(상수)로 생각하고 풀면

$\begin{cases} x = 18n - 172 \\ y = 172 - 16n \end{cases}$

이다. n, x, y는 모두 자연수이므로, $x > 0$이어서 $n \geq 10$이고, $y > 0$이어서 $n \leq 10$이다. 즉, $n = 10$이다.

따라서 가격이 9만원인 물건은 $y = 172 - 16 \times 10 = 12$(개)이다.

[평가] 이런 유형의 문제(세 개의 미지수가 있는 두 개의 방정식)를 일반적으로 부정방정식이라고 한다. 만약 미지수에 대해 아무런 조건이 없다면 그 문제에는 무수히 많은 해를 갖는다. 만약 미지수에 조건이 붙는다면, 위와 같이 풀이해야 한다.

답 12개

[실력다지기]

01 x, y에 대한 연립방정식 $\begin{cases} \lambda x - y + 2 = 0 \\ x - 3y + 4 = 0 \end{cases}$ 일 때,

(1) 오직 하나의 해를 가질 조건 λ를 구하여라.

(2) 해가 없을 때 λ의 조건을 구하여라.

02 (1) 연립방정식 $\begin{cases} x - y = 2 \\ mx + y = 3 \end{cases}$ 에서 해 x, y가 $x > 0$, $y > 0$일 때, m값의 범위를 구하여라.

(2) x_1, x_2, x_3에 대한 연립방정식 $\begin{cases} x_1 + x_2 = a_1 \\ x_2 + x_3 = a_2 \\ x_3 + x_1 = a_3 \end{cases}$ 에서 $a_1 > a_2 > a_3$일 때, x_1, x_2, x_3을 큰 순서대로 나열하여라.

03 오른쪽 그림과 같이 정사각형을 크기가 동일한 k개의 직사각형으로 나누었다. 위 줄과 아래 줄에는 직사각형이 가로로 2개씩 놓여있고, 중간 줄에는 세로로 여러 개 놓여 있다. k를 구하면?

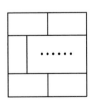

① 6   ② 8

③ 10   ④ 12

04 다음 물음에 답하여라.

(1) $\begin{cases} 7a - 3b + 3c = 0 \\ a - 4b - 3c = 0 \end{cases}$ 일 때, $\dfrac{a^2 + b^2 - c^2}{ab}$ 의 값을 구하여라. (단, $abc \neq 0$)

(2) $\dfrac{a+b}{2} = \dfrac{b-2c}{3} = \dfrac{3c-a}{4}$ 일 때, $\dfrac{5a+5b-7c}{8a+9c}$ 의 값을 구하여라.

05 다음 물음에 답하여라.

(1) m은 자연수이고, 연립방정식 $\begin{cases} mx + 2y = 10 \\ 3x - 2y = 0 \end{cases}$ 의 x, y는 모두 정수일 때, m^2을 구하여라.

(2) x의 방정식 $\dfrac{|x-3|-|x+1|}{2|x+1|} = 1$을 풀어라.

[실력 향상시키기]

06 2004를 여러 개 소수의 곱으로 나타낸다. a, b, c는 이 소수 중 세 수이고, $a < b < c$일 때, x, y에 대한 연립방정식 $\begin{cases} bx - ay = 1 \\ ax - cy = -165 \end{cases}$ 에서 x, y의 값을 각각 구하여라.

07 어떤 과일 가게에서 과일을 세트로 판매한다. 갑 세트는 A 과일 2 kg, B 과일 4 kg 로 구성되어 있고, 을 세트는 A 과일 3 kg, B 과일 8 kg, C 과일 1 kg 으로 구성되어 있으며, 병 세트는 A 과일 2 kg, B 과일 6 kg, C 과일 1 kg 으로 구성되어 있다. A 과일은 1 kg 당 2만원이고, B 과일은 12000원, C 과일은 10만원이다. 어느 날 이 세 세트를 골고루 팔아 441만 2천원을 벌었고, 그 중 A 과일을 116만원 어치 팔았다면, C 과일의 판매액을 구하여라.

08 세 종류의 물건이 있다. 물건들의 가격은 각각 2만원, 4만원, 6만원이다. 60만원을 모두 사용하여 세 종류의 물건을 샀더니 총 16개를 살 수 있었다. 6만원인 물건을 최대한 구입하려면 몇 개인지 구하여라. 또한 2만원인 물건을 최소한 구입하려면 몇 개인지 구하여라. (단, 구입하지 않은 물건이 있어도 된다.)

09 (1) 연못이 하나 있다. 연못 바닥에서 매일 같은 양의 샘물이 솟아오른다. 이 물들을 모두 빼는데 24개의 A형 펌프로는 6일이 걸리고, 21개의 A형 펌프로는 8일이 걸린다. 각 펌프가 시간별 퍼 올리는 물의 양은 동일하다고 가정했을 때, 이 연못이 영원히 마르지 않게 하려면, A형 펌프를 최대 몇 개까지 사용해야 하는지 구하여라.

(2) 아버지와 아들이 $100\,\mathrm{m}$ 트랙 위에서 시합을 했다. 아들이 5보 뛰는 시간에 아버지는 6보를 뛸 수 있고, 아들이 7보 뛴 거리와 아버지가 4보 뛴 거리는 동일하다. 아들은 $100\,\mathrm{m}$ 트랙의 정 중앙에서 출발하였고, 아버지는 출발점에서 출발하였다면, 아버지는 결승점에서 아들을 추월할 수 있는지 구하여라. (단, 아버지와 아들의 보폭은 각각 일정하다.)

[응용하기]

10 다음 물음에 답하여라.

(1) a, b, c는 모두 0이 아니고, $la+mb+nc \neq 0$이 성립할 때,

방정식 $\dfrac{x}{a}=\dfrac{y}{b}=\dfrac{z}{c}$, $lx+my+nz=p$의 해를 구하여라.

(2) 연립방정식 $\begin{cases} x_1+x_2=x_2+x_3=x_3+x_4=\cdots=x_{1998}+x_{1999}=1 \\ x_1+x_2+\cdots+x_{1998}+x_{1999}=1999 \end{cases}$ 의 해를 구하여라.

11 x, y가 다음 방정식을 만족시킬 때, $[x+y]$의 값을 구하여라.
(단, $[a]$는 a보다 크지 않은 가장 큰 정수)
$$\begin{cases} 2[x]-y=-2 \\ 3[x-2]+y=16 \end{cases}$$

부록 절댓값을 포함한 연립방정식 풀이법

예제 01 다음 방정식을 풀어라.

$$|x+1|+|y-1|=5, \quad |x+1|=4y-4$$

예제 02 다음 방정식을 풀어라.

$$\begin{cases} |y+1|=x+1 \\ x-3y=1 \end{cases}$$

04강 연립방정식의 응용

1 핵심요점

일차방정식 응용문제의 풀이와 동일하게 연립방정식 응용문제 풀이의 핵심은 역시 미지수를 올바르게 선택하고 같은 양의 관계를 제대로 찾는데 있다. 다만 차이점은 단지 미지수와 같은 양의 관계가 몇 개 더 존재할 뿐이다. (일반적으로 여러 개의 미지수가 있다면, 여러 개의 같은 양의 관계가 필요하고, 계수는 미지수가 될 수 없다.)

같은 양의 관계를 더욱 잘 찾기 위해선, 가끔은 문제에 나와 있는 수량관계를 그림으로 나타내어 문제의 직관성과 논리성을 증가시킬 필요가 있다.

미지수를 지정하는 방법에는 일반적으로 직접법과 간접법이 있으며, 가끔 "매개변수"를 끌어들이기도 한다.
(필수예제 4 참조)

2 필수예제

1. 직접법 예제

분석 tip

우리가 구하고자 하는 세 양을 미지수라 가정하고, 문제에 나와 있는 등량 관계에 근거하면 다음과 같이 나열할 수 있다.

① 물뿌리개를 모두 사는데 쓴 돈+마스크를 모두 사는 데 쓴 돈+온도계를 모두 사는 데 쓴 돈= 11만 3천원

② 물뿌리개를 모두 사는데 쓴 돈−마스크를 모두 사는 데 쓴 돈= 9000원

③ 마스크 한 개의 가격−온도계 한 개의 가격= 2000원
연립방정식을 풀면 된다.

필수예제 1

영재 중학교에서 수학경시 대회를 열어 1등 4명, 2등 6명, 3등 20명을 선발하였고, 그들에게 상품을 주었다. 각 등수의 학생들은 동일한 상품을 받았다. 1등, 2등, 3등 상품은 각각 물뿌리개, 마스크, 온도계이다. 세 가지 상품을 구입하는데 11만 3천원을 사용하였고, 물뿌리개를 모두 사는데 쓴 돈이 마스크를 모두 사는데 쓴 돈보다 9천원이 더 들었으며, 마스크 한 개의 가격이 온도계 한 개의 가격보다 2천 원 더 비쌌다면, 물뿌리개, 마스크, 온도계의 한 개의 가격을 각각 구하여라.

[풀이] 물뿌리개, 마스크, 온도계의 가격을 각각 x천원, y천원, z천원이라고 하면, 문제의 조건으로부터 아래 3개의 연립방정식을

$$4x+6y+20z = 113, \quad 4x-6y = 9, \quad y-z = 2$$

얻는다. 이를 연립하여 풀면 $x = 9$, $y = 4.5$, $z = 2.5$이다.

따라서 물뿌리개, 마스크, 온도계의 가격은 각각 9000원, 4500원, 2500원이다.

[평론] 일반적으로 간단한 등량 관계를 사용하여 미지수와 방정식의 개수를 줄일 수 있다. 이 문제에서는 등량 관계 ③, 즉, "마스크 한 개의 가격이 온도계 한 개의 가격보다 2천원 비싸다"를 사용하여 미지수 한 개와 방정식 한 개를 줄였다. 물뿌리개, 마스크의 가격을 각각 x천원, y천원이라고 가정한다면, 온도계의 가격은 $(y-2)$천원이다. 이로써 위 방정식을 다음과 같이 나열할 수 있다.

$$4x+6y+20(y-2) = 113, \quad 4x-6y = 9$$

이를 풀면 $x = 9$, $y = 4.5$이다.

따라서 물뿌리개, 마스크의 가격은 각각 9000원, 4500원이고, 온도계의 가격은 2500원이다. **目** 물뿌리개 9000원, 마스크 4500원, 온도계 2500원

2. 간접법 예제

필수예제 2

동건이네 학교는 1차 학년 시험을 시행하였다. 정해진 몇 과목을 보고, 한 과목을 더 보았는데 동건이는 98점을 받았다. 이때, 동건이의 평균 성적은 최초 평균 성적보다 1점 올랐다. 또 한 과목을 더 보았는데 동건이가 70점을 받았으며 평균성적이 최초 평균 성적보다 1점 떨어졌다. 동건이가 본 과목은 총 몇 과목이며(나중에 본 두 과목 포함), 최종 평균 점수는 몇 점인지 구하여라.

[풀이] 최초에 본 과목 수를 x개, 평균 점수를 y점이라고 가정하면, 동건이가 본 총 과목 수는 $(x+2)$개가 되고, 평균 점수는 $(y-1)$점이 된다.

맨 처음 한 과목을 더 봤을 때의 총 점수를 방정식으로 나타내면 다음과 같다.

$$xy+98=(x+1)(y+1)$$

간단하게 정리하면 다음과 같다.

$$x+y=97 \qquad\qquad \cdots\cdots \text{㉠}$$

같은 원리로, 두 번째로 한 과목을 더 봤을 때의 총 점수를 방정식으로 나타내면 다음과 같다.

$$xy+98+70=(x+2)(y-1)$$

간단하게 정리하면 다음과 같다.

$$-x+2y=170 \qquad\qquad \cdots\cdots \text{㉡}$$

㉠, ㉡을 연립하여 풀면 $x=8$, $y=89$이다.

따라서 동건이는 총 $8+2=10$(과목)을 보았고,

최종 평균점수는 $89-1=88$(점)이다.

[평론과 주석]

(1) 직접법을 사용했을 때의 풀이 방법은 다음과 같다. 동건이가 본 과목의 개수를 총 a개, 마지막에 얻은 평균 점수를 b점이라고 가정한다. 첫 번째 더해진 1과목과 마지막에 더해진 1과목의 총 성적을 연립방정식으로 나타내면 다음과 같다.

$$(a-2)(b+1)+98=(a-1)(b+2)$$
$$(a-2)(b+1)+98+70=ab$$

간단하게 정리하면 다음과 같다.

$$a+b=98, \quad -a+2b=166$$

이를 풀면 $a=10$, $b=88$이다.

결과는 간접법의 풀이와 동일하지만, 열거한 원 방정식은 번거롭다.

(2) 표면적으로 볼 때, 간접법이든 직접법이든, 나열되어지는 가장 처음의 방정식은 모두 일차방정식이 아니다. (표면적으로 xy라든가 ab라고 하는 이차항이 들어가기 때문이다.) 그러나 간단하게 정리한 후의 모습은 일차방정식이므로 (최초의) 표면적인 부분만 보고 헷갈리지 말기 바란다.

답 10과목, 88점

3. 일차 연립방정식으로 바꿀 수 있는 예제

앞의 필수예제 2는 사실상 "일차 연립방정식으로 바꿀 수 있는 예제"의 예이다. 다른 예를 들어보도록 하겠다.

필수예제 3

> 어느 공장에서 A, B 팀에게 일을 맡겼을 때, 그들이 $\dfrac{12}{5}$ 일에 일을 완성하면, 180000원을 지불한다. B, C 팀이 $\dfrac{15}{4}$ 일에 일을 완성하면, 150000원을 지불하고, A, C 팀이 $\dfrac{20}{7}$ 일에 일을 완성하면 160000원을 지불한다. 현재 한 팀에게만 단독적으로 일을 맡겨 일주일 안에 일을 끝내려면 어느 팀에 일을 맡겨야 가장 적은 돈이 드는지 구하여라.

[풀이] 작업 총량을 "1"이라고 하면, A, B, C팀이 단독적으로 일을 했을 때, 걸리는 날짜를 각각 x일, y일, z일이라고 가정하면

A, B, C 세 팀의 작업 효율(일률)은 각각 $\dfrac{1}{x}$, $\dfrac{1}{y}$, $\dfrac{1}{z}$이 된다.

A, B, C 세 팀이 둘씩 짝을 지어 일을 완성한다고 했을 때 다음과 같은 방정식이 만들어진다.

(I) $\dfrac{12}{5}\left(\dfrac{1}{x}+\dfrac{1}{y}\right)=1$에서, $\dfrac{1}{x}+\dfrac{1}{y}=\dfrac{5}{12}$이고,

$\dfrac{15}{4}\left(\dfrac{1}{y}+\dfrac{1}{z}\right)=1$에서, $\dfrac{1}{y}+\dfrac{1}{z}=\dfrac{4}{15}$이고,

$\dfrac{20}{7}\left(\dfrac{1}{z}+\dfrac{1}{x}\right)=1$에서, $\dfrac{1}{z}+\dfrac{1}{x}=\dfrac{7}{20}$이다.

$u=\dfrac{1}{x}$, $v=\dfrac{1}{y}$, $w=\dfrac{1}{z}$이라 하면, 다음의 일차연립방정식을 얻는다.

(II) $u+v=\dfrac{5}{12}$ ……①, $v+w=\dfrac{4}{15}$ ……②, $w+u=\dfrac{7}{20}$ ……③

(①+②+③)÷2를 하면 $u+v+w=\dfrac{31}{60}$ ……④이다.

④−①에서 $w=\dfrac{1}{10}$, ④−②에서 $u=\dfrac{1}{4}$, ④−③에서 $v=\dfrac{1}{6}$이다.

따라서 $x=\dfrac{1}{u}=4$, $y=\dfrac{1}{v}=6$, $z=\dfrac{1}{w}=10$이다.

A, B, C팀이 단독적으로 일을 했을 때 걸리는 시간은 각각 4일, 6일, 10일이다. 이제 각 팀의 하루 비용을 구하기 위해서 A, B, C팀의 하루 비용을 각각 a원, b원, c원이라고 하면,

$$\begin{cases} \dfrac{12}{5}(a+b)=180000 \\ \dfrac{15}{4}(b+c)=150000 \\ \dfrac{20}{7}(c+a)=160000 \end{cases}$$

이다. 즉, $a+b=75000$, $b+c=40000$, $c+a=56000$이다.

이를 풀면 $a=45500$, $b=29500$, $c=10500$이다.

일주일 내(7일 내)에 일을 완성해야하기 때문에, A와 B 팀의 비용만을 비교
하면 된다.

A 팀이 단독적으로 일을 했을 경우 $45500 \times 4 = 182000$(원),

B 팀이 단독적으로 일을 했을 경우 $29500 \times 6 = 177000$(원)을 지불해야 한다.
반드시 일주일 안에 일을 마쳐야 한다는 조건이라면, 177000원으로 B 팀에
게 일을 맡기는 것이 비용을 최소화하는 방법이다.

[평론] 비일차 연립방정식 (I)을 "치환"이라는 방법을 통해 일차연립방정식 (II)로 변
형한 후 풀고, 그 후 다시 (I)로 돌아가 답을 구할 수 있다. 위의 방정식 (II)
의 간단한 풀이 방법을 기억하라.　　　　　　　　　　　　　　　　　🗒 B 팀

4. "계수"를 끌어들인 예제

필수예제 4

수학 경시대회에서 조직 위원회는 NS 회사의 협찬금으로 상품을 사기로 결정하
였다. NS 컴퓨터 1 대와 〈수학 경시대회 강좌〉 책 3 권을 상품으로 내놓을 경우,
100 명에게 상품을 줄 수 있고, NS 컴퓨터 1 대와 〈수학 경시대회 강좌〉 책 5
권을 상품으로 내놓을 경우, 80 명에게 상품을 줄 수 있다. 이 돈으로 NS 컴퓨
터만 사거나 〈수학 경시대회 강좌〉 책만을 산다면 각각 몇 명에게 줄 수 있는지
구하여라.

[풀이] (간접법) 각 컴퓨터의 가격을 x원이라 하고, 각 〈수학 경시대회 강좌〉 책의
가격을 y원이라고 하며, 협찬금 총액은 a원(계수)이라고 가정한다. 문제에
나와 있는 내용을 방정식으로 만들면 다음과 같다.

$$\begin{cases} 100(x+3y)=a \\ 80(x+5y)=a \end{cases} \quad x = \frac{a}{160}, \quad y = \frac{a}{800}$$

이 협찬금 총액으로 컴퓨터만 산다면, $a \div \frac{a}{160} = 160$명에게 살 수 있고,

〈수학 경시대회 강좌〉 책만을 산다면, $a \div \frac{a}{800} = 800$명에게 줄 수 있다.

[평론] 이 문제는 "간접법"을 사용하여 미지수를 가정(직접법을 사용하기는 조금 어
렵다.)했을 뿐만 아니라, "계수"(협찬금 a원)를 끌어들였다. 이것에 대해
알지 못하지만, 문제를 푸는 과정에 있어 우리는 이것을 "미지수"로 생각하
지 않고, "이미 알고 있는 양"(정해진 수)으로 생각하여 문제를 풀었다.

🗒 컴퓨터만 160명, 책만 800명

5. "풀 먹는 소" 문제

"풀 먹는 소" 문제도 사실 "계수"를 끌어들여 문제를 풀이하는 예제이다.

> **필수예제 5**
>
> 양우 농장은 소를 가두어 키우는 대신 목장에 풀어놓고 키운다. 농장은 목장이 두 군데 있다. 갑 목장의 넓이는 3헥타르이고, 을 목장의 넓이는 4헥타르이다. 풀이 자라는 길이는 동일하고, 촘촘한 정도도 동일하며, 자라는 속도도 동일하다. 갑 목장에 90마리의 소를 풀어 놓았을 때 36일간 먹을 수 있고, 을 목장에 160마리의 소를 풀어놓았을 때 24일 간 먹을 수 있다. 이 두 목장에 250마리의 소를 풀어놓았을 때 며칠 동안 먹을 수 있는지 구하여라.

[풀이] 각 소가 매일 먹는 풀의 양을 x, 목장의 각 헥타르 당 자라는 풀의 양을 y, 목장의 각 헥타르 당 원래 있던 풀의 양을 a("계수")라 하고, 연립방정식을 세우면

$$90 \times 36x = 3a + 3 \times 36y, \quad 160 \times 24x = 4a + 4 \times 24y$$

이다. 이를 연립하여 풀면 $x = \dfrac{a}{720}$, $y = \dfrac{a}{72}$이다.

또 두 목장에서 250마리의 소가 풀을 먹은 날짜를 z일이라고 하고 방정식을 세우면

$$250 \times \frac{a}{720} \times z = (3a + 4a) + (3 + 4) \times \frac{a}{72} \times z$$

이다. 즉, $250 \times \dfrac{1}{720} \times z = 7 + 7 \times \dfrac{1}{72} \times z$이다. 이를 풀면, $z = 28$이다. 두 목장에서 250마리의 소는 28일 동안 먹을 수 있다.

[평론] (1) 기본적인 "풀 먹는 소" 문제는 한 목장에서 소가 풀을 먹는 두 가지 다른 "먹는 방법"이다. 예를 들어, 한 목장에서 소가 풀을 먹고 있고, 풀은 계속해서 자라고 있다. 100마리의 소는 25일 동안 먹을 수 있고, 84마리의 소는 10일을 더 먹을 수 있다. (즉, 35일 동안 먹을 수 있다.) 94마리의 소는 며칠 동안 먹을 수 있을까?

기본적인 풀이 방법은 위와 같다. 각 소가 매일 먹는 풀의 양을 x라 하고, 이 목장에서 매일 자라는 풀의 양을 y(각 헥타르 당 새로 자라는 풀의 양은 가정할 필요 없다.), 원래 목장에 있던 풀의 양을 a라 가정하여(이것 역시 각 헥타르 당 새로 자라는 풀의 양은 가정할 필요 없다.) 방정식을 세우면

$$25 \times 100x = a + 25y, \quad (25 + 10) \times 84x = a + (25 + 10)y$$

이다. 이를 연립하여 풀면

$$x = \frac{1}{1400}a, \qquad y = \frac{11}{350}a$$

이다. 또 94마리가 풀을 먹은 날짜를 z일이라고 하면 (z에 대한 일차방정식)

$$94 \times \frac{a}{1400} \times z = a + \frac{11}{350}az$$

이다. 즉, $94 \times \dfrac{1}{1400} \times z = 1 + \dfrac{11}{350}z$이다. 이를 풀면, $z = 28$이다.

(2) "풀 먹는 소" 문제의 특징은 "소가 풀을 먹고 있고, 풀은 자라고 있다"는 것이다. 그러므로 일반적으로 "나가기도 하고 들어오기도 하는" 문제들은 모두 "풀 먹는 소"문제의 풀이 방법으로 풀이할 수 있다.

답 28일

6. 표를 만들어 등량 관계를 구하는 일 돕기

분석 tip
문제의 내용에 따라 아래와 같이 표를 만들면 분석에 도움이 된다.

필수예제 6

비행기에 일본, 미국, 프랑스 세 나라의 여행객들이 앉아 있다. 일본 여행객 18명, 프랑스 여행객 9명이다. 성인 남자 여행객 중 미국인은 5명, 프랑스인은 3명이다. 성인 여성 여행객 중 프랑스인은 3명, 일본인은 5명이다. 남자아이 중 일본인은 3명, 미국인은 2명, 여자아이 중 미국인은 2명, 프랑스인은 1명이다. 성인 여성 여행객은 성인 남성 여행객보다 2명 적고, 남자아이와 여자아이의 수는 동일하다. 미국 여행객은 몇 명인지 구하여라.

구분	미국	프랑스	일본
성인 남성 여행객(명)	5	3	$a(?)$
성인 여성 여행객(명)	$b(?)$	3	5
남자 아이(명)	2	$c(?)$	3
여자 아이(명)	2	1	$d(?)$

[풀이] 문제의 조건으로부터 연립방정식을 세우면,

$$a+d+8=18, \quad c+7=9, \quad b+8=a+8-2, \quad c+5=d+3$$

이다. 이를 연립하여 풀면, $a=6$, $b=4$, $c=2$, $d=4$이다.
따라서 미국 여행객은 $5+4+2+2=13$명이다.

📋 13명

필수예제 7·1

x에 대한 방정식 $a(3x+2)+b(3-2x)=5x+12$는 해가 무수히 많을 때, a와 b의 값을 구하여라.

[풀이] 원 방정식을 정리하면 다음과 같다.

$$(3a-2b-5)x=12-2a-3b$$

이 방정식이 무수히 많은 해를 가지므로

$$\begin{cases} 3a-2b-5=0 & \cdots\cdots\cdots ㉠ \\ 12-2a-3b=0 & \cdots\cdots\cdots ㉡ \end{cases}$$

이다.
㉠, ㉡을 연립하면 $a=3$, $b=2$이다.

📋 $a=3$, $b=2$

$x^3 + ax^2 + bx + 5$를 $x - 1$로 나누면 7이 남고, $x + 1$로 나누면 9가 남을 때, $(a,\ b)$를 구하여라.

[풀이] 이미 알고 있는 내용으로 다음과 같은 식을 만들 수 있다.
("나머지를 가진 식"과 유사하다.)

$$x^3 + ax^2 + bx + 5 = (x-1)\mathrm{A} + 7 \qquad \cdots\cdots \text{㉠}$$
$$x^3 + ax^2 + bx + 5 = (x+1)\mathrm{B} + 9 \qquad \cdots\cdots \text{㉡}$$

그 중, A, B는 각각 x의 이차 다항식이다.

x에 대한 ㉠, ㉡은 모두 "항등식" (즉, 어떤 x에 대해서든 모두 성립함)이므로 ㉠에 $x = 1$을 넣으면 $1 + a + b + 5 = 0 + 7$, 즉, $a + b = 1$ $\cdots\cdots$㉢이다.
㉡에 $x = -1$을 넣으면 $-1 + a - b + 5 = 0 + 9$, 즉, $a - b = 5$ $\cdots\cdots$㉣이다.
㉢, ㉣을 연립하여 풀면 $a = 3$, $b = -2$이다.

답 $(3,\ -2)$

[평론과 주석]

(ⅰ) $x,\ y,\ z$는 모두 "계수"로 생각할 수 있다. "풀이"할 때 편리한 것을 기준으로 하면 된다. (위에서 우리는 y를 "계수"로 생각했다.)

(ⅱ) 이 문제에는 또 다른 풀이 방법이 있다. 연립방정식에서 $x,\ y,\ z$의 관계에 주목하면, 다음과 같은 결론("첫 번째 방정식"의 3배-"두 번째 방정식"의 2배)을 얻을 수 있다.

$$x + y + z = 6.3 \times 3 - 8.4 \times 2 = 2.1$$

이 풀이 방법은 비교적 특별하고, 테크닉이 필요하며, 가끔은 그들의 "배수"관계를 찾아내는 것이 어려울 때도 있다. 예를 들면 다음과 같다.

$$2x + 5y + 4z = 6 \cdots\cdots\text{㉠}$$
$$3x + y - 7z = -4 \cdots\cdots\text{㉡}$$

$x + y - z$의 값을 구하시오.

[풀이] ㉠$\times 4 +$㉡$\times 6$을 하면 $26x + 26y - 26z = 0$이므로 $x + y - z = 0$이다.

연습문제 04

[실력다지기]

01 다음 물음에 답하여라.

(1) 장난감 공장에서 장난감 강아지와 장난감 고양이를 만드는데 한 달에 90시간을 할애하고, 재료 80개가 쓰인다. 장난감 강아지 하나를 만드는 데 걸리는 시간은 2시간이고, 재료 4개가 쓰인다. 장난감 고양이를 만드는 데 걸리는 시간은 3시간이고 재료 1개가 쓰인다. 한 달에 최대한 만들 수 있는 장난감 강아지와 고양이는 몇 개인지 구하여라.

(2) 갑, 을, 병은 함께 퇴근시간 때의 A순환 도로, B순환 도로, C순환 도로의 차량 통행량을 조사하였다. (매 시간 관측점을 기준으로 자동차 차량 수 조사)

이들이 조사한 상황은 다음과 같다.

> 갑 : "A순환 도로의 차량 통행량은 매 시간 10000대이다."
>
> 을 : "C순환 도로의 차량 통행량은 B순환 도로보다 매 시간 2000대씩 더 많다."
>
> 병 : "B순환 도로 차량 통행량의 3배에서 C순환 도로 차량 통행량을 빼면 A순환 도로 차량 통행량의 2배가 된다."

이들이 보고한 상황에 근거하여 퇴근시간 때의 B순환 도로, C순환 도로의 차량 통행량은 매 시간 각각 얼마인지 구하여라.

02 4층짜리 학교 건물을 지었다. 각 층에는 8개의 교실이 있고, 출입문은 4개가 있으며, 정문끼리 크기가 같고, 옆문끼리 크기가 같다. 이 문에 대하여 다음과 같은 안전 점검 테스트를 실시하였다. 정문 하나와 옆문 두 개를 열어 놓았더니, 2분 동안에 560명의 학생이 나갈 수 있었다. 정문 하나와 옆문 하나를 열어 놓았더니, 4분 동안에 800명의 학생이 나갈 수 있었다.

(1) 정문 하나와 옆문 하나를 열어 놓았을 때, 정문과 옆문에서 평균적으로 1분에 나올 수 있는 학생의 수를 각각 구하여라.

(2) 긴급 상황 시에는 혼란스러우므로 학생들이 문을 빠져 나가는 속도가 20% 떨어진다고 한다. 안전 점검 규정상, 긴급 상황 시 학교 건물에 있는 모든 학생들은 이 네 문을 통과하여 5분 안에 건물을 빠져 나가야 한다. 이 학교 건물의 각 교실에는 많아야 45명의 학생이 있다. 이 네 문은 안전 규정에 적합한 지 그 이유를 설명하여라.

03 A 공장과 B 공장은 동일한 상품을 생산한다. 그들은 금년의 상품 전체를 한 도시에 납품하기로 계획하였고, 그렇게 될 경우 그들 상품은 그 도시 시장의 동일 상품 중 $\frac{3}{4}$을 차지하게 된다. 그러나 문제가 생겨 A 공장에서는 원래 납품하려던 상품의 $\frac{1}{2}$ 상품만을, B 공장에서는 원래 납품하려던 상품의 $\frac{1}{3}$ 상품만을 그 도시에 납품하게 되었고, 이 두 공장의 상품은 그 도시 시장의 동일 상품 중 $\frac{1}{3}$ 만을 차지하게 되었다. A 공장의 연간 생산량과 B 공장의 연간 생산량의 비를 구하여라.

04 농도가 다른 알코올 A, B 가 있다. A 병에는 2kg, B 병에는 3kg 이 들어있다. A 병에서 15%를 덜어내고, B 병에서 30%를 덜어내어 혼합한 농도는 27.5% 였다. 덜어낸 알코올을 다시 A, B 병에 넣어 원래의 무게로 맞춘 후, 다시 A 병에서 40%를 덜어내고, B병에서 40%를 덜어내어 혼합하였더니 농도가 26% 가 되었다. 원래 A 병에 들어있던 알코올의 농도를 구하여라.

05 다음 물음에 답하여라.

(1) 연필 20자루, 지우개 3개, 노트 2권을 사는데 필요한 돈은 32000원이고, 연필 39자루, 지우개 5개, 노트 3권을 사는데 필요한 돈은 58000원이다. 그렇다면 연필 5자루, 지우개 5개, 노트 5권을 사는데 필요한 돈을 구하여라.

(2) 어느 수돗물 회사의 계산법은 다음과 같다. 각 집의 매 달 물 사용양이 5톤을 넘지 않을 경우, 매 톤 당 850원을 받고, 5톤을 넘을 경우, 넘은 부분에 대해 매 톤 조금 더 높은 가격을 받는다. 올해 7월 장 씨네 집 물 사용량과 이 씨네 집 물 사용양의 비율은 2 : 3이고, 장 씨네 집이 지불한 돈은 14600원, 이 씨네 집이 지불한 돈은 22650원일 때, 5톤이 넘은 부분에 대한 요금은 매 톤당 얼마인지 구하여라.

[실력 향상시키기]

06 갑과 을이 A와 B 지점에서 동시에 서로를 향하여 출발하였더니 2시간 후 중간 지점에서 만나게 되었다. 그들이 만난 후, 갑과 을의 걷는 속력은 시간당 1㎞ 빨라졌다. 갑은 B 지점에 도착하자마자 오던 길을 따라 A지점을 향해 걸어갔고, 을 역시 A 지점에 도착하자마자 오던 길을 따라 B 지점을 향해 걸었더니 첫 번째 만난 후 3시간 36분이 지난 시간에 다시 만나게 되었다.
A, B 두 지점 사이의 거리를 구하여라.

07 수영이네는 집을 수리하려고 한다. 갑, 을 두 회사에 동시에 맡기면 6주가 걸리고, 5200만원이 필요하다. 갑 회사에서 먼저 4주를 하고, 남은 일을 을 회사에서 9주 동안 하면 4800만원이 필요하다. 비용 절감을 위해 한 회사에만 맡길 경우 어느 회사를 선택해야 하며, 이유를 설명하여라.

08 홍수가 나서, 강물이 계속해서 불어나고 있다. 매 분 불어나는 물의 양이 일정하다고 가정할 때, 두 대의 펌프로 물을 퍼 올릴 경우, 40분이면 모두 퍼 올릴 수 있다. 4대의 펌프로 물을 퍼 올릴 경우, 16분이면 모두 퍼 올릴 수 있다. 10분 만에 물을 모두 퍼 올리려면 몇 대의 펌프가 필요한지 구하여라.

09 **다음 물음에 답하여라.**

(1) A, B, C 가격이 서로 다른 세 가지 사이즈의 배터리가 있다. 지금 가지고 있는 돈으로 A 타입 4개, B 타입 18개, C 타입 16개를 사거나, A 타입 2개, B 타입 15개, C 타입 24개를 사거나, A 타입 6개, B 타입 12개, C 타입 20개를 살 수 있다. 지금 가지고 있는 돈을 전부 사용하여 C 타입 배터리만 산다면 총 몇 개를 구입할 수 있는지 구하여라.

(2) 여수 엑스포의 입장료는 다음과 같다. 1인 20000원, 30인 이상 단체일 경우 1인 18000원, 매 30인에 한 명씩 무료입장(남은 사람이 30인이 되지 않을 경우 해당 없음)이 된다. 화성여행사, 목성여행사, 토성여행사에서 여행객들을 데리고 공원에 왔다. 화성 팀과 목성 팀을 합쳐 단체 표를 살 경우, 3834000원을 지불하고, 목성 팀과 토성 팀을 합칠 경우 4788000원을 지불하며, 토성 팀과 화성 팀을 합칠 경우 5220000원을 지불한다. 세 여행사의 여행객을 모두 합칠 경우 총 몇 명인지 구하여라.

10 다음 물음에 답하여라.

(1) $(2x-1)^5 = a_5x^5 + a_4x^4 + a_3x^3 + a_2x^2 + a_1x + a_0$ 라면, $a_2 + a_4$ 의 값을 구하여라.

(2) 길이 순서대로 자른 6장의 정사각형을 합쳐 놓으면 아래 그림과 같다. 도형 ①의 넓이는 1이고, 정사각형 ⑥과 ③의 넓이가 같다면, 정사각형 ⑤의 넓이는 얼마인지 구하여라.

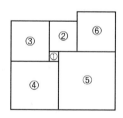

11 다음 물음에 답하여라.

(1) A, B, C 세 학교의 축구팀이 리그전으로 치루는 축구시합에 참가하였다. 경기 결과는 다음과 같다. A팀은 2전 2승으로 총 2골을 실점했다. B팀은 총 5골을 득점했고, 6골을 실점했다. C팀은 한 게임에서 무승부를 하였고, 총 3골을 득점했고, 8점을 실점했다. A팀과 C팀의 스코어는?

① A팀과 C팀 무승부 2 : 2　　　　② A팀 승 4 : 2

③ A팀 승 6 : 0　　　　　　　　　　④ A팀 승 5 : 0

(2) A, B, C 세 종류의 눈금자가 있다. 눈금자의 눈금은 모두 0에서 시작하는 30개 단위이다. (단위 길이는 모두 다르다.) 세 눈금자의 0눈금과 30눈금은 눈금자의 끝 변에 있으므로 계산하지 않아도 된다. 한 눈금자로 나머지 두 눈금자의 길이를 쟀더니 다음과 같은 결과가 나왔다. C자로 측정하였더니 A자는 B자보다 6단위 더 길며 A자로 측정하였더니 B자는 C자보다 10단위 더 길다. B자로 측정하였을 때, A자가 C자보다 긴지, 짧은지 여부와 그 차로 옳은 것은?

① 15단위 길다.　　　　　　　　　② 15단위 짧다.

③ 5단위 길다.　　　　　　　　　　④ 5단위 짧다.

05강 일반적이지 않은 일차부등식

1 핵심요점

1. 미정 계수를 가진 일차부등식

미정계수를 가진 일차부등식은 간단하게 정리하는 과정을 거쳐 다음의 표준형으로 바뀔 수 있다.

$$ax < b(\text{또는 } ax > b)$$

여기서, a, b는 미정 계수 또는 계수라고도 한다.

(1) $ax < b$에 대하여

부등식 성질에 의해 다음과 같은 사실을 알 수 있다.

① $a > 0$일 때, $x < \dfrac{b}{a}$

② $a < 0$일 때, $x > \dfrac{b}{a}$

③ $a = 0$일 때, $b > 0$이면 x는 모든 수이고, $b \leq 0$이면 해가 없다.

(2) $ax > b$에 대하여

① $a > 0$일 때, $x > \dfrac{b}{a}$

② $a < 0$일 때, $x < \dfrac{b}{a}$

③ $a = 0$일 때, $b < 0$이면 x는 모든 수이고, $b \geq 0$이면 해가 없다.

2. 미정 계수를 가진 일차 연립부등식

미정 계수를 가진 일차 연립부등식의 경우 미정 계수를 가진 일원일차부등식을 종합하여 분석하면 풀이할 수 있다.

2 필수예제

1. 계수를 포함한 일차부등식 풀이하기

필수예제 1

분석 tip
착오가 없도록 우선 이미 알고 있는 조건으로 (계수) a의 범위를 확정하고 난 후, 부등식의 해를 구한다.

a가 $a^3 < a < a^2$을 만족할 때, x에 대한 부등식 $x + a > 1 - ax$의 해를 구하여라.

[풀이] $a^3 < a < a^2$이므로 $a \neq 0$, 1이다.

$a > 0$이면 부등식에서 a를 나누었을 때, $a^2 < 1 < a$이 되므로 성립되지 않는다.

(왜냐하면, $a > 1$이면 $a^2 > 1$이 되어 $a^2 < 1$에 모순되고,

$0 < a < 1$이면 $a^2 < a$이 되어 $a < a^2$에 모순된다.)

그러므로 $a < 0$이다. 주어진 부등식을 정리하면 $(1 + a)x > 1 - a$이다.

$a < 0$이므로 $a^3 < a < a^2$에서 $a^2 > 1 > a$이다.

또, $a^2 > 1$과 $a < 0$이므로 $a < -1$이다. 즉, $1 + a < 0$이다.

그러므로 원 부등식의 해는 $x < \dfrac{1-a}{1+a}$ 이다.　　　　　답 $x < \dfrac{1-a}{1+a}$

2. 이미 알고 있는 답으로 미정계수 구하기

필수예제 2

x에 대한 부등식 $\dfrac{2m+x}{3} \leq \dfrac{4mx-1}{2}$ 의 해가 $x \geq \dfrac{3}{4}$ 일 때, m의 값을 구하여라.

[풀이] 원 부등식을 정리하면 $(12m-2)x \geq 4m+3$이다.

이 부등식의 해가 $x \geq \dfrac{3}{4}$이므로 반드시 $12m-2 > 0$이어야 하고,

$\dfrac{4m+3}{12m-2} = \dfrac{3}{4}$이다. (역으로도 성립한다.)

$12m-2 > 0$이므로 $m > \dfrac{1}{6}$이고, $\dfrac{4m+3}{12m-2} = \dfrac{3}{4}$이므로 이를 풀면 $m = \dfrac{9}{10}$이다.

$\dfrac{9}{10} > \dfrac{1}{6}$이므로 문제에 맞는 m의 값은 $\dfrac{9}{10}$이다.　　　　답 $\dfrac{9}{10}$

필수예제 3·1

x에 대한 연립부등식 $\begin{cases} 5-2x \geq -1 \\ x-a > 0 \end{cases}$ 의 해가 없을 때, a의 범위를 구하여라.

[풀이] 앞의 식에서 $x \leq 3$이고, 뒤의 식에서 $x > a$이다.

연립부등식의 해가 없으므로 $a \geq 3$이다.

$a < 3$이라면 연립부등식에 $a < x \leq 3$이라는 해가 존재한다.

따라서 구하는 a의 범위는 $a \geq 3$이다.

답 $a \geq 3$

필수예제 3·2

x에 대한 연립부등식 $\begin{cases} x-a \geq 0 \\ 3-2x > -1 \end{cases}$ 에 5개의 정수해가 존재할 때 a의 범위를 구하여라.

[풀이] 앞의 식에서 $x \geq a$이고, 뒤의 식에서 $x < 2$이다.

연립부등식에 해가 존재하므로 $a \leq x < 2$이고, 정수해가 5개이므로

해는 오직 1, 0, -1, -2, -3(2보다 작은 연속되는 5개의 정수만이 가능하다.

따라서 구하는 a의 범위는 $-4 < a \leq -3$이다. (아래의 수직선과 같다.)

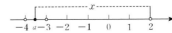

답 $-4 < a \leq -3$

분석 tip

우선 a, b를 상수로 보고 연립부등식의 해를 구한 다음, 정수해에 근거하여 a, b의 범위를 구하고 a, b의 값을 구한다.

필수예제 4

연립부등식 $\begin{cases} 9x - a \geq 0 \cdots ① \\ 8x - b < 0 \cdots ② \end{cases}$ 에서 정수해가 오직 1, 2, 3뿐일 때,

이 연립부등식의 정수 a, b의 쌍 $(a,\ b)$의 개수를 구하여라.

[풀이] ①에서 $x \geq \dfrac{a}{9}$이고, ②에서 $x < \dfrac{b}{8}$이다.

연립부등식에 해가 존재하므로 $\dfrac{a}{9} \leq x < \dfrac{b}{8}$이고, 수직선 위에 해를 나타내면 다음 그림과 같다.

또 가장 작은 정수해가 1이므로 $0 < \dfrac{a}{9} \leq 1$이다. 즉, $0 < a \leq 9$이다.

그러므로 정수 a는 $1 \sim 9$의 9개의 정수가 가능하다.

또 가장 큰 정수해는 3이므로 $3 < \dfrac{b}{8} \leq 4$이고, $24 < b \leq 32$이다.

그러므로 정수 b는 $25 \sim 32$의 8개의 정수가 가능하다.

따라서 (a, b)의 쌍은 모두 $9 \times 8 = 72$(개)이다.

[평론] 수직선 위에 그리는 것은 문제를 푸는데 많은 도움이 된다.

예를 들어 이 예제의 해는 $\dfrac{a}{9} \leq a < \dfrac{b}{8}$이다.

아래의 수직선과 같이 나타낼 경우 우리는 $0 < \dfrac{a}{9} \leq 1$, $3 < \dfrac{b}{8} \leq 4$를 쉽게 얻어낼 수 있다. 이것으로 다음과 같은 결과가 나온다.

답 72개

1 핵심요점

1. 절댓값을 포함한 일차부등식

절댓값을 포함한 일차부등식을 풀려면 일반적으로 절댓값을 포함하지 않은 부등식으로 바꾸어 해를 구한다.

(1) $|y| < a(a > 0)$를 같은 해를 갖는 연립부등식으로 바꾼다.[주1]

$$-a < y < a$$

(2) $|y| > a(a > 0)$를 같은 해를 갖는 연립부등식으로 전환한다.[주2]

$$y > a \text{ 또는 } y < -a$$

(3) 영점 분리법과 절댓값의 기하학적인 의미는 절댓값을 포함한 일차부등식을 푸는데 있어 중요한 역할을 한다.

2 필수예제

1. 간단한 예 들기

필수예제 5·1

부등식 $|2x - 4| < 6$의 해를 구하여라.

[풀이] $|2x-4| < 6$과 같은 해를 갖는 연립부등식은 $-6 < 2x - 4 < 6$이다.
이 연립부등식을 풀면 $-1 < x < 5$이다.
그러므로 원 부등식의 해는 $-1 < x < 5$이다. **답** $-1 < x < 5$

필수예제 5·2

부등식 $|2 - 3x| > 1$의 해를 구하여라.

[풀이] 원 부등식과 같은 해를 갖는 연립부등식은
$2-3x > 1$ 또는 $2-3x < -1$
이다. 즉, $x < \dfrac{1}{3}$ 또는 $x > 1$이다.
그러므로 원 부등식의 해는 $x < \dfrac{1}{3}$ 또는 $x > 1$이다.

답 $x < \dfrac{1}{3}$ 또는 $x > 1$

---

1) [주] 만약 $a \leq 0$, $|y| < a$에는 해가 없다.
2) [주] ① 만약 $a < 0$, $|y| > a$에는 모든 수가 가능하다. ② $|y| > a(a > 0)$의 해는 두 부등식 $y > a$와 $y < -a$를 "연립" 했을 때의 해만이 해당되는 것이 아니라, 이 두 부등식 각각의 해가 모두 해당된다.

2. 영점 분리법을 사용하여 문제 풀기

필수예제 6

부등식 $|x - 2000| + |x| \le 9999$를 만족하는 정수 x는 총 몇 개인지 구하여라.

[풀이] 절댓값 $|x - 2000|$, $|x|$의 영점은 각각 2000과 0이다.

① $x < 0$일 때, 원 부등식은 $-(x - 2000) - x \le 9999$이고,

이를 풀면 $x \ge -3999.5$이다. 따라서 해는 $-3999.5 \le x < 0$이다.

이때, 원 부등식을 만족시키는 정수는 3999개이다.

② $0 \le x < 2000$일 때, 원 부등식은 $-(x - 2000) + x \le 9999$이고,

이를 정리하면 $2000 \le 9999$이다. 따라서 해는 $0 \le x < 2000$이다.

이때, 원 부등식을 만족시키는 정수는 2000개이다.

③ $x \ge 2000$일 때, 원 부등식은 $x - 2000 + x \le 9999$이고,

이를 풀면 $x \le 5999.5$이다. 따라서 해는 $2000 \le x \le 5999.5$이다.

이때, 원 부등식을 만족시키는 정수는 4000개이다.

그러므로 원 부등식을 만족시키는 정수는 총 $3999 + 2000 + 4000 = 9999$ (개)이다.

답 9999

필수예제 7

부등식 $-\dfrac{1}{x} < \left|\dfrac{x+1}{x}\right| < 2$의 해를 구하여라.

[풀이] $x \ne 0$이고, $|x + 1|$과 $|x|$의 영점은 각각 -1과 0이다.

① $x < -1$일 때, 원 부등식은 $-\dfrac{1}{x} < \dfrac{-(x+1)}{-x} < 2$,

즉, $-\dfrac{1}{x} < \dfrac{x+1}{x} < 2$이다.

양변에 $x\,(x < 0)$를 곱하면 $-1 > x + 1 > 2x$가 되고, 이 연립부등식을 풀면 $x < -2$이다. 이때, 부등식의 해는 $x < -2$이다.

② $-1 \le x < 0$일 때, 원 부등식은 $-\dfrac{1}{x} < \dfrac{x+1}{-x} < 2$이다.

양변에 $-x(-x > 0)$를 곱하면 $1 < x + 1 < -2x$가 되고, 이 연립부등식을 풀면 답이 없다. 이때, 부등식의 해는 없다.

③ $x > 0$일 때, 원 부등식은 $-\dfrac{1}{x} < \dfrac{x+1}{x} < 2$이다.

양변에 x를 곱하면 $-1 < x + 1 < 2x$가 되고, 이 연립부등식을 풀면 $x > 1$이다. 이때, 부등식의 해는 $x > 1$이다.

따라서 원 부등식의 해는 $x < -2$ 또는 $x > 1$이다.

답 $x < -2$ 또는 $x > 1$

3. 절댓값의 기하학적 의미를 이용한 풀이 문제

필수예제 8

다음 절댓값을 포함한 부등식의 해를 구하여라.

(1) $|x-1| \geq |x-3|$

(2) $|x+2| + |x-1| > 5$

[풀이] (1) 절댓값의 기하학적 의미로 수직선 위에서의 부등식의 해 $|x-1|$의 거리가 $|x-3|$의 거리보다 크거나 같음(즉, 작지 않음)을 알 수 있다.

아래 그림으로 점 x가 반드시 $x \geq 2$를 만족시키므로 부등식의 해가 $x \geq 2$임을 알 수 있다.

답 $x \geq 2$

(2) 원 부등식의 기하학적 의미는 다음과 같다. 원 부등식의 해 $|x+2|$의 거리와 $|x-1|$의 거리의 합은 5보다 크다. 아래 그림으로 점 x가 반드시 $x > 2$ 또는 $x < -3$을 만족시킨다는 것을 알 수 있다.

답 $x > 2$ 또는 $x < -3$

연습문제 05

01 다음 물음에 답하여라.

(1) m의 값의 범위에 따라 x에 대한 부등식 $\dfrac{x}{2} - m > mx - 2$의 해를 구하여라.

(2) m의 값의 범위에 따라 아래 연립부등식의 해를 각각 구하여라.

(a) $\begin{cases} x > 2m - 1 \\ x < m - 3 \end{cases}$

(b) $\begin{cases} x > 2m - 1 \\ x > m - 3 \end{cases}$

(c) $\begin{cases} x < 2m - 1 \\ x < m - 3 \end{cases}$

힌트

① 연립부등식 $\begin{cases} x > a \\ x < b \end{cases}$에서 $a < b$이면 해는 $a < x < b$이고, $a \geq b$이면 해가 존재하지 않는다.

② 연립부등식 $\begin{cases} x > a \\ x > b \end{cases}$의 해는 $x > c$이다. (c는 a, b 중 큰 수이다.)

③ 연립부등식 $\begin{cases} x < a \\ x < b \end{cases}$의 해는 $x < d$이다. (d는 a, b 중 작은 수이다.)

02 다음 물음에 답하여라.

(1) a, b는 상수일 때, $ax + b > 0$의 해가 $x < \dfrac{1}{3}$일 때, $bx - a < 0$의 해를 구하여라.

(2) 부등식 $(ax - 1)(x + 2) > 0$의 해가 $-3 < x < -2$일 때, a의 값을 구하여라.

03 다음 물음에 답하여라.

(1) x에 대한 부등식 $\dfrac{ax-1}{2} - a \geq x$의 해의 최댓값이 -1일 때, a의 값을 구하여라.

(2) x에 대한 연립부등식 $\begin{cases} \dfrac{2x+5}{3} > x-5 \\ \dfrac{x+3}{2} < x+a \end{cases}$ 의 정수해가 5개일 때, a의 범위를 구하여라.

04 다음 절댓값을 포함한 부등식의 해를 구하여라.

(1) $|1-2x| < 3$

(2) $|3-2x| > 5$

(3) $|3x-5| \geq -1$

(4) $|3x-2| < -0.1$

05 다음 물음에 답하여라.

(1) 부등식 $|x+1| + |x| < 2$의 해를 구하여라.

(2) 절댓값 부등식 $|x-5| - |2x+3| < 1$의 해를 구하여라.

06 다음 물음에 답하여라.

(1) x에 대한 부등식 $(2a-b)x + a - 5b > 0$의 해가 $x < \dfrac{10}{7}$일 때, $ax + b > 0$의 해를 구하여라.

(2) 부등식 $\cdots < a^7 < a^5 < a^3 < a < a^2 < a^4 < a^6 < \cdots$이 성립되게 하는 유리수 a의 범위는?

① $0 < a < 1$ 　　　　　　　② $a > 1$

③ $-1 < a < 0$ 　　　　　　④ $a < -1$

07 $x + y + z = 30$, $3x + y - z = 50$에서 x, y, z가 모두 음수가 아닐 때, $M = 5x + 4y + 2z$의 범위를 구하여라.

08 다음 물음에 답하여라.

(1) 부등식 $|x| > |x + 5|$의 해를 구하여라.

(2) 부등식 $|x - 2| - 5 < a$의 해를 구하여라.

09 다음 물음에 답하여라.

(1) x에 대한 부등식 $|3x+m| < 0.5n$의 해를 구하여라.

(2) 방정식 $\dfrac{x+5}{x+2} - \dfrac{x}{x-1} = \dfrac{m}{x^2+x-2}$의 해의 절댓값은 4보다 작은 자연수일 때, m의 값을 구하여라.

[응용하기]

10 $a < 0$, $b > 0$일 때, 부등식 $(x-a)(x+b) \geq |ab|$의 해를 구하여라.

11 부등식 $|x+1| + |x-3| \leq a$의 해가 존재할 때, a의 범위를 구하여라.

06강 일차부등식의 실제 응용

1 핵심요점

일차방정식 실제 문제 풀이와 동일하게 일차부등식 실제 문제 풀이에서 키포인트는 역시 미지수를 올바르게 선택하고 문제의 의미에 알맞게 부등 관계식을 만든 다음[주] 부등식을 풀이하는 기본 방법을 사용하여 답을 구한다.

2 필수예제

1. 부등식의 기본 성질 응용

필수예제 1·1

연립부등식 $\begin{cases} 2x + 4 \leq 0 \\ \dfrac{1}{2}x + 2 > 0 \end{cases}$ 의 정수해를 구하여라.

[풀이] 연립부등식을 풀면 $-4 < x \leq -2$ 이다.

그러므로 연립부등식의 정수해는 $x = -3$, -2이다.

립 -3, -2

필수예제 1·2

부등식 $3x - a \leq 0$의 자연수해가 1, 2, 3일 때, a의 범위를 구하여라.

[풀이] 부등식 $3x - a \leq 0$의 해는 $x \leq \dfrac{a}{3}$이다.

부등식의 자연수해는 1, 2, 3이므로 $3 \leq \dfrac{a}{3} < 4$이다.

그러므로 a의 범위는 $9 \leq a < 12$이다.

립 $9 \leq a < 12$

필수예제 2

$a_1 + a_2 + a_3 + a_4 + a_5 + a_6 + a_7 = 159$, a_1, a_2, a_3, a_4, a_5, a_6, a_7 은 서로 같지 않은 자연수일 때, 그 중 가장 작은 수인 a_1의 최댓값을 구하여라.

[풀이] a_1, a_2, $\cdots$, a_7이 서로 같지 않으므로, $a_1 < a_2 < a_3 < a_4 < a_5 < a_6 < a_7$ 이라 가정해도 무방할 것이다. 또 a_1, a_2, $\cdots$, a_7는 자연수이다. 즉,

$a_1 + 1 \leq a_2$, $a_2 + 1 \leq a_3$, $a_3 + 1 \leq a_4$, $a_4 + 1 \leq a_5$, $a_5 + 1 \leq a_6$, $a_6 + 1 \leq a_7$이다. 순서대로 대입하면 다음과 같다.

$a_1 + 1 \leq a_2$, $a_1 + 2 \leq a_3$, $a_1 + 3 \leq a_4$, $a_1 + 4 \leq a_5$, $a_1 + 5 \leq a_6$,

---

1) [주] 가끔은 심지어 등식과 부등식 두 관계식을 만들어야할 때도 있다. - 혼합형 연립부등식

$a_1 + 6 \le a_7$ 위의 여섯 개의 식을 서로 더하면 다음과 같은 식이 나온다.

$$6a_1 + (1+2+3+4+5+6) \le a_2 + a_3 + a_4 + a_5 + a_6 + a_7$$

즉, $7a_1 + 21 \le a_1 + a_2 + a_3 + a_4 + a_5 + a_6 + a_7$ 이다.

그러므로 $7a_1 + 21 \le 159$ 이다. 즉, $a_1 \le \dfrac{159-21}{7} = 19\dfrac{5}{7}$ 이다.

따라서 a_1의 최댓값은 19이다. 답 19

필수예제 3

음수가 아닌 a, b, c는 $3a + 2b + c = 4$, $2a + b + 3c = 5$일 때,
$S = 5a + 4b + 7c$의 최댓값을 m, 최솟값을 n이라 하면, $n - m$을 구하여라.

[풀이] 이미 알고 있는 두 등식을 a, b에 대한 연립방정식으로 생각한다.

즉, c를 계수로 생각하여 연립방정식을 풀어 a, b를 구한다.

그러면, $a = 6 - 5c$, $b = 7c - 7$이다.

즉, $S = 5a + 4b + 7c = 5(6 - 5c) + 4(7c - 7) + 7c = 10c + 2$이다.

여기서 a, b, c는 모두 음수가 아니므로 $6 - 5c \ge 0$, $7c - 7 \ge 0$, $c \ge 0$이다.

이를 연립하여 풀면 $1 \le c \le \dfrac{6}{5}$이다.

그러므로 $S(=10c+2)$의 최댓값은 $m = 10 \times \dfrac{6}{5} + 2 = 14$이고,

최솟값은 $n = 10 \times 1 + 2 = 12$이다.

따라서 $n - m = 12 - 14 = -2$이다.

답 -2

2. 실제 문제의 응용

필수예제 4

기숙사에서 한 방에 4명씩 자면 20명이 잘 곳이 없고, 8명씩 자면 한 방이 가득
차지 않을 때, 방의 수와 학생의 수를 구하여라.

[풀이] 방 개수를 x라 하고 학생 수를 $(4x + 20)$명이라고 하자.

그러면, $8(x-1) < 4x + 20 < 8x$이고, 이를 풀면 $5 < x < 7$이다.

x가 자연수이므로 $x = 6$이다.

또, 방의 수가 6개이므로 학생의 수는 $4 \times 6 + 20 = 44$(명)이다.

답 방 6개, 학생 44명

필수예제 5

어느 공장에서 갑과 을 작업을 하기 위해 150명의 직원을 모집하려 한다. 갑, 을 두 작업을 하는 직원의 한 달 월급은 각각 120만원과 200만원이며, 을 작업을 하는 직원 수는 갑 작업을 하는 직원 수의 2배보다 작지 않을 때, 갑과 을 작업을 하는 직원은 각각 몇 명씩이어야 하고 매 달 지불해야 하는 돈은 최소 얼마인지 구하여라.

[풀이] 갑 작업을 하기 위해 모집한 직원 수를 x명이라 하고,
을 작업을 하기 위해 모집한 직원 수를 $(150-x)$명이라고 하자.
그러면, $150-x \geq 2x$이다. 이를 풀면, $x \leq 50$이다. 즉, $0 \leq x \leq 50$이다.
또 직원에게 줘야 하는 월급을 y만원이라고 하면,
$y = 120x + 200(150-x) = -80x + 30000 \ (0 \leq x \leq 50)$
이다. 그러므로 $x = 50$일 때 y는 최솟값 $y_{\min} = -80 \times 50 + 30000 = 26000$이다.
즉, 갑 작업을 하기 위해 50명을 모집하고,
을 작업을 하기 위해 $150 - 50 = 100$명을 모집했을 때
최소한 2억 6천 만원의 월급을 지불해야 한다.

답 2억 6천 만원

필수예제 6

빨간색, 노란색 공들이 들어있는 상자가 있다. 우선 50개의 공을 꺼냈더니 49개가 빨간색이었다. 그 후 8개의 공을 꺼낼 때마다 7개는 빨간색이었으며, 마지막까지 8개씩 꺼냈더니 딱 맞게 끝났다. 빨간색 공은 전체 공의 90%보다 적지 않았다. 공은 최대한 몇 개인지 구하여라.

[풀이] 총 공의 수를 x라 하면, $x = 8n + 50 (n$은 자연수$)$이고, $\dfrac{7n+49}{x} \geq 0.9$이다.
그러므로 $\dfrac{7n+49}{8n+50} \geq 0.9$이다.
$8n+50 > 0$이므로 $7n+49 \geq (8n+50) \times 0.9$이다. 이를 풀면, $n \leq 20$이다.
그러므로 최대한의 공의 수는 $8 \times 20 + 50 = 210$(개)이다.

답 210개

필수예제 7

어느 학교에서 갑 상품 x개, 을 상품 y개를 사기 위해 1500만원을 예산으로 잡았다. 예상치 못하게 갑 상품은 개당 1.5만원씩 올랐고 을 상품은 개당 1만원씩 올라서 살 수 있는 갑 상품의 개수는 예상했던 개수보다 10개가 줄었으나 지불해야하는 총액은 29만원이 늘었다. 갑 상품이 개당 1만원씩만 오르고 산 갑상품의 수량이 예상했던 수보다 5개만 적으며 을 상품은 여전히 개당 1만원씩 올랐을 때 갑, 을 두 상품에 지불해야 하는 총액은 1563.5만원이었다.

(1) x, y의 관계식을 구하여라.

(2) 사고자 했던 갑 상품 수의 2배와 사고자 했던 을 상품 수의 합이 205보다 크고 210보다 작을 때, x, y의 값을 구하여라.

[풀이] (1) 사고자 했던 갑, 을 상품의 원래 가격을 a만원, b만원이라고 하면

$$ax + by = 1500 \qquad \cdots\cdots \text{㉠}$$

갑 상품 가격이 개당 1.5만원씩 올라서 예상했던 것보다 10개 덜 샀고, 을 상품의 가격이 개당 1만원씩 올랐을 때의 식은 다음과 같다.

$$(a+1.5)(x-10) + (b+1)y = 1500 + 29$$

즉, $(ax+by) + 1.5x + y - 10a = 1544 \qquad \cdots\cdots \text{㉡}$

갑 상품 가격이 개당 1만원씩만 올랐고 사려했던 수보다 5개 덜 샀으며 을 상품의 가격이 개당 1만원씩 올랐을 때의 식은 다음과 같다.

$$(a+1)(x-5) + (b+1)y = 1563.5$$

즉, $(ax+by) + x + y - 5a = 1568.5 \qquad \cdots\cdots \text{㉢}$

㉠을 ㉡, ㉢에 대입하면 다음과 같다.

$$1500 + 1.5x + y - 10a = 1544$$
$$1500 + x + y - 5a = 1568.5$$

다시 정리하면, $1.5x + y - 10a = 44$, $x + y - 5a = 68.5$이다.

위의 두 식을 연립하여 a를 소거하면 $0.5x + y = 93$이다.

그러므로 구하는 x, y의 관계식은 $y = -0.5x + 93$ 또는 $x + 2y = 186$이다.

🔖 $y = 0.5x + 93$ 또는 $x + 2y = 186$

(2) 문제의 조건으로부터 $205 < 2x + y < 210$이다.

(1)에서 구한 관계식으로부터 $2x = 372 - 4y$이다.

그러므로 $205 < 372 - 4y + y < 210$이다. 즉, $162 < 3y < 167$이다.

이를 풀면, $54 < y < 55\frac{2}{3}$이다.

y는 자연수이므로 $y = 55$이고, $x = 186 - 2 \times 55 = 76$이다.

🔖 $x = 76$, $y = 55$

어느 완구 공장에서 완구를 생산하는 데 450시간의 노동력과 400개의 재료가 있다. 곰 인형 하나를 생산하는데 15시간의 노동력과 20개의 재료가 필요하며 판매가는 8만원이다. 고양이 인형 하나를 생산하는데 10시간의 노동력과 5개의 재료가 필요하며 판매가는 4만 5천원이다. 현재 노동력과 재료에는 한계가 있을 때, 총 판매 가격이 220만원이 될 수 있는지 구하여라.

[풀이] 생산해야하는 곰 인형과 고양이 인형 수를 각각 x개와 y개라 하고, 총 판매 가격을 z라고 하자. 그러면,

$$z = 8x + 4.5y = 0.5(16x + 9y) \qquad \cdots\cdots ㉠$$

$$15x + 10y \leq 450 \qquad \cdots\cdots ㉡$$

$$20x + 5y \leq 400 \qquad \cdots\cdots ㉢$$

이다. 총 판매 가격이 $z = 220$일 때 ㉠에서 $16x + 9y = 440$이다.

즉, $y = \dfrac{440 - 16x}{9}$이다. 이를 ㉡, ㉢에 대입하여 정리하면

$$3x + 2 \times \frac{440 - 16x}{9} \leq 90, \quad 4x + \frac{440 - 16x}{9} \leq 80$$

이다. 위의 두 식을 연립하여 풀면 $14 \leq x \leq 14$이다. 즉, $x = 14$이다.

그러므로 $y = \dfrac{440 - 16 \times 14}{9} = 24$이다.

따라서 $x = 14$, $y = 24$일 때, $z = 8 \times 14 + 4.5 \times 24 = 220$(만원)이다.

곰 인형 14개, 고양이 인형 24개를 생산하면 총 판매가격이 220만원이 된다.

답 $x = 14$, $y = 24$일 때, 220만원

▶ 풀이책 p.13

[실력다지기]

01 다음 물음에 답하여라.

(1) 연립부등식 $\begin{cases} 3x+1 \geq 0 \\ 2x < 7 \end{cases}$ 의 정수해의 개수를 구하여라.

(2) x에 대한 방정식 $5x+3m=4x+9$이 음이 아닌 해를 가질 때, 자연수 m의 값을 구하여라.

02 다음 물음에 답하여라.

(1) 네 수 w, x, y, z는 $x-2001=y+2002=z-2003=w+2004$일 때, 그 중 가장 작은 수와 가장 큰 수를 구하여라.

(2) 네 자연수 x, y, z, w에서 세 수의 합은 각각 180, 197, 208, 222일 때, x, y, z, w 중 가장 큰 수를 구하여라.

03 수학경시대회의 첫 번째 시험에 25문제가 출제된다. 한 문제당 4점씩이고, 답이 틀리면(답을 쓰지 않았을 경우 포함) 한 문제당 1점씩 감점되며, 60점보다 낮지 않은 점수를 받는 학생은 두 번째 시험에 참가할 수 있다. 두 번째 시험에 참가하려면 첫 번째 시험에서 적어도 몇 문제를 맞아야 하는지 구하여라.

04 "월드컵"기간에 한국 응원단 56명은 한국 팀을 응원하기 위해 호텔에서 차를 타고 축구장으로 가려고 한다. A, B 팀으로 나눠졌고, A 팀에는 B 팀보다 차가 3 대 적을 때 모든 사람이 A 팀의 차를 탈 때, 한 차에 5 명씩 타면 차가 모자라고, 6 명씩 타면 차가 가득 차지 않는다. 모든 사람이 B 팀의 차를 탔을 때, 한 차에 4 명씩 타면 차가 모자라고, 5 명씩 타면 차가 가득 차지 않는다. A 팀에는 차가 총 몇 대 있는지 구하여라.

05 다음과 같이 작은 수부터 큰 수까지 나열해 놓은 서로 다른 11개의 자연수 n_1, n_2, n_3, $\cdots$, n_{11} 들의 합이 2005일 때, n_6의 최댓값을 구하여라.

[실력 향상시키기]

06 서울 중학교 2학년 A 반 여학생들은 연하장 200장을 제작하기로 하였다. 한 사람당 8장씩 만들 경우 200장에 미치지 못하고, 9장씩 만들 경우 200장이 넘는다. 남학생 4명을 섭외하여 한사람당 11장씩 만들었더니 300장이 넘었다. 이때, 2학년 A반 여학생은 총 몇 명인지 구하여라.

07 다음 물음에 답하여라.

(1) $S = \dfrac{1}{\dfrac{1}{1993} + \dfrac{1}{1994} + \cdots + \dfrac{1}{2014}}$ 이라면, S의 정수 부분을 구하여라.

(2) 방정식 $\dfrac{1}{a} + \dfrac{1}{a+1} + \dfrac{1}{a+4} = 1$ 일 때, 자연수 a의 값을 구하여라.

08 정오각형 광장 ABCDE의 둘레는 2000 m 이며 갑, 을 두 사람이 각각 A와 C 두 점에서 A → B → C → D → E → A의 순서로 돌았다. (갑 속력 50 m /분. 을 속력 46 m /분) 갑, 을 두 사람이 첫 번째로 같은 변에 있을 수 있을 때, 출발한 후 몇 분이 지났을 때인지 구하여라.

09 화판 한 개의 가격은 2000 원이고, 물감 한 개의 가격은 500 원일 때, 문구 상점에서 이 물건들을 팔기 위해 다음과 같은 두 가지 할인 방법을 내놓았다. 하나는 화판 하나를 살 때마다 물감을 하나씩 주는 것이고, 다른 하나는 총 가격의 92% 만을 받는다. 어느 미술 선생님은 화판 4개와 물감 여러 개(4개보다 적지 않음)가 필요하다.

(1) 물감 수량을 x(개)라고 하고, 지불한 총 금액을 y(원)이라고 했을 때, 두 가지 할인 방법의 y, x의 함수 관계식을 각각 구하여라.

(2) 만약 동일한 개수의 물감이 필요하다면 어떤 방법으로 물건을 샀을 때 돈을 더 절약할 수 있는지 구하여라.

[응용하기]

10 a, b, c는 모두 양수이고, $\dfrac{c}{a+b} < \dfrac{a}{b+c} < \dfrac{b}{c+a}$ 일 때, 세 수 a, b, c의 크기를 비교하여라.

07강 분수식과 그 연산

1 핵심요점

1. 정리

$\dfrac{A}{B}$ (A, B는 정식이고 B ≠ 0)의 형태를 가진 식을 분수식이라고 한다. 여기서, A는 이 분수식의 분자이고, B는 이 분수식의 분모이다.

2. 분수식의 기본 성질

분수식의 분자와 분모가 동시에 0이 아닌 동일한 정식으로 곱하여도(나누어도) 분수식의 값은 변하지 않으며 다음과 같다.

$$\frac{A}{B} = \frac{A \times C}{B \times C} = \frac{A \div D}{B \div D} \ (C, \ D는 \ 0이 \ 아닌 \ 정수)$$

3. 분수식의 연산법칙

① 가감법 법칙

• 분모가 같은 경우 : 분모는 바뀌지 않고 분자에 가감한다.

$$\frac{A_1}{B} \pm \frac{A_2}{B} = \frac{A_1 \pm A_2}{B} \ (B \neq 0)$$

• 분모가 다른 경우 : 우선 분모를 나눈 후 다시 가감한다.

$$\frac{A_1}{B_1} \pm \frac{A_2}{B_2} = \frac{A_1 B_2 \pm A_2 B_1}{B_1 B_2} \ (B_1 B_2 \neq 0)$$

② 곱셈 법칙 : 분자를 서로 곱한 곱을 곱의 분자로 하고, 분모를 서로 곱한 곱을 곱의 분모로 한다.

$$\frac{A_1}{B_1} \times \frac{A_2}{B_2} = \frac{A_1 A_2}{B_1 B_2} \ (B_1 B_2 \neq 0)$$

특히 분수식의 곱셈 법칙은 $\left(\dfrac{A}{B}\right)^n = \dfrac{A^n}{B^n}$ 이다. (B ≠ 0, n은 자연수)

③ 나눗셈 법칙 : 나눗셈 식의 분자와 분모는 위치를 거꾸로 한 후 다시 나눗셈 식과 서로 곱한다.

$$\frac{A_1}{B_1} \div \frac{A_2}{B_2} = \frac{A_1}{B_1} \times \frac{B_2}{A_2} = \frac{A_1 B_2}{B_1 A_2} \ (B_1 B_2 A_2 \neq 0)$$

4. 계산 방법

분수식을 간단하게 계산하는데 자주 쓰이는 방법은 기본 연산 법칙 외에

① 조를 나눠 수식을 간단하게 만든 후 계산하기,

② 항목을 더하거나 분리한 후 간단하게 만들어 계산하기,

③ 묶음으로 대입하여 값 구하기 등 방법이 있다.

2 필수예제

1. 분수식의 개념, 성질과 응용

필수예제 1·1

분수식 $\dfrac{x+1}{x-1}$ 이 성립하지 않을 때, x의 값을 구하여라.

[풀이] 분모가 $x-1=0$, 즉, $x=1$일 때, 분수 $\dfrac{x+1}{x-1}$은 성립하지 않는다.

답 $x=1$

필수예제 1·2

분수식 $\dfrac{1}{-x^2+3x+4}$ 이 성립할 때, x의 범위를 구하여라.

[풀이] 분수가 성립되려면 분모 $-x^2+3x+4 \neq 0$이어야 한다.

즉, $(-x+4)(x+1) \neq 0$이어야 한다.

따라서 $x \neq -1$이고 $x \neq 4$이다.

답 $x \neq -1$이고 $x \neq 4$

필수예제 1·3

분수식 $\dfrac{(x-8)(x+1)}{|x|-1}$ 의 값이 0일 때, x의 값을 구하여라.

[풀이] $(x-8)(x+1)=0$, $|x|-1 \neq 0$이므로 $x=8$ 또는 -1이고 $x \neq \pm 1$이다.

즉, $x=8$이다.

검산하면, $x=8$일 때, $\dfrac{(x-8)(x+1)}{|x|-1}$ 의 값은 0이다.

답 8

2. 연산법을 사용하여 수식을 간단히 만들기

필수예제 2

다음 분수식을 간단히 하여라.

$$\frac{a^2-ab}{a^2} \div \left(\frac{a}{b} - \frac{b}{a} \right)$$

[풀이] 원식 $= \dfrac{a^2-ab}{a^2} \div \dfrac{a^2-b^2}{ab}$

$= \dfrac{a(a-b)}{a^2} \times \dfrac{ab}{a^2-b^2}$

$= \dfrac{a(a-b)}{a^2} \times \dfrac{ab}{(a-b)(a+b)}$

$= \dfrac{b}{a+b}$

답 $\dfrac{b}{a+b}$

3. 조를 나누어 간단하게 만들기

필수예제 3·1

대수식 $\dfrac{1}{x-1}+\dfrac{1}{x+1}+\dfrac{2x}{x^2+1}+\dfrac{4x^3}{x^4+1}$ 을 간단히 하여라.

[풀이] 원식 $=\dfrac{2x}{x^2-1}+\dfrac{2x}{x^2+1}+\dfrac{4x^3}{x^4+1}$

$=2x\times\dfrac{2x^2}{x^4-1}+\dfrac{4x^3}{x^4+1}$

$=4x^3\times\dfrac{2x^4}{x^8-1}$

$=\dfrac{8x^7}{x^8-1}$　　　　　**답** $\dfrac{8x^7}{x^8-1}$

필수예제 3·2

다음 식을 계산하여라.

$$\dfrac{a}{a^3+a^2b+ab^2+b^3}+\dfrac{b}{a^3-a^2b+ab^2-b^3}+\dfrac{1}{a^2-b^2}-\dfrac{1}{a^2+b^2}-\dfrac{a^2+3b^2}{a^4-b^4}$$

[풀이] 원식 $=\dfrac{a}{(a+b)(a^2+b^2)}+\dfrac{b}{(a-b)(a^2+b^2)}+\dfrac{2b^2}{a^4-b^4}-\dfrac{a^2+3b^2}{a^4-b^4}$

$=\dfrac{a(a-b)+b(a+b)}{(a+b)(a-b)(a^2+b^2)}-\dfrac{a^2+b^2}{a^4-b^4}$

$=\dfrac{a^2+b^2}{a^4-b^4}-\dfrac{a^2+b^2}{a^4-b^4}$

$=\dfrac{1}{a^2-b^2}-\dfrac{1}{a^2-b^2}$

$=0$　　　　　**답** 0

4. 항목을 분리하여 분수식을 간단하게 만들기

필수예제 4

다음 식을 간단히 하여라.

$$\dfrac{x^2+yz}{x^2+(y-z)x-yz}+\dfrac{y^2-zx}{y^2+(z+x)y+zx}+\dfrac{z^2+xy}{z^2-(x-y)z-xy}$$

[풀이] 수식의 분모를 인수분해하면,

$x^2+(y-z)x-yz=(x+y)(x-z)$,

$y^2+(z+x)y+zx=(x+y)(y+z)$,

$z^2-(x-y)z-xy=-(x-z)(y+z)$

또 분자를 정리하면,

$x^2+yz=x(x-z)+z(x+y)$,

$$y^2 - zx = y(x+y) - x(y+z),$$
$$z^2 + xy = z(y+z) + y(x-z)$$

따라서 원식 $= \dfrac{x(x-z) + z(x+y)}{(x+y)(x-z)} + \dfrac{y(x+y) - x(y+z)}{(x+y)(y+z)}$

$$+ \dfrac{z(y+z) + y(x-z)}{-(x-z)(y+z)}$$

$$= \left(\dfrac{x}{x+y} + \dfrac{z}{x-z} \right) + \left(\dfrac{y}{y+z} - \dfrac{x}{x+y} \right) + \left(-\dfrac{z}{x-z} - \dfrac{y}{y+z} \right)$$

$$= 0$$

[평론과 주석]

세 분모를 인수분해한 식이 있으면 우리는 직접 통분할 수 있다.

(공통분모는 $(x+y)(y+z)(x-z)$.)

원식 $= \dfrac{(x^2 + yz)(y+z) + (y^2 - zx)(x-z) - (z^2 + xy)(y+z)}{(x+y)(y+z)(x-z)}$

$$= \dfrac{0}{(x+y)(y+z)(x-z)} = 0$$ 　　　　　　답 0

5. 크기 비교하기

필수예제 5

자연수 a, b, c가 $\dfrac{c}{a+b} < \dfrac{a}{b+c} < \dfrac{b}{c+a}$ 을 만족할 때, a, b, c의 크기를 비교하여라.

[풀이] $\dfrac{c}{a+b} < \dfrac{a}{b+c}$ 에서 $c(b+c) < a(a+b)$이다. 즉, $bc + c^2 < a^2 + ab$이다.

그러므로 $bc + c^2 - a^2 - ab < 0$, $(c-a)(c+a) + b(c-a) < 0$,
$(c-a)(a+b+c) < 0$

이다. $a+b+c > 0$이므로 $c-a < 0$이고 $c < a$이다.

같은 방법으로 $\dfrac{a}{b+c} < \dfrac{b}{c+a}$ 에서 $a < b$이다.

따라서 $c < a < b$이다.

[평론과 주석]

다음과 같이 풀 수도 있다.

주어진 조건에서 $\dfrac{a+b}{c} > \dfrac{b+c}{a} > \dfrac{c+a}{b}$ 을 알 수 있다.

따라서 $\dfrac{a+b}{c} + 1 > \dfrac{b+c}{a} + 1 > \dfrac{c+a}{b} + 1$이다.

그러므로 $\dfrac{a+b+c}{c} > \dfrac{a+b+c}{a} > \dfrac{a+b+c}{b}$, 즉, $\dfrac{1}{c} > \dfrac{1}{a} > \dfrac{1}{b}$이다.

따라서 $c < a < b$이다.

상술한 두 풀이 방법은 모두 크기를 비교할 때 자주 쓰는 "차 구하는 방법"(또는 "몫 구하는 방법")을 사용하지 않았다. 이것은 문제의 유형에 따라 결정한다. 　　　　　　답 $c < a < b$

6. 분수식의 (조건으로) 값 구하기

필수예제 6

유리수 a, b, c는 모두 0이 아니고 $a+b+c=0$일 때,

$$\frac{1}{b^2+c^2-a^2}+\frac{1}{c^2+a^2-b^2}+\frac{1}{a^2+b^2-c^2}$$ 의 값을 구하여라.

[풀이] $a+b+c=0$이므로 $a=-(b+c)$이다. 양변을 제곱하면 $a^2=b^2+c^2+2bc$이다.

그러므로 $b^2+c^2-a^2=-2bc$이고, $\dfrac{1}{b^2+c^2-a^2}=-\dfrac{1}{2bc}$ 이다.

같은 방법으로 $\dfrac{1}{c^2+a^2-b^2}=-\dfrac{1}{2ac}$, $\dfrac{1}{a^2+b^2-c^2}=-\dfrac{1}{2ab}$ 이다.

원식 $=-\dfrac{1}{2bc}-\dfrac{1}{2ac}-\dfrac{1}{2ab}=-\dfrac{a+b+c}{2abc}=\dfrac{0}{2abc}=0$

[평론과 주석]

값을 구하는 문제는 객관식 문제와 유사하게 풀 수 있다. 즉, "특수한 값을 대입하는 방법"이다.

$a+b+c=0$이라는 조건에 맞는 0이 아닌 수들로 구성된 a, b, c를 선택한다. 예를 들어 $a=b=1$, $c=-2$를 선택하여 원식에 대입하면 원식 $=0$이다. 다만, 이 방법은 풀이과정을 쓰는 서술형 문제에서 사용하면 안된다.

답 0

필수예제 7

$\dfrac{1}{x}=\dfrac{3}{y+z}=\dfrac{5}{z+x}$일 때, $\dfrac{x-2y}{2y+z}$의 값을 구하여라.

[풀이] 주어진 비례식은 $\dfrac{x}{1}=\dfrac{y+z}{3}=\dfrac{z+x}{5}$와 같다.

$\dfrac{x}{1}=\dfrac{y+z}{3}=\dfrac{z+x}{5}=k$라고 하면 $x=k$, $y+z=3k$, $z+x=5k$이다.

즉, $x=k$, $y=-k$, $z=4k$이다.

그러므로 $\dfrac{x-2y}{2y+z}=\dfrac{k+2k}{-2k+4k}=\dfrac{3k}{2k}=\dfrac{3}{2}$ 이다.

답 $\dfrac{3}{2}$

분석 tip

조건으로 값 구하기는 반드시 이미 알고 있는 조건을 사용하여야 값을 구할 수 있다. 이번 문제는 반드시 $a+b+c=0$이라는 조건을 사용하여 수식을 간단히 하고 값을 구해야한다.

분석 tip

구하고자 하는 식의 분자, 분모는 모두 일차 동차식이고, 이미 알고 있는 조건은 비례식이라는 것이다. 그러므로 $\dfrac{x}{1}=\dfrac{y+z}{3}=\dfrac{z+x}{5}$ 이다. 일반적으로 k(이 문제에서는 그렇게 하지 않아도 된다. x로 대신한다.)와 같다고 놓고 x, y, $z(k$로 표시)를 풀어 대입한 후 값을 얻어낸다(k를 약분).

7. 분수식의 등식 증명하기

필수예제 8

분석 tip

이것은 분수식의 등식을 증명하는 문제이다. 즉, 어떤 조건 아래에서만 성립되는(결과) 등식이다. 그러므로 분수식의 등식을 증명하기 위해서는 반드시 이미 알고 있는 조건을 반드시 사용해야 한다.

$(a-b)(b-c)(c-a) \neq 0$, $\dfrac{a}{b-c} + \dfrac{b}{c-a} + \dfrac{c}{a-b} = 0$ 일 때,

$\dfrac{a}{(b-c)^2} + \dfrac{b}{(c-a)^2} + \dfrac{c}{(a-b)^2} = 0$ 임을 증명하여라.

[증명] 주어진 등식에서 $\dfrac{a}{b-c} = -\dfrac{b}{c-a} - \dfrac{c}{a-b}$ 이다.

양변에 똑같이 $\dfrac{1}{b-c}$ ($b-c \neq 0$이므로)을 곱해주면

$\dfrac{a}{(b-c)^2} = -\dfrac{b}{(c-a)(b-c)} - \dfrac{c}{(a-b)(b-c)}$ 이다.

같은 방법으로

$\dfrac{b}{(c-a)^2} = -\dfrac{a}{(b-c)(c-a)} - \dfrac{c}{(a-b)(c-a)}$,

$\dfrac{c}{(a-b)^2} = -\dfrac{a}{(b-c)(a-b)} - \dfrac{b}{(c-a)(a-b)}$

이다. 그러므로

$$\text{좌변} = -\dfrac{a+b}{(c-a)(b-c)} - \dfrac{b+c}{(a-b)(c-a)} - \dfrac{c+a}{(b-c)(a-b)}$$

$$= -\dfrac{(a+b)(a-b) + (b+c)(b-c) + (c+a)(c-a)}{(c-a)(b-c)(a-b)}$$

$$= -\dfrac{a^2 - b^2 + b^2 - c^2 + c^2 - a^2}{(c-a)(b-c)(a-b)} = 0$$

이다.

[실력다지기]

01 다음 물음에 답하여라.

(1) 분수식 $\dfrac{x-1}{(x-1)(x-2)}$ 이 성립하려면, x의 조건을 구하여라.

(2) 분수식 $\dfrac{a+b}{ab}$ (a, b는 양수)의 미지수 a, b를 각각 2배로 하면 분수의 값은 어떻게 변하는가?

① 원래 값의 2배　　　　　　　② 원래 값의 $\dfrac{1}{2}$배

③ 변하지 않음　　　　　　　　④ 원래 값의 $\dfrac{1}{4}$배

(3) 분수식 $\dfrac{x^2-9}{x^2-4x+3}=0$일 때, x의 값을 구하여라.

(4) a, $b\,(b>a)$는 임의의 소수일 때, 아래의 네 분수 중 기약 분수는 몇 개인가?

① $\dfrac{a+b}{ab}$　　　　② $\dfrac{b-a}{b+a}$　　　　③ $\dfrac{b^2-a^2}{a^2+b^2}$　　　　④ $\dfrac{ab}{a^2+b^2}$

02 다음 물음에 답하여라.

(1) $\dfrac{1-a}{a} \div \left(1 - \dfrac{1}{a}\right)$ 을 계산하여라.

(2) $\dfrac{2x-6}{x^2-9} + \dfrac{x^2+2x+1}{x^2+x-6} \div \dfrac{x+1}{x-2}$ 을 간단히 하여라.

(3) $\left(x-y+\dfrac{4xy}{x-y}\right)\left(x+y-\dfrac{4xy}{x+y}\right)$ 를 계산하여라.

03 다음 물음에 답하여라.

(1) $x^2 - 5x - 1997 = 0$ 일 때, $\dfrac{(x-2)^3 - (x-1)^2 + 1}{x-2} + 1$ 의 값을 구하여라.

(2) a, b, c, d 는 모두 양수이고, $\dfrac{a}{b} < \dfrac{c}{d}$ 일 때, 다음 네 부등식 중 알맞은 것을 모두 고르시오.

① $\dfrac{a}{a+b} > \dfrac{c}{c+d}$ 　　　　② $\dfrac{a}{a+b} < \dfrac{c}{c+d}$

③ $\dfrac{b}{a+b} > \dfrac{d}{c+d}$ 　　　　④ $\dfrac{b}{a+b} < \dfrac{d}{c+d}$

04 다음 물음에 답하여라.

   (1) $4x - 3y - 6z = 0$, $x + 2y - 7z = 0$일 때, $\dfrac{5x^2 + 2y^2 - z^2}{2x^2 - 3y^2 - 10z^2}$ 의 값을 구하여라.

   (2) $x - y - 2 = 0$, $2y^2 + y - 4 = 0$일 때, $\dfrac{x}{y} - y$의 값을 구하여라.

05 다음 식을 간단히 하여라.

   (1) $\dfrac{a^2 - bc}{(a+b)(a+c)} + \dfrac{b^2 - ac}{(b+c)(b+a)} + \dfrac{c^2 - ab}{(c+a)(c+b)}$

   (2) $\dfrac{a(a+b)(a+c)}{(a-b)(a-c)} + \dfrac{2b^2(c+a)}{(b-c)(b-a)} + \dfrac{2c^2(a+b)}{(c-a)(c-b)}$

[실력 향상시키기]

06

(1) $a:b=3:5$일 때, $\dfrac{\dfrac{a+6b}{a^3-b^3}-\dfrac{6a+b}{a^3-b^3}}{\dfrac{a-4b}{a^3+b^3}-\dfrac{4a-b}{a^3+b^3}}\div\dfrac{(a+b)^3-(a-b)^3}{(a+b)^3+(a-b)^3}$ 의 값을 구하여라.

(2) $\dfrac{y+z}{x}=\dfrac{x+z}{y}=\dfrac{x+y}{z}$ 일 때, $\dfrac{y+z}{x}$ 의 값을 구하여라.

07 다음 물음에 답하여라.

(1) a, b, c가 $a+b+c=0$, $abc=8$일 때, $\dfrac{1}{a}+\dfrac{1}{b}+\dfrac{1}{c}$ 의 값에 대한 설명으로 옳은 것은?

① 양수 ② 음수

③ 0 ④ 양수 또는 음수

(2) $\dfrac{3a+3b}{2a-2b}=\dfrac{2b+c}{2b-2c}=\dfrac{2c-4a}{c-a}$, $abc\ne0$ (a, b, c는 서로 다르다)일 때,

$\dfrac{a+2b+3c}{5a-2b-9c}$ 의 값을 구하여라. (단, $5a\ne2b+9c$이다.)

08 다음 물음에 답하여라.

(1) $\dfrac{x}{x^2-x+1}=7$일 때, $\dfrac{x^2}{x^4-x^2+1}$ 의 값을 구하여라.

(2) $p+q+r=9$, $\dfrac{p}{x^2-yz}=\dfrac{q}{y^2-zx}=\dfrac{r}{z^2-xy}$ 일 때, $\dfrac{px+qy+rz}{x+y+z}$ 의 값을 구하여라.

09 다음 물음에 답하여라.

(1) $x+y\neq 0$, $x\neq z$, $y\neq z$일 때,

$$1+\dfrac{yz}{(x+y)(x-z)}+\dfrac{xz}{(x+y)(y-z)}=\dfrac{xy}{(x-z)(y-z)}$$ 가 성립하기 위한 조건은?

① $x=0$ ② $y=0$ ③ $z=0$ ④ $xyz=0$

(2) x, y, z는 0이 아니면서 서로 같지 않은 수이며, $a=x^2+y^2+z^2$,

$b=xy+yz+zx$, $c=\dfrac{1}{x^2}+\dfrac{1}{y^2}+\dfrac{1}{z^2}$, $d=\dfrac{1}{xy}+\dfrac{1}{yz}+\dfrac{1}{zx}$ 일 때, a와 b의 크기와

c와 d의 크기를 비교하여라.

[응용하기]

10 $\dfrac{x}{3y} = \dfrac{y}{2x-5y} = \dfrac{6x-15y}{x}$ 일 때, $\dfrac{4x^2-5xy+6y^2}{x^2-2xy+3y^2}$ 의 값을 구하여라.

11 세 수 a, b, c는 $\dfrac{1}{a} + \dfrac{1}{b} + \dfrac{1}{c} = \dfrac{1}{a+b+c}$ 을 만족한다. 이때, 다음 식을 증명하여라.

$$\dfrac{1}{a^{999}} + \dfrac{1}{b^{999}} + \dfrac{1}{c^{999}} = \dfrac{1}{a^{999}+b^{999}+c^{999}}$$

08강 일차(연립)방정식으로 바꿀 수 있는 분수방정식

1 핵심요점

1. 분수방정식의 정리

분모에 미지수가 포함된 방정식을 분수방정식이라고 한다.

2. 분수 방정식을 풀이하는 기본 방법

분수방정식을 풀이하는 기본 방법은 정방정식으로 바꿔 푸는 것이다. 구체적인 방법은 다음과 같다.

① 분모를 직접 없애는 방법 : 방정식의 양변에 분수방정식의 각 분모의 최소공배수를 곱하여 원래 분수방정식을 정방정식(다항식 형태의 방정식)으로 바꿔 준다.

② 치환을 이용하여 원래 분수 방정식을 정방정식(다항식 형태의 방정식)으로 바꿔 준다.

3. 분수방정식을 푼 후 반드시 검산하기

① 분모를 직접 없애는 방법을 사용할 때 검산하는 방법은 다음과 같다. 분수방정식이 바뀐 정방정식의 해를 차례로 분모의 최소공배수에 대입한다. 이 값이 0이 아니면 원래 분수방정식의 해이다.

이 값이 0이면 원래 분수방정식의 해가 아니다. 이 해를 무연근이라고 한다.

② 치환을 사용하여 분수방정식을 풀었을 때 검산하는 방법은 근을 원래 방정식에 직접 대입시켜 맞는지 확인해야 한다.

2 필수예제

1. 분모를 직접 없애는 방법

각 분모의 최소 공배수를 분수방정식의 양변(각 항)에 곱하여 분모를 없애고 수식을 간단히 하여 정리하면 일차방정식이 된다. 이 방법이 가장 간단하고 직접적이다.

> **필수예제 1**
>
> **다음 방정식을 풀어라.**
> (1) $\dfrac{3}{x-2} = 2 - \dfrac{x}{x-2}$
>
> (2) $\dfrac{x+1}{x} + \dfrac{5x}{x+1} = 6$

[풀이] (1) 주어진 방정식의 양변에 각각 분모의 최소공배수 $(x-2)$를 곱하면
$$3 = 2(x-2) - x$$
이다. 이를 풀면 $x = 7$이다.

[검산] $x = 7$일 때 $x - 2 \neq 0$이므로 주어진 방정식의 근은 $x = 7$이다.   📘 $x = 7$

(2) 주어진 방정식의 양변에 각각 분모의 최소공배수 $x(x+1)$를 곱하면
$$(x+1)^2 + 5x^2 = 6x(x+1)$$
이다. 이를 정리하면 $4x = 1$이고, 즉, $x = \dfrac{1}{4}$이다.

[검산] $x = \dfrac{1}{4}$일 때, $x(x+1) \neq 0$이므로 주어진 방정식의 근은 $x = \dfrac{1}{4}$이다.

답 $x = \dfrac{1}{4}$

2. 항을 분리하는 방법과 조를 나누고 합하는 방법

필수예제 2

다음 방정식을 풀어라.

$$\frac{1}{x^2 + x} + \frac{1}{x^2 + 3x + 2} + \frac{1}{x^2 + 5x + 6} + \frac{1}{x^2 + 7x + 12} = 1 + \frac{1}{x}$$

분석 tip

"분모를 없애는 방법"을 직접 사용하려면 우선 반드시 고차(정식) 방정식으로 바꿔야 한다. 왼쪽의 각 분수들을 보면 부분분수 분해 공식

$\dfrac{1}{n(n+1)} = \dfrac{1}{n} - \dfrac{1}{n+1}$ 을 쓸 수 있음을 알 수 있다. 각 항을 분리한 후 수식을 간단히 하면 쉽게 풀 수 있다.

[풀이] 주어진 방정식을 다음과 같은 순서로 변형한다.

$$\frac{1}{x(x+1)} + \frac{1}{(x+1)(x+2)} + \frac{1}{(x+2)(x+3)} + \frac{1}{(x+3)(x+4)} = 1 + \frac{1}{x},$$

$$\left(\frac{1}{x} - \frac{1}{x+1}\right) + \left(\frac{1}{x+1} - \frac{1}{x+2}\right) + \left(\frac{1}{x+2} - \frac{1}{x+3}\right)$$

$$+ \left(\frac{1}{x+3} - \frac{1}{x+4}\right) = 1 + \frac{1}{x}, \quad \frac{1}{x} - \frac{1}{x+4} = 1 + \frac{1}{x}$$

이다. 즉, $-\dfrac{1}{x+4} = 1$이다. 이를 정리하면, $x + 4 = -1$, 즉, $x = -5$이다.

[검산] $x = -5$일 때, 주어진 방정식의 각 분모는 모두 0이 아니다.
그러므로 주어진 방정식의 해는 $x = -5$이다.

답 $x = -5$

필수예제 3

다음 방정식을 풀어라.

$$\frac{1}{x+5} - \frac{1}{x+6} = \frac{1}{x+7} - \frac{1}{x+8}$$

분석 tip

(필수예제 2의 부분분수 분해 방법으로) 방정식의 좌, 우 양변을 합한 결과를 어렵지 않게 알 수 있다. 분자가 모두 (동일하게) 1이므로 분모 역시 동일한 "정방정식"이다.

[풀이] 주어진 방정식을 변형하면

$$\frac{(x+6) - (x+5)}{(x+5)(x+6)} = \frac{(x+8) - (x+7)}{(x+7)(x+8)},$$

$$\frac{1}{x^2 + 11x + 30} = \frac{1}{x^2 + 15x + 56},$$

$$x^2 + 11x + 30 = x^2 + 15x + 56$$

이다. 이를 정리하면, $4x = -26$, 즉, $x = -\dfrac{13}{2}$이다.

[검산] $x = -\dfrac{13}{2}$일 때 $(x+5)$, $(x+6)$, $(x+7)$, $(x+8)$은 모두 0이 아니다.

그러므로 주어진 방정식의 해는 $x = -\dfrac{13}{2}$이다.

답 $x = -\dfrac{13}{2}$

제 08강

3. 분리법

필수예제 4

분수방정식 $\dfrac{x+1}{x+2}+\dfrac{x+8}{x+9}=\dfrac{x+2}{x+3}+\dfrac{x+7}{x+8}$ 의 해를 구하여라.

분석 tip

분수방정식에서 분자의 차수가 분모의 차수보다 작지 않을 경우 정식의 나눗셈으로 분수를 정식(또는 정수)과 또 다른 분수의 대수의 합 형식(부분분수의 합)으로 바꿀 수 있다. 이렇게 하면 "차수가 줄어들 수 있고" 간단하게 계산하여 답을 구할 수 있다.

[풀이] 주어진 방정식을 변형하면,

$$\left(1-\frac{1}{x+2}\right)+\left(1-\frac{1}{x+9}\right)=\left(1-\frac{1}{x+3}\right)+\left(1-\frac{1}{x+8}\right),$$

$$\frac{1}{x+2}-\frac{1}{x+3}=\frac{1}{x+8}-\frac{1}{x+9},$$

$$\frac{1}{(x+2)(x+3)}=\frac{1}{(x+8)(x+9)},$$

$$(x+2)(x+3)=(x+8)(x+9)$$

이다. 그러므로 $x^2+5x+6=x^2+17x+72$ 이다. 이를 정리하면,
$12x=-66$ 이다.

즉, $x=-\dfrac{11}{2}$ 이다.

[검산] $x=-\dfrac{11}{2}$ 일 때, 주어진 방정식의 분모는 모두 0이 아니다.

그러므로 주어진 방정식의 해는 $x=-\dfrac{11}{2}$ 이다.

답 $x=-\dfrac{11}{2}$

4. 치환법

필수예제 5

연립방정식 $\dfrac{xy}{3x+y}=\dfrac{1}{8}$, $\dfrac{xy}{2x+3y}=\dfrac{1}{7}$ 의 해 x, y를 구하여라.

분석 tip

분수방정식의 분모와 분자를 바꾸면 다음과 같다.

$\dfrac{3x+2y}{xy}=8$, $\dfrac{2x+3y}{xy}=7$,

즉, $\dfrac{3}{y}+\dfrac{2}{x}=8$, $\dfrac{2}{y}+\dfrac{3}{x}=7$
이다.

여기서 $\dfrac{1}{x}$, $\dfrac{1}{y}$을 다른 문자로 치환하여 문제를 풀 수 있다.

[풀이] $xy\neq 0$이므로 방정식의 분자와 분모를 서로 바꾸면

$$\frac{3}{y}+\frac{2}{x}=8,\quad \frac{2}{y}+\frac{3}{x}=7$$

이다. $a=\dfrac{1}{x}$, $b=\dfrac{1}{y}$로 치환하면

$$3b+2a=8,\quad 2b+3a=7$$

이다. 이를 연립하여 풀면 $a=1$, $b=2$이다. 즉, $x=1$, $y=\dfrac{1}{2}$이다.

[검산] $x=1$, $y=\dfrac{1}{2}$ 일 때, 주어진 방정식의 분모는 모두 0이 아니다.

그러므로 주어진 방정식의 해는 $x=1$, $y=\dfrac{1}{2}$이다.

답 $x=1$, $y=\dfrac{1}{2}$

분석 tip

문제의 풀이방법은 우리로 하여금 "분자와 분모 바꾸기", "다른 문자로 치환하기" 등 방법을 이용하여 x, y, z를 구하도록 유도한다.

필수예제 6

$\dfrac{xy}{x+y}=1$, $\dfrac{yz}{y+z}=2$, $\dfrac{zx}{z+x}=3$일 때, $x+y+z$를 구하여라.

[풀이] $xy \neq 0$, $yz \neq 0$, $zx \neq 0$이므로 방정식의 분자와 분모를 바꾸면

$$\frac{1}{y}+\frac{1}{x}=1 \qquad \cdots\cdots \text{㉠}$$

$$\frac{1}{z}+\frac{1}{y}=\frac{1}{2} \qquad \cdots\cdots \text{㉡}$$

$$\frac{1}{x}+\frac{1}{z}=\frac{1}{3} \qquad \cdots\cdots \text{㉢}$$

이다. 세 식을 서로 더하면

$$\frac{1}{x}+\frac{1}{y}+\frac{1}{z}=\frac{11}{12} \qquad \cdots\cdots \text{㉣}$$

이다. ㉣$-$㉠, ㉣$-$㉡, ㉣$-$㉢에서 각각

$$\frac{1}{z}=-\frac{1}{12}, \quad \frac{1}{x}=\frac{5}{12}, \quad \frac{1}{y}=\frac{7}{12}$$

을 얻는다.

그러므로 $x=\dfrac{12}{5}$, $y=\dfrac{12}{7}$, $z=-12$이고, $x+y+z=-\dfrac{276}{35}$이다.

[평론과 주석]

여기에서는 사실상 필수예제 5와 같은 "치환"을 사용하였다.

($\dfrac{1}{x}$, $\dfrac{1}{y}$, $\dfrac{1}{z}$을 새로운 미지수로 봄) 답 $-\dfrac{276}{35}$

분석 tip

방정식에서 분자의 차수가 분모의 차수보다 많으므로 우선 "부분분수 분해법"으로 수식을 간단하게 한 다음 다시 "분자, 분모 바꾸기"로 답을 구한다.

필수예제 7

다음 분수방정식의 해를 구하여라.

$$\frac{4x^3+10x^2+16x+1}{2x^2+5x+7}=\frac{6x^3+10x^2+5x-1}{3x^2+5x+1}$$

[풀이] 주어진 방정식은 다음과 같이 부분분수 분해를 이용하여 변형한다. ([평론과 주석]참고)

$$2x+\frac{2x+1}{2x^2+5x+7}=2x+\frac{3x-1}{3x^2+5x+1}.$$

그러므로 $\dfrac{2x+1}{2x^2+5x+7}=\dfrac{3x-1}{3x^2+5x+1}$이다. $\qquad (*)$

$2x+1=0$, $3x-1=0$을 만족하는 x는 주어진 방정식의 해가 아니므로 위 방정식의 분모와 분자를 서로 바꾸고, 부분분수 분해로부터

$$\frac{2x^2+5x+7}{2x+1}=\frac{3x^2+5x+1}{3x-1},$$

$$x+2+\frac{5}{2x+1}=x+2+\frac{3}{3x-1}$$

이다. 따라서 $\dfrac{5}{2x+1}=\dfrac{3}{3x-1}$이다. 즉, $5(3x-1)=3(2x+1)$이다.

이를 풀면, $x=\dfrac{8}{9}$이다. 이때, 주어진 방정식의 분모가 0이 아니므로 주어진 방정식의 해는 $x=\dfrac{8}{9}$이다.

① 부분분수 분해(분자의 차수가 분모의 차수보다 작지 않을 때 부분분수 분해 방법을 사용할 수 있다.) 방법은 "항을 나누는 방법"을 이용할 수 있다. 예를 들면 다음과 같다.

$\dfrac{4x^3+10x^2+16x+1}{2x^2+5x+7}$ 을 분리하면 다음과 같다.

$$\dfrac{4x^3+10x^2+16x+1}{2x^2+5x+7}=2x+\dfrac{2x+1}{2x^2+5x+7}$$

$$2x^2+5x+7\overline{\smash{\big)}\,4x^3+10x^2+16x+1} \atop 2x$$

$$\underline{4x^3+10x^2+14x}$$
$$2x+1$$

"항을 나누는 방법"을 사용하면 다음과 같다.

$$\dfrac{4x^3+10^2+16x+1}{2x^2+5x+7}=\dfrac{2x(2x^2+5x+7)+2x+1}{2x^2+5x+7}$$

$$=2x+\dfrac{2x+1}{2x^2+5x+7}$$

② 분수를 분리한 후 (*)방정식에 "분모를 없애는 방법"을 사용하여 문제를 풀 수 있다. (*)방정식의 분모를 없애면 정방정식은

`$(2x+1)(3x^2+5x+1)=(3x-1)(2x^2+5x+7)$ 이 되고

수식을 간단하게 정리하면 $7x+1=16x-7$ 이 된다. 이를 풀면

$x=\dfrac{8}{9}$ 이다.　　　　　　　　　　　　　　　　　　　답 $x=\dfrac{8}{9}$

5. 근이 늘어났을 때의 문제

분수방정식을 정방정식(다항식 형태의 방정식)으로 바꿔 문제를 풀 때, 무연근(즉, 정방정식의 근, 원래 분수 방정식의 근이 아님)이 생길 수도 있으므로 반드시 검산을 해야 한다. 이러한 새로운 근이 어디에 생길까? 방정식의 양변에 동일하게 분모의 최소공배수를 곱하여 정방정식으로 만들었을 경우 이러한 새로운 근은 분모의 최소공배수가 0인 x에 생긴다.

필수예제 8

x에 관한 분수방정식 $\dfrac{2}{x-2}+\dfrac{m}{x^2-4}=\dfrac{3}{x+2}$ 에 무연근이 있을 때, m의 값을 구하여라.

[풀이]　주어진 방정식의 양변에 각 분모의 최소공배수 $(x-2)(x+2)$를 곱하면

$2(x+2)+m=3(x-2)$이다. 이를 풀면, $x=m+10$이다.

무연근은 $(x-2)(x+2)=0$을 만족하는 x이다. 즉, $x=2$ 또는 $x=-2$이다.

$x=2$일 때 $m+10=2$이므로 $m=-8$이고,

$x=-2$일 때 $m+10=-2$이므로 $m=-12$이다.

따라서 $m=-8$ 또는 $m=-12$일 때 주어진 방정식에 무연근이 있다.

답 $m=-8$ 또는 -12

[실력다지기]

01 다음 물음에 답하여라.

(1) 분수방정식 $\dfrac{2x}{x-2}=1$의 해를 구하여라.

(2) 분수방정식 $\dfrac{2x-3}{x-2}=1$의 해를 구하여라.

02 분수방정식 $\dfrac{3}{x}+\dfrac{6}{x-1}=\dfrac{x+5}{x^2-x}$의 해를 구하여라.

03 다음 물음에 답하여라.

(1) 유리수 x가 방정식 $\dfrac{1}{2001-\dfrac{x}{x-1}}=\dfrac{1}{2001}$을 만족할 때, $\dfrac{x^3-2001}{x^4+29}$의 값을 구하여라.

(2) $\dfrac{x-1}{1-\dfrac{x-1}{x}}=-\dfrac{1}{4}$일 때, x의 값을 구하여라.

04 연립 분수방정식 $\dfrac{2}{5x}+\dfrac{2}{y}=\dfrac{3}{5}$, $\dfrac{3}{5x}-\dfrac{2}{y}=\dfrac{2}{5}$ 의 해를 구하여라.

05 x에 관한 분수방정식 $\dfrac{2x+a}{x-2}=-1$의 해가 양수일 때, a의 범위를 구하여라.

[실력 향상시키기]

06 분수방정식 $x+\dfrac{1}{x-2}=4\dfrac{1}{2}$에 두 개의 해가 존재한다. 하나의 해가 4일 때, 나머지 해를 구하여라.

07 다음 분수방정식의 해를 구하여라.

(1) $\dfrac{1}{x-7}+\dfrac{1}{x-1}=\dfrac{1}{x-6}+\dfrac{1}{x-2}$

(2) $\dfrac{1}{x(x-1)}+\dfrac{1}{x(x+1)}+\dfrac{1}{(x+1)(x+2)}+\dfrac{1}{(x+2)(x+3)}=\dfrac{x+2}{x+3}$

08 분수방정식 $\dfrac{13-2x}{11-2x}+\dfrac{17-2x}{15-2x}=\dfrac{19-2x}{17-2x}+\dfrac{11-2x}{9-2x}$ 의 해를 구하여라.

09 a, b, c가 $\dfrac{ab}{a+b}=\dfrac{1}{3}$, $\dfrac{bc}{b+c}=\dfrac{1}{4}$, $\dfrac{ac}{a+c}=\dfrac{1}{5}$ 을 만족할 때, $\dfrac{abc}{ab+bc+ca}$ 의 값을 구하여라.

[응용하기]

10 연립방정식 $\dfrac{axy}{bx+cy}=1$, $\dfrac{axy}{cx-by}=2\,(b\neq 2c,\ c\neq -2b)$의 해 x, y를 구하여라.

11 분수방정식 $\dfrac{x}{(x-1)}-\dfrac{x+1}{x}+\dfrac{kx+2k}{x(x-1)}=0$에 해가 오직 한 개밖에 없을 때, k의 범위를 구하여라.

09강 항등식 변형 (Ⅰ)

1 핵심요점

1. 항등식과 항등 변형

두 대수식 A와 B의 문자에 해당하는 변수를 범위 안에서 임의로 뽑았을 때 대응하는 대수식의 값이 동일하다면 이 두 대수식이 **항등이다**라고 말한다. A ≡ B라고 표시하고 간단하게 A = B라고 표시한다.

한 대수식을 일부 수학 연산을 통해 이 대수식과 항등한 다른 대수식으로 바꾸는 것을 (대수식의) **항등 변형**이라고 한다. 앞에서 설명했던 대수식(정식과 분수)의 사칙연산, 인수분해, 수식 간단히 하기, 값 구하기, 항등식과 조건 등식 증명하기 등은 모두 항등 변형이다.

2. 항등식을 증명하는 방법

항등식을 증명한다는 것은 항등 변형을 통해 등호 양변의 대수식이 동일한지 증명하는 것이다.

A = B를 증명하는 데 자주 사용되는 방법은 다음과 같다.

① 증명하고자 하는 등식의 왼쪽 A를 증명하고자 하는 등식의 오른쪽 B로 항등 변형한다. 또는 오른쪽 B를 왼쪽 A로 항등 변형한다. 일반적으로 비교적 복잡한 부분부터 간단한 부분으로 항등 변형한다.

② 왼쪽, 오른쪽 양변을 모두 항등 변형하여 또 다른 동일한 대수식으로 바꾼다.

③ 차를 구하는 방법을 사용하여 A − B = 0임을 증명한다.

④ 몫을 구하는 방법을 사용하여 $\frac{A}{B} = 1$ (B ≠ 0)임을 증명한다.

조건에 한계가 있는 등식(간단히 조건 등식이라고 부름)을 증명할 때는 이미 알고 있는 조건을 충분히 이용해야만 목적을 달성할 수 있다.

2 필수예제

1. 정식을 간단하게 만들어 값 구하기(복습)

정식을 간단하게 만들어 값 구하기는 항등 변형의 중요한 내용 중 하나이다.

이것은 주요하게 정식의 덧셈, 뺄셈, 곱셈 연산과 인수분해를 사용하여 항등 변형을 한다.

> **필수예제 1**
>
> a, b, x, y는 $a + b = x + y = 2$, $ax + by = 5$를 만족할 때,
> $(a^2 + b^2)xy + ab(x^2 + y^2)$의 값을 구하여라.

[풀이]
$$(a^2 + b^2)xy + ab(x^2 + y^2) = a^2xy + b^2xy + abx^2 + aby^2$$
$$= (a^2xy + abx^2) + (b^2xy + aby^2)$$
$$= ax(ay + bx) + by(bx + ay)$$
$$= (bx + ay)(ax + by)$$

$ax + by = 5$이므로 원식은 $5(bx + ay)$이다.

$a + b = x + y = 2$이므로 $4 = (a + b)(x + y) = (ax + by) + (bx + ay)$에서

$bx + ay = 4 - (ax + by) = 4 - 5 = -1$이다.

따라서 $(a^2 + b^2)xy + ab(x^2 + y^2) = 5 \times (-1) = -5$이다.   답 -5

2. 분수를 간단하게 만들어 값 구하기(복습)

분수를 간단하게 만들어 값 구하기 역시 항등 변형의 중요한 내용 중 하나이다. 이것은 정식의 항등변형 방법을 사용하는 것 외에 분수의 각 연산 법칙들도 사용한다.

필수예제 2	

$\dfrac{1}{x} - \dfrac{1}{y} = 3$ 일 때, 분수식 $\dfrac{2x+3xy-2y}{x-2xy-y}$ 의 값을 구하여라.

[풀이] 주어진 조건(등식)으로부터 $\dfrac{y-x}{xy} = 3$ 이다. 즉, $x-y = -3xy$ 이다. 그러므로

$$원식 = \dfrac{2(x-y)+3xy}{(x-y)-2xy}$$

$$= \dfrac{-6xy+3xy}{-3xy-2xy}$$

$$= \dfrac{-3xy}{-5xy}$$

$$= \dfrac{3}{5}$$

[평론과 주석] 대수식을 값 구하기에서 대수식과 주어진 조건을 간단하게 만드는 것은 문제를 푸는데 자주 사용되는 방법이다. 이미 알고 있는 조건을 대입할 때 "공통인수로 묶은 후 대입"과 "부분 대입"을 주의하여 사용하기 바란다.

$$\boxed{답} \dfrac{3}{5}$$

필수예제 3	

a, b, c, d는 서로 같지 않고, $a+\dfrac{1}{b} = b+\dfrac{1}{c} = c+\dfrac{1}{d} = d+\dfrac{1}{a} = x$ 일 때, x^2의 값을 구하여라.

분석 tip

x^2을 구하려면 반드시 이미 알고 있는 등식으로 a, b, c, d를 계수로 한 x에 대한 방정식을 만든 후 그 방정식을 풀어야 한다.

[풀이] $a+\dfrac{1}{b} = x$ ⋯⋯㉠

$b+\dfrac{1}{c} = x$ ⋯⋯㉡

$c+\dfrac{1}{d} = x$ ⋯⋯㉢

$d+\dfrac{1}{a} = x$ ⋯⋯㉣

㉠에서 $b = \dfrac{1}{x-a}$ 이다. ⋯⋯㉤

㉤을 ㉡에 대입하여 정리하면 $c = \dfrac{x-a}{x^2-ax-1}$ 이다. ⋯㉥

㉥을 ㉢에 대입하면 $\dfrac{x-a}{x^2-ax-1}+\dfrac{1}{d} = x$ 이다. 이를 정리하면

$dx^3 - (ad+1)x^2 - (2d-a)x + (ad+1) = 0$ 이다.

㉣에서 $ad+1 = ax$ 이므로 이를 위 식에 대입하면

$dx^3 - ax^3 - (2d-a)x + ax = 0$,

$(d-a)x^3 - 2x(d-a) = 0$,

$x(d-a)(x^2-2) = 0$

이다. $d-a \neq 0$이므로 $x=0$ 또는 $x^2-2=0$이다.

$x=0$이면 ㅂ에서 $a=c$이고, 이는 $a \neq c$에 모순되므로, $x \neq 0$이다.

그러므로 $x^2-2=0$만이 가능하다. 즉, $x^2=2$이다. 답 2

필수예제 4

$\dfrac{y+z-x}{x+y+z} = \dfrac{z+x-y}{y+z-x} = \dfrac{x+y-z}{z+x-y} = p$일 때, p^3+p^2+p의 값을 구하여라.

[풀이] $\dfrac{y+z-x}{x+y+z}=p$이므로

$$y+z-x=p(x+y+z) \qquad \cdots\cdots ㉠$$

이다. $\dfrac{z+x-y}{y+z-x}=p$이므로 $z+x-y=p(y+z-x)$이다.

위 식에 ㉠을 대입하면 $z+x-y=p^2(x+y+z)$이다. $\cdots\cdots ㉡$

또 $\dfrac{x+y-z}{z+x-y}=p$이므로 $x+y-z=p(z+x-y)$이다.

위 식에 ㉡을 대입하면 $x+y-z=p^3(x+y+z)$이다. $\cdots\cdots ㉢$

㉠+㉡+㉢으로부터 $x+y+z=(p^3+p^2+p)(x+y+z)$이다.

$x+y+z \neq 0$이므로 $p^3+p^2+p=1$이다.

[평론과 주석] 이 문제의 풀이 방법은 매우 기교적이다.

문제 유형의 구조 형식에서 위와 같은 기교적인 풀이방법을 이끌어 낼 수 있다.

우선 p의 값을 구한 후 다시 p^3+p^2+p를 구하는 것은 불가능하다.

답 1

3. 항등식 증명하기

필수예제 5

다음 항등식을 증명하여라.

$a^4+b^4+(a+b)^4 = 2(a^2+ab+b^2)^2$

[증명] $a^4+b^4+(a+b)^4 - 2(a^2+ab+b^2)^2$

$= a^4+b^4+(a^2+2ab+b^2)^2 - 2(a^2+ab+b^2)^2$

$= a^4+b^4+a^4+4a^2b^2+b^4+4a^3b+2a^2b^2+4ab^3$

$\quad -2(a^4+a^2b^2+b^4+2a^3b+2a^2b^2+2ab^3)$

$= 0$

그러므로 $a^4+b^4+(a+b)^4 = 2(a^2+ab+b^2)^2$이다.

[평론과 주석] 우리는 또한 항등 변형으로 좌변(또는 우변)을 우변(또는 좌변)으로 바꾸는 방법을 사용하여 증명할 수 있다.

분석 tip
등식의 양변을 전개하면 a, b의 4차 동차식이므로 "$A-B=0$"을 사용하는 것이 좋다. (즉, 왼쪽 변－오른쪽 변$=0$)

$$좌변 = a^4 + b^4 + (a^2 + 2ab + b^2)^2$$
$$= a^4 + b^4 + a^4 + 4a^2b^2 + b^4 + 4a^3b + 2a^2b^2 + 4ab^3$$
$$= a^4 + b^4 + a^4 + 4a^2b^2 + b^4 + 4a^3b + 2a^2b^2 + 4ab^3$$
$$= 2(a^4 + b^4 + a^2b^2 + 2a^3b + 2a^2b^2 + 2ab^3)$$
$$= 2(a^2 + ab + b^2)^2 = 우변$$

답 풀이참조

필수예제 6

$abc \neq 0$이며, 네 수

$$\frac{(a+b+c)^3}{abc}, \quad \frac{(b-c-a)^3}{abc}, \quad \frac{(c-a-b)^3}{abc}, \quad \frac{(a-b-c)^3}{abc}$$

중 적어도 하나는 6보다 작지 않음을 증명하여라.

[증명] $\dfrac{(a+b+c)^3}{abc} + \dfrac{(b-c-a)^3}{abc} + \dfrac{(c-a-b)^3}{abc} + \dfrac{(a-b-c)^3}{abc}$

$$= \frac{\{(a+b+c)^3 + (b-c-a)^3\} + \{(c-a-b)^3 + (a-b-c)^3\}}{abc}$$

$$= \frac{2b(3a^2 + b^2 + 3c^2 + 6ac) - 2b(3a^2 + b^2 + 3c^2 - 6ac)}{abc}$$

$$= \frac{24abc}{abc}$$

$$= 24$$

만약 $\dfrac{(a+b+c)^3}{abc} < 6, \quad \dfrac{(b-c-a)^3}{abc} < 6, \quad \dfrac{(c-a-b)^3}{abc} < 6,$

$\dfrac{(a-b-c)^3}{abc} < 6$이라면

$$24 = \frac{(a+b+c)^3}{abc} + \frac{(b-c-a)^3}{abc} + \frac{(c-a-b)^3}{abc} + \frac{(a-b-c)^3}{abc} < 24$$이 되어

모순이다.

그러므로 네 수 $\dfrac{(a+b+c)^3}{abc}, \quad \dfrac{(b-c-a)^3}{abc}, \quad \dfrac{(c-a-b)^3}{abc}, \quad \dfrac{(a-b-c)^3}{abc}$

중 적어도 하나는 6보다 작지 않다.

답 풀이참조

---

4. 조건 등식 증명하기

조건 등식을 증명하기 위해서는 이미 알고 있는 조건(어떻게 이용하는가는 문제의 유형에 근거하여 결정함)을 반드시 충분히 이용해야 한다. 그렇지 않으면 등식을 증명하려는 목적을 달성할 수 없다.

필수예제 7

$x + y = m + n, \ x^2 + y^2 = m^2 + n^2$일 때,

$x^{2021} + y^{2021} = m^{2021} + n^{2021}$을 증명하여라.

[증명] 주어진 등식으로부터 $(x+y)^2 - (x^2+y^2) = (m+n)^2 - (m^2+n^2)$ 이다.

이를 정리하면 $2xy = 2mn$ 이다.

그러므로 $x^2+y^2-2xy = m^2+n^2-2mn$ 이다. 즉, $(x-y)^2 = (m-n)^2$ 이다.

따라서 $x-y = m-n$ 또는 $x-y = -(m-n)$ 이다.

위의 두 식을 각각 주어진 등식 $x+y = m+n$ 과 연립하여 풀면

$x=m,\ y=n$ 또는 $x=n,\ y=m$ 이다.

그러므로 $x^{2021}+y^{2021} = m^{2021}+n^{2021}$ 이다.

[평론과 주석] 결론은 $x^p+y^p = m^p+n^p$ 이다. 그 중 p 는 임의의 자연수이다.

📋 풀이참조

필수예제 8

$a+b+c=0$ 일 때, 다음을 증명하여라.

$$\frac{a^2}{2a^2+bc} + \frac{b^2}{2b^2+ac} + \frac{c^2}{2c^2+ab} = 1$$

[증명] $a+b+c=0$ 이므로 $a=-(b+c),\ b=-(a+c),\ c=-(a+b)$ 이다.

따라서 $\dfrac{a^2}{2a^2+bc} = \dfrac{a^2}{a^2-a(b+c)+bc}$

$= \dfrac{a^2}{(a^2-ab)-(ac-bc)}$

$= \dfrac{a^2}{(a-b)(a-c)}$

이다. 같은 원리로 $\dfrac{b^2}{2b^2+ac} = -\dfrac{b^2}{(a-b)(b-c)}$,

$\dfrac{c^2}{2c^2+ab} = \dfrac{c^2}{(b-c)(a-c)}$ 이다.

그러므로

좌변 $= \dfrac{a^2}{(a-b)(a-c)} - \dfrac{b^2}{(a-b)(b-c)} + \dfrac{c^2}{(b-c)(a-c)}$

$= \dfrac{a^2(b-c)-b^2(a-c)+c^2(a-b)}{(a-b)(b-c)(a-c)}$

이다.

위 식의 분자 $= a^2b-a^2c-ab^2+b^2c+c^2(a-b)$

$= -ab(a-b)-c(a^2-b^2)+c^2(a-b)$

$= (a-b)(ab-ac-bc+c^2)$

$= (a-b)\{b(a-c)-c(a-c)\}$

$= (a-b)(b-c)(a-c)$

그러므로 좌변 $= \dfrac{(a-b)(b-c)(a-c)}{(a-b)(b-c)(a-c)} = 1 = $ 우변이다.

📋 풀이참조

▶ 풀이책 p.19

[실력다지기]

01 다음 식을 계산하여라.

(1) $\dfrac{20202019^2 + 1}{20202019^2 + 20202019^2}$

(2) $\dfrac{1^2}{1^2 - 100 + 5000} + \dfrac{2^2}{2^2 - 200 + 5000} + \cdots + \dfrac{k^2}{k^2 - 100k + 5000} + \cdots + \dfrac{99^2}{99^2 - 9900 + 5000}$

02 다음 물음에 답하여라.

(1) $\dfrac{3}{x+y} = \dfrac{4}{y+z} = \dfrac{5}{z+x}$ 일 때, $\dfrac{x^2 + y^2 + z^2}{xy + yz + zx}$ 의 값을 구하여라.

(2) $25^x = 2000$, $80^y = 2000$ 일 때, $\dfrac{1}{x} + \dfrac{1}{y}$ 의 값을 구하여라.

(3) a, b, c는 0이 아니고 $a + b + c \neq 0$이며 $\dfrac{a+b-c}{c} = \dfrac{a-b+c}{b} = \dfrac{-a+b+c}{a}$ 를 만족할 때, $\dfrac{(a+b)(b+c)(c+a)}{abc}$ 의 값을 구하여라.

03 다음 물음에 답하여라.

(1) $a + \dfrac{1}{b} = \dfrac{2}{a} + 2b \neq 0$일 때, $\dfrac{a}{b}$ 의 값을 구하여라.

(2) 자연수 a, b, c, d가 $\dfrac{b}{a} = \dfrac{4d-7}{c}$, $\dfrac{b+1}{a} = \dfrac{7(d-1)}{c}$ 를 만족할 때, $\dfrac{c}{a}$ 의 값과 $\dfrac{d}{b}$ 의 값을 각각 구하여라.

(3) $a + \dfrac{1}{b} = 1$, $b + \dfrac{2}{c} = 1$일 때, $c + \dfrac{2}{a}$ 의 값을 구하여라.

04 다음 물음에 답하여라.

(1) $abc \neq 0$이고 $a + b + c = 0$일 때, 대수식 $\dfrac{a^2}{bc} + \dfrac{b^2}{ca} + \dfrac{c^2}{ab}$ 의 값을 구하여라.

(2) $xyz = 1$, $x+y+z = 2$, $x^2+y^2+z^2 = 16$일 때, $\dfrac{1}{xy+2z} + \dfrac{1}{yz+2x} + \dfrac{1}{zx+2y}$ 의 값을 구하여라.

05 다음 물음에 답하여라.

(1) $a^2 - 16b^2 - c^2 + 6ab + 10bc = 0\,(a,\ b,\ c$는 삼각형의 세 변)일 때, $a + c = 2b$임을 증명하여라.

(2) $\dfrac{2}{x^2 - 1} + \dfrac{4}{x^2 - 4} + \dfrac{6}{x^2 - 9} + \cdots + \dfrac{20}{x^2 - 100}$

$= \dfrac{11}{(x-1)(x+10)} + \dfrac{11}{(x-2)(x+9)} + \cdots + \dfrac{11}{(x-10)(x+1)}$ 임을 증명하여라.

[실력 향상시키기]

06 다음 물음에 답하여라.

(1) x가 정수일 때 정수인 분수 $\dfrac{6x + 3}{2x - 1}$ 은 몇 개인지 구하여라.

(2) $x_1,\ x_2,\ x_3,\ x_4,\ x_5,\ x_6$은 모두 양수이며

$\dfrac{x_2 x_3 x_4 x_5 x_6}{x_1} = 1,\ \dfrac{x_1 x_3 x_4 x_5 x_6}{x_2} = 2,\ \dfrac{x_1 x_2 x_4 x_5 x_6}{x_3} = 3,\ \dfrac{x_1 x_2 x_3 x_5 x_6}{x_4} = 4,$

$\dfrac{x_1 x_2 x_3 x_4 x_6}{x_5} = 6,\ \dfrac{x_1 x_2 x_3 x_4 x_5}{x_6} = 9$일 때, $x_1 x_2 x_3 x_4 x_5 x_6$의 값을 구하여라.

07 다음 물음에 답하여라.

(1) $\dfrac{1}{4}(b-c)^2 = (a-b)(c-a)$ 이며 $a \neq 0$일 때, $\dfrac{b+c}{a}$ 의 값을 구하여라.

(2) $\dfrac{3a+2b-5}{a-b+2} = \dfrac{2b+c+1}{3b+2c-8} = \dfrac{c-3a+2}{2c+a-6} = 2$일 때, $\dfrac{a+2b+3c-2}{4a-3b+c+7}$ 의 값을 구하여라.

08 다음 물음에 답하여라.

(1) x, y, z가 $x+\dfrac{1}{y}=4$, $y+\dfrac{1}{z}=1$, $z+\dfrac{1}{x}=\dfrac{7}{3}$ 일 때, xyz의 값을 구하여라.

(2) 자연수 m, n이 $m < n$을 만족하고,

$$\dfrac{1}{m^2+m} + \dfrac{1}{(m+1)^2+(m+1)} + \cdots + \dfrac{1}{n^2+n} = \dfrac{1}{23}$$ 일 때, $m+n$의 값을 구하여라.

09 다음 물음에 답하여라.

(1) $x + y + z = \dfrac{1}{x} + \dfrac{1}{y} + \dfrac{1}{z} = 1$ 일 때, x, y, z 중 적어도 하나는 1 이라는 것을 증명하여라.

(2) 오른쪽 그림과 같이 정육면체의 각 면에 자연수가 하나씩 적혀 있다. 서로 마주보는 면의 두 수의 합은 모두 동일하며 13, 9, 3과 마주보는 수를 각각 a, b, c라고 할 때, $a^2 + b^2 + c^2 - ab - bc - ca$의 값을 구하여라.

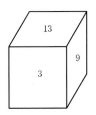

[응용하기]

10 18개 축구팀이 리그전을 할 때, 무승부로 끝난 시합은 없고 a_i와 b_i로 i번째 팀의 전체 경기 승패를 나타내었다. (단, $i = 1, 2, \cdots, 18$)
$a_1^2 + a_2^2 + \cdots + a_{18}^2 = b_1^2 + b_2^2 + \cdots + b_{18}^2$ 임을 증명하여라.

11 어느 공장에서 갑이 단독으로 일을 완성하는 날짜는 을, 병이 함께 일을 완성하는 날짜 수의 m배이고, 을이 단독으로 일을 완성하는 날짜는 갑, 병이 함께 일을 완성하는 날짜 수의 n배이며, 병이 단독으로 일을 완성하는 날짜는 갑, 을이 함께 일을 완성하는 날짜 수의 k배일 때, $\dfrac{m}{m+1} + \dfrac{n}{n+1} + \dfrac{k}{k+1}$ 의 값을 구하여라.

10강 일차부정방정식

1 핵심요점

1. 정의

미지수의 개수가 방정식의 개수보다 많은 일차 방정식을 **일차부정연립 방정식**이라고 하며, 미지수의 차수가 일차일 때 **일차부정방정식**이라 한다. 예를 들어 중국 고대의 유명한 문제 "백만 원으로 닭 백 마리 사기"를 보자. 백만 원으로 백 마리의 닭을 살 때, 병아리는 3마리에 1만원이고, 암탉은 한 마리에 3만원, 수탉은 한 마리에 5만원이다. 병아리, 암탉, 수탉은 각각 몇 마리씩 구입할 수 있는지를 방정식으로 문제를 풀 수 있다.

병아리, 암탉, 수탉을 각각 x마리, y마리, z마리 샀다고 가정하면 다음 방정식처럼 나열할 수 있다.

$$x+y+z=100, \quad \frac{x}{3}+3y+5z=100 \quad \cdots\cdots(\text{I})$$

z를 소거하면 $7x+3y=600$ $\quad\cdots\cdots(\text{II})$

(I)은 "일차부정연립 방정식"이고, (II)는 "일차부정방정식"이다.

$$ax+by=c \quad\cdots\cdots\cdots\cdots\cdots\cdots\cdots\cdots\cdots\cdots\cdots\cdots\cdots\cdots(\text{III})$$

여기에서 x, y는 미지수이고, a, b, c는 정수계수이며, $ab \neq 0$이다.

(1) 해에 어떤 조건도 붙이지 않는다면(예를 들어 "해는 반드시 정수"등의 제약 조건이 붙지 않을 경우) 부정방정식 (III)에는 항상 무수히 많은 해가 있다.

(2) a, b의 최대공약수가 c를 나누어떨어지게 하지 않는다면 부정방정식(III)에는 정수로 된 해가 없다.

    (이 강의 마지막에 수록된 "부록"을 보시오)

(3) a, b가 서로소이고, (x_0, y_0)가 부정방정식(III)의 정수로 된 해(주로 "특수해"라고 부름)라면 (III)에는 무수히 많은 해가 있고, 모든 정수로 된 해("일반해"라고 부름)는

$$\begin{aligned}x &= x_0 + bk \\ y &= y_0 - ak\end{aligned} \quad \text{또는} \quad \begin{aligned}x &= x_0 - bk \\ y &= y_0 + ak\end{aligned} \quad \text{이다.}$$

여기에서 k는 임의의 정수이다. (이 강 마지막에 수록된 "부록"참고)

2. 일차부정방정식의 (정수) 특수해 구하는 방법

(1) 직접 관찰법 a, b, c가 비교적 작은 수인 경우의 부정방정식(III)은 부정방정식 자체를 관찰하여 해를 얻을 수 있다.

    예 $3x+5y=28$에는 하나의 특수해 $(x_0, y_0)=(1, 5)$가 있다.

    $3x+5y=21$에는 하나의 특수해 $(x_0, y_0)=(2, 3)$이 있다.

(2) 해석법

    (III)의 형식에서 x(또는 y)를 구할 수 있다. 그런 다음 "정수해"의 요구에 근거하여 특수해를 구한다.

    예를 들어 $3x+5y=28$를 보자. 우선 (형식상) 해를 구하면 $x=\dfrac{28-5y}{3}$이다.

    즉, $x=9-2y+\dfrac{1+y}{3}$이며 $y=2$일 때 $x=9-2\times 2+1=6$이므로

    여기에는 특수해$(x_0, y_0)=(6, 2)$가 있다.

3. 일차부정방정식은 이원일차 부정방정식(III)으로 바꿔 해를 구할 수 있다.

2 필수예제

1. 특수해 구하기

필수예제 1

n각형의 내각의 합에 외각 하나를 더한 총합이 $1500°$일 때, n을 구하여라.

[풀이] 외각을 $x°$라고 가정하면 $0° < x° < 180°$이다.

n각형의 내각의 합은 $(n-2) \times 180°$이므로

$(n-2) \times 180° + x° = 1500°$, 즉, $180n = 1860 - x(*)$이다.

따라서 $n = \dfrac{1860-x}{180} = 10 + \dfrac{60-x}{180}$이다.

n은 양의 정수이고 $0 < x < 180$이므로 $x = 60$만이 가능하다.

이때 구하는 $n = 10$이다.

[평론과 주석] n각형에 대해 특별히 언급하지 않았지만 "볼록" n각형을 말한다. 이 예제는 "해석법"을 사용하여 부정방정식$(*)$의 요구에 적합한 특수해를 구하는 문제이다.

답 10

필수예제 2

a, b는 모두 양의 정수이고, $143a + 500b = 2001$일 때, $a+b$의 값을 구하여라.

[풀이] 주어진 방정식에서 $a = \dfrac{2001 - 500b}{143}$이고, 즉, $a = 14 - 3b - \dfrac{71b+1}{143}$이다.

주어진 방정식에서 $b < 4$이므로, a가 양의 정수가 되려면 $b = 2$이다.

이때의 $a = 7$이다. 따라서 구하는 $a + b = 7 + 2 = 9$이다.

[평론과 주석] 문제에 부합하는 특수해 $(a, b) = (7, 2)$를 구하기 위해 위의 "해석법"을 사용하지 않아도 된다. 다음 특수한 방법을 사용할 수 있다.

주어진 방정식에서 양의 정수 $b < 4$인 것을 알 수 있으므로 b는 1, 2, 3만 가능하다.

b가 1 또는 3일 때 어느 양의 정수 a도 이 방정식(즉, $b = 1$, 3을 주어진 방정식에 대입하면 양의 정수 a가 존재하지 않음)을 만족시키지 못한다.

$b = 2$일 때만 양의 정수 $a = 7$이라는 해를 얻을 수 있다.

따라서 $143a + 500b = 2001$에는 단 하나의 양의 정수의 해 $(a, b) = (7, 2)$만이 존재하며 $a + b = 7 + 2 = 9$이다.

답 9

분석 tip

$a+b$의 값을 구하려면 a, b의 값을 구해야 한다. 이것은 일차 부정방정식 $143a + 500b = 2001$의 양의 정수 특수해 (a, b)를 구하는 문제에 속한다. 그러므로 우선 이미 알고 있는 방정식을 분석하여 a, b의 범위를 분석한다. $b < 4$임은 확실하므로 고찰해야 할 범위가 줄어들었다(어떤 방법을 사용하는지 거론하지 않겠다.).

2. 일반해를 구하는 실례

필수예제 3-1

"백만 원으로 닭 백 마리 사기"의 부정방정식 (Ⅱ)의 (정수) 일반해를 구하여라.

[풀이] 우선 "해석법"을 사용하여 (여기에서 "직접 관찰법"을 사용하면 해를 쉽게 구할 수 없으므로) (Ⅱ)의 특수해를 구한다.

(Ⅱ)으로 $y = 200 - 2x - \dfrac{x}{3}$ 를 구할 수 있다.

$x = 3$일 때 $y = 193$이므로 방정식 (Ⅱ)에는 특수해 $(x_0, y_0) = (3, 193)$이 있다.

따라서 부정방정식 (Ⅱ)의 (정수) 일반해는

$x = 3 - 3k$, $193 + 7k$ (*)이다.

여기에서 k는 임의의 정수이다. [주] 아무 일반해 형식이나 모두 괜찮다.)

📋 풀이참조

필수예제 3-2

"백만 원으로 닭 백 마리 사기" 실제 문제의 해를 구하여라. 즉, 부정방정식 (Ⅱ)를 만족시키는 $0 < x$, y, $z < 100$의 정수해를 구하여라.

[풀이] "백만 원으로 닭 백 마리 사기" 실제 문제에서는

x, y, z가 $0 < x$, y, $z < 100$이고, 모두 정수해라고 했으므로 (*)으로 다음을 얻을 수 있다.

$0 < 3 - 3k < 100$

$0 < 193 + 7k < 100$

$0 < -4k - 96 < 100$

($0 < z = 100 - x - y < 100$이므로)

이것을 풀면 $-32\dfrac{1}{3} < k < 1$, $-27\dfrac{4}{7} < k < -13\dfrac{2}{7}$, $-49 < k < -24$이다.

그러므로 $-27\dfrac{4}{7} < x < -24$이다.

k는 정수이므로 $k = -27$이거나 -26이거나 -25이다.

$x = 84$, $y = 4$, $z = 12$이거나 $x = 81$, $y = 11$, $z = 8$이거나 $x = 78$, $y = 18$, $z = 4$이다.

"백만 원"으로 병아리 84마리, 암탉 4마리, 수탉 12마리를 살 수 있거나 병아리 81마리, 암탉 11마리, 수탉 8마리를 살 수 있거나 병아리 78마리, 암탉 18마리, 수탉 4마리를 살 수 있다.

📋 풀이참조

[평론과 주석] 필수예제 3으로 일반적인 이원일차 부정방정식(Ⅱ)의 정수(해)를 구하는 순서가 다음과 같다는 것을 알 수 있다.

① (정수)특수해 (x_0, y_0)를 구한다.

② (정수)일반해를 쓴다. $x = x_0 - bk, \ y = y_0 + ak.$

　여기에서 k는 임의의 정수(한 가지 형식만 쓰면 됨)이다.

③ (정수)해에 대한 조건에 근거하여 k에 대한 관계식(부등식)을 세운다.

④ k에 관한 연립부등식에서 정수 k를 구하고, 이것을 일반해 형식에 대입시켜 조건에 맞는 해를 구한다.

필수예제 4

과학 연구팀이 어느 하천의 상류에 가서 생태를 관찰하였다. 그들은 출발한 후 매일 17 km 의 속력으로 전진하였고, 해안에 도착해서 상류까지 가는데 며칠이 걸렸으며, 목적지에 도달해 생태를 관찰하는데 또 며칠이 걸렸다. 임무를 완수한 후 매일 25 km 의 속력으로 돌아왔다. 출발한 후 60 일이 지난 날 24 km 를 더 간 연구팀은 다시 출발점으로 돌아오게 되었다. 과학 연구팀은 목적지 생태구역에서 관찰한 날의 수를 구하여라.

[풀이] 연구팀이 목적지까지 가는데 x일이 걸렸고, 출발점으로 돌아오는데 y일이 걸렸으며, 목적지에서 생태구역을 관찰하는데 z일이 걸렸다고 가정하면,

$$x + y + z = 60, \quad (y-1) \times 25 + 24 = 17x$$

이다. 즉, $\quad x + y + z = 60 \qquad \cdots\cdots \text{㉠}$

$$25y - 17x = 1 \qquad \cdots\cdots \text{㉡}$$

이다. 여기서 $0 < x + y < 60$이고 $x, \ y, \ z$는 양의 정수이다.

이원일차 부정방정식 ㉡에 특수해 $x_0 = -3, \ y_0 = -2$("해석법"으로 쉽게 얻을 수 있음)가 있으므로 ㉡의 일반해는

$$x = -3 + 25k, \quad y = -2 + 17k \ (k\text{는 임의의 정수})$$

이다. 따라서 $x + y = 42k - 5 \ (k\text{는 정수})$이다.

$0 < x + y < 60$이므로 $0 < 42k - 5 < 60$을 알 수 있다.

또 k는 정수이므로 $k = 1$일 때만 $x + y = 42 - 5 = 37$이다.

이때 ㉠으로 $z = 60 - (x + y) = 60 - 37 = 23$임을 알 수 있다.

과학 연구팀은 목적지 생태구역에서 23일 동안 관찰하였다.

🅐 23일

필수예제 5

x, y, z는 실수이고 $x+2y-z=6$, $x-y+2z=3$일 때, $x^2+y^2+z^2$의 최솟값을 구하여라.

[풀이] 두 식을 변변 빼면 $3y-3z=3$, 즉, $y=z+1$이다.

이를 두 번째 식에 대입하면 $x=3+(z+1)-2z=4-z$이다.

따라서

$$x^2+y^2+z^2 = (4-z)^2+(z+1)^2+z^2$$
$$= 16-8z+z^2+z^2+2z+1+z^2$$
$$= 17-6z+3z^2$$
$$= 3(z-1)^2+14 \geq 14$$

이고, $z=1$일 때(따라서 $x=3$, $y=2$) 등호가 성립된다.

따라서 $x^2+y^2+z^2$의 최솟값은 14이다.

답 14

필수예제 6

박 선생님 댁의 전화번호는 여덟 자리 수이고, 앞의 네 자리 수와 뒤의 네 자리 수를 더하면 14405이며, 앞의 세 자리 수와 뒤의 다섯 자리 수를 더하면 16970일 때, 박 선생님 댁의 전화번호를 구하여라.

[풀이] 박 선생님 댁 전화번호의 앞 세 자리를 x, 앞에서 네 번째 자리 수를 y, 뒤 네 자리를 z(즉, 전화번호는 10^5x+10^4y+z임)라고 가정하자.

단, x, y, z는 자연수이고, $100 \leq x \leq 999$, $0 \leq y \leq 9$, $1000 \leq z \leq 9999$이다.

그러면, $(10x+y)+z=14405$, $x+(10^4y+z)=16970$이다.

위 연립방정식에서 z를 소거하면 $1111y-x=285$를 얻는다.

즉, $x=1111y-285$이다. $100 \leq x \leq 999$, $0 \leq y \leq 9$이므로 $y=1$일 경우에만 $x=826$으로 문제의 조건에 맞는다. 이때, $z=6144$이다.

따라서 박 선생님 댁의 전화번호는 $8261-6144$이다.

답 $8261-6144$

필수예제 7

3.5만원 짜리 부루마블 지폐를 1백원, 2백원, 5백원 짜리 부루마블 동전으로 바꿀 때, 동전의 총 개수는 150개여야 하고, 각 동전들은 20개보다 적으면 안 되며, 5백원 짜리 동전은 2백원 짜리 동전보다 많아야 한다. 그 방법을 구하여라.

[풀이] 1백원, 2백원, 5백원 짜리 동전을 각각 x개, y개, z개로 바꾸었다고 가정하면,

$$x+y+z = 150 \qquad \cdots\cdots \text{㉠}$$
$$x+2y+5z = 350 \qquad \cdots\cdots \text{㉡}$$
$$z > y \qquad \cdots\cdots \text{㉢}$$
$$x \geq 20, \quad y \geq 20, \quad z \geq 20 \qquad \cdots\cdots \text{㉣}$$

㉠, ㉡를 z를 상수로 보고 x, y에 대한 연립방정식을 풀면,

$$x = 3z - 50 \qquad \cdots\cdots \text{㉤}$$
$$y = 200 - 4z \qquad \cdots\cdots \text{㉥}$$

이다. ㉤, ㉥을 ㉢, ㉣에 대입하면

$$3z - 50 \geq 20, \quad 200 - 4z \geq 20, \quad z > 200 - 4z$$

이다. 위 식을 풀면

$$z \geq \frac{70}{3}, \quad z \leq \frac{180}{4} = 45, \quad z > 40$$

이다. 즉, $40 < z \leq 45$이다.

z는 정수이므로 $z = 41, 42, 43, 44, 45$이다.

각각의 z에 대응하는 x, y의 값을 구하면, 다음과 같다.

$$x = 73, \quad y = 36, \quad z = 41$$
$$x = 76, \quad y = 32, \quad z = 42$$
$$x = 79, \quad y = 28, \quad z = 43$$
$$x = 82, \quad y = 24, \quad z = 44$$
$$x = 85, \quad y = 20, \quad z = 45$$

[평론과 주석] 실제 문제의 일차 부정 연립방정식을 해결할 때는 일반해를 구할 필요가 없고 실제 요구(즉, 미지수에 대한 제한 조건)에 근거하여 문제에 맞는 특수해를 구하면 된다. 이 방법도 "직접 관찰법"과 "해석법"을 사용할 필요가 없고, "구체적인 상황을 구체적으로 분석하여 해를 구하는 방법"을 사용하면 된다.

📋 풀이참조

[실력다지기]

01 볼록 다각형에서 한 각을 제외한 나머지 각들의 합은 $500°$ 일 때, 나머지 한 각을 구하여라.

02 16으로 나누면 13이 남고, 125로 나누면 122가 남는 네 자리 수 중에 가장 작은 네 자리 수를 구하여라.

03 수학 시험에 20문제가 출제되었다. 답이 맞으면 8점씩 더해지고, 답이 틀리면 5점씩 감점되며, 풀지 않으면 0점 처리 될 때, 어느 학생이 총 13점을 맞았다면 이 학생이 풀지 않은 문제는 총 몇 문제인지 구하여라.

04 어느 학급의 학생 수는 100명이 못 되고, 사과 바구니 몇 개가 있는데 한 바구니 당 100개씩 들어 있다. 남학생들에게 한 사람당 4개씩 나눠주고 여학생들에게 한 사람당 3개씩 나눠주면 5개가 남으며, 남학생들에게 한 사람당 3개씩 나눠주고 여학생들에게 한 사람당 4개씩 나눠주면 10개가 남을 때, 이 반 학생은 총 수를 구하여라.

05 농도가 5%, 8%, 9%인 소금물 갑, 을, 병이 각각 60 g, 60 g, 47 g 이 있다. 현재 농도가 7%인 소금물 100 g 을 만들려고 할 때, 갑 소금물의 최대 사용량과 최소 사용량을 각각 구하여라.

06 개와 고양이는 아침, 저녁으로 만날 때 마다 항상 서로를 보며 인사를 나눈다. 아침에 만나면 개는 두 번 짖고, 고양이는 한 번 울며, 저녁에 만나면 개는 두 번 짖고 고양이는 세 번 운다. 심심한 현아가 15일 동안 그들이 내는 소리를 기록하여 통계를 내렸더니 그들은 매일 아침, 저녁으로 만나는 것이 아니었다. 15일 안에 그들이 61번 소리를 냈다면 고양이가 울은 최소한의 수를 구하여라.

07 네 자리 수가 있으며, 이 네 자리 수와 각 자리 수의 합은 1999일 때, 이 네 자리 수를 구하고 이유를 설명하여라.

08 음의 정수가 아닌 x에 대해 방정식 $x+y+2z=n$을 만족시키는 음의 정수가 아닌 순서쌍 $(x,\ y,\ z)$의 개수를 a_n이라고 나타낸다.

(1) a_3의 값을 구하여라.

(2) a_{2001}의 값을 구하여라.

09 세 변의 길이는 정수이고, 둘레는 20인 서로 합동이 아닌 예각삼각형의 총 수를 구하여라.

10 임의의 유리수 a, b에 대해 x, y에 관한 일차방정식 $(a-b)x - (a+b)y = a+b$에 공통의 해가 있을 때, 공통의 해를 구하여라.

11 양팔저울과 9 g 짜리, 13 g 짜리 추가 몇 개 있으며, 이것들을 사용하여 3 g 짜리 물건의 무게를 재려고 한다면 적어도 이 추들을 몇 개 사용해야 하는지 방법과 이유를 설명하여라.

부록 부정방정식 $ax+by=c(a, b, c$는 정수이고 $ab \neq 0$임)의 두 가지 풀이에 대한 증명

[결론1] a, b의 최대 공약수가 c로 나누어떨어지게 하지 않는다면 방정식 $ax+by=c$ (*)에는 정수해가 없다.

[증명] (귀류법) 방정식 (*)에 정수해 쌍 (x_0, y_0)이 있다고 가정할 때, a, b의 최대공약수 $d \neq 1$이면 $d|ax_0+by_0$이다. 이것은 이미 알고 있는 $d \nmid c = ax_0+by_0$와 모순되므로, 방정식 (*)에는 정수해가 없다.

[결론2] a, b가 서로소이고 방정식 (*)에 정수해가 있다면, 방정식 (*)에는 무수히 많은 정수해가 있고, 그 일반해(즉 모든 해)는 다음과 같다.

$$x=x_0-bk, \quad y=y_0+ak, \quad \text{또는} \quad x=x_0+bk, \quad y=y_0-ak \quad \cdots\cdots\cdots\cdots\cdots\text{(**)}$$

여기서 k는 임의의 정수이다.

[증명] 모든 해가 $x=x_0+m, y=y_0+n(m, n$은 정수)라고 가정할 때, 방정식 (*)에 대입하면

$a(x_0+m)+b(y_0+n)=c$. 즉, $am+bn+(ax_0+by_0)=c$이다.

$ax_0+by_0=c$이므로 $am+bn=0$이고,

따라서 $\dfrac{m}{-b}=\dfrac{n}{a}$ (또는 $\dfrac{m}{b}=\dfrac{n}{-a}$)이다.

그 비를 k라고 할 때, $m=-bk$, $n=ak$(또는 $m=bk$, $n=-ak$)이므로

모든 해는 (**)이다.

11강 식의 해법 (Ⅰ)
– 종합분석법, 대체법

1 핵심요점

식 중 문자(변수, 변량이라고 부르기도 한다.)의 값을 취하는 것은 두 개의 유형이 있다.

(1) 첫째, 연속적인 유형이다.

> 예 식 $y = 2x + 1$에서 문자 x는 일반적으로 연속적으로 (수직선상에 있는 점으로 표시되는) 모든 수를 값으로 취한다. (모든 유리수와 모든 무리수를 포함한다.)

(2) 둘째, 이산적인 유형(따로 떨어져 있는 유형)이다.

> 예 식 $S = n^2 - n - 3$(n은 정수)에서 문자 n은 정수 0, 1, 2, 3, …이나 부분적인 정수만을 취할 수 있다. 실제적인 문제에서는 이산적인 유형에서 더욱 중요하다.

이산적인 유형에는 기본적으로 세 가지 방법이 있다.

① 종합분석법
② 대체법(순환추리법)
③ 귀납법(귀납추측법)

이번 강의에서는 종합분석법과 대체법을 소개하며, 다음 강의에서 귀납추측법을 소개한다.

2 필수예제

1. 종합분석법

종합분석법은 직접적으로 검사, 분석문제에서 구해지는 양과 따로 떨어지는 값의 관계식을 구하는 방법이다.

필수예제 1°

한 철로에 $n(n \geq 2)$개의 역이 있다. 그렇다면 철도청에서는 몇 가지 종류의 차표를 만들어야 하며, 이 차표들 중 최대한 몇 가지 종류의 가격의 표를 만들어야 하는지 구하여라. (단, 왕복차표의 가격은 같다.)

[풀이] 각 역 (총 n개의 역)에서 출발하여 다른 역$(n-1)$개로 갈 때 각 역에는 모두 한 가지의 차표가 있어야한다. 즉, 각각 하나의 역에 $(n-1)$가지의 서로 다른 차표가 있어야 하고 n개의 역에는 $n(n-1)$개의 차표가 준비되어야 한다. $n(n-1)$가지 서로 다른 차표 중 같은 두 역을 왕복하는 차표의 가격은 같다. 그리고 두 역 사이에도 모두 서로 왕복하는 차표가 있을 수 있다. 표 값이 서로 모두 다를 때는 표 값의 가지 수도 최고로 많다. 이때 최대한 많은 표 값의 수는 차표의 총수인 $n(n-1)$의 반이다. 따라서 n개 역에서 서로 다른 차표의 개수 중 최고 많은 수는 $\frac{1}{2}n(n-1)$가지의 금액이 서로 다른 표가 있다.

[해설] 위의 해법에서 우리는 우선 문자 n을 구체적인 수로 정하고(예 만약 28개의 역이 있다면 n은 28이다.) 풀어보면 $n(n-1)$, $\frac{1}{2}n(n-1)$을 얻을 수 있다. 이 두 답안은 모두 이산적인 값 2, 3, 4, …의 문자 n의 식이다.

답 $n(n-1)$, $\frac{1}{2}n(n-1)$

필수예제 2

다각형 위나 내부의 한 점을 다각형의 한 꼭짓점과 연결하여 다각형을 몇 개의 삼각형으로 나눈다. 아래 그림은 사각형의 분할방법이며, 사각형을 분할하면 2, 3, 4개의 작은 삼각형으로 나누어진다. 이때, 육각형을 분할하여 얻을 수 있는 작은 삼각형의 개수를 구하고, 이 결론을 n각형으로 확대하여라.

  · · ·

답 아래 그림과 같이 육각형으로 점선으로 분할하면 4, 5, 6개의 작은 삼각형으로 나누어진다.

  · · ·

n각형에 대해서는 한 꼭짓점에서 출발하여 다른 꼭짓점과 연결할 때 이 꼭짓점과 인접해있는 두 개의 꼭짓점은 이미 다른 꼭짓점과 연결이 되어있어서 삼각형을 이룰 수는 없다. 그러므로 다른 인접하지 않는 $(n-3)$개의 꼭짓점과 선을 연결할 수 있다. 따라서 n각형에서는 $(n-2)$개의 작은 삼각형으로 나누어진다.

꼭짓점이 아닌 변 위의 한 점에서 출발하여 다른 꼭짓점과 연결할 때 n각형을 $(n-1)$개의 작은 삼각형으로 나눌 수 있다.

또, 내부의 한 점에서 출발하여 각 꼭짓점과 연결할 때 n각형을 n개의 작은 삼각형으로 나눈다.

아래 그림과 같이 ①, ②, ⋯, ⓝ은 변의 길이가 2보다 큰 삼각형, 사각형, ⋯, n각형이다. 그들의 꼭짓점을 원의 중심으로 하여 반지름이 1인 부채꼴을 양쪽 변과 연결한다.

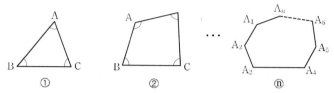

3개의 부채꼴, 4개의 부채꼴, ⋯, n개의 부채꼴을 그렸을 때, 다음 물음에 답하여라.

(1) (a) 그림 ①에서 3개의 부채꼴 호의 길이의 합을 구하여라.

   (b) 그림 ②의 4개의 부채꼴 호의 길이의 합을 구하여라.

(2) 그림 ⓝ에서 n개의 부채꼴 호의 길이의 합을 구하여라.

[풀이] (1) 부채꼴의 호의 길이의 계산공식은 $l = \dfrac{\pi \alpha r}{180}$ 이다.

여기서 α는 부채꼴 호에서 중심각의 크기이고, r은 원의 반지름이다.

이 예제에서 $r = 1$이면 호의 길이의 공식은 $l = \dfrac{\pi \alpha}{180}$ 이다.

그림 ①에서 $\triangle ABC$의 내각의 합은 $180°$이다.

이때 3개의 호의 길이의 합은 $l = \dfrac{\pi \times 180}{180} = \pi$이다.

그림 ②의 사각형 $ABCD$의 내각의 합은 $(4-2) \times 180° = 2 \times 180°$이다.

그러므로 4개의 호의 길이의 합은 $l = \dfrac{\pi \times 2 \times 180}{180} = 2\pi$이다.

📖 (a) π, (b) 2π

(2) 위의 필수예제 2에서 알 수 있는 것은 n각형에서 한 꼭짓점에서 다른 꼭짓점과 연결할 때 $(n-2)$개의 삼각형으로 나눌 수 있다는 사실이다.

이 $(n-2)$개의 삼각형의 내각의 총합 $(n-2) \times 180°$은 이 n각형의 내각의 합과 같다. 그러므로 그림 ⓝ의 각 호의 길이의 합은

$\dfrac{\pi \times (n-2) \times 180}{180} = (n-2)\pi$이다.

[해설] 우리는 다음 방법으로 해 (2)를 구할 수도 있다.

$\angle A_1$, $\angle A_2$, ⋯, $\angle A_n$의 크기를 각각 a_1, a_2, ⋯, a_n이라고 하고 호의 길이 l_1, l_2, ⋯, l_n이다. 즉, $a_1 + a_2 + \cdots + a_n = (n-2) \times 180°$이므로 구하는 호의 길이는 $l_1 + l_2 + \cdots + l_n = \dfrac{(n-2) \times 180}{180} \cdot \pi = (n-2)\pi$이다.

📖 $(n-2)\pi$

2. 대체법(순환추리법 또는 순환귀납법)

$y = 2z + 1$, $z = 3x - 5$일 때, 뒤의 식 $z = 3x - 5$를 앞의 식 $y = 2z + 1$에 대입하면 다른 하나의 새로운 식인 $y = 2(3x - 5) + 1$을 얻을 수 있다. 즉, $y = 6x - 9$이다.

식의 대입은 연속적인 유형과 이산적인 유형의 식에 모두 사용 가능하다.

(단, 앞 뒤의 z가 같은 값)

대체법은 이런 대체(대입)의 내용으로 한 가지의 점화관계의 방법이다.

예 $y_n = y_{n-1} + 1$, $y_{n-1} = y_{n-2} + 1$, $y_{n-2} = y_{n-3} + 1$, ….

$y_2 = y_1 + 1$, $y_1 = 10$일 때,

이것을 반복해서 대입하면

$$y_n = (y_{n-2} + 1) + 1 = y_{n-2} + 2 \quad \cdots\cdots\cdots\cdots\cdots\cdots\cdots\cdots\text{1차 대입}$$

$$= (y_{n-3} + 1) + 2 = y_{n-3} + 3 \quad \cdots\cdots\cdots\cdots\cdots\cdots\cdots\text{2차 대입}$$

$$= (y_2 + 1) + (n - 3) = y_2 + (n - 2) \quad \cdots\cdots\cdots\cdots(n-3)\text{차 대입}$$

$$= (y_1 + 1) + (n - 2) = y_1 + (n - 1) \quad \cdots\cdots\cdots\cdots(n-2)\text{차 대입}$$

$$= 10 + (n - 1) = n + 9 \quad \cdots\cdots\cdots\cdots\cdots\cdots(n-1)\text{차 대입}$$

위와 같이 $(n-1)$차 대체(대입)를 통하여 y_n의 대수식이 $n + 9$라는 결과를 얻을 수 있다.

이와 같이 식을 구하는 방법을 **대체법**이라고 한다. (점화관계법, 순환추리법 또는 순환귀납법이라고도 한다.) 이러한 방법에서 사용하는 조건은 이미 알고 있는 (또는 먼저 구해낼 수 있는)것과 대응되는 임의의 옆의 i과 $i - 1$(i는 2, 3, 4, ……, n의 순서대로 값을 취할 수 있다.)의 두 개의 양 y_i, y_{i-1}의 사이의 관련된 식 및 최초의 y_1의 값이다.

① 주의 : 우리는 인접해있는 두개의 유형만을 고려

② 위의 예는 관련된 식 $y_i = y_{i-1} + 1$($i = 1, 2, …, n$일 때 모두 성립)

다음 그림은 성냥개비로 만들어내는 삼각형 형태의 도안이다. 이러한 방식으로 만들어 갈 때 한 변에 총 20개의 성냥개비를(즉, $n = 20$) 배열하려면 필요한 성냥개비의 개수를 구하여라.

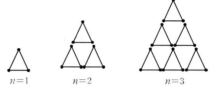

$n=1$　　　　$n=2$　　　　　　$n=3$

[풀이] 위에서 주어진 그림에는 아래와 같은 관계가 있다 :

$n = 2$부터 시작되는 모든 도형은 앞의 한 도형을 기초로 하여 삼각형이 한 줄씩 증가한다.

(맨 아래층에 추가되고 첫째 i개의 그림에는 i개의 삼각형이 증가된다.)

그러므로 앞뒤의 두 개의 $(i-1)$번째와 i번째 그림의 삼각형 개수의 관계는

i번째 그림의 삼각형의 개수

$\quad = (i-1)$번째 그림 중 삼각형의 개수$+i$개의 삼각형

따라서 i번째 그림의 성냥개비의 총 수를 S_i로 표시하면

성냥개비의 총 개수 사이의 관계식은

$$S_i = S_{i-1} + 3 \times i \quad (i = 2,\ 3,\ 4,\ \cdots,\ n),\ S_1 = 3$$

이다. 즉,

$$S_n = S_{n-1} + 3n,$$
$$S_{n-1} = S_{n-2} + 3(n-1),$$
$$S_{n-2} = S_{n-3} + 3(n-2),$$
$$\vdots$$
$$S_3 = S_2 + 3 \times 3,$$
$$S_2 = S_1 + 3 \times 2$$
$$S_1 = 3 = 3 \times 1$$

이다. 이를 순서대로 대입하면

$$S_n = S_{n-2} + 3 \times \{(n-1) + n\} = S_n - 3 + 3\{(n-2) + (n-1) + n\}$$
$$= \cdots = S_2 + 3 \times \{3 + \cdots (n-2) + (n-1) + n\}$$
$$= S_1 + 3 \times \{2 + 3 + \cdots (n-2) + (n-1) + n\}$$
$$= 3(1 + 2 + 3 + \cdots + n) = \frac{3}{2}n(n+1)$$

특히 $S_{20} = \dfrac{3}{2} \times 20 \times 21 = 630$(개)이다.

[평가와 해설] 만약 이 문제만 해결하려고 한다면 관찰을 통하여 규칙을 얻어낼 수 있다. $n = 2$일 때부터 시작되는 모든 도형은 앞의 한 도형을 기초로 하여 삼각형이 한 줄씩 증가한다. 그러므로 n번째의 그림에서 추가되는 삼각형은 n개다.

그러므로 각 변에 20개비의 성냥을 배열할 때 필요한 성냥개비의 총 개수는

$$3+2\times3+3\times3+4\times3+\cdots+20\times3$$

$$=3(1+2+3+4+\cdots+20)=3\times\frac{20\times21}{2}=630(개)이다.$$

답 630

필수예제 5

평면 위에 n개의 직선($n \geq 2$, 정수)이 있다. 이 n개의 직선이 서로 만나면 최대한 a개의 교차점이 만들어지며, 최소한 b개의 교차점이 만들어진다. 이때, $a+b$의 값을 구하여라.

분석 tip

평면 위에 n개의 직선이 서로 만날 때 최소한 1개의 점에서 만나는 것을 알 수 있다. (즉 그것들은 모두 한 번씩 만난다.) 그러므로 $b=1$이다. 교차점이 가장 많을 때는 두 개의 직선이 서로 만날 때이다. 세 개의 선이나 세 개의 선 이상의 직선이 한 점에 만날 때와 같은 유형이다. 예를 들면 평면에 4개의 직선이 서로 만난다. 교차점이 가장 많은 경우는 아래 왼쪽 그림과 같이 6개이다. 아래 오른쪽 그림과 같이 (3개의 직선이 한 점에 만날 때)는 교점이 4개이다.

위의 왼쪽 그림처럼 l_1, l_2, l_3이 서로 만나고 세 점이 공통된 점이 없을 때 다른 직선 l_4를 하나 증가할 때(l_1, l_2, l_3이 서로 만나고 4개의 직선에서 3개의 선에는 공통된 점이 없다.) l_4과 앞의 3개의 선에는 1개의 교차점이 있다. 즉 앞의 상황 ($n=3$)에서 3개의 교차점을 추가한다.

이것을 분석하면 : 평면 내에 n개의 문제의 조건을 만족하는 직선의 최대한 많은 교차점의 수는 S_n일 때 즉 앞뒤의 두개의 유형(즉($i-1$)개의 직선과 i개의 직선의 유형)에는 아래와 같은 관련 식이 있다.

$S_i = S_{i-1}+(i-1)(i=3, 4, \cdots, n)$

[풀이] 분석을 근거로 하여 알 수 있는 것은 만약 평면 위에 i개의 직선이 서로 만나고 더욱이 세 개의 선의 공통된 교차점의 개수가 S_i,이면

S_i와 $S_{i-1}(i=3, 4, \cdots, n)$사이에는 다음과 같은 관계식이 성립한다.

$$S_i = S_{i-1}+(i-1), \quad (i=3, 4, \cdots, n), \quad S_2=1$$

그러므로

$$S_n = S_{n-1}+(n-1)=S_{n-2}+(n-2)+(n-1)$$
$$=S_{n-3}+(n-3)+(n-2)+(n-1)\cdots$$
$$=S_3+3+\cdots+(n-3)+(n-2)+(n-1)$$
$$=S_2+2+3+\cdots+(n-3)+(n-2)+(n-1)$$
$$=1+2+3+\cdots+(n+1)$$
$$=\frac{(n-1)(n-1+1)}{2}=\frac{n(n-1)}{2}$$

즉, $a=\dfrac{n(n-1)}{2}$이고, $b=1$(n개의 직선 각이 한 점에 있을 때)이다.

따라서 $a+b=\dfrac{n(n-1)}{2}+1=\dfrac{n^2-n+2}{2}$이다.

[평가와 해설] 이 예제는 분석과 해답 중에서 실제적으로 종합분석법을 응용하였다. 귀납추측법을 사용하여 해를 구할 수도 있다.

답 $\dfrac{n^2-n+2}{2}$

이미 알고 있는 도형에서 알 수 있는 것은 뒤의 그림은 앞의 그림에서(한 개의 검은색 타일) 4개의 흰색 타일을 증가하는 것이다.

검은색과 흰색 두 종류의 정육각형의 타일을 이용하여 아래와 같이 그림을 만들었다.

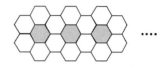

(1) 4번째 그림에는 흰색 타일의 개수를 구하여라.

(2) n번째 그림에는 흰색 타일의 개수를 구하여라.

[풀이] (1) i번째 그림 중 흰색의 타일은 S_i이라고 하면, 다음이 관계식이 성립한다.

$$S_i = S_{i-1} + 4 (i = 2, \ 3, \ 4, \ \cdots, \ n), \ S_1 = 6$$

그러므로

$$\begin{aligned} S_n &= S_{n-1} + 4 = (S_{n-2} + 4) + 4 \\ &= S_{n-2} + 4 \times 2 = (S_{n-3} + 4) + 4 \times 2 \\ &= S_{n-3} + 4 \times 3 \\ &\qquad\vdots \\ &= S_1 + 4 \times (n-1) \end{aligned}$$

이다. 즉, $S_n = 6 + 4 \times (n-1)$ 또는 $4n + 2$이다.

특별히 $n = 4$일 때, $S_4 = 4 \times 4 + 2 = 18$(개)이다.

[평가와 해설] 다음 방법을 사용하여 이 문제를 해결할 수도 있다. 이미 알고 있는 계열도형에서 알 수 있는 것은 뒤의 도형의 흰색 타일은 앞의 도형의 흰색 타일보다 4개의 타일이 늘어났다.

그러므로 흰색 타일 $6 + 4 + 4 + 4 = 18$(개)이다.

🗒 18(개)

(2) (1)의 풀이 과정을 참고하면, n번째 도형의 흰색 타일은

$$\underbrace{6 + 4 + 4 + \cdots + 4}_{4가 (n-1)개} = 6 + 4(n-1) = 4n + 2$$

🗒 $4n + 2$(개)

연습문제 11

[실력다지기]

01 다음 물음에 답하여라. (답은 n의 식으로 표시하여라.)

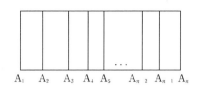 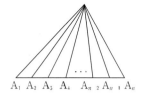

(1) 위의 왼쪽 그림에는 몇 개의 직사각형이 있는지 구하여라.

(2) 위의 오른쪽 그림에는 몇 개의 삼각형이 있는지 구하여라.

(3) 평면 위에 n개의 서로 다른 점이 서로 연결되는 직선의 개수를 구하여라.
(단, 임의의 세 점은 한 직선 위에 있지 않다.)

(4) n개의 축구팀이 리그전으로 시합을 한다. 이때, 총 몇 번의 시합을 진행되는지 구하여라.
(리그 전 : 팀과 팀 사이에 한 번씩 시합)

02 다음과 그림과 같이 3개의 성냥개비를 이용하여 (1)번째 정삼각형을 만들고, 2개의 성냥개비를 더하여 (2)번째 정삼각형을 만든다. 또, 2개의 성냥개비를 사용하여 (3)번째 정삼각형을 만들 때, 이렇게 하여 (n)번째 정삼각형을 만들 때, 총 몇 개의 성냥개비를 사용했는지 구하여라.

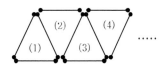

03 다음 그림은 한 변의 길이가 1인 정육면체를 배열하는 도형이다.

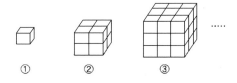

①에 1개의 정육면체가 있다. 여기서 1개는 보이고 0개는 보이지 않는다.

②에 8개의 정육면체가 있다. 여기서 7개는 보이고 1개는 보이지 않는다.

③에 27개의 정육면체가 있다. 여기서 19개는 보이고 8개는 보이지 않는다.

   ⋮

(1) ⑥번째 그림에서 보이지 않는 작은 정육면체의 개수를 구하여라.

(2) ⓝ번째 그림($n \geq 1$ 자연수)에서 보이는 정육면체는 (   )개이고 보이지 않는 정육면체는 (   )개이다.

(3) ⓝ번째 그림의 겉에 전부 빨간색을 칠한다면($n \geq 1$ 자연수) 색이 칠해지지 않은 정육면체는
( )개, 한 면만 색이 칠해진 정육면체는 ( )개, 두 면만 색이 칠해진 정육면체는
( )개, 3면만 색이 칠해진 정육면체는 ( )개이다.

04 한 직선을 그려서 평면을 두 부분으로 나눈다. 두 개의 직선을 그려 평면을 최대 4개의 부분으로
나눈다.

(1) 6개의 직선을 그려서 평면을 최대 몇 개 부분으로 나눌 수 있는지 구하여라.

(2) 평면상의 $n(n \geq 2)$개의 직선이 있다면 평면을 최대 몇 개 부분으로 나눌 수 있겠는가?

05 다음 그림과 같은 한 유형의 도형들이 있다. :

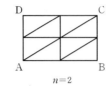
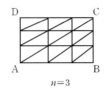

(i) $n = 1$일 때, 직사각형 ABCD를 두 개의 직각삼각형으로 나눈다.

이 직각삼각형을 형성하는 변은 총 5개이다. (중복된 변은 하나로 계산한다. 아래도 같다.)

(ii) $n = 2$일 때, 직사각형 ABCD를 여덟 개의 직각삼각형으로 나눈다.

이 직각삼각형(가장 작은 삼각형)을 형성하는 변은 총 16개이다.

(iii) $n = 3$일 때, 직사각형 ABCD를 열여덟 개의 직각삼각형으로 나눈다.

이 직각삼각형(가장 작은 삼각형)을 형성하는 변은 총 33개이다.

일반적으로, n일 때, (가장 작은) 직각삼각형을 총 몇 개로 나누며, 이 (가장 작은) 직각삼각형을 형성하는 변의 개수를 구하여라.

06 어느 고대 그리스의 수학자가 1, 3, 6, 10, 15, 21, ……를 삼각수라 불렀다. 이 수에는 일정한 규칙이 있다.

(1) 24번째 삼각수와 22번째 삼각수의 차를 구하여라.

(2) 이 삼각수 중 n번째는 얼마인지 구하여라. (n의 식으로 표시하여라.)

07 어떤 체육관에서 크기와 규격이 같은 직사각형의 나무토막을 지면에 끼워 넣는다. 첫 번째는 그림 ①과 같이 2개를 넣는다. 두 번째는 그림 ②와 같이 첫 번째 넣은 나무토막을 완전히 둘러싼다. 세 번째는 그림 ③과 같이 두 번째 넣은 것을 완전히 둘러싼다. 이런 식으로 하여 n번째에, 나무토막을 완전히 둘러싸려고 할 때, 필요한 나무토막의 개수를 구하여라.

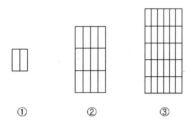

①   ②   ③

08 한 정육각형의 종이에 n개의 점이 있다. 이 n개의 점과 정육각형의 6개의 꼭짓점으로 최대한 몇 개의 삼각형을 잘라낼 수 있는지 구하여라.

[응용하기]

09 아래의 자료를 읽고 빈칸을 채워라.

평면상에 $n(n \geq 2)$개의 점이 있다. 임의의 3개의 점은 동일한 직선상에 있지 않다. 이 점으로 직선을 만든다면 총 몇 개의 서로 다른 직선을 만들 수 있는지 구하여라.

(1) 분석 : 만약 단 두 개의 점이 있을 때 하나의 직선을 연결할 수 있다. 3개의 점이 있을 때 3개의 직선을 연결할 수 있다. 4개의 점이 있을 때 6개의 직선을 연결할 수 있다. 5개의 점이 있을 때 10개의 직선을 연결할 수 있다.

(2) 귀납 : 점의 개수와 직선의 개수에 대해서 연구하면

점의 개수	2	3	4	5	$\cdots$	n
연결할 수 있는 직선의 수	$1 = S_2 = \dfrac{2 \times 1}{2}$	$3 = S_3 = \dfrac{3 \times 2}{2}$	$6 = S_4 = \dfrac{4 \times 3}{2}$	$10 = S_5 = \dfrac{5 \times 4}{2}$	$\cdots$	$S_n = \dfrac{n(n-1)}{2}$

(3) 추리 : 평면상 n개의 점이 있다. 두 점을 연결하여 하나의 직선을 만든다면 첫 번째 점 A를 취하는 데는 n가지의 방법이 있다. 두 번째 점 B를 취하는 데는 $(n-1)$가지의 방법이 있다. 그러므로 총 $n(n-1)$개의 직선을 연결할 수 있다. 하지만 AB와 BA는 같은 직선이다. 그러므로 2로 나누어야 한다. 즉 $S_n = \dfrac{n(n-1)}{2}$ 이다. (주의 : 이것은 사실상 종합 분석법을 통하여 답을 얻어내는 것이다. 이 추리 결과가 없다면 위의 (2)에서의 귀납식을 얻어내기 힘들다.)

(4) 결론 : $S_n = \dfrac{n(n-1)}{2}$

〈연구 문제〉

평면상 $n(n \geq 3)$개의 점이 있다. 임의의 3개의 점은 동일한 직선상에 있지 않다. 이 점으로 삼각형을 만든다면 총 몇 개의 서로 다른 삼각형을 만들 수 있는지 구하여라.

① 분석 : 3개의 점만 있을 때 (   )개의 삼각형을 만들 수 있다. 4개의 점이 있을 때 (   )개의 삼각형을 만들 수 있다. 5개의 점이 있을 때 (   )개의 삼각형을 만들 수 있다.

② 귀납 : 점의 개수와 삼각형의 개수에 대해 생각한다.

점의 개수	3	4	5	...	n
연결할 수 있는 삼각형의 수				...	

③ 추리 : _____

④ 결론 : _____

10 선분 AB에서 우선 A 점을 0으로 표시하고 B 점을 2002로 표시하고, 이것을 첫 번째라고 한다. AB의 가운데 점 C에 $\dfrac{0+2002}{2} = 1001$로 표시하고, 이것을 두 번째라고 한다. 또 얻어진 선분 AC, BC의 가운데 점인 D, E에 그 자리에 표시해야 하는 수인 양쪽의 수를 더한 수의 반 즉, $\dfrac{0+1001}{2}$, $\dfrac{1001+2002}{2}$라 표시하고 이것을 세 번째 순서라고 할 때, 11번 진행한 후 선분 A, B상에 표시된 수의 합을 구하여라.

12강 식의 해법 (Ⅱ)
– 귀납추측법 간단 소개

1 핵심요점

귀납추측법

① 앞의 몇 가지의 특수상황의 관찰, 분석하여 구해야 하는 양과 문자 n의 규칙적 변화를 찾는다.

② 이 규칙에 따라 추측을 진행하여 일반적인 유형인 n의 식을 구해낸다.

③ 마지막에는 n이 어떤 값을 구할 때도 이 추측식이 반드시 성립된다는 것을 증명한다.

이러한 방법을 **귀납법**이라고 한다.(지금 단계에서는 증명의 단계까지 구하지 않기 때문에 귀납 추측법이 더 적절한 용어이다.)

간단히 말하면 여러 특수한 사실이 성립되면 일반적인 사실이 성립된다고 말할 수도 있다.

이러한 특수하고 일반적인 추리를 **귀납추리법** 또는 **귀납추측법**이라고 할 수 있다.

2 필수예제

필수예제 1·1

아래의 등식을 관찰하고 자연수 n의 식으로 이러한 규칙을 나타내어라.

$$1^2 - 0^2 = 1, \ 2^2 - 1^2 = 3, \ 3^2 - 2^2 = 5, \ 4^2 - 3^2 = 7, \ \cdots.$$

[풀이] 이미 알고 있는 4개의 등식으로부터 추측해낼 수 있는 n번째의 등식은

$$n^2 - (n-1)^2 = 2n-1 \, (n = 1, \ 2, \ 3, \ \cdots)$$

📋 $n^2 - (n-1)^2 = 2n-1 \, (n = 1, 2, 3, \cdots)$

필수예제 1·2

오른쪽 그림은 사과를 나열한 그림이다.

첫째 줄에 사과 1개, 둘째 줄에 사과 2개,

셋째 줄에 사과 4개, 넷째 줄에 사과 8개일 때,

사과를 나열한 그림의 배열 규칙을 설명하여라.

또한 10번째 줄에는 총 몇 개의 사과가 있으며, n번째 줄에는 몇 개의 사과가

있는지 구하여라.

[풀이] 그림에서 알 수 있는 사과의 배열규칙은 배수의 증가이다.

　　　1번째 줄 $1 = 2^0 = 2^{1-1}$

　　　2번째 줄 $2 = 2^{2-1}$

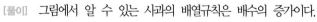

3번째 줄 $4 = 2^{3-1}$

4번째 줄 $8 = 2^{4-1}$

여기서 알 수 있는 것은 n번째 줄에는 2^{n-1}이 있다.

특별히 10번째 줄에는 $2^{10-1} = 2^9 = 512$(개)가 있다.

답 512, 2^{n-1}

필수예제 1·3

한 배열의 수 a_1, a_2, a_3, a_4, $\cdots$, a_n이 있다.

$a_1 = 6 \times 2 + 1$, $a_2 = 6 \times 3 + 2$, $a_3 = 6 \times 4 + 3$, $a_4 = 6 \times 5 + 4$,

$\cdots$ 일 때 n번째의 수 a_n과 $a_n = 2001$일 때, n의 값을 구하여라.

[풀이] 앞의 4개의 수를 관찰하고(즉, a_1, a_2, a_3, a_4)식으로 표시하여 추측하면

$a_n = 6(n+1) + n$ 즉, $a_n = 7n + 6$이다.

$a_n = 2001$일 때, $7n + 6 = 2001$이면 $n = 285$이다.

답 $7n + 6$, 265

필수예제 2·1

다음 그림은 성냥개비로 만들어내는 삼각형의 도안이다. 이러한 방식으로 만들어 갈 때 한 변에 총 20개의 성냥개비를(즉, $n = 20$) 배열하려면 필요한 성냥개비의 개수를 구하여라.

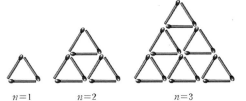

$n=1$ $n=2$ $n=3$

[풀이] 각 변에 n(n은 양의 정수이다.)개비의 성냥개비를 배열할 때, 필요한 성냥개비의 총수를 S_n개라고 하면, 즉, $n=1$, 2, 3이면

$S_1 = 3 = 3 \times 1$

$S_2 = 9 = 3 \times (1+2)$

$S_3 = 18 = 3 \times (1+2+3)$

규칙을 관찰하여 얻으면

$S_n = 3 \times (1+2+3 \cdots + n) = \dfrac{3}{2} n(n+1)$

특별히 $S_{20} = \dfrac{3}{2} \times 20 \times 21 = 630$개다.

답 630(개)

필수예제 2·2

평면 위에 n개의 직선($n \geq 2$, 자연수)이 있다. 이 n개의 직선이 서로 만나면 최대한 a개의 교차점이 만들어지며, 최소한 b개의 교차점이다.

이때, $a+b$의 값을 구하여라.

[풀이] 확실히 $b=1$이다. 평면 위에 n개의 직선($n \geq 2$ 자연수)의 가장 많은 교차점의 수를 S_n라고 하면 $n=1$, 2, 3일 때

$$S_2 = 1$$
$$S_3 = 1+2$$
$$S_4 = (1+2+3)$$

규칙을 관찰하여 얻으면

$$a = S_n = 1+2+3+\cdots+(n-1) = \frac{n(n-1)}{2}$$

그러므로 $a+b = \dfrac{n(n-1)}{2}+1 = \dfrac{n^2-n+2}{2}$ 이다.   답 $\dfrac{n^2-n+2}{2}$

필수예제 3

다음 그림에서 위에서부터 n번째에 있는 층에 가장 작은 삼각형의 개수를 구하여라.

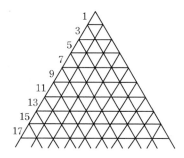

[풀이] 우선 실제로 앞의 몇 층의 상황을 관찰하고 분석한다.

1번째 층에서 가장 작은 삼각형은 1개이다. 즉, $1 = 2 \times 1 - 1$(개)이다.
2번째 층에서 가장 작은 삼각형은 3개이다. 즉, $3 = 2 \times 2 - 1$(개)이다.
3번째 층에서 가장 작은 삼각형은 5개이다. 즉, $5 = 2 \times 3 - 1$(개)이다.
4번째 층에서 가장 작은 삼각형은 7개이다. 즉, $7 = 2 \times 4 - 1$(개)이다.
그러므로 한 층당 가장 작은 삼각형의 개수가 그의 층의 2배에서 1을 뺀 수이다. 즉, $(2 \times 층수 - 1)$이다.

따라서 귀납 추측하면 n층에 가장 작은 정삼각형의 수는 $(2n-1)$개이다.

[평가와 해설] 관찰 분석 중에서 1, 3, 5, 7이 $1 = 2 \times 1 - 1$, $3 = 2 \times 2 - 1$, $5 = 2 \times 3 - 1$, $7 = 2 \times 4 - 1$으로 표현되는 것을 찾는 것은 매우 중요하다. 한 층당 가장 작은 삼각형의 개수와 층수를 관계를 지을 수 있다. 그러므로 규칙 $2 \times 층수 - 1$을 쉽게 찾아낼 수 있다. 즉, n번째 층의 가장 작은 삼각형의 개수는 $(2n-1)$개다.   답 $(2n-1)$(개)

필수예제 4

다음 그림에서 앞의 n층에 총 몇 개의 가장 작은 삼각형이 있는지 구하여라.

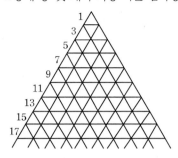

[풀이] 앞의 n까지의 홀수의 합을 관찰하고 분석한다.

$$1 = 1^2$$
$$1+3 = 4 = 2^2$$
$$1+3+5 = 9 = 3^2$$
$$1+3+5+7 = 16 = 4^2$$

그러므로 n층까지의 연속되는 홀수의 합은 n의 제곱과 같다.

따라서 귀납 추측을 하면 1부터 앞의 n개의 연속되는 홀수의 합은

$$1+3+5+7+\cdots+(2n-1) = n^2 \text{이다.}$$

즉, 필수예제 3의 그림에서 앞의 n층까지는 n^2까지의 가장 작은 삼각형이 있다.

[평가와 해설] 필수예제 3과 같이 앞의 n개의 실제상황을 관찰 분석할 때 합의 형식을 다시 정리하는 것은 매우 중요하다. 그것은 우리에게 규칙을 찾아내게 하고 정확한 추측을 하게 한다.　　　　답 n^2(개)

필수예제 5

다음 그림의 각 도형에서 그림 ①, ②, ③의 규칙을 근거로 그림 ④의 삼각형의 개수를 구하고 그림 ⓝ의 삼각형의 개수를 구하여라.

   ……

　　　　①　　　　　　②　　　　　　③

[풀이] 그림 ①, ②, ③에서 알 수 있는 것은 다음과 같다.

그림 ①의 삼각형 개수는 $1+4$(개)

그림 ②의 삼각형 개수는 $1+4+3\times4$(개)

그림 ③의 삼각형 개수는 $1+4+3\times4+3^2\times4$(개)

이 규칙에 따라서 그림 ④의 삼각형의 개수는

$$1+4+3\times4+3^2\times4+3^3\times4 = 161 \text{개이다.}$$

여기서 추측해낼 수 있는 것은 : 그림 ⓝ의 삼각형의 개수는

$$1+4+3\times4+3^2\times4+3^3\times4\cdots+3^{n-1}\times4$$
$$=1+(1+3+3^2+3^3+\cdots3^{n-1})\times4$$
$$=2\times3^n-1$$

[주의] $1+3+3^2+3^3+\cdots+3^{n-1}$
$$=\frac{1}{3-1}\times(3-1)(1+3+3^2+3^3+\cdots+3^{n-1})$$
$$=\frac{1}{2}\times(3+3^2+3^3+3^4+\cdots+3^{n-1}-3-3^2-3^3\cdots-3^{n-1})$$
$$=\frac{1}{2}\times(3^n-1)$$

그러므로 $1+(1+3+3^2+3^3+\cdots3^{n-1})\times4$
$$=1+\frac{1}{2}\times(3^n-1)\times4=2\times3^n-1\text{이다.}$$

[평가와 해설] 다음 방법으로 해를 구할 수 있다.

그림 ⓝ의 삼각형의 개수를 S_n개라고 하면,
$$S_n=S_1+(S_2-S_1)+(S_3-S_2)+(S_4-S_3)+\cdots+(S_n-S_{n-1})$$

이다. 또, $S_2-S_1=3\times4$, $S_3-S_2=3^2\times4$, $S_4-S_3=3^3\times4$에서 귀납추측하면
$$S_n-S_{n-1}=3^{n-1}\times4\text{이다. 그러므로}$$
$$S_n=S_1+(S_2-S_1)+(S_3-S_2)+(S_4-S_3)+\cdots+(S_n-S_{n-1})$$
$$=1+4+3\times4+3^2\times4+3^3\times4+\cdots+3^{n-1}\times4$$

이다. 즉, $S_n=1+4+3\times4+3^2\times4+3^3\times4+\cdots+3^{n-1}\times4$이다.

따라서 $S_n=2\times3^n-1$이다.　　　　　　　　🖹 풀이참조

필수예제 1~5에서는 모두 증명의 순서를 생략했다. 귀납추측의 결론이 정말 정확한지 여부를 검사한다. 증명은 꼭 필요한 것이다. 아래의 두 예는 이 점에 대해서 설명한 것이다. (즉, 증명하지 않으면 추측에 큰 실수가 있을 수 있다.)

(1) 만약 $n=1$, 2, 3, 4일 때 식 $(n^2-5n+5)^2$은 모두 1이다. 여기서 귀납추측하면 : "모든 양의 정수 n에 대하여 $(n^2-5n+5)^2=1$이다."라고 생각한다면 틀린 것이다. 왜냐하면 $n=5$일 때 $(n^2-5n+5)^2=(5^2-5\times5+5)^2=25\neq1$이다.

(2) 실제로 $n=4$, 6, 8, 9일 때 2^n-2는 모두 n으로 완전히 나누어떨어지지 않는다. (만약 $n=4$일 때 $2^4-2=14$, 14는 4로 완전히 나누어지지 않는다.) 여기서 우리는 "모든 합성수 n에 대하여 2^n-2는 n으로 나누어떨어지지 않는다"라고 생각한다면 그것을 틀린 것이다. 왜냐하면 나머지 성질로 $n=341(=31\times11$ 합성수이다.)일 때 $2^{341}-2$가 341로 나누어떨어지는 것을 증명할 수 있다.

[주의] n이 소수일 때, 2^n-2가 반드시 n으로 완전히 나누어진다는 결론은 정확하다. 위의 두 예제에서 설명한 추측의 결과는 정확하지 않을 수도 있다. 증명을 통해서야만이 정확하다는 것을 알 수 있다.

하지만 과감히 추측을 하는 것은 장려해야 할 일이다. 이것의 과학에 대한 발전은 빠질 수 없는 요소이다. 과학은 항상 각종 추측을 통하고 그 추측들이 정확한지 증명하는 가운데서 발전한다. 이것은 과학의 발전을 촉진하고 인류사회의 진보를 촉진한다.

수학, 과학 등에서는 과감히 추측하고 조심스럽게 증명한다는 원칙은 우리가 지켜야 할 것이다.

[실력다지기]

01 다음 물음에 답하여라.

(1) 아래의 순서대로 배열한 등식을 관찰하여라.

$$9 \times 0 + 1 = 1, \quad 9 \times 1 + 2 = 11, \quad 9 \times 2 + 3 = 21,$$

$$9 \times 3 + 4 = 31, \quad 9 \times 4 + 5 = 41, \quad \cdots\cdots.$$

추측 : n번째의 등식(n은 양의 정수)은 얼마인지 구하여라.

(2) 수직선 상 -1에서 1까지의 3개의 정수는 $(-1, 0, 1)$, -2에서 2까지의 5개 정수는 $(-2, -1, 0, 1, 2)$, -3에서 3까지의 7개의 정수는 $(-3, -2, -1, 0, 1, 2, 3)$일 때, $-n$에서 n까지의 (n은 양의 정수) 정수의 개수를 구하여라.

(3) 민수는 계산기를 사용하여 한 계산시스템을 만들었다. 입력하고 출력된 수치는 아래의 표와 같다.

입력	…	1	2	3	4	5	…
출력	…	$\dfrac{1}{2}$	$\dfrac{2}{5}$	$\dfrac{3}{10}$	$\dfrac{4}{17}$	$\dfrac{5}{26}$	…

(a) 수치 8을 입력했을 때 출력되는 수치를 구하여라.

(b) 입력한 수치가 n일 때 (n은 양의 정수) 출력되는 수치를 구하여라.

(4) 다음 등식을 관찰하라.

$$9 - 1 = 8, \quad 16 - 4 = 12, \quad 25 - 9 = 16, \quad 36 - 16 = 20, \cdots$$

이 등식은 자연수 사이의 한 규칙을 반영한 것이다. $n \, (n \geq 1)$이 자연수일 때, n에 관한 식으로 규칙을 표시하여라.

(5) 파스칼의 삼각형의 n번째 행 (n은 양의 정수)의 각 수의 합을 구하여라.

				1					------------------------------- 1행
			1		1				------------------------------- 2행
		1		2		1			------------------------------- 3행
	1		3		3		1		------------------------------- 4행
1		4		6		4		1	------------------------------- 5행

1   5   10   10   5   1 ------------------------------- 6행

....

02 다음 그림의 삼각기둥에는 5개의 면과 6개의 꼭짓점 및 9개의 변이 있다. 사각기둥에는 6개의 면과 8개의 꼭짓점 및 12개의 변이 있다. 오각기둥에는 7개의 면과 10개의 꼭짓점 및 15개의 변이 있다. 이렇게 추리해 나갈 때 n각기둥은 $(n+2)$개의 면과 (   )개의 꼭짓점 및 (   )개의 변이 있다.

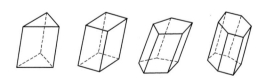

03 직사각형의 종이를 대칭되게 접는다. 다음 그림에서 표시된 그림에서 한 줄의 접힌 자국(그림 중 점선)이 생기고 계속 접어나가면 계속 접힐 때 매번 접힌 자국과 그 전의 접힌 자국이 평행이 되어야 한다. 연속으로 3번 대칭되게 접은 다음 7개의 접힌 자국이 남는다. 4번을 대칭되게 접는다면 (   )개의 접힌 자국이 남을 때, n번을 접는다면 (   )개의 접힌 자국이 남는다.

04 다음 그림과 같이 흑백 바둑돌의 배치도를 이용하여 가장 가운데를 1번째 층이라고 하며, 홀수 층은 흑색바둑돌 층이고 짝수 층은 백색바둑돌 층이다. n번째 층에 배열되는 바둑돌의 개수를 구하고, n층까지 바둑돌의 총 개수를 구하여라.

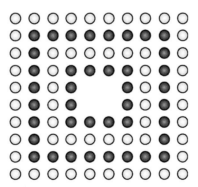

05 두 직선 위에 n개의 점이 있으며 이 n개의 점은 아래의 규칙에 따라 선분을 연결한다.

> ① 같은 직선상의 점과는 연결하지 않는다.
>
> ② 연결된 임의의 두 선분은 공통된 끝점이 있을 수 있다. 하지만 다른 교차점이 있어서는 안 된다.

(1) 그림을 그려서 $n = 1$, 2, 3일 때 연결된 선분은 최대 몇 가지인지 구하여라.

(2) (1)에 근거하여 $n\,(n$은 양의 정수)의 점사이의 연결된 선분이 최대한 몇 개인지 추론하고, 추론을 증명하여라.

(3) $n = 2003$일 때, 연결된 선분은 총 몇 개인지 구하여라.

[실력 향상시키기]

06 아래의 등식을 관찰하고 물음에 답하여라.

$$2 \times 2 = 4, \qquad 2 + 2 = 4$$

$$\frac{3}{2} \times 3 = 4\frac{1}{2}, \qquad \frac{3}{2} + 3 = 4\frac{1}{2}$$

$$\frac{4}{3} \times 4 = 5\frac{1}{3}, \qquad \frac{4}{3} + 4 = 5\frac{1}{3}$$

$$\frac{5}{4} \times 5 = 6\frac{1}{4}, \qquad \frac{5}{4} + 5 = 6\frac{1}{4}$$

(1) 범수는 위의 등식을 관찰하여 한 가지 추측을 해내었다. "두 개의 유리수의 곱은 두 유리수의 합이다." 범수의 추측이 정확한지, 왜 그런지 밝히시오.

(2) 식을 관찰하여 한 가지의 결론을 이끌어 내고, 그 결론을 증명하여라.

07 **아래의 등식을 관찰하고 물음에 답하여라.**

$1 \times 2 \times 3 \times 4 + 1 = 5^2$,

$2 \times 3 \times 4 \times 5 + 1 = 11^2$,

$3 \times 4 \times 5 \times 6 + 1 = 19^2$

....

(1) 일반성을 가진 결론을 이끌어 내고, 이를 증명하여라.

(2) (1)을 근거로 하여 $2000 \times 2001 \times 2002 \times 2003 + 1$을 계산하여라. (간단한 식으로 표시)

08 다음 그림은 일정한 규칙을 통하여 그려진 나뭇가지 그림이다.

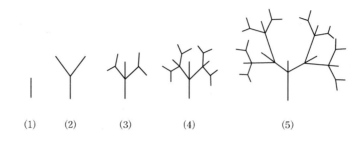

(1)   (2)   (3)   (4)   (5)

> ① 그림 (2)는 그림 (1)보다 나뭇가지가 2개 많다.
> ② 그림 (3)은 그림 (2)보다 나뭇가지가 5개 많다.
> ③ 그림 (4)는 그림 (3)보다 나뭇가지가 10개 많다.

(1) 그림 (7)을 그려보고 그림 (6)보다 많은 나뭇가지의 개수를 구하여라.

(2) 그림 (n)의 나뭇가지의 수와 그림 $(n-1)$의 나뭇가지의 수의 관계를 구하여라.
   (단, $n \geq 4$인 정수)

09 **다음 물음에 답하여라.**

(1) 정사각형의 종이를 오른쪽 그림처럼
   접고 다시 위로 접은 후 왼쪽에서 오
   른쪽으로 접는다. 이것을 첫 번째 순
   서라고 한다. 이 규칙에 따라서 1,

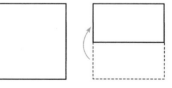

2, 3, 4, 5번째 순서 후, 작은 정사각형의 왼쪽 아래의 모퉁이를 자르고 이 정사각형을 펼치
면 총 몇 개의 구멍이 있는지 구하여라. n번째 순서를 마친 후 작은 정사각형의 왼쪽을 자르고
다시 그 정사각형을 폈을 때 몇 개의 구멍이 있는지 구하여라.

(2) 다음 그림은 단위가 $1\,\text{cm}$인 모눈종이 위에 그림에 표시된 규칙을 근거로 하여 A_1, A_2, A_3, A_4, $\cdots$ A_n 점을 정하고 A_1, A_2, A_3으로 삼각형을 만들고 그 삼각형을 $\triangle 1$이라 하고 A_2, A_3, A_4를 연결하여 삼각형을 만들고 그 삼각형을 $\triangle 2$라고 한다. 이런 방법으로 A_n, A_{n+1}, A_{n+2}을 연결하여 삼각형을 만들고 그 삼각형을 $\triangle n$이라고 한다. (n은 양의 정수)

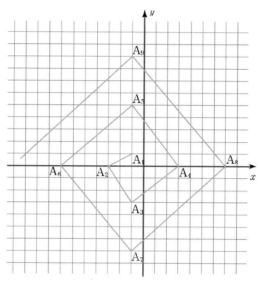

① $\triangle n$의 넓이가 $100\,\text{cm}^2$일 때, n을 구하여라.

② $\triangle n$의 넓이를 구하여라. (n의 식으로 표시)

10 다음 물음에 답하여라.

(1) 평면 위에 3개의 삼각형이 있다. 이 평면을 최대 몇 개로 나눌 수 있는지 구하고 n개의 삼각형을 그려 넣는다면, 평면을 최대한 몇 개로 나눌 수 있는지 구하여라.

(2) 한 목동이 양을 몰고 n개의 관문을 통과한다. 한 관문을 통과할 때마다 관문을 지키는 문지기가 목동의 양 중에서 반을 가져가고 그 후 다시 한 마리를 돌려준다. 이 관문을 모두 지나간 후 목동에게 남은 양은 단 2마리라면 원래 목동은 총 몇 마리의 양을 몰았는지 구하여라.

11 순서대로 배열한 3개의 수 3, 9, 8이 있다. 임의의 두 개의 인접해 있는 수는 모두 오른쪽의 수에서 왼쪽의 수를 빼고 거기서 얻은 차를 두 수의 가운데 배열한다.

3, 6, 9, −1, 8 이것을 첫 번째 순서라고 한다.

두 번째 순서를 진행할 때도 새로운 수의 배열이 나온다.

3, 3, 6, 3, 9, −10, −1, 9, 8

(1) 수의 배열 3, 9, 8에서 시작하여 100번째까지 진행한 후 새로 만들어진 모든 수의 합을 구하여라.

(2) n번째 진행한 후 새로 만들어진 수의 배열의 모든 수의 합을 구하여라.

Part III 함수

13강 일차함수와 그 응용 (Ⅰ)

1 핵심요점

1. 정리

두 개의 변수 x, y 사이의 관계식을 $y = kx + b$ (k, b는 상수, $k \neq 0$)로 나타낼 수 있다면, y는 x의 **일차함수**라 한다.

2. 그래프

일차 함수 $y = kx + b$ ($k \neq 0$)를 좌표 평면 위에 나타내면 직선이 된다. 그러므로 일차함수 그래프를 그리려면 두 점(이 좌표는 일차함수식 $y = kx + b$ ($k \neq 0$)을 만족시킴)만을 찾아서 이 두 점을 지나는 직선을 그리면 된다.

일차함수 $y = kx + b$의 그래프를 직선의 방정식(간단히 직선) $y = kx + b$라고 부를 수 있다.

특히, 정비례 함수 $y = kx$ ($k \neq 0$)의 그래프는 원점 $(0, 0)$을 지나는 직선이다.

바꿔 말하면, 좌표 평면 위에 있는 직선 위의 많은 점의 좌표 (x, y)는 반드시 x, y에 대한 일차방정식 $ax + by = c$를 만족시켜야 한다. (a, b, c는 상수이고, $ab \neq 0$이다.) (주의 : 두 좌표축과 좌표축에 평행인 모든 직선 제외)

3. 일차함수의 특징

(1) 증가 또는 감소하는 성질

일차함수 $y = kx + b$ ($k \neq 0$)에는 다음과 같은 두 가지 경우가 존재한다.

① $k > 0$일 때, y의 값은 x값이 증가함에 따라 증가

ⓘ 독립 변수인 임의의 두 값 x_1, x_2가 대응하는 함숫값은 각각 y_1, y_2일 때, $x_1 < x_2$이면 $y_1 < y_2$

ⓘⓘ 함수의 그래프는 x가 증가함에 따라 왼쪽에서부터 오른쪽으로 상승하는 직선 l (하단 **왼쪽 그림** 참조)

② $k < 0$일 때, y의 값은 x값이 증가함에 따라 감소

ⓘ 독립 변수인 임의의 두 값 x_1, x_2가 대응하는 함숫값은 각각 y_1, y_2일 때, $x_1 < x_2$이면 $y_1 > y_2$

ⓘⓘ 함수의 그래프는 x가 증가함에 따라 왼쪽에서부터 오른쪽으로 하강하는 직선 l (하단 **중간 그림** 참조)

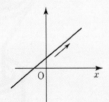 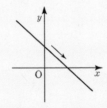 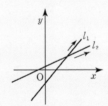

(2) 기울기와 증가속도

두 직선 L_1과 L_2이 다음과 같을 때,

$L_1 : y = k_1 x + b_1$, $L_2 : y = k_2 x + b_2$

$k_1 > k_2 > 0$이면 L_1과 x축의 양의 방향이 만드는 예각은 L_2와 x축 양의 방향이 만드는 예각보다 크다.

그러므로 x의 증가에 따라 $y = k_1 x + b_1$은 $y = k_2 x + b_2$보다 빨리 증가 (상단 **오른쪽 그림** 참조)

(3) 평행성

두 직선 $L_1 : y = k_1 x + b_1$, $L_2 : y = k_2 x + b_2$

① $L_1 /\!/ L_2$이면, $k_1 = k_2$이고, $b_1 \neq b_2$

② $k_1 = k_2$이면(그리고 $b_1 \neq b_2$이면), $L_1 /\!/ L_2$

4. 일차함수의 식을 결정

일차함수의 식을 결정하려면 다음의 두 가지 조건이 필요하다.

① $y = kx + b$의 k와 b를 결정해야 한다.

② 정비례함수를 결정하려면 한 가지 조건을 필요로 한다. 즉, $y = kx$의 k를 확정해야 한다.

③ 일차함수의 식을 결정할 때는 보통 "미정 계수법"을 사용한다.

우선 구하고자 하는 일차함수의 식을 $y = kx + b$라 한다. 여기서, k와 b는 미정 계수이다.

그 후 이미 알고 있는 조건을 이용하여 (이미 알고 있는 조건을 만족시키는) $k = k_0$, $b = b_0$를 결정한다.

만약 이미 알고 있는 조건이 "$A(x_1, y_1)$, $B(x_2, y_2)$ 두 점을 지나는 직선"이라면 k와 b를 확정하는 방법은 아래의 (k, b에 관한) 일차방정식을 푼다.

$$\begin{cases} y_1 = kx_1 + b \\ y_2 = kx_2 + b \end{cases}$$

즉, $k = k_0$, $b = b_0$를 구할 수 있다.

2 필수예제

1. 그래프의 개념

필수예제 1

오른쪽 그림과 같이 수조 밑바닥을 향해 엎어놓은 비커에 물을 넣는다. (들어가는 물의 양은 일정하다.)비커에 물을 가득 채운 후에도 수조가 찰 때까지 계속해서 물을 붓는다. 수조의 수면이 올라온 높이인 h와 물을 주입한 시간인 t 간의 함수관계를 그림으로 나타낸 것은 아래 나열한 그림 중 어느 것인가?

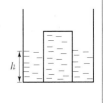

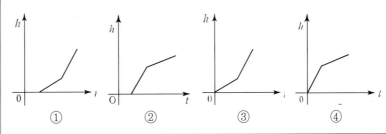

① ② ③ ④

[풀이] ①, ②, ③, ④으로부터 답이 꺾은선의 그래프를 하고 있음을 알 수 있다.

물을 처음 주입할 때 비커 안에 먼저 물을 주입하였으므로 수조의 수면 높이는 상승하지 않았다.

비커가 가득 찬 후, 비커의 물이 넘쳐 수조의 수면이 상승하기 시작하였다.

그러므로 ③과 ④은 답이 아니다.

또 수조의 수면이 비커 입구까지 상승했으므로 수조의 물이 있는

횡단면(비커 입구 제외)은 비커 입구 위의 수조의 횡단면보다 작다.

그러므로 비커 입구 위로는 상승하는 것이 늦다. 즉, 답은 ①이 아닌 ②이다.

답 ②

필수예제 2

직선 $y = ax + b$가 제 1, 2, 4사분면을 지날 때, a, b의 부호를 구하여라.

[풀이] 직선 $y = ax + b$가 제 2, 4사분면을 지나므로 이 직선은 왼쪽에서 오른쪽으로
하강한다. 그러므로 $a < 0$이다.

또 이 직선이 제 1사분면을 지나므로 y축과의 교점 $(0, b)$에서 $b > 0$이다.

답 $a < 0$, $b > 0$

2. 일차 함수의 식 구하기

분석 tip

직선 L의 일차함수 식을 구하는 문제에서는 이 직선의 방정식을 $y = kx + b$라고 한다.
미정계수 k와 b를 구하려면 반드시 직선상의 두 점의 좌표를 알아야 한다.

필수예제 3

직선 L과 직선 $y = 2x + 1$의 교점의 x좌표가 2이고, 직선 $y = -x + 2$와
교점의 y좌표가 1일 때, L의 직선의 방정식을 구하여라.

[풀이] L의 직선의 방정식을 $y = kx + b$라고 하자.

L과 직선 $y = 2x + 1$의 교점의 x좌표가 2이고, 이 교점이 직선 $y = 2x + 1$
위에 있으므로 $x = 2$를 대입하면 $y = 5$이다.

즉, 직선 L과 직선 $y = 2x + 1$의 교점의 좌표는 $A(2, 5)$이다.

같은 원리로 직선 L과 직선 $y = -x + 2$의 교점의 좌표는 $B(1, 1)$이다.

A, B가 직선 L 위에 있으므로 $5 = 2k + b$, $1 = k + b$이다.

이를 연립하여 풀면 $k = 4$, $b = -3$이다.

L의 직선의 방정식은 $y = 4x - 3$이다.

답 $y = 4x - 3$

필수예제 4

어느 산악 지구의 평균 기온과 산의 해발고도의 관계는 다음 표와 같다.

해발 고도(m)	0	100	200	300	400	⋯
평균 기온(℃)	22	21.5	21	20.5	20	⋯

(1) 해발고도는 x (m)로 표시하고, 평균온도는 y(℃)로 표기할 때, x, y
사이의 함수관계식을 구하여라.

(2) 어느 식물이 있다. 이 식물은 18℃ ~ 20℃ 인 산악 지구에서 자란다(18℃,
20℃ 포함). 이 식물이 자라기에 적합한 해발은 몇 m 인지 구하여라.

분석 tip

이 문제에서는 x, y값을 5쌍만 제시하였으므로 함수관계식이 한 가지만 나오지 않을 수 있다. 평면좌표에서 (x, y)에 대응하는 점들을 찾았더니 모두 한 직선 위에 있었다. 이로서 y와 x의 함수관계식을 결정할 수 있고, 제한된 범위에서 y의 범위 또는 x의 범위를 결정할 수 있다.

[풀이] (1) $y = kx + b$라고 하자.

$x = 0$일 때, $y = 22$이고 $b = 22$이다.

$x = 200$일 때, $y = 21$이고 $21 = k \times 200 + 22$이므로 $k = -\dfrac{1}{200}$이다.

y와 x사이의 함수관계식은 $y = -\dfrac{1}{200}x + 22$이다.

🖉 $y = -\dfrac{1}{200}x + 22$

(2) $y = -\dfrac{1}{200}x + 22$에서 $k = -\dfrac{1}{200} < 0$이므로 y는 x가 증가함에 따라 감소한다. (그러므로 y가 증가할 때 x는 감소한다).

$y = 18$일 때, $x = 800$이고 $y = 20$일 때, $x = 400$이므로 $18 \leq y \leq 20$일 때, $400 \leq x \leq 800$이다. 즉, 이 식물은 해발 400m에서 800m까지의 지역의 산악 지구에서 자라기에 적합하다.

🖉 해발 400m에서 800m까지

3. 일차함수의 응용

필수예제 5

갑, 을 두 팀이 함께 공사를 끝마쳤는데, 우선 갑 팀이 단독으로 일을 하다가 10일 후 을 팀이 함께 하였더니 나머지 작업을 모두 끝마치게 되었다. 공사 총량을 단위 1로 가정하면 공사 진전도는 오른쪽 그림과 같은 함수관계를 나타낼

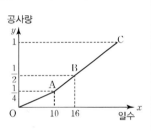

때, 실제로 이 공사를 하기 위해 사용한 시간은 갑 팀이 단독으로 이 일을 끝마치는 것보다 며칠이 줄었는지 구하여라.

[풀이] 그림에서 갑, 을 팀이 함께 일한 공사량 y와 함께 일한 날짜 x에 함수관계가 존재하고 그 함수는 $A\left(10, \dfrac{1}{4}\right)$, $B\left(16, \dfrac{1}{2}\right)$을 지난다는 것을 알 수 있다.

이 일차함수를 $y = kx + b$라 하자. 여기서, k, b는 미정 계수이다.

A, B 두 점의 좌표를 대입하면 $\dfrac{1}{4} = 10k + b$, $\dfrac{1}{2} = 16k + b$이다.

이를 연립하여 풀면 $k = \dfrac{1}{24}$, $b = -\dfrac{1}{6}$이다. 즉, $y = \dfrac{1}{24}x - \dfrac{1}{6}$이다.

또 실제 공사를 끝마치는데 x_0일이 걸렸다고 가정하면,

$C(x_0, 1)$이 직선 AB 위에 있으므로 $1 = \dfrac{1}{24}x_0 - \dfrac{1}{6}$이고, $x_0 = 28$이다.

실제로 이 일을 끝마치는데 28일이라는 시간이 걸렸다.

갑 팀의 작업 효율은 $\dfrac{1}{4} \div 10 = \dfrac{1}{40}$이므로, 갑 팀이 단독으로 이 일을 끝마치려면 $1 \div \dfrac{1}{40} = 40$(일)이 걸린다.

실제 이 일을 끝마치는데 걸린 날짜는 갑 팀이 단독으로 일을 끝마치는데 필요한 날짜보다 $40 - 28 = 12$(일) 적게 든다.

🖉 12일

제13강

어느 자동차 부품 공장에 직원이 20명이며, 각 직원들은 매일 갑 종류 부품 6개 또는 을 종류 부품 5개를 만든다. 갑 종류 부품 한 개당 150달러의 이윤이 남고, 을 종류 부품 한 개당 260달러의 이윤이 남는다. 20명 중 매일 x명 직원에게 갑 종류 부품을 만들고 나머지 직원들에게 을 종류 부품을 만든다.

(1) 이 공장에서 매일 벌어들이는 이윤 y(달러)와 x(명)간의 함수관계식을 구하여라.

(2) 공장에서 매일 벌어들이는 이윤이 24000달러보다 적지 않으려면 최소한 몇 명의 직원이 을 종류 부품을 만들어야 하는지 구하여라.

[풀이] (1) 문제의 내용으로부터 $y = 150 \times 6x + 260 \times 5(20-x)$ 이다.

즉, $y = -400x + 26000 \ (0 \leq x \leq 20)$ 이다.

📄 $y = -400x + 26000 \ (0 \leq x \leq 20)$

(2) $y = -400x + 26000 \geq 24000$ 이므로 $x \leq 5$ 이다.

$x \leq 5$ 이므로, 공장에서 매일 벌어들이는 이윤이 24000달러보다 적지 않으려면 20명의 직원 중 최대한 5명의 직원에게만 갑 종류 부품을 만들게 해야 한다.

공장에서 매일 벌어들이는 이윤이 24000달러보다 적지 않으려면 최소한 $20 - 5 = 15$명의 직원에게 을 종류 부품을 만들게 해야 한다.

📄 최소 15명

어느 음료수 공장에서 A, B 두 종류 과일 주스의 원료를 각각 19kg, 17.2kg씩 사용하여 갑, 을 두 신제품 음료를 총 50kg을 만들었다. 아래 표는 신제품 제조 관련 통계 수치이다.

매 kg당 함량	음료	갑	을
A(단위 : kg)		0.5	0.2
B(단위 : kg)		0.3	0.4

(1) 갑 종류 음료수에 x kg을 제조해야 할 때, 조건을 만족시키는 연립부등식을 구하고 그 해를 구하여라.

(2) 갑 종류 음료는 매 kg당 원금이 4000원씩, 을 종류 음료는 매 kg당 원금이 3000원씩 비용이 든다. 이 두 종류 음료의 원금 총액을 y원이라고 가정하고 y와 x의 함수관계식을 쓰고 (1)의 계산 결과에 바탕으로 갑 종류 음료에 몇 kg을 제조하였을 때 갑, 을 두 종류 음료의 원가 총액이 가장 작은지 구하여라.

[풀이] (1) 문제의 내용으로부터 $0.5x+0.2(50-x) \leq 19$,

$0.3x+0.4(50-x) \leq 17.2$이다.

이를 연립하여 풀면 $28 \leq x \leq 30$이다.

📋 풀이참조

(2) 문제의 내용으로 y와 x의 함수관계식을 구하면

$y=4000x+3000(50-x)$이다. 즉, $y=1000x+150000$이다.

$k=100 > 0$이므로 x가 작을수록 y도 작다. 그러므로 $x=28$일 때 갑,

을 두 종류 음료의 원가 총액이 가장 작다. ($28000+150000=178000$ 원)

📋 갑 28kg

[평론과 주석] 일차 함수 $y=kx+b$는 실수 전체 범위에서 최댓값도 최솟값도 존재하지 않는다. 그러나 독립 변수 값이 제한된 변역 $a \leq x \leq c$안에 존재하므로 $k>0$일 때 y값은 x값이 증가함에 따라 증가한다. 따라서 y의 최댓값은 $kc+b$이고 최솟값은 $ka+b$이다.

$k<0$일 때, y의 값은 x의 값이 증가함에 따라 감소하므로 y의 최댓값은 $ka+b$이고 최솟값은 $kc+b$이다.

4. 기타

필수예제 8

좌표평면에서 x, y좌표가 모두 정수인 점을 격자점이라고 한다. k는 정수이며, 직선 $y=x-2$와 $y=kx+k$의 교점이 격자점일 때, k의 개수를 구하여라.

분석 tip

우선 교점 좌표 찾고 다시 좌표로 하여금 정수가 되게 하는 k값을 결정한다.

[풀이] 연립방정식 $y=x-2$와 $y=kx+k$를 풀면

$x=\dfrac{k+2}{1-k}$, $y=\dfrac{k+2}{1-k}-2$

이다. 여기서 x가 정수이면 y도 반드시 정수임을 알 수 있다.

$x=\dfrac{k+2}{1-k}=-1+\dfrac{3}{1-k}$이므로 $1-k=\pm 3$, ± 1이다.

즉, $k=-2$, 4, 0, 2일 때 x는 정수이다. (이때, y 또한 정수이다.)

따라서 격자점이 되게 하는 k의 값은 4개가 있다.

📋 4개

01 다음 물음에 답하여라.

(1) 자동차로 서울에서부터 400㎞ 떨어진 부산까지 달렸다. 자동차의 평균 속력이 100㎞/h 일 때, 부산까지 남은 거리 S(㎞)와 시간 t(시간)의 함수관계를 그래프로 나타내면 다음 중 어느 것인가?

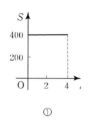

①

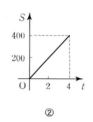

②

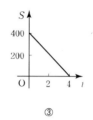

③

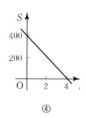

④

(2) "토끼와 거북이" 이야기는 앞서 가던 토끼가 천천히 기어오는 거북이를 보고 자만하여 잠을 자다 일어나보니 거북이는 이미 결승점에 거의 다 도착을 하였고 토끼가 급히 뛰어갔으나 거북 이가 먼저 결승점에 도착하였다는 이야기이다.

s_1, s_2를 사용하여 거북이와 토끼가 간 거리를 각각 나타내어라. t는 시간일 때, 아래 그래프 중 이야기 줄거리와 가장 잘 맞는 것은?

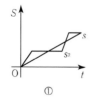

①

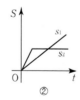

②

③

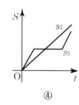

④

(3) 어느 사람이 자가용을 타고 직선을 따라 여행을 하고 있다. 우선 $a\mathrm{km}$를 가다가 잠시 쉬고, 또 오던 길로 $b\mathrm{km}(b < a)$를 되돌아갔다가 다시 돌아 $c\mathrm{km}$를 갔다. 시작점과의 거리 S와 시간 t의 관계도는?

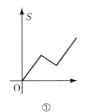
①
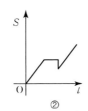
②
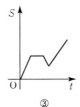
③
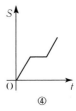
④

02 일차함수 $y = kx - k$에서 y가 x가 감소함에 따라 감소한다면 함수 그래프는 몇 사분면을 지나는가?

① 제 1, 2, 3사분면　　　　　　② 제 1, 2, 4사분면

③ 제 1, 3, 4사분면　　　　　　④ 제 2, 3, 4사분면

03 어느 물 저장탑에 매 시간 들어오는 물의 양과 나가는 물의 양은 일정할 때, 매일 새벽 4시부터 8시까지는 물이 들어오기만 하고 나가지 않고, 8시부터 12시까지는 들어오기도 하고 나가기도 한다. 14시부터 그 다음날 새벽까지는 물이 나가기만 하고 들어오지는 않는다. 테스트에 따라 그린 물 탑에 저장되어 있는 물의 양 $y\,(\mathrm{m}^3)$와 시간 $x\,(시간)$의 함수관계는 오른쪽 그래프와 같다.

(1) 매 시간당 들어오는 물의 양을 구하여라.

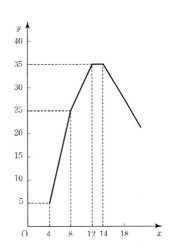

(2) $8 \leq x \leq 12$일 때, y와 x의 함수 관계식을 구하여라.

(3) $14 \leq x \leq 18$일 때, y와 x의 함수 관계식을 구하여라.

04 두 컴퓨터 학원에서 A 회사에서 직원들에게 컴퓨터 수업을 듣도록 권했으며, 같은 수업 조건에 각 직원 당 내야하는 수업비는 모두 a만원일 때, 두 학원은 각기 다른 지원을 해 주기로 했다. 갑 학원은 직원 한 명이 수업비 전체를 다 낼 경우, 나머지 직원은 직원 당 25%씩을 할인해 주었다. 을 학원은 직원 당 20%씩 할인해주었다.

(1) A 회사 직원 x명에 대해 갑, 을 두 학원이 받는 총 수업료 y원의 관계식을 각각 구하여라.

(2) A 회사에서 직원들의 수업비를 모두 지불할 때, A, B 두 학원 중 어느 학원을 선택하는 것이 좋은지 구하여라.

05 다음 물음에 답하여라.

(1) 연립방정식 $x - y = 2$, $mx + y = 3$의 해는 좌표평면의 제1사분면 안에 있을 때, m의 범위를 구하여라.

(2) 점 P$(-1, 3)$을 지나는 직선이 있다. 이 직선과 두 좌표축이 둘러싸고 있는 삼각형의 넓이가 5가 되도록 하는 직선의 개수를 구하여라.

[실력 향상시키기]

06 다음 물음에 답하여라.

(1) 일차함수의 독립변수 범위가 $2 \leq x \leq 6$, 함숫값의 범위는 $5 \leq y \leq 9$일 때, 일차함수의 식을 구하여라.

(2) 갑, 을 두 사람은 동시에 A 지점에서 출발하여 같은 길을 따라 B 지점으로 향하였다. 가는 도중 둘 다 두 가지 속력 v_1과 v_2 $(v_2 < v_1)$를 사용하였다. 갑은 거리의 절반은 v_1의 속력으로 가고, 나머지 절반은 v_2의 속력으로 갔으며, 을은 절반의 시간은 v_1의 속력으로 가고, 나머지 절반의 시간은 v_2의 속력으로 갔다. 갑, 을 두 사람이 A 지점에서부터 B 지점까지 간 여정과 시간의 함수 그래프와 관계에 대해서 아래 네 가지 서로 다른 그래프로 분석하였다. 그 중 가로축 t는 시간을 나타내고, 세로축 S는 간 거리를 나타낼 때, 올바른 그래프는?

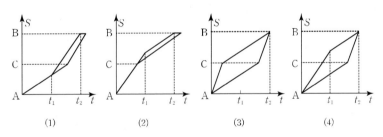

① 그림 (1) ② 그림 (1) 또는 그림 (2)
③ 그림 (3) ④ 그림 (4)

07 다음 물음에 답하여라.

(1) 갑, 을 두 사람의 달리기 시합을 간 거리 s와 시간 t의 관계는 하단 왼쪽 그림으로 나타내었다.
(실선은 갑의 간 거리와 시간의 관계를 그린 그래프이고, 점선은 을의 간 거리와 시간의 관계를
그린 그래프이다.) 소현이는 그래프에 근거하여 다음의 네 가지 정보를 얻었을 때, 틀린 내용
은 무엇인가?

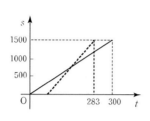 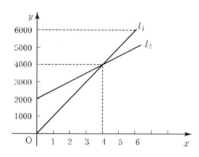

① 이것은 1500 m 달리기 시합이다.

② 갑, 을 두 사람 중 먼저 결승점에 도달한 사람은 을이다.

③ 갑, 을은 동시에 뛰기 시작했다.

④ 이번 시합에서 갑의 속력은 5 m / s 이다.

(2) 위의 오른쪽 그림과 같이 l_1은 어느 회사의 판매수입과 판매량의 관계이며, l_2는 이 회사 상품
의 판매 원금과 판매량의 관계이다. 이 회사가 이윤(수입>원금)을 얻을 때, 판매량의 설명으로
가장 옳은 것은? (단위는 톤이다)

① 3톤보다 작음

② 3톤보다 크고 3.5톤 보다 작음

③ 3.5톤보다 크고 4톤보다 작음

④ 4톤보다 큼

08 일차함수 그래프와 직선 $y = \dfrac{5}{4}x + \dfrac{95}{4}$ 는 평행하고, x축, y축과의 교점을 각각 A, B라 할 때, 점 $(-1, -25)$는 선분 AB 위(끝 점 A, B 포함)에 있을 때, 선분 AB 위에 x, y좌표 모두 정수로 된 점은 몇 개인지 구하여라.

09 현재 갑 화물 1240톤과 을 화물 880톤을 일렬의 화물차를 사용하여 어느 지점으로 운송하려 할 때, 이 일렬의 화물차에는 두 가지 서로 다른 규격의 화물칸 A, B가 총 40칸 달려있다. A형 화물칸을 사용하면 각 칸마다 6만원의 비용을 지불하며, B형 화물칸을 사용하면 각 칸마다 8만원의 비용을 지불한다.

(1) 이 물건들을 모두 운송하는 총 비용을 y만원, 화물차에 단 A형 화물칸을 x개라고 가정할 때, y와 x간의 관계식을 구하여라.

(2) A형 화물칸 당 최대 갑 화물 35톤과 을 화물 15톤만을 넣을 수 있고, B형 화물칸 당 최대 갑 화물 25톤과 을 화물 35톤만을 넣을 수 있다면, 화물을 넣을 때 A, B 두 화물칸의 개수를 분배할 때 나오는 분배 방법을 구하여라.

(3) 상술한 방법 중 어느 방법이 화물을 운송할 때 운송비를 가장 많이 아낄 수 있는 방법과 비용을 각각 구하여라.

[응용하기]

10 직선 $nx+(n+1)y=1$ (n은 자연수)과 두 좌표축을 둘러싸고 있는 삼각형 넓이를 S_n ($n=1, 2, \cdots, 2000$)라고 할 때, $S_1+S_2+\cdots+S_{2000}$의 값을 구하여라.

11 다음 물음에 답하여라.

(1) 어느 시에서 시를 둘러싸고 있는 수로를 수리할 때, 오른쪽 그림과 같이 해안의 C 부분과 D 부분에는 각각 $1025\,\mathrm{m}^3$ 와 $1390\,\mathrm{m}^3$ 의 흙을 쌓아놓아야 한다. 현재 수로와 멀지 않은 곳인 두 건축 부지 A, B 에 각각 $781\,\mathrm{m}^3$ 와 $1584\,\mathrm{m}^3$ 의 흙을 날라놓고 이 흙을 사용하여 우선 해안의 C 부분을 메우고 나서 나머지 흙으로 해안의 D 부분을 메우려고 하며 운송비가 발생하는 데. $1\,\mathrm{m}^3$ 당 A 지점에서 C, D 까지는 각각 1만원과 3만원이고, B 지점에서 C, D 까지는 각각 6천원과 2만 4천원일 때, 가장 적은 총 운송비가 드는 방법과 운송비용을 구하여라.

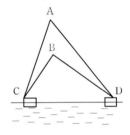

(2) Farmer 농기구 임대 회사에는 총 50대의 농기구가 있으며, 갑 형은 20대, 을 형은 30대이다. 현재 이 50대의 농기구를 A, B 두 지점에서 보리를 수확하는데 쓰려고 하는데 30대는 A 지점으로 보내고 20대는 B 지점으로 보내려고 한다. 두 지역과 농기구 임대 회사가 정한 하루당 차용 가격은 다음 표와 같다.

구분	갑 형 농기구 한 대당 임대료	을 형 농기구 한 대당 임대료
A지역	1800달러	1600달러
B지역	1600달러	1200달러

(a) A 지역에 빌려준 을 형 농기구를 x대, 임대 회사가 농기구 50대를 임대하고 하루에 받는 임대료를 y(달러)라 할 때, y와 x간의 함수관계식을 구하고 x값의 범위도 구하여라.

(b) 농기구 임대 회사의 농기구 50대가 하루에 벌어들이는 수입 총액이 79600달러보다 낮지 않게 하는 방법을 구하여라.

(c) 농기구 임대 회사가 농기구 50대로 가장 높은 가격의 하루 임대료를 벌어들이려면 어떻게 해야 하는지 구하여라.

14강 일차함수와 그 응용 (Ⅱ)

1 핵심요점

이 장에서는 자주 출제되는 함수와 관련된 문제를 알아본다.

2 필수예제

필수예제 1

함수 $f(x) = 2x - 6$ 과 임의의 두 실수 a 와 b 에 대하여
$a * b$ 는 $f(a * b) = f(a) + f(b)$ 를 만족시킨다고 하자.
이때, $2 * p = 2$ 와 $2 * q = p$ 를 만족시키는 p 와 q 를 구하여라.

[풀이] $2 * p = 2$ 이므로 $f(2 * p) = f(2) + f(p) = f(2)$ 에서 $f(p) = 0$ 이다.
그러므로 $f(p) = 2p - 6 = 0$ 이다. 즉, $p = 3$ 이다.
한편, $2 * q = 3$ 이므로 $f(2 * q) = f(2) + f(q) = f(3)$ 이다.
즉, $f(2) + f(q) = f(3)$ 에서 $(2 \cdot 2 - 6) + (2 \cdot q - 6) = 2 \cdot 3 - 6$ 이다.
그러므로 $q = 4$ 이다.

답 $p = 3, \ q = 4$

필수예제 2

기울기가 2이상 5이하인 직선이 두 점 $(3, n)$ 과 $(n, 7)$ 을 지날 때,
자연수 n 의 값을 구하여라.

[풀이] 직선의 방정식을 $y = ax + b$ 라고 하면 $2 \le a \le 5$ 이고,
$n = 3a + b$ 와 $7 = an + b$ 가 성립한다.
위의 두 식에서 b 를 소거한 후 정리하면 $n - 7 = a(3 - n)$ 이다.
a 는 양수이므로 $n - 7$ 과 $3 - n$ 의 부호는 같은데, $n - 7$ 과 $3 - n$ 이 모두 양수인
n 의 값은 없으므로 $n - 7$ 과 $3 - n$ 은 모두 음수이고 이때 $3 < n < 7$ 이다.
$n - 7 = a(3 - n)$ 이므로
$n = 4$ 이면 $a = 3$ 이고, $n = 5$ 이면 $a = 1$ 이고, $n = 6$ 이면 $3a = 1$ 이다.
따라서 $2 \le a \le 5$ 이므로 $n = 4$ 이다.

답 4

필수예제 3

$x > 0$ 에서 정의된 함수 $f(x)$ 가 $f(x) + 2f\left(\dfrac{1}{x}\right) = 2x + \dfrac{3}{x}$ 을 만족시킬 때, $f(2)$ 의 값을 구하여라.

[풀이] $f(x) + 2f\left(\dfrac{1}{x}\right) = 2x + \dfrac{3}{x}$ 에서 $x = 2$ 이면

$$f(2) + 2f\left(\dfrac{1}{2}\right) = 4 + \dfrac{3}{2} = \dfrac{11}{2} \cdots\cdots\cdots\cdots \text{㉠}$$

$x = \dfrac{1}{2}$ 이면 $f\left(\dfrac{1}{2}\right) + 2f(2) = 1 + 6 = 7 \cdots\cdots\cdots \text{㉡}$

㉠$-2\times$㉡을 하면 $-3f(2) = -\dfrac{17}{6}$ 이다.

따라서 $f(2) = \dfrac{17}{6}$ 이다.

답 $\dfrac{17}{6}$

필수예제 4

구간 $0 \le x \le 1$ 에서 정의된 두 함수 $f(x) = |2x - 1|$ 과 $g(x) = ax$ 에 대하여 $f\left(\dfrac{3}{5}\right) = g\left(\dfrac{3}{5}\right)$ 이 성립한다. $0 < \beta < \dfrac{1}{2}$ 일 때, $f(\beta) = g(\beta)$ 를 만족시키는 β 의 값을 구하여라. (단, $|x|$ 는 x 의 절댓값을 나타낸다.)

[풀이]

$$y = f(x) = |2x - 1| = \begin{cases} -2x + 1 & \left(0 \le x < \dfrac{1}{2}\right) \\ \\ 2x - 1 & \left(\dfrac{1}{2} \le x \le 1\right) \end{cases}$$ 와 $y = g(x)$ 의 그래프는

아래와 같다.

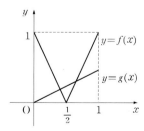

$f\left(\dfrac{3}{5}\right) = g\left(\dfrac{3}{5}\right)$ 이므로 $2 \cdot \dfrac{3}{5} - 1 = \dfrac{3}{5}a$ 이다. 즉, $a = \dfrac{1}{3}$ 이다.

또한, $0 < \beta < \dfrac{1}{2}$ 일 때, $f(\beta) = g(\beta)$ 이므로 $-2\beta + 1 = \dfrac{1}{3}\beta$ 이다.

따라서 $\beta = \dfrac{3}{7}$ 이다.

답 $\dfrac{3}{7}$

실수 x에 대하여 $f(x) = x - 10 \cdot \left[\dfrac{x}{10}\right]$ 일 때,
$f(7) + f(7^2) + \cdots + f(7^{2022})$의 값을 구하여라.
(단, $[x]$는 x를 넘지 않는 최대의 정수이다.)

[풀이] $f(x) = x - 10 \cdot \left[\dfrac{x}{10}\right]$ 에서,

$f(7) = 7 - 10 \times 0 = 7$,

$f(7^2) = 49 - 10 \times 4 = 9$,

$f(7^3) = 343 - 10 \times 34 = 3$,

$f(7^4) = 1$,

$\cdots$,

$f(7^{2021}) = 7$

$f(7^{2022}) = 9$

이다. 그러므로

$f(7) + f(7^2) + \cdots + f(7^{2022}) = (7 + 9 + 3 + 1) \times 505 + 7 + 9 = 10116$이다.

답 10116

세 직선 $x - 2y = -2$, $4x + 2y = 12$, $kx - y = 2$ 가 삼각형을 만들지 않도록 하는 모든 k의 값을 구하여라.

[풀이] 세 직선이 삼각형을 만들지 않으려면 임의의 두 직선이 평행하든지,
일치하든가 또는 세 직선이 한 점에서 만날 때이다.

$x - 2y = -2$ $\cdots$ ㉠

$4x + 2y = 12$ $\cdots$ ㉡

$kx - y = 2$ $\cdots$ ㉢

㉠, ㉡은 평행하거나 일치하지 않는다.

따라서 ㉠, ㉡의 교점을 ㉢이 지나면 한 점에서 만난다.

㉠, ㉡의 교점은 $(2, 2)$이므로 ㉢에 대입하면 $2k - 2 = 2$이다.

즉, $k = 2$이다.

또한, ㉠과 ㉢이 평행할 때는 $\dfrac{1}{k} = \dfrac{-2}{-1} \neq \dfrac{-2}{2}$이다. 즉, $k = \dfrac{1}{2}$이다.

㉡과 ㉢이 평행할 때는 $\dfrac{4}{k} = \dfrac{2}{-1} \neq \dfrac{12}{2}$이다. 즉, $k = -2$이다.

따라서 구하는 $k = 2, -2, \dfrac{1}{2}$이다.

답 $k = 2, -2, \dfrac{1}{2}$

▶ 풀이책 p.28

[실력다지기]

01 실수 x에 대하여 함수 $f(x)$가 $f(x) + f(1-x) = 7$ 과 $x + f\left(\dfrac{x}{3}\right) = \dfrac{1}{2}f(x)$ 를 만족시킬 때, $f\left(\dfrac{1}{9}\right)$의 값을 구하여라.

02 실수 x에 대하여 함수 f가 다음의 조건을 만족한다고 한다.

> (i) $f(0) = 0$
>
> (ii) 모든 실수 x에 대하여 $f(x+1) = 3f(x) + 2x$

이때, $f(2015)$를 27로 나눈 나머지를 구하여라.

03 함수 f 가 임의의 두 양수 x, y 에 대하여 $f(xy) = f(x) + f(y)$ 를 만족한다. $f(8) = 6$ 일 때, $f\left(\dfrac{1}{8}\right) + f(1) + f(4)$ 의 값을 구하여라.

04 함수 $f(x) = (2-n)x + 3n - 4$ 에 대하여, $-1 < x < 1$ 일 때 $f(x)$ 가 항상 양이 되도록 하는 자연수 n 의 최솟값을 구하여라.

05 자연수 n에 대하여 함수 f 가 다음과 같이 정의된다고 하자.

$$f(n) = n(-1)^n - (n-1)(-1)^{n-1}$$

이때, $f(1) + f(2) + f(3) + \cdots + f(2020)$의 값을 구하여라.

06 다음 그림과 같이 화살표 방향을 따라서 좌표평면에 좌표가

$$(1, 0), (1, 1), (0, 1), (0, 2), (1, 2), (2, 2), (2, 1), (2, 0), (3, 0), (3, 1), \cdots$$

과 같은 점을 찍어 나갈 때, 2014번째 찍은 점의 좌표를 구하여라.

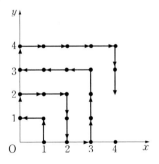

07 함수 $f(x)$는 임의의 실수 x에 대하여 $f(1+x)+xf(1-x)=x^2+x$ 를 만족시킨다. $f(-6)$의 값을 구하여라.

08 다음을 만족시키는 함수 $f(x)$에 대하여, $f(-9)$의 값을 구하여라.

$$f(3)=1\,,\ (x^2-x+1)f(x^2)=f(x)$$

09 등식 $\left[\dfrac{x}{2}\right]+\left[\dfrac{y}{3}\right]=2$를 만족하는 자연수 $x,\,y$의 순서쌍 $(x,\,y)$의 개수를 구하여라. (단, $[x]$는 x보다 크지 않은 최대의 정수를 나타낸다.)

10 자연수 n에 대하여 3^n의 일의 자리 숫자를 $f(n)$, 7^n의 일의 자리 숫자를 $g(n)$이라 하고, $a_n = f(n) - g(n)$이라 할 때, $a_1 + a_2 + \cdots + a_{2015}$의 값을 구하여라.

11 두 일차함수 $f(x)$, $g(x)$가 임의의 실수 x에 대하여

$$f(x) = g(f(-x)), \quad g(x) = g(f(x) + g(x))$$

가 성립할 때, $f(2) + g(3)$의 값을 구하여라.

12 정의역이 자연수 전체의 집합인 다음과 같은 함수 f를 생각하자.

$$f(n) = \begin{cases} n+1 & (n \text{은 홀수}) \\ \dfrac{n}{2} & (n \text{은 짝수}) \end{cases}$$

이때, $f(f(f(k))) = 125$를 만족시키는 홀수 k의 값을 구하여라.
(단, $f(f(x))$는 f에 의한 $f(x)$의 함숫값을 나타낸다.)

15강 정비례 함수, 반비례 함수 응용

1 핵심요점

1. 함수의 개념

두 변수 x, y에 대해 x의 각 정해진 값에 대하여 y가 항상 그에 대응하는 유일한 값을 가진다면 y를 x의 함수라 하며 x를 이 함수의 독립변수라 하고, y를 함숫값(종속변수)이라고 한다.

한 함수의 독립변수 x값의 범위를 함수의 정의역(또는 독립변수가 구할 수 있는 범위)이라고 한다.

2. 정비례 함수

(1) **정의** : 두 개의 변수 x, y 사이에 정비례 즉, $y = kx$ ($k \neq 0$은 상수)인 함수를 말한다. x는 모든 실수이다.

정비례 함수는 특수한 일차 함수(일차 함수 $y = kx + b$의 y절편이 0일 때)이다.

(2) **특징** : 정비례 함수를 $y = kx$라고 하면

① 원점을 지나는 직선이다.

② 증감성 : $k > 0$일 때 x가 커지면 y도 커지고 x가 작아지면 y도 작아진다. 그래프는 아래로부터 위로 올라 간다. 그러므로 제 1, 3사분면을 지난다. (아래 왼쪽 그림)

$k < 0$일 때, 직선 $y = kx$는 제 2, 4사분면을 지나 x가 커짐에 따라 y는 작아지고, x가 작아짐에 따라 y는 커진다. 그러므로 그래프는 위로부터 아래로 내려온다. (아래 오른쪽 그림)

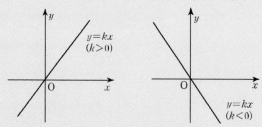

3. 반비례 함수

(1) **정의** : 만약 어떤 변화 과정에서 두 변수 x, y 사이에 서로 반비례하며 $xy = k$ (또는는 $y = \dfrac{k}{x}$, $k \neq 0$ 상수) 일 때, y를 x의 반비례수라고 한다. 독립변수 x가 구할 수 있는 범위 값은 $x \neq 0$인 모든 실수이다.

(2) **특징** : $y = \dfrac{k}{x}$ ($k \neq 0$ 상수)를 반비례 함수라 하면

① 그래프는(영원히 좌표축과 서로 만나지 않는다) 두 개의 곡선으로 구성된 쌍곡선이다. (주의 : 쌍곡선은 x축에 관하여 대칭이고, y축에 대칭이다. 따라서, 원점에 대칭이다. 또한, 대칭의 중심에 있는 점을 대칭점(원점)이라 한다.)

② 증감성 : $k > 0$일 때 쌍곡선의 두 가지는 각각 제 1, 3사분면에, 각각의 사분면에서 y의 값은 x이 값이 커짐에 따라 작아진다. (아래 왼쪽 그림)

$k < 0$일 때 쌍곡선의 두 가지는 각각 제 2, 4사분면에 있어 각각의 사분면에서 y의 값은 x의 값에 커짐에 따라 커진다. (아래 오른쪽 그림)

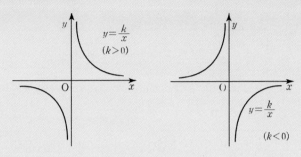

4. 일차 함수의 특징에 관한 복습과 응용

2 필수예제

1. 독립변수의 존재 범위를 구하는 방법

두 가지 부분으로 나눈다.

먼저 함수의 표준형에 근거하여 독립변수 x가 만족하는 조건(x를 만족하는 부등식)을 알아야 한다.

부등식 또는 연립부등식의 해(집합)를 구한다. "x가 만족하는 조건"은 두 가지 방법을 사용한다.

① 짝수차 거듭제곱근을 포함한 무리방정식이 주어졌을 때 근호 안이 0이상 이어야 한다.

② 유리방정식(분수방정식)에서 분모$\neq 0$ 이어야 한다.

> (예 $y = \dfrac{x-2}{x+1}$ 에서는 $x \neq -1(x+1 \neq 0)$을 만족해야 한다.)
>
> 어떤 때에는 두 개를 동시에 구할 때 (예 $y = \dfrac{1}{\sqrt{x-5}}$ 에서는
>
> $x-5>0$을 만족해야 한다. (①과 ② 모두 만족한다.)

독립변수 x의 정의역을 구할 때 준 식을 먼저 간단히 하고 구해서는 안 된다.

> 예 $y = \dfrac{x^2-1}{x+1}$ 의 정의역은 $x \neq -1$인 모든 실수($\because x+1 \neq 0$)이다.
>
> 먼저 간단히 풀이하면 $y = \dfrac{(x+1)(x-1)}{x+1} = x-1$이므로,
>
> 즉, $y = x-1$의 정의역은 전체 실수이다. ($x = -1$도 포함).

(주의 : 간단히 하는 것은 정의역 내에서 진행해야 한다. 왜냐하면 $y = \dfrac{x^2 - 1}{x + 1}$의 정의역은 $x \neq 1$이고 이 제한변역 내에서만 $x + 1$을 약분할 수 있기 때문이다.)

| 필수예제 1 |

함수 $y = \dfrac{\sqrt{x}}{x - 1}$의 독립변수 x의 범위는?

① $x \geq 0$ ② $x < 0$, $x \neq 1$

③ $x < 0$ ④ $x \geq 0$, $x \neq 1$

[풀이] 이 함수는 독립변수 x가 만족한다(연립부등식).

$$\begin{cases} x \geq 0 \\ x - 1 \neq 0 \end{cases}$$ 을 연립하여 풀면, $x \geq 0$이고 $x \neq 1$이므로 ④이다.

답 ④

2. 정, 반비례 함수

| 필수예제 2·1 |

$y - 2$와 $x + 1$가 정비례일 때 $x = 2$이고, $y = 1$이다. 이 때 함수식을 구하여라.

[풀이] 주어진 조건으로부터 $y - 2 = k(x + 1)$이다. 여기서, k는 정비례 상수이다.

$x = 2$일 때, $y = 1$이므로 대입하면 $1 - 2 = k(2 + 1)$이다.

이를 풀면, $k = -\dfrac{1}{3}$이다.

그러므로 $y - 2 = -\dfrac{1}{3}(x + 1)$이다. 즉, $y = -\dfrac{1}{3}x + \dfrac{5}{3}$이다.

답 $y = -\dfrac{1}{3}x + \dfrac{5}{3}$

| 필수예제 2·2 |

$y = (a - 2)x^{a^2 - a - 1}$에서 y는 x의 정비례 함수일 때 a의 값을 구하여라. 또 y는 x의 반비례 함수일 때 a의 값을 구하여라.

(주의 : $x^{-n} = \dfrac{1}{x^n}$)

[풀이] y가 x의 정비례 함수이므로 $y = (a - 2)x^{a^2 - a - 1}$에서 a가 다음을 만족한다.

$$\begin{cases} a - 2 \neq 0 \\ a^2 - a - 1 = 1 \end{cases} \quad 즉, \quad \begin{cases} a \neq 2 \\ a = 2 \ 또는 -1 \end{cases} 이다.$$

그러므로 $a = -1$이다.

$a = -1$일 때 y는 x의 정비례 함수 $y = -3x$이다.

y가 x의 반비례 함수일 때는 $y=(a-2)x^{a^2-a-1}$에서 a가 다음을 만족한다.
$$\begin{cases} a-2\neq 0 \\ a^2-a-1=-1 \end{cases} \quad 즉, \quad \begin{cases} a\neq 2 \\ a=0 \text{ 또는 } 1 \end{cases} \quad 이다.$$

그러므로 $a=0$ 또는 1이다.

$a=0$ 또는 1일 때, y는 x의 반비례 함수 $y=\dfrac{-2}{x}$ 또는 $y=\dfrac{-1}{x}$이다.

(주의 : $x^{-n}=\dfrac{1}{x^n}$이므로 $a=0$일 때, $y=(0-2)x^{-1}=\dfrac{-2}{x}$이다.

$a=1$일 때, $y=(1-2)x^{-1}=\dfrac{-1}{x}$) **답** $a=-1$, $a=0$ 또는 1

필수예제 3

세 점 $M\left(-\dfrac{1}{2}, y_1\right)$, $N\left(-\dfrac{1}{4}, y_2\right)$, $P\left(\dfrac{1}{2}, y_3\right)$이 $y=\dfrac{k}{x}(k<0)$의 그래프 위에 있을 때, y_1, y_2, y_3의 크기는?

① $y_2>y_3>y_1$ ② $y_2>y_1>y_3$

③ $y_3>y_1>y_2$ ④ $y_3>y_2>y_1$

[풀이] 함수 $y=\dfrac{k}{x}$에서, $k<0$이므로 반비례 함수 그래프는 제 2, 4사분면에 놓이고, 각각의 사분면에서 y의 값은 x의 증가에 따라 증가된다.

점 $M\left(-\dfrac{1}{2}, y_1\right)$, $N\left(-\dfrac{1}{4}, y_2\right)$은 그래프의 두 점으로, $-\dfrac{1}{2}<-\dfrac{1}{4}$이다.

그러므로 $0<y_1<y_2$이다.

또한 $P\left(\dfrac{1}{2}, y_3\right)$는 그래프의 점이고, $\dfrac{1}{2}>0$이므로 점 P는 제 4사분면 내의 한 점으로 $y_3<0$이다.

그러므로 $y_2>y_1>y_3$이기에 ②이 답이다. **답** ②

필수예제 4

다음 그림에서와 같이 정비례 함수 $y=kx\,(k>0)$과 반비례 함수 $y=\dfrac{1}{x}$의 그래프는 두 점 A, C 에서 서로 만나고, A 점을 지나 AB는 x축과 수직이며 서로 만나는 점 B 는 C 와 연결한다. △ABC 의 넓이가 S라면, S는?

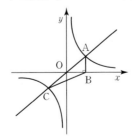

① $S=1$ ② $S=2$

③ $S=k$ ④ $S=k^2$

[풀이] 반비례 함수 $y=\dfrac{1}{x}$는 중심이 대칭인 그래프이고,

원점은 중심에서 대칭인 점으로 $AO=CO$이다.

그러므로 $S_{\triangle ABO}=S_{\triangle OBC}$, $S=2S_{\triangle ABO}$이다.

B의 좌표가 $B(x,\ 0)$라고 하면, A의 좌표는 $A\left(x,\ \dfrac{1}{x}\right)$이다.

따라서 $S_{\triangle ABO}=\dfrac{1}{2}\cdot OB\cdot AB=\dfrac{1}{2}\cdot x\cdot\dfrac{1}{x}=\dfrac{1}{2}$이다.

그러므로 $S=2S_{\triangle ABO}=2\times\dfrac{1}{2}=1$이고, 답은 ①이다.

답 ①

3. 그래프에 대한 이해

일차 함수, 정비례 함수와 반비례 함수의 특징과 그래프를 이용하여 그래프로 나타낼 수 있다.

필수예제 5·1

함수 $y=\dfrac{k}{2}x$와 $y=-\dfrac{k}{x}$는 x가 커질수록 함숫값 또한 커진다. 이 두 함수의 그래프를 좌표 평면 위에 바르게 나타낸 것은?

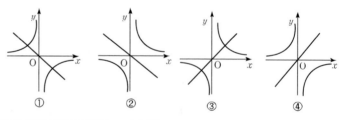

①   ②   ③   ④

[풀이] 정비례 함수 $y=\dfrac{k}{2}x$는 x의 증가에 따라 커지므로 $\dfrac{k}{2}>0$으로

즉, $k>0$으로부터 ①, ②은 배제한다.

또 반비례 함수 $y=-\dfrac{k}{x}$ 중에서 반비례 상수 $-k<0$이므로

$y=-\dfrac{k}{x}$의 그래프는 제 2, 4사분면에 놓는다. 그러므로 ③을 배제한다.

따라서 답은 ④이다.

(주의 : 직접 $y=\dfrac{-k}{x}$의 특징을 이용하여 x가 커짐에 따라 커지므로 ②, ③

을 배제할 수 있고 또 다시 $y=\dfrac{k}{2}x$의 특징에서 x가 커짐에 따라 y도 커지

므로 ④가 답이다.)

답 ④

필수예제 5-2

$k > 0$일 때, $y = kx + k$와 $y = \dfrac{k}{x}$의 그래프를 좌표평면 위에 바르게 나타낸 것은?

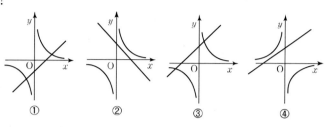

① ② ③ ④

[풀이] $k > 0$이므로 $y = kx + k$의 그래프는 위로 올라간다.

y축과의 교점의 y좌표가 양이므로, ①, ②을 배제시키고,

$y = \dfrac{k}{x}(k > 0)$의 그래프는 제 1, 3사분면에 놓이므로 ④도 배제된다.

그러므로 답은 ③이다.

답 ③

필수예제 6

$|x| > x$, $kp < 0$일 때, 독립변수 x의 범위 내에서 정비례 함수 $y = kx$와 반비례 함수 $y = \dfrac{p}{x}$의 그래프를 좌표평면 위에 바르게 나타낸 것은?

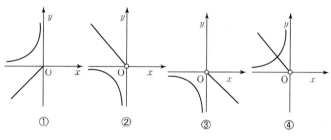

① ② ③ ④

[풀이] 먼저 $|x| > x$에서, $x < 0$임을 알 수 있으므로 함수 $y = kx$와 $y = \dfrac{p}{x}$ 중의

독립변수 x의 범위는 $x < 0$이므로 ①, ③은 배제시킨다.

다음 $kp < 0$에서 k와 p는 같지 않은 부호임을 알 수 있고,

②, ④에서 $y = kx$는 모두 $k < 0$으로 $p > 0$이다.

따라서 $y = \dfrac{p}{x}(x < 0)$의 그래프는 제 3사분면에 놓여야 하므로 ④를 배제한다.

그러므로 답은 ②이다.

답 ②

4. 실제 응용

물을 넣어다가 빼내는 용기가 있는데, 단위시간 내에 들어오는 양과 나가는 양은 일정하다. 용기의 용량이 600 (ml)이며 물이 들어가는 입구를 열어 10분이 지나면 용기에 물이 가득 찬다. 용기의 입구와 출구를 동시에 열어서 20분이 지나면 용기의 물이 전부 빠진다. 지금 용기 안 에는 200 (ml)의 물이 있는데 먼저 입구로부터 5분간 물이 흘러 들어가게 한 다음 다시 출구를 열어 동시에 두 가지 작업을 진행하여(입구와 출구를 동시에 여는 작업) 용기안의 물이 전부 빠지게 한다. 이 과정에서 용기안의 물의 양 Q (ml)와 시간 t (분)의 관계를 바르게 나타낸 것은?

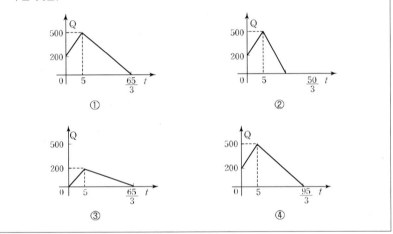

분석 tip
수도관을 열기 5분 전 후의 용기 안의 물의 양과 들어가고 나오는데 걸린 시간과의 함수 관계식을 풀이하는 것이 관건이다.

[풀이] 수도관에 1분당 $600 \div 10 = 60$ (ml) 들어가고,

1분당 $(600 + 20 \times 60) \div 20 = 90$ (ml) 나온다면

$0 < t \leq 5$일 때(물이 들어가고 나오진 않는다),

용기 내의 물의 양은 $Q = 60t + 200(0 < t \leq 5)$이다.

더욱이 $t = 5$일 때 (물이 5분 후 들어간다) 용기 안에는

$60 \times 5 + 200 = 500$ (ml)의 물이 있다.

$t > 5$일 때, 용기안의 물을 내보내기 때문에 용기 안의 물의 양은

$Q = 60t - 90(t - 5) + 200$이다.

즉, t분 후 물의 양 $Q = -30t + 650(t > 5)$이 되며

$t = \dfrac{650}{30} = \dfrac{65}{3}$ 분일 때 용기 안의 물이 전부 빠진다.

그러므로 답은 ①이다.

답 ①

필수예제 8

어느 공군 부대에서 명령을 받고 비행기에 기름을 주유한다. 명령을 받은 즉시 한 대의 비행 중이던 비행기에 공중에 기름을 넣게 되었는데, 기름을 넣는 중 비행기의 기름통 안에는 기름이 Q_1톤만큼 있었다. 기름을 공급하는 비행기의 기름통 안에 기름이 Q_2톤이 있었고, 기름을 넣는데 걸린 시간은 t분이 걸렸다.

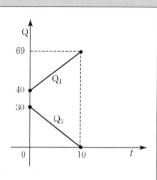

Q_1, Q_2와 t사이에 함수 그래프는 오른쪽 그림과 같다. 그래프를 보고 다음 물음에 답하여라.

(1) 기름을 공급하는 비행기의 기름통 안에 몇 톤의 기름이 있었는가? 이 기름을 비행 중인 비행기에 전부 넣으려면 몇(분)이 걸리는가?

(2) 기름을 넣는 과정에서 비행 중인 비행기에 남아있는 기름량 Q_1(톤)과 시간 t(분)의 함수 관계식을 구하여라.

(3) 비행 중인 비행기에 기름을 전부 넣은 후 원래의 속력으로 계속 비행하여 10시간 후 목적지에 도착하였다면 기름을 충분히 사용하였는가?

[풀이]　(1) 그림의 Q_2 그래프에서 알 수 있듯이 이 기름을 공급하는 비행기의 기름의 양은 30톤이다. ($t = 0$일 때 대응하는 Q_2의 값)이 기름을 전부 비행 중인 비행기에 넣는데 10분이 걸린다. ($Q_2 = 0$일 때 대응하는 t의 값)

　　　　　　　　　　　　　　　　　　　　　　　　　　　　　📖 10분

　　(2) Q_1의 그래프는 직선이므로 $Q_1 = kt + b (k \neq 0,\ k,\ b$는 상수)라고 하자. Q_1의 직선은 $(0, 40)$, $(10, 69)$를 지나므로 이 두 점의 좌표를

　　　각각 대입하면 $\begin{cases} 40 = k \cdot 0 + b \\ 69 = k \cdot 10 + b \end{cases}$ 이다. 이를 풀면, $\begin{cases} b = 40 \\ k = \dfrac{29}{10} \end{cases}$이다.

　　　그러므로 구한 함수 관계식은 $Q_1 = \dfrac{29}{10}t + 40 \ (0 \leq t \leq 10)$이다.

　　　　　　　　　　　　　　　　　　　　　　　　　　　　　📖 풀이참조

　　(3) 그림에서 기름을 다 넣은 후 $40 + 30 = 70(t)$의 기름이 있었고, 10분 내에 $70 - 69 = 1(t)$의 기름을 썼으므로 비행 중인 비행기가 소모한 기름의 양은 $1 \div 10 = 0.1$(톤) (즉, 한 시간에 $0.1 \times 60 = 6$톤을 소모), 10시간 내에 소모한 기름의 양은 $10 \times (0.1 \times 60) = 60$톤이다. $60 < 69$ (톤)이므로 기름의 양은 충분하다.

　　　　　　　　　　　　　　　　　　　　　　　　　　　　　📖 풀이참조

제15강

[실력다지기]

01 다음 물음에 답하여라.

(1) 함수 $y = \sqrt[3]{x-1} + \dfrac{1}{2x-4}$ 의 독립변수 x 값의 범위는?

① $x \geq 1$ 이고 $x \neq 2$ ② $x \neq 2$

③ $x > 1$ 이며 $x \neq 2$ ④ 모두 실수이다.

(2) 함수 $y = \dfrac{\sqrt{x+2}}{x^2-x-2}$ 에서, 독립변수 x 의 값의 범위를 구하여라.

02 점 P 가 반비례 함수 $y = -\dfrac{3}{x}(x>0)$의 그래프 위에 있고, 또 일차함수 $y = -x-2$의 그래프 위에도 있을 때 P 의 좌표를 구하여라.

03 반비례 함수 $y = \dfrac{6}{x}$ 과 일차함수 $y = mx - 4$의 그래프는 모두 점 $\mathrm{A}(a, 2)$를 지난다.

(1) A 의 좌표를 구하여라.

(2) m의 값을 구하여라.

(3) 좌표 원점을 O 라 하고, 두 함수 그래프의 다른 한 교점이 B 라면, $\triangle \mathrm{AOB}$의 넓이를 구하여라.

04 오른쪽 그림에서 함수 $y = -kx\,(k \neq 0)$ 와 $y = -\dfrac{4}{x}$ 의 그래프가 두 점 A, B에서 만나고 점 A를 지나는 $\overline{AC} \perp y$축인 y축 위의 점을 C 라고 할 때, $\triangle ABC$ 의 넓이를 구하여라.

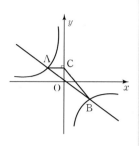

05 반비례 함수 $y = \dfrac{k}{x}$ 와 일차 함수 $y = kx - k$의 그래프를 좌표평면 위에 바르게 나타낸 것은?

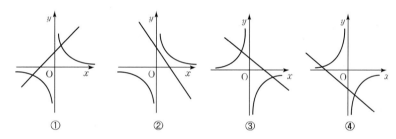

① ② ③ ④

[실력 향상시키기]

06 오른쪽 그림과 같이 $\triangle ABC$에서 $\angle ACB = 90°$, $\overline{AC} = 2\sqrt{5}$ 이고 빗변 AB는 x축 위에 있다. 점 C는 y축 위에 있으며 점 A의 좌표가 $(2, 0)$일 때 $\overline{BC}$의 직선의 방정식을 구하여라.

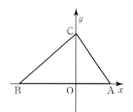

07 반비례 함수 $y = \dfrac{k}{x}\,(k \neq 0)$와 일차 함수 $y = -x - 6$이 있다.

(1) 일차 함수와 반비례 함수가 점 $(-3,\ m)$에서 만날 때 m과 k의 값을 구하여라.

(2) 이 두 함수의 그래프가 서로 다른 두 개의 교점을 가질 때 k의 값이나 범위를 구하여라.

(3) $k = -2$라고 할 때 (2)에서 구한 두 함수의 그래프가 점 A, B에서 만난다. A, B 두 점이 놓인 사분면은? 또한 $\angle AOB$는 예각인가 둔각인가?(결론만 쓰시오)

08 좌표평면에서 x, y 좌표가 정수인 점을 격자점이라 한다. k가 정수이고, 직선 $y = x - 3$과 $y = kx + k$의 교점이 격자점일 때, k의 값은 몇 개인가?

① 2개   ② 4개   ③ 6개   ④ 8개

09 오른쪽 그림과 같이 좌표평면 위에 직각사다리꼴 $OABC$가 있고 꼭짓점의 좌표는 $A(3, 0)$, $B(2, 7)$이다. 변 OC 위의 한 점 임의의 P를 잡았을 때, B와 P를 잇는 직선의 방정식이 $y_1 = k_1 x + b_1$이고, A와 P를 잇는 직선의 방정식이 $y_2 = k_2 x + b_2$라고 하자. $BP \perp AP$일 때 $k_1 k_2 (k_1 + k_2)$의 값을 구하여라.

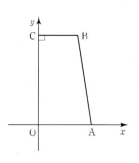

[응용하기]

10 좌표평면 $A(-1, -1)$, $B(1, -1)$, $C(1, 1)$, $D(-1, 1)$가 꼭짓점인 정사각형과 함수 $y = |x - a| + a$로 둘러싸인 영역의 넓이를 S라고 한다. S에 관한 a의 함수 관계식을 구하고, 그 함수의 그래프를 그려라.

11 갑, 을 두 야채생산지에서 각각 A, B, C 3개의 농산물 시장에 같은 품종의 야채를 공급한다. A 시장에는 45톤, B 시장에는 75톤, C 시장에서는 40톤을 공급해야 한다. 갑 생산지는 총 60톤, 을 생산지는 총 100톤을 공급한다. 갑, 을과 A, B, C 사이의 거리는 아래의 도표와 같고 운반비는 천 원/($1\,km$와 톤)으로 한다면, 어떻게 계획을 하면(공급) 총 운반비가 가장 적게 들까? 가장 적은 운반비를 계산하자.

	A	B	C
갑	10	5	6
을	4	8	15

부록 모의고사

＊모든 문제는 서술형이고 답만 맞으면 0점 처리합니다.

1 자연수 a, b, c, d가 $a^5 = b^4$, $c^3 = d^2$, $c - a = 19$를 만족할 때, $d - b$의 값을 구하여라.

2 0이 아닌 상수 a, b, c가 관계식 $\dfrac{a+b-c}{c} = \dfrac{a-b+c}{b} = \dfrac{-a+b+c}{a}$를 만족한다.

$x = \dfrac{(a+b)(b+c)(c+a)}{abc}$, $x < 0$일 때 x의 값을 구하여라.

3 갑, 을, 병, 정 네 수의 합은 43이다. 갑의 두 배에 8을 더하고 을의 세 배, 병의 네 배, 정의 다섯 배에서 4를 빼면 이 네 수는 같아진다. 갑, 을, 병, 정을 각각 구하여라.

4   어떤 세 자리 수가 있다. 각 자리의 수의 합은 15이다. 일의 자리의 수에서 백의 자리 수를 빼면 5이다. 만약 각 자리 수의 순서를 바꿔 놓으면 새로 만들어진 수는 원래 수의 세 배보다 39가 작다고 한다. 이 세 자리 수를 구하여라.

5   새마을호 열차와 무궁화호 열차의 길이는 각각 150 m , 200 m 이다. 서로 마주쳐 지나갈 때 무궁화호 열차에 탄 사람이 새마을호 열차가 창 옆을 지나가는 것을 본 시간이 6초라면 새마을호 열차에 탄 사람이 무궁화호 열차가 창 옆을 지나가는 것을 보는 데 걸리는 시간을 구하여라.

6 $n-49$, $n+48$이 모두 완전제곱수일 때, 이를 만족하는 자연수 n을 구하여라.

7 완전제곱수 n^2에 대하여, $\left[\dfrac{n^2}{100}\right]$이 완전제곱수가 되는 가장 큰 완전제곱수 n^2을 구하여라.

(단, n은 자연수이고, n^2의 십의 자리 수와 일의 자리 수는 모두 0이 아니다. 또, $[x]$는 x를 넘지 않는 최대의 정수이다.)

8 정수 n에 대하여 함수 $f(n)$이 다음 조건

> (a) 모든 정수 n에 대하여 $f(f(n)) = n$
>
> (b) 모든 정수 n에 대하여 $f(f(n+2)+2) = n$
>
> (c) $f(0) = 2020$, $f(1) = 2019$

을 만족할 때, $f(-2020)$를 구하여라.

9 좌표평면 위에 두 점 $A(4, 0)$, $B(0, 2)$가 있다. 20 이하의 자연수 a, b에 대하여 두 삼각형 POA와 POB의 넓이를 같게 하는 점을 $P(a, b)$를 모두 구하여라. (단, O는 원점)

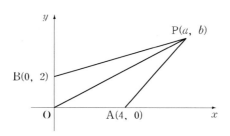

10 다음 그림과 같은 정사각형 OABC가 있다. 변 AB 위의 점 중에서 A, B가 아닌 한 점 D를 지나는 직선 CD를 그어 x축과 만나는 점을 E라고 할 때, 색칠한 부분의 넓이가 사다리꼴 OADC의 넓이와 같아지도록 하는 직선 CD의 방정식을 구하여라. (단 a, b, c는 정수, $a > 0$)

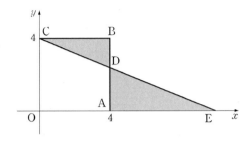

11 좌표평면에 두 점 A$(-4, 1)$, B$(-1, 3)$과 직선 $x = 1$, $y = -2$ 위에 각각 동점 P, Q 가 있다. $\overline{AQ} + \overline{QP} + \overline{PB}$의 값이 최소일 때, 직선 PQ의 기울기를 구하여라.

12 다음 그림과 같이 두 직선 $y = ax + b$ 와 $y = bx + a$ 가 y 축과 만나는 점을 각각 A , B 라 하고, 이 두 직선이 만나는 점을 C 라 하자. 점 C 의 y 좌표가 8 이고, 삼각형 ABC 의 넓이가 3 일 때, a 와 b 를 구하여라. (단, $0 < a < b$ 이다.)

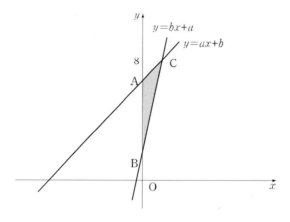

13 세 수 $\dfrac{n}{6}$, $\dfrac{n^2}{196}$, $\dfrac{n^3}{3969}$ 이 모두 양의 정수가 되도록 하는 세 자리 정수 n 을 모두 구하여라.

14 자연수 n에 대하여 칠판에 n개의 자연수 $1, 2, 3, \cdots, n$이 씌어져 있다. 여기서 임의로 두 수를 뽑아 두 수를 지우고 두 수의 차를 쓰기로 하였다. 이와 같은 과정을 $n-1$번 반복하면 하나의 수가 남는다. 이 수가 0일 때, 가능한 30이하의 n의 개수를 구하여라.

15 1부터 10까지 적힌 카드를 숫자가 보이지 않게 놓고 카드를 하나씩 뒤집어 나오는 수 중 어떤 두 개의 카드에 적힌 수를 곱하여 자연수의 제곱이 되면 카드를 뒤집는 것을 중단한다. 예를 들면 $(2, 8)$을 뒤집었을 경우 $2 \times 8 = 16$이므로 중지한다. 이때, 카드를 가장 많이 뽑고 중지하는 경우 몇 개까지 뽑을 수 있는지 구하여라.

16 부등식 $2|x-1| + |x+1| < 5$를 풀어라.

17 서로 다른 두 실수 a, b에 대하여 작지 않은 수를 $a \triangle b$, 크지 않는 수를 $a \triangledown b$로 나타내기로 한다. 서로 다른 두 실수 a, b에 대하여 $a \triangle b = 2a - b + 1$, $a \triangledown b = a - 2b - 1$를 만족시킬 때, a, b의 값을 구하여라.

18 분수 $\dfrac{N^2 + 6}{N + 5}$이 기약분수가 되지 않도록 하는 1보다 크고 2015보다 작은 정수 N의 개수를 구하여라.

19 A, B 두 정거장이 있는데 같은 시간마다 마주 향하여 차 1대가 출발하고 버스의 속력은 같다. A, B 사이에 자전거를 타고 가는 사람이 있었는데 그는 12분이 지날 때마다 뒤에서 자동차 한 대가 따라오고 4분마다 정면에서 차 한 대가 오는 것을 발견하였다. A, B 두 정거장에서 몇 분에 한 번씩 버스가 출발하는가?

20 다음 방정식의 정수해를 모두 구하여라.
$$2xy - 2x^2 + 3x - 5y + 11 = 0$$

＊모든 문제는 서술형이고 답만 맞으면 0점 처리합니다.

1 $x+y-z=1$, $2x-2y+z=1$을 만족시키는 모든 x, y, z에 대하여 $ax^2+by^2+cz^2=1$이 성립할 때, 상수 a, b, c의 값을 구하여라.

2 자연수 n의 양의 약수의 개수를 $f(n)$이라 할 때 $f(n)f(27)=16$을 만족시키는 두 자리 자연수 n의 최댓값을 구하여라.

3 $\dfrac{1}{x}-\dfrac{1}{y}=3$일 때, $\dfrac{2x+3xy-2y}{x-2xy-y}$의 값을 구하여라.

4　$a+b+c=0$, $a^2+b^2+c^2=1$일 때, $a^4+b^4+c^4$의 값을 구하여라.

5　자연수 x에 대하여 함수 $f(x)$가 다음 세 조건을 만족한다.

> (i) $f(1)=1$이다.
>
> (ii) p가 소수이면 $f(p)$는 p보다 작은 소수의 개수이다.
>
> (iii) $f(ab)=f(a) \cdot f(b)$이다.

이때, $f(2015)+f(2016)$의 값을 구하여라.

6　서로 다른 한 자리 소수 a, b, c, d에 대하여 네 자리 수 $\overline{abcd}$도 소수가 될 때, 이를 만족하는 네 자리 수 $\overline{abcd}$를 모두 구하여라.

7 연립방정식 $\begin{cases} x + y + z = 10 \\ |x| + y = 8 \\ |x| - y = 4 \end{cases}$ 을 만족하는 z의 값을 모두 구하여라.

8 세 양수 a, b, c가 $abc = 1$을 만족할 때 $\dfrac{a}{ab + a + 1} + \dfrac{b}{bc + b + 1} + \dfrac{c}{ac + c + 1}$ 의 값을 구하여라.

9 $\dfrac{x}{x^2 + x + 1} = \dfrac{1}{4}$ 일 때, $\dfrac{x^2}{x^4 + x^2 + 1}$ 의 값을 구하여라.

10 세 개의 연속되는 자연수가 있는데 그 중 각 두 수의 곱의 합은 587이다. 이 세 자연수를 구하여라.

11 $0 \leq x \leq 1$에서 정의된 함수 f는 다음 세 조건을 만족한다.

> (i) $x_1 < x_2$이면 $f(x_1) \leq f(x_2)$
>
> (ii) $f(x) = 2f\left(\dfrac{x}{3}\right)$
>
> (iii) $f(x) + f(1-x) = 1$

이때, $\dfrac{1}{3} < \dfrac{4}{9} < \dfrac{2}{3}$ 임을 이용하여 $f\left(\dfrac{4}{9}\right)$의 값을 구하여라.

12 방정식 $5(xy + yz + zx) = 4xyz$의 양의 정수해를 모두 구하여라.

13 $p^2 + 11$이 6개의 약수를 가지는 소수 p를 모두 구하여라.

14 각 자리 수가 모두 같지 않은 세 자리 수가 있는데, 이 수의 각 자리 수의 순서를 바꾸어 얻은 제일 큰 수와 제일 작은 수의 차가 원래의 세 자리 수일 때, 이 세 자리 수를 구하여라.

15 0이 아닌 수 x, y, z가 $4x - 3y - 6z = 0$, $x + 2y - 7z = 0$을 만족할 때, $\dfrac{2x^2 + 3y^2 + 6z^2}{x^2 + 5y^2 + 7z^2}$의 값을 구하여라.

16 $|x| \neq 1$인 모든 실수 x에 대하여 $f\left(\dfrac{x-3}{x+1}\right) + f\left(\dfrac{3+x}{1-x}\right) = x$ 를 만족하는 함수 $f(x)$를 구하여라.

17 자동차가 평평한 길에서 시속 $30\,\mathrm{km}$로 가는데 오르막길에서는 시속 $28\,\mathrm{km}$로 가고 내리막길에서는 시속 $35\,\mathrm{km}$로 간다. 전체 $142\,\mathrm{km}$의 거리를 갈 때는 4시간 30분이 걸리고 올 때는 4시간 42분이 걸렸다. 갈 때, 이 구간의 평평한 길, 오르막길과 내리막길은 각각 몇 km인지 구하여라.

18 서로 다른 한자리 소수 p, q, r에 대하여 여섯 자리의 $\overline{pqrpqr}$의 양의 약수의 개수가 2^4개일 때, 자연수 $\overline{pqr}$을 구하여라. (단, $p < q < r$)

19 부등식 $[x]+3 < 3[x]-1 < 14$를 만족하는 정수 x의 값을 모두 구하여라.
(단, $[x]$는 x를 넘지 않는 최대정수이다.)

20 a, b, c, d, e, f, p, q가 한 자리 수이고 $b > c > d > a$이다. 또 네 자리 수 $\overline{cdab}$와 $\overline{abcd}$의 차는 네 자리 수 $\overline{pqef}$이다. $\overline{ef}$는 완전제곱수이고 $\overline{pq}$는 5로 나누어떨어지지 않을 때, 이 네 자리 수 $\overline{abcd}$를 구하여라.

중학생을 위한

新 영재수학의 지름길 2단계 -상

중학 G&T 2-1

연습문제 정답과 풀이

중국 사천대학교 지음

씨실과 날실

씨실과 날실은 도서출판 세화의 자매브랜드입니다.

연습 문제 정답과 풀이

중학 2단계-상

Chapter 1 수와 연산

01강 순환소수, 유리수와 순환소수의 관계

연습문제 실력다지기

01. 답 85개

[풀이] 유한 소수가 되기 위해서는 분모가 $2^a \times 5^b$ 꼴이어야 한다.(단, $a \geq 0$, $b \geq 0$)

$b = 0$일 때, $a = 1, \cdots, 6$ ∴ 6개

$b = 1$일 때, $a = 0, 1, \cdots, 4$ ∴ 5개

$b = 2$일 때, $a = 0, 1, 2$ ∴ 3개

$b \geq 3$일 때, 없음.

그러므로 유한소수의 개수는 $6 + 5 + 3 = 14$ (개)이다.

따라서 유한이 아닌 순환소수의 개수는 $99 - 14 = 85$ (개)이다.

02. 답 19개

[풀이] $420 = 2^2 \times 3 \times 5 \times 7$이므로 진분수 $\dfrac{a}{420}$가 유한 소수가 되기 위해서는 $\dfrac{a}{420} = \dfrac{b}{10^n}$ (b와 n은 자연수)가 성립하여야 한다(즉, 분모를 10의 거듭제곱으로 고칠 수 있어야 한다).

따라서 a는 $3 \times 7 = 21$의 배수이어야 한다.

1부터 419까지 자연수 중에서 21의 배수는 $21 = 1 \times 21$, $42 = 2 \times 21$, $\cdots$, $399 = 19 \times 21$로 모두 19개다.

03. 답 21

[풀이] $\dfrac{3a}{126} = \dfrac{a}{42} = \dfrac{a}{2 \times 3 \times 7}$가 1보다 작은 유한소수가 되려면, $a = 3 \times 7 = 21$이어야 한다.

04. 9077

[풀이] 분수 $\dfrac{2}{35}$를 소수로 나타내면

$0.0571428571428\cdots$로 순환마디가 571428인 순환소수이다.

소수점 첫째자리에 0이 하나 더 있으므로

$1 + 6 \times 336 = 2017$번째 수는 순환마디의 마지막에 있는 8이고 2018번째의 수는 다시 5이다.

하나의 순환마디에 있는 모든 숫자들의 합은

$5 + 7 + 1 + 4 + 2 + 8 = 27$이므로 모든 숫자들의 합은

$27 \times 336 + 5 = 9077$이다.

실력 향상시키기

05. 답 20개

[풀이] $a = \dfrac{4}{7} = 0.\dot{5}7142\dot{8}$, $b = \dfrac{2}{7} = 0.\dot{2}8571\dot{4}$

이므로 a, b 모두 순환마디가 6개이다. 그러므로 여섯 개의 항만 살펴보면 된다. 실제로,

$|a_1 - b_1| = 3$, $|a_2 - b_2| = 1$, $|a_3 - b_3| = 4$,

$|a_4 - b_4| = 3$, $|a_5 - b_5| = 1$, $|a_6 - b_6| = 4$

이다. 따라서 $1 \leq n \leq 6$일 때, $|a_n - b_n| = 3$인 경우가 2개가 있으므로 $1 \leq n \leq 60$에서는 $|a_n - b_n| = 3$인 경우가 모두 20개이다.

06. 답 $\dfrac{197}{99}$

[풀이] $0.2\dot{1}\dot{8} = \dfrac{218 - 21}{900} = \dfrac{197}{900}$인데, 여기서 승우는 분모를 잘못 봤으므로 분자 197만 옳다.

또, $0.\dot{5}\dot{9} = \dfrac{59}{99}$에서, 원준이는 분자를 잘못 봤으므로 분모 99만 옳다.

따라서 원래 주어진 기약분수는 $\dfrac{197}{99}$이다.

07. 답 252, 315, 378, 441

[풀이] $\dfrac{A}{56} = \dfrac{A}{2^3 \times 7}$, $\dfrac{A}{45} = \dfrac{A}{3^2 \times 5}$이므로

A는 7의 배수인 동시에 9의 배수이어야 하므로 두 수의 최소공배수인 63이면 된다. 그런데, $250 \leq A \leq 500$이므로 252, 315, 378, 441이다.

08. 답 27

[풀이] $\dfrac{11}{7} = 1.\dot{5}7142\dot{8}$이므로 소수점 아래 연속된 여섯

자리의 숫자의 합은 $5+7+1+4+2+8 = 27$이다.

따라서

$f(2012)+f(2013)+f(2014)+f(2015)$
$+f(2016)+f(2017)$
$= 27$이다.

09. 답 441

[풀이] 주어진 두 유리수의 분모를 소인수분해하면 다음
과 같다.

$$\dfrac{2a}{735} = \dfrac{2a}{3 \cdot 5 \cdot 7^2}, \quad \dfrac{a^2}{675} = \dfrac{a^2}{3^3 \cdot 5^2}$$

이들이 모두 유한소수로 나타내어지므로 a는 $3 \cdot 7^2$의 배
수이고 동시에 3^2의 배수이다.

자연수 a의 가장 작은 값을 찾고 있으므로 a는 $3 \cdot 7^2$과
3^2의 최소공배수이다.

따라서 $a = 3^2 \times 7^2 = 441$이다.

Chapter 2 문자와 식

02^강 식의 계산

연습문제 실력다지기

01. 답 (1) ① (2) ④ (3) ③

[풀이] (1) ① $a^4 \times a^3 = a^7$ (참)

② $a^6 \div a^3 = a^3$ (거짓)

③ $(a^3)^2 = a^6$ (거짓)

④ $a^3 - b^3 = (a-b)(a^2+ab+b^2)$ (거짓)

(2) ① $a^3 \times a^4 = a^7$ (거짓)

② $a^{10} \div a^2 = a^8$ (거짓)

③ $a^2 + a^3 = a^2(1+a)$ (거짓)

④ $4a - a = 3a$ (참)

(3) ① $2^2 \times 2^0 = 2^2 = 4$ (거짓)

② $(2^3)^2 = 2^6 = 64$ (거짓)

③ $(-2)^3 = -2^3 = -8$ (참)

④ $2^3 \div 2^3 = 1$ (거짓)

02. 답 (1) 1 (2) $\dfrac{25}{9}$

[풀이] (1) $(0.04)^{2019} \times \left\{(-5)^{2019}\right\}^2$

$= (0.04)^{2019} \times \left\{(-5)^2\right\}^{2019}$

$= (0.04 \times 25)^{2019} = 1$

(2) $\left(\dfrac{25}{9}\right)^{-2019} \times \left\{\left(1\dfrac{2}{3}\right)^{2020}\right\}^2$

$= \left(\dfrac{9}{25}\right)^{2019} \times \left\{\left(\dfrac{5}{3}\right)^2\right\}^{2020}$

$= \left(\dfrac{9}{25} \times \dfrac{25}{9}\right)^{2020} \times \dfrac{25}{9} = \dfrac{25}{9}$

03. 답 (1) ② (2) $\dfrac{1}{2}$ (3) ④

[풀이] (1) $(x-y)(-y-x) = -(x-y)(x+y)$

$= -x^2 + y^2$이므로 답은 ②이다.

(2) $\dfrac{1}{2}x^2 + xy + \dfrac{1}{2}y^2 = \dfrac{1}{2}(x+y)^2 = \dfrac{1}{2}$

(3) ① $(a+b)^2 = a^2 + 2ab + b^2$ (참)

② $(b-a)^2 = (a-b)^2 = a^2 - 2ab + b^2$ (참)

③ $(a+b)(a-b) = a^2 - b^2$ (참)

④ $(a-b)^2 = a^2 - 2ab + b^2$ (거짓)

04. 답 ④

[풀이] ① $(x-38)(x-54) = x^2 - 92x + 2052$ (거짓)

② $(x-18)(x-114) = x^2 - 132x + 2052$ (거짓)

③ $(x+18)(x+114) = x^2 + 132x + 2052$ (거짓)

④ $(x+38)(x+54) = x^2 + 92x + 2052$ (참)

05. 답 4082420

[풀이] $a^2 + 2b^2 + 3ab = (a+b)(a+2b)$

$= (2019 + 1)(2019 + 2) = 4082420$

실력 향상시키기

06. 답 2021

[풀이] $x^2 - x - 1 = 0$이므로

$x^3 - x^2 - x = 0$이다. 즉, $-x^3 + x^2 + x = 0$이다.

따라서 $-x^3 + 2x^2 - 1 = 0$이다.

그러므로 $-x^3 + 2x^2 + 2020 = 2021$이다.

07. 답 1

[풀이] $x^2 + y^2 = 25$, $x + y = 7$이므로

$xy = \dfrac{(x+y)^2 - (x^2+y^2)}{2} = 12$이다.

따라서 $(x-y)^2 = x^2 + y^2 - 2xy = 1$이다.

$x > y$이므로 $x - y = 1$이다.

08. 답 75

[풀이] $a - b = 5$, $c - b = 10$이므로 $c - a = 5$이다.

$a^2 + b^2 + c^2 - ab - bc - ca$

$= \dfrac{1}{2}\{(a-b)^2 + (b-c)^2 + (c-a)^2\}$

$= \dfrac{1}{2}\{25 + 100 + 25\} = 75$

09. 답 $x < y$

[풀이] $a = 12345678$이라 하면,

$x = (10a+9)(10a+6) = 100a^2 + 150a + 54$,

$y = (10a+8)(10a+7) = 100a^2 + 150a + 56$이다.

따라서 $x < y$이다.

응용하기

10. 답 풀이참조

[풀이] $a^4 + b^4 + (a+b)^4$

$= 2a^4 + 4a^3b + 6a^2b^2 + 4ab^3 + 2b^4$

$= 2(a^4 + 2a^3b + 3a^2b^2 + 2ab^3 + b^4)$

$= 2(a^2 + ab + b^2)^2$

11. 답 풀이참조

[풀이] $2xy = 2mn$이므로 $(x-y)^2 = (m-n)^2$이다.

그러므로 $x - y = m - n$ 또는 $x - y = -(m-n)$이다. 즉, $x = m$, $y = n$ 또는 $x = n$, $y = m$이다.

따라서 $x^{2020} + y^{2020} = m^{2020} + n^{2020}$이다.

03강 문자계수를 포함한 일차방정식

연습문제 실력다지기

01. 답 (1) $\lambda \neq \dfrac{1}{3}$ (2) $\lambda = \dfrac{1}{3}$

[풀이] (1) 오직 하나의 해를 가질 조건은 $\dfrac{\lambda}{1} \neq \dfrac{-1}{-3}$ 이다.

즉, $\lambda \neq \dfrac{1}{3}$ 이다.

(2) 해가 없을 조건은 $\dfrac{\lambda}{1} = \dfrac{-1}{-3} \neq \dfrac{2}{4}$ 이다.

즉, $\lambda = \dfrac{1}{3}$ 이다.

02. 답 (1) $-1 < m < \dfrac{3}{2}$ (2) $x_2, \ x_1, \ x_3$

[풀이] (1) ① $x = 2 + y$ 를 $mx + y = 3$ 에 대입하면,

$m(2+y) + y = 3$ 이고 이를 풀면, $y = \dfrac{3-2m}{m+1}$ 이다.

$y > 0$ 이므로 $(3-2m)(m+1) > 0$ 이다.

이를 풀면, $-1 < m < \dfrac{3}{2}$ 이다.

② $y = x - 2$ 를 $mx + y = 3$ 에 대입하면,

$mx + x - 2 = 3$ 이고 이를 풀면, $x = \dfrac{5}{m+1}$ 이다.

$x > 0$ 이므로 $m + 1 > 0$ 이다. 즉, $m > -1$ 이다.

①, ②의 결과로부터 $-1 < m < \dfrac{3}{2}$ 이다.

(2) $2x_3 = (a_1 + a_2 + a_3) - 2(x_1 + x_2)$
$= (a_1 + a_2 + a_3) - 2a_1$ 이고,
$2x_1 = (a_1 + a_2 + a_3) - 2(x_2 + x_3)$
$= (a_1 + a_2 + a_3) - 2a_2$ 이고,
$2x_2 = (a_1 + a_2 + a_3) - 2(x_3 + x_1)$
$= (a_1 + a_2 + a_3) - 2a_3$ 이다

$a_1 > a_2 > a_3$ 이므로 $2x_3 < 2x_1 < 2x_2$ 이다.

따라서 $x_3 < x_1 < x_2$ 이다.

03. 답 ②

[풀이] 직사각형의 긴 변이 짧은 변의 2 배이므로 $k = 8$ 이다. 따라서 답은 ② 이다.

04. 답 (1) $\dfrac{7}{9}$ (2) $-\dfrac{29}{61}$

[풀이] (1) $\begin{cases} 7a - 3b + 3c = 0 \\ a - 4b - 3c = 0 \end{cases}$ 에서 b 를 상수로 보고,

$a, \ c$ 를 b 에 대한 식으로 나타낸다.

두 식을 변변 더하면, $8a - 7b = 0$ 이므로 $a = \dfrac{7}{8}b$ 이다.

이를 두 번째 식에 대입하면, $3c = -\dfrac{25}{8}b$ 이다.

즉, $c = -\dfrac{25}{24}b$ 이다.

따라서 $a : b : c = \dfrac{7}{8} : 1 : -\dfrac{25}{24} = 21 : 24 : -25$ 이다.

그러므로 $\dfrac{a^2 + b^2 - c^2}{ab} = \dfrac{441 + 576 - 625}{21 \times 24} = \dfrac{7}{9}$ 이다.

(2) $\dfrac{a+b}{2} = \dfrac{b-2c}{3} = \dfrac{3c-a}{4} = k$ 라 하면,

$a + b = 2k, \ b - 2c = 3k, \ 3c - a = 4k$ 이다.

이를 연립하여 풀면 $a = -\dfrac{11}{5}k, \ b = \dfrac{21}{5}k, \ c = \dfrac{3}{5}k$

이다. 즉, $a : b : c = -11 : 21 : 3$ 이다. 따라서

$\dfrac{5a + 5b - 7c}{8a + 9c}$
$= \dfrac{5 \times (-11) + 5 \times 21 - 7 \times 3}{8 \times (-11) + 9 \times 3}$
$= -\dfrac{29}{61}$

이다.

05. 답 (1) 4 (2) -3 또는 0

[풀이] (1) $\begin{cases} mx + 2y = 10 \\ 3x - 2y = 0 \end{cases}$ 에서 변변 더하면,

$(m+3)x = 10$, $x = \dfrac{10}{m+3}$ 이다. m 은 자연수이고,

$x, \ y$ 는 정수이므로 $m = 2$ 또는 7 이다.

이를 대입하면 $x = 2$ 또는 1 이다.

$x = 2$ 일 때, $y = 3$ 이고, $x = 1$ 일 때, $y = \dfrac{3}{2}$ 이므로

정수가 아니다.

따라서 $m = 2$ 이다. 즉, $m^2 = 4$ 이다.

(2) 영점분리법을 이용하여 식을 정리하자.

단, $x \neq -1$ 이다.

(i) $x < -1$일 때,

$$\frac{-(x-3)+(x+1)}{-2(x+1)} = 1,$$

$-x+3+x+1 = -2x-2$,

$2x = -6$이다. 즉, $x = -3$이다.

(ii) $-1 < x < 3$일 때,

$$\frac{-(x-3)-(x+1)}{2(x+1)} = 1,$$

$-x+3-x-1 = 2x+2$,

$-4x = 0$이다. 즉, $x = 0$이다.

(iii) $x \geq 3$일 때,

$$\frac{(x-3)-(x+1)}{2(x+1)} = 1,$$

$x-3-x-1 = 2x+2$,

$-2x = 6$이다. $x = -3$인데 이는 범위에 맞지 않는다.

따라서 구하는 x는 $x = -3$, 또는 0이다.

실력 향상시키기

06. 답 $x = 1$, $y = 1$

[풀이] $2004 = 2^2 \times 3 \times 167$이므로 $a = 2$, $b = 3$,

$c = 167$이다. 이를 $\begin{cases} bx - ay = 1 \\ ax - cy = -165 \end{cases}$ 에 대입하면

$\begin{cases} 3x - 2y = 1 \\ 2x - 167y = -165 \end{cases}$이다. 이를 연립하여 풀면,

$x = 1$, $y = 1$이다.

07. 답 150만원

[풀이] 어느 날 판 갑, 을, 병 세트의 개수를 각각 x, y, z라고 가정하면,

$4x + 6y + 4z = 116$,

$8.8x + 25.6y + 21.2z = 441.2$

이다. 이를 풀면, $y + z = 15$, $x = 0.5z + 6.5$이다.

따라서 C과일은 모두 $15\,\mathrm{kg}$ 팔렸고, 판매액은 150만원이다.

08. 답 풀이참조

[풀이] 2만 원짜리, 4만 원짜리, 6만 원짜리 물건을 각각 x개, y개, z개 샀다고 가정하면,

$x + y + z = 16$, $2x + 4y + 6z = 60$

이다. 이를 연립하여 풀면,

$x = 2 + z$, $y = 14 - 2z$

이다. $x \geq 0$, $y \geq 0$, $z \geq 0$이므로 6만 원짜리 물건은 최대한 7개 샀고, 2만 원짜리 물건은 최소한 2개 샀다.

09. 답 (1) 12개   (2) 할 수 있다

[풀이] (1) 각 펌프가 하루에 퍼 올리는 물의 양을 x, 못에서 매일 올라오는 양을 y, 못을 가득 채운 물의 양을 a라 하면, $24 \times 6x - 6y = a$, $21 \times 8x - 8y = a$이다.

이를 연립하여 풀면 $y = 12x$이다. 따라서 A형 펌프를 최대 12개를 사용해야 한다.

(2) 아들이 5보 뛰는 시간에 아버지는 6보 뛸 수 있으므로 아들과 아버지의 시간당 보의 비는 $5 : 6$이다.

아들이 7보 뛴 거리와 아버지가 4보 뛴 거리가 동일하므로 보당 뛴 거리의 비는 $\dfrac{1}{7} : \dfrac{1}{4}$이다.

그러므로 시간당 뛴 거리의 비는 $\dfrac{5}{7} : \dfrac{3}{2}$이다.

따라서 아들이 $50\,\mathrm{m}$ 가는데 걸리는 시간은

$50 \div \dfrac{5}{7} = 70$이고, 아버지가 $100\,\mathrm{m}$ 가는데 걸리는

시간은 $100 \div \dfrac{3}{2} = \dfrac{200}{3}$이다. 따라서 아버지가 아들을

따라 잡을 수 있다.

응용하기

10. 답 (1) 풀이참조

(2) $x_1 = x_3 = x_5 = \cdots = x_{1999} = 1000$,

$x_2 = x_4 = x_6 = \cdots = x_{1998} = -999$

[풀이] (1) $\dfrac{x}{a} = \dfrac{y}{b} = \dfrac{z}{c} = k$라 두면, $x = ak$, $y = bk$,

$z = ck$이다. 이를 $lx + my + nz = p$에 대입하여 정리

하면, $k = \dfrac{p}{la + mb + nc}$이다.

따라서 $x = \dfrac{ap}{la + mb + nc}$, $y = \dfrac{bp}{la + mb + nc}$,

$z = \dfrac{cp}{la + mb + nc}$이다.

(2) $x_i + x_{i+1} = 1$ (단, $i = 1$, $\cdots$, 1997)이므로

$(x_1 + x_2) + (x_3 + x_4) + \cdots + (x_{1997} + x_{1998}) = 999$

이다. 즉, $x_{1999} = 1000$이다.

그러므로 $x_{1998} = -999$이다. 이와 같이 계속하면,

$x_1 = x_3 = \cdots = x_{1999} = 1000$,

$x_2 = x_4 = \cdots = x_{1998} = -999$이다.

11. 답 14

[풀이] $[x-2]=[x]-2$이므로
$2[x]-y=-2$와 $3[x]-6+y=16$을 연립하여 풀면
$[x]=4$, $y=10$이다. 따라서 $[x+y]=14$이다.

부록 : 절댓값을 포함한 일차 방정식 풀이법

예제 **01.**

답 $(x,\ y)=(3,\ 2),\ (-5,\ 2)$

[풀이] "영점 분리법"을 사용한다.
$|x+1|+|y-1|=5$와 $|x+1|=4y-4$를 연립하면
$4y-4+|y-1|=5$이다.

(i) $y \geq 1$일 때, $5y-5=5$이다. 즉, $y=2$이다.
이때, $|x+1|=4$이므로 $x=3$ 또는 -5이다.

(ii) $y<1$일 때, $3y-3=5$이다. 즉, $y=\dfrac{8}{3}$이다.

그런데, $y<1$의 조건에 맞지 않는다.
따라서 구하는 연립방정식의 해 (x,y)는
$(3,\ 2),\ (-5,\ 2)$이다.

예제 **02.**

답 $x=-\dfrac{1}{2}$, $y=-\dfrac{1}{2}$

[풀이] "영점 분리법" 을 사용한다.
(i) $y>-1$일 때, 원 방정식은 다음과 같이 바뀐다.
$\qquad y+1=x+1, \quad x-3y=1$

이를 연립하여 풀면, $x=-\dfrac{1}{2}$, $y=-\dfrac{1}{2}$이다.

$-\dfrac{1}{2}>-1$이므로 원방정식은 $x=-\dfrac{1}{2}$, $y=-\dfrac{1}{2}$이다.

(ii) $y=-1$일 때, 원 방정식은 다음과 같이 바뀐다.
$\qquad x+1=0, \quad x-3y=1$

이를 연립하여 풀면 $x=-1$, $y=-\dfrac{2}{3}$이다.

$y=-\dfrac{2}{3} \neq -1$이므로 이때의 원 방정식의 해는 없다.

(iii) $y<-1$일 때, 원 방정식은 다음과 같이 바뀐다.
$\qquad -y-1=x+1, \quad x-3y=1$

이를 연립하여 풀면 $x=-\dfrac{5}{4}$, $y=-\dfrac{3}{4}$이다.

$-\dfrac{3}{4}>-1$이므로 이때의 원 방정식의 해는 없다.

위의 내용을 종합해보면, 원 방정식의 해는
$x=-\dfrac{1}{2}$, $y=-\dfrac{1}{2}$이다.

[평론과 주석] 절댓값을 포함한 방정식에 대한 기본적인 해법은 "영점 분리법"을 사용하여 절댓값을 제거하고 나누어서 풀이하는 것이다.

연습문제 실력다지기

01. 답 (1) 15(개), 20(개) (2) 11000대, 13000대

[풀이] (1) 한 달에 만들 수 있는 장난감 강아지와 고양이의 수를 각각 x, y라 하자. 그러면,

$2x + 3y = 90$, $4x + y = 80$

이다. 이를 연립하여 풀면 $x = 15$, $y = 20$이다.

따라서 장난감 강아지는 15개, 고양이는 20개이다.

(2) B순환도로의 차량 통행량을 시간당 x대 라고 하자. 그러면, $3x - (x + 2000) = 20000$이다.

이를 풀면, $x = 11000$이다.

따라서 B순환도로, C순환도로의 시간당 차량 통행량은 11000대, 13000대이다.

02. 답 (1) 정문에 120명, 옆문에 80명
(2) 안전 규정에 적합하다.

[풀이] (1) 정문 하나, 옆문 하나를 열어 놓았을 때, 평균적으로 1분 동안 나올 수 있는 학생의 수를 각각 x, y라 하면, $2x + 4y = 560$, $4x + 4y = 800$이다.

이를 연립하여 풀면, $x = 120$, $y = 80$이다.

따라서 정문 하나, 옆문 하나를 열어 놓았을 때, 평균적으로 1분 동안 각각 120명, 80명이 나올 수 있다.

(2) 평상시 정문 2개와 옆문 2개를 통하여 1분 동안 나올 수 있는 학생의 수는 400명이다. 긴급 상황시 1분 동안 나올 수 있는 학생의 수는 $400 \times 80\% = 320$명이다. 즉, 긴급 상황시 5분 동안 나올 수 있는 학생의 수는 1600명이다.

4층짜리 학교 건물에 각 층에는 8개의 교실이 있고, 각 교실마다 학생의 수는 최대 45명이므로 학교 건물에 있는 학생의 수는 최대 1440명이다.

따라서 안전 규정에 적합하다.

03. 답 2 : 1

[풀이] A, B 공장의 연간생산량을 각각 x, y라 하고, 시장의 동일 상품의 총 수를 a라고 하면,

$a + b = x \times \dfrac{3}{4}$, $\dfrac{1}{2}a + \dfrac{1}{3}b = x \times \dfrac{1}{3}$이다.

이를 연립하여 풀면 $a = 2b$이다. 즉, $a : b = 2 : 1$이다.

따라서 A, B공장의 연 생산량의 비율은 2 : 1이다.

04. 답 20%

[풀이] A병, B병의 농도를 각각 $x\%$, $y\%$라고 하자.

첫 번째 작업을 시행하면,

$\dfrac{3x + 9y}{1200} \times 100 = 27.5$

이다. 즉, $x + 3y = 110$ ⋯ ①이다.

원래 병에 다시 넣은 후, A병, B병에 있는 알코올의 양은 각각 $17x + 82.5\,(\mathrm{g})$, $21y + 247.5\,(\mathrm{g})$이다.

마지막 작업을 시행하면

$\dfrac{(17x + 82.5) \times 0.4 + (21y + 247.5) \times 0.4}{2000} \times 100$

$= 26$

이다. 즉, $6.8x + 8.4y = 388$ ⋯ ②이다.

식 ①, ②를 연립하여 풀면 $x = 20$, $y = 30$이다.

따라서 A병에 들어있는 알코올의 농도는 20%이다.

05. 답 (1) 30000원 (2) 1150원

[풀이] (1) 연필 한 자루, 지우개 1개, 노트 1권의 가격을 각각 x, y, z라 하면,

$20x + 3y + 2z = 32000$ ⋯ ①,

$39x + 5y + 3z = 58000$ ⋯ ②

이다. ①$\times 2 -$ ②를 하면,

$x + y + z = 6000$이다.

따라서 $5 \times (x + y + z) = 30000$원이다.

(2) 7월에 장 씨네와 이 씨네가 사용한 물의 양을 각각 $5 + x$, $5 + y$(톤)이라고 하자. 그러면,

$(5 + x) : (5 + y) = 2 : 3$이다.

즉, $2y - 3x = 5$이다. 이를 풀면 $x = 9$ $y = 16$이다.

5톤을 넘은 부분에 대한 요금을 a라 하면,

$5 \times 850 + 9 \times a = 14600$이다.

이를 풀면 $a = 1150$원이다.

실력 향상시키기

06. 답 36km

[풀이] A, B 두 지점 사이의 거리를 $s$km, 갑, 을 두 사람의 시간당 속력의 합을 v라고 하면,

$s = 2v$, $2s = (v + 2) \times 3.6$

이다. 이를 연립하여 풀면 $v = 18$, $s = 36$이다.

07. 답 을 회사

[풀이] 갑, 을 두 회사가 1주 동안 하는 일의 양을 각각

$\dfrac{1}{x}$, $\dfrac{1}{y}$라고 하면,

$\dfrac{6}{x} + \dfrac{6}{y} = 1$, $\dfrac{4}{x} + \dfrac{9}{y} = 1$

이다. 이를 풀면, $x = 10$, $y = 15$이다.

갑, 을 두 회사가 1주 동안 들어가는 비용을 각각 a, b (만원)라고 하면,

$6a + 6b = 5200$, $4a + 9b = 4800$

이다. 이를 풀면, $a = 600$, $b = \dfrac{800}{3}$이다.

갑 회사가 단독으로 일을 마치는데 들어가는 비용은

$600 \times 10 = 6000$만원이고,

을 회사가 단독으로 일을 마치는데 들어가는 비용은

$\dfrac{800}{3} \times 15 = 4000$만원이다.

따라서 을 회사를 선택해야 한다.

08. 답 6대

[풀이] 원래 물의 양을 w, 펌프 한 대가 1분에 퍼내는 물의 양을 x, 1분 동안 강물이 올라오는 양을 y라고 하면,

$40 \times 2x = w + 40y$, $16 \times 4x = w + 16y$

이다. 이를 풀면, $x = \dfrac{3}{160}w$, $y = \dfrac{1}{80}w$이다.

필요한 펌프의 수를 a라고 하면,

$10 \times \dfrac{3}{160}wa = w + 10 \times \dfrac{1}{80}w$

이다. 이를 풀면, $a = 6$이다.

09. 답 (1) 48개 (2) 397명

[풀이] (1) 가지고 있는 돈을 a(원), A, B, C타입의 가격을 각각 x, y, z(원)이라 하면,

$4x + 18y + 16z = a$ ⋯ ①,

$2x + 15y + 24z = a$ ⋯ ②,

$6x + 12y + 20z = a$ ⋯ ③

이다.

①+②-③을 하면, $21y + 20z = a$ ⋯ ④이다.

(①+③)-2×②를 하면, $6x - 12z = 0$이다.

즉, $x = 2z$이다. 이를 ①에 대입하면,

$18y + 24z = a$ ⋯ ⑤이다.

식 ④, ⑤를 연립하여 풀면, $48z = a$, $36y = a$이다.

따라서 C타입 배터리만 산다면 모두 48개를 살 수 있다.

(2) 화성 팀의 인원수를 x명, 목성 팀의 인원수를 y명, 토성 팀의 인원수를 z명이라 하자.

$2834000 \div 18000 = 213$이므로

$x + y = 213 + 7 = 220$ ⋯ ①이다.

$4788000 \div 18000 = 266$이므로

$y + z = 266 + 9 = 275$ ⋯ ②이다.

$5220000 \div 18000 = 290$이므로

$z + x = 290 + 9 = 299$ ⋯ ③이다.

식 ①, ②, ③을 연립하여 풀면

$x = 122$, $y = 98$, $z = 177$이다.

따라서 397명이다.

응용하기

10. 답 (1) -120 (2) 36

[풀이] (1) 양변에 $x = 1$을 대입하면,

$1 = a_5 + a_4 + a_3 + a_2 + a_1 + a_0$ ⋯ ①이다.

양변에 $x = -1$을 대입하면,

$-243 = -a_5 + a_4 - a_3 + a_2 - a_1 + a_0$ ⋯ ②이다.

양변에 $x = 0$을 대입하면 $-1 = a_0$이다.

①+②를 하면, $-242 = 2(a_4 + a_2 + a_0)$이다.

즉, $a_4 + a_2 + a_0 = -121$이다.

그런데, $a_0 = -1$이므로 $a_2 + a_4 = -120$이다.

(2) 정사각형 ⑤의 한 변의 길이를 x, ③의 한 변의 길이를 y라고 가정하면,

$y = x - y + 2$, $x = y + 2$

이다. 이를 연립하여 풀면, $x = 6$, $y = 4$이다.

따라서 정사각형 ⑤의 넓이는 36이다.

11. 답 (1) ④ (2) ①

[풀이] (1) A와 B팀의 득점을 $a : b$, A와 C팀의 득점을 $c : d$, B와 C팀의 득점을 $e : f$라고 하면,

$b + d = 2$, $b + e = 5$, $a + f = 6$, $d + f = 3$, $c + e = 8$, $f = e$ (또는 $c = d$).

앞의 5개의 식과 $f = e$를 연립하여 풀면 $c = 5$, $d = 0$이다.

그런데, 앞의 5개의 식과 $c = d$와 연립하여 풀면 모순이 된다.

따라서 답은 ④이다.

(2) A, B, C 세 자의 길이 단위를 각각 a, b, c라고 하면, $30a - 30b = 6c$, $30b - 30c = 10a$

이다. 이를 풀면 $a = \dfrac{9}{8}b$, $c = \dfrac{5}{8}b$이다.

따라서 B자로 A, C자를 쟀을 때 $30a - 30c = 15b$였다. 즉, A자가 C자보다 15단위 길다.
답은 ①이다.

연습문제 실력다지기

01. 달 (1) 풀이참조
　　　　(2) (a) 풀이참조　(b) 풀이참조　(c) 풀이참조

[풀이] (1) $m > \dfrac{1}{2}$ 일 때, $x < \dfrac{2(2-m)}{2m-1}$ 이고,

$m < \dfrac{1}{2}$ 일 때, $x > \dfrac{2(2-m)}{2m-1}$ 이고,

$m = \dfrac{1}{2}$ 일 때, 모든 수이다.

(2) (a) $m < -2$ 일 때, 해는 $2m-1 < x < m-3$이고, $m \geq -2$ 이면 해가 없음.
(b) $m \geq -2$ 일 때, 해는 $x > 2m-1$이고, $m < -2$ 일 때, 해는 $x > m-3$
(c) $m \geq -2$ 일 때, 해는 $x < m-3$이고 $m < -2$ 일 때, 해는 $x < 2m-1$

02. 달 (1) $x < -3$　(2) $-\dfrac{1}{3}$

[풀이] (1) $ax + b > 0$, $ax > -b$에서

$a < 0$이면 $x < -\dfrac{b}{a}$이다. 그러므로

$a < 0$, $\dfrac{a}{b} = -3$, $b > 0$이다.

따라서 $bx - a < 0$에서 $x < \dfrac{a}{b}$이다. 즉, $x < -3$이다.

(2) $(ax-1)(x+2) > 0$의 해가 $-3 < x < -2$이므로 $a < 0$이고, $ax - 1 = 0$의 해가 $x = -3$이므로

$a = -\dfrac{1}{3}$이다.

[별해] (1) $x < \dfrac{1}{3}$이 $ax + b > 0$의 해이므로

$3x - 1 < 0$이고, 이는 $-3x + 1 > 0$이다.
따라서 $a = -3$, $b = 1$이라 가정해도 일반성을 잃지 는다. $bx - a < 0$은 $x + 3 < 0$이고 이를 풀면, $x < -3$이다.

03. 답 (1) $\dfrac{1}{3}$ (2) $-6 < a \leq -\dfrac{11}{2}$

[풀이] (1) $\dfrac{ax-1}{2} - a \geq x$에서 x의 최댓값이 -1이

므로 $\dfrac{ax-1}{2} - a \geq x$를 풀면 $x \leq -1$이다.

주어진 부등식의 양변에 2를 곱하면,

$ax - 1 - 2a \geq 2x$이고, 정리하면,

$(a-2)x \geq 2a+1$이다. 그러므로

$a-2 < 0$이고, $\dfrac{2a+1}{a-2} = -1$이다.

즉, $2a + 1 = -a + 2$이다. 이를 풀면, $a = \dfrac{1}{3}$이다.

(2) $\dfrac{2x+5}{3} > x-5$를 풀면, $x < 20$이다.

$\dfrac{x+3}{2} < x+a$를 풀면, $x > 3 - 2a$이다.

따라서 $3 - 2a < x < 20$이다.

정수인 x가 5개이므로 $x = 19,\ 18,\ 17,\ 16,\ 15$만

가능하다. 그러므로 $14 \leq 3 - 2a < 15$이다.

이를 풀면, $-6 < a \leq -\dfrac{11}{2}$이다.

04. 답 (1) $-1 < x < 2$

(2) $x < -1$ 또는 $x > 4$

(3) 모든 수

(4) 해가 없음

[풀이] (1) $|1-2x| < 3$에서, $-3 < 1-2x < 3$이고,

이를 풀면, $-1 < x < 2$이다.

(2) $|3-2x| > 5$에서,

$3-2x > 5$ 또는 $3 - 2x < -5$이다.

이를 풀면, $x < -1$ 또는 $x > 4$이다.

(3) $|3x-5| \geq -1$에서 좌변은 0이상이므로 모든 수에

대하여 성립한다.

(4) $|3x-2| < -0.1$에서 좌변은 0이상이므로 해가 없다.

05. 답 (1) $-\dfrac{3}{2} < x < \dfrac{1}{2}$ (2) $x < -7$ 또는 $x > \dfrac{1}{3}$

[풀이] (1) (i) $x < -1$일 때,

$-x - 1 - x < 2$이고 이를 풀면, $x > -\dfrac{3}{2}$이다.

따라서 $-\dfrac{3}{2} < x < -1$이다.

(ii) $-1 \leq x < 0$일 때,

$x + 1 - x < 2$이므로 모든 수에 대해서 성립한다.

따라서 $-1 \leq x < 0$이다.

(iii) $x \geq 0$일 때,

$x + 1 + x < 2$이므로 $x < \dfrac{1}{2}$이다.

따라서 $0 \leq x < \dfrac{1}{2}$이다.

그러므로 (i), (ii), (iii)에 의하여 주어진 부등식의 해는

$-\dfrac{3}{2} < x < \dfrac{1}{2}$이다.

(2) (i) $x < -\dfrac{3}{2}$일 때,

$-x + 5 + 2x + 3 < 1$이고 이를 풀면, $x < -7$이다.

따라서 $x < -7$이다.

(ii) $-\dfrac{3}{2} \leq x < 5$일 때,

$-x + 5 - 2x - 3 < 1$이고, 이를 풀면, $x > \dfrac{1}{3}$이다.

따라서 $\dfrac{1}{3} < x < 5$이다.

(iii) $x \geq 5$일 때,

$x - 5 - 2x - 3 < 1$이고, 이를 풀면, $x > -9$이다.

따라서 $x \geq 5$이다.

그러므로 (i), (ii), (iii)에 의하여 주어진 부등식의 해는

$x < -7$ 또는 $x > \dfrac{1}{3}$이다.

실력 향상시키기

06. 답 (1) $x < -\dfrac{3}{5}$ (2) ④

[풀이] (1) $2a - b < 0$이고, $-\dfrac{a-5b}{2a-b} = \dfrac{10}{7}$이다.

즉, $\dfrac{b}{a} = \dfrac{3}{5}$이다. 그러므로 $2a < b < 0$이다.

따라서 $ax + b > 0$의 해는 $x < -\dfrac{b}{a} = -\dfrac{3}{5}$이다.

(2) $a^3 < a$에서 $a > 0$이면, $a^2 < 1$이다. 그러므로

$0 < a < 1$이다. 양변에 a를 곱하면 $a^2 < a$가 되어

$a < a^2$에 모순된다. 따라서 $a < 0$이다.

$a^3 < a$에서 $a^2 > 1$이다. 그러므로 $a < -1$이다.

즉, 답은 ④이다.

[별해] (2) $a = 0.5,\ 1.5,\ -0.5$를 대입하면 모순임을 알

수 있다. 그러므로 $a < -1$이다.

즉, 답은 ④이다.

07. 답 $120 \leq M \leq 130$

[풀이] $x+y+z=30$, $3x+y-z=50$을 연립하여 풀면, $x=z+10$, $y=-2z+20$이다.

$x \geq 0$, $y \geq 0$, $z \geq 0$이므로

$x \geq 10$, $0 \leq y \leq 20$, $0 \leq z \leq 10$이다.

또, $M = 5x+4y+2z$

$= 5z+50-8z+80+2z$

$= 130-z$이므로 $120 \leq M \leq 130$이다.

08. 답 (1) $x < -\dfrac{5}{2}$

(2) $a > -5$이면 $-a-3 < x < a+7$이고, $a \leq -5$이면 해가 없다.

[풀이] (1) (i) $x < -5$일 때, $-x > -x-5$가 되어 모든 수에 대해서 성립한다. 따라서 $x < -5$이다.

(ii) $-5 \leq x < 0$일 때, $-x > x+5$에서 $x < -\dfrac{5}{2}$이다.

따라서 $-5 \leq x < -\dfrac{5}{2}$이다.

(iii) $x \geq 0$일 때, $x > x+5$가 되어 해가 없다.

그러므로 (i), (ii), (iii)에 의해서 부등식의 해는

$x < -\dfrac{5}{2}$이다.

(2) (i) $x < 2$일 때, $-x+2-5 < a$가 되어 이를 풀면, $x > -3-a$이다.

따라서 $a \geq -5$이면, $x > 2$이고,

$a < -5$이면, $x > -3-a$이다.

(ii) $x \geq 2$일 때, $x-2-5 < a$가 되어 이를 풀면, $x < a+7$이다.

따라서 $a \leq -5$이면 x는 해가 없고,

$a > -5$이면 $2 \leq x < a+7$이다.

그러므로 (i), (ii)에 의하여

$a \leq -5$이면 해가 없고,

$a > -5$이면 $-3-a < x < a+7$이다.

09. 답 (1) 풀이참조 (2) $m = -11, -7, -1, 1$

[풀이] (1) (i) $n \leq 0$일 때, 해가 없다.

(ii) $n > 0$일 때, $-0.5n < 3x+m < 0.5n$이 되어, 이를 풀면, $\dfrac{-m-0.5n}{3} < x < \dfrac{-m+0.5n}{3}$이다.

(2) 좌변을 통분하면 분자는

$(x+5)(x-1)-x(x+2) = 2x-5$이다.

그러므로 $2x-5 = m$이다. 즉, $x = \dfrac{5+m}{2}$이다.

$\left| \dfrac{5+m}{2} \right| = 1, 2, 3$이다. 단, $\dfrac{5+m}{2} \neq 1, -2$이다.

이를 풀면, $m = -11, -7, -1, 1$이다.

응용하기

10. 답 $x \leq a-b$ 또는 $x \geq 0$

[풀이] $ab < 0$, $a-b < 0$이므로

$(x-a)(x+b) \geq -ab$,

$x^2 + (b-a)x \geq 0$,

$x(x+b-a) \geq 0$

이다. 이를 풀면, $x \geq 0$ 또는 $x \leq a-b$이다.

11. 답 $a \geq 4$

[풀이] $y = |x+1|+|x-3|$을 생각하자.

이 함수의 그래프는 $-1 \leq x \leq 3$에서 최솟값 4를 갖는다. 그러므로 $|x+1|+|x-3| \leq a$의 해가 존재하려면 $a \geq 4$이다.

연습문제 실력다지기

01. 目 (1) 4개 (2) $m = 1$, 2, 3

[풀이] (1) $3x + 1 \geq 0$을 풀면, $x \geq -\dfrac{1}{3}$이다.

$2x < 7$을 풀면, $x < \dfrac{7}{2}$이다.

그러므로 연립부등식의 해는 $-\dfrac{1}{3} \leq x < \dfrac{7}{2}$이다.

따라서 정수해는 0, 1, 2, 3으로 모두 4개이다.

(2) $5x + 3m = 4x + 9$에서 $x = 9 - 3m \geq 0$이므로 $m \leq 3$이다. 따라서 $m = 1$, 2, 3이다.

02. 目 (1) 가장 작은 수는 w, 가장 큰 수는 z
　　　(2) 가장 큰 수는 89.

[풀이] (1) $x - 2001 = y + 2002 = z - 2003$
$= w + 2004 = t$라 하면,
$x = t + 2001$, $y = t - 2002$, $z = t + 2003$,
$w = t - 2004$이므로 $w < y < x < z$이다.
가장 작은 수는 w, 가장 큰 수는 z이다.

(2) 편의상 $x \leq y \leq z \leq w$라고 가정하자.
그러면 $x + y + z = 180$, $x + y + w = 197$,
$x + z + w = 208$, $y + z + w = 222$ 이다.
네 식을 모두 더한 후 3으로 나누면,
$x + y + z + w = 269$이다.
따라서 $w = 269 - 180 = 89$이다.
그러므로 가장 큰 수는 89이다.

03. 目 적어도 17문제

[풀이] 두 번째 시험에 참가한 학생들은 첫 번째 시험에서 적어도 x문제를 맞춰야 한다고 가정하면,
$4x - (25 - x) \geq 60$
이다. 이를 풀면, $x \geq 17$이다.
따라서 적어도 17문제를 맞춰야 한다.

04. 目 10대

[풀이] A 팀이 가진 차를 a대라 하면 B 팀이 가진 차는 $a + 3$대가 되고, 주어진 조건으로부터 부등식을 세우면

$5a < 56 < 6a$, $4(a + 3) < 56 < 5(a + 3)$

이다. 이를 연립하여 풀면 $\dfrac{28}{3} < a < 11$이다.

따라서 $a = 10$이다.

05. 目 329

[풀이] n_6의 값이 가장 크려면 n_1, n_2, $\cdots$, n_5는 가장 작아야 하고, n_7, n_8, $\cdots$, n_{11}은 최대한 n_6 값에 가까운 수여야 한다. 즉,
$n_1 = 1$, $n_2 = 2$, $n_3 = 3$, $n_4 = 4$, $n_5 = 5$,
$n_7 = n_6 + 1$, $n_8 = n_6 + 2$, $n_9 = n_6 + 3$,
$n_{10} = n_6 + 4$, $n_{11} = n_6 + 5$이면 n_6이 최대가 된다.
따라서
$2005 = n_1 + n_2 + \cdots + n_{11}$
$\geq 1 + 2 + 3 + 4 + 5 + 6n_6 + 1 + 2 + 3 + 4 + 5$
$= 30 + 6n_6$

이다. 이를 풀면 $n_6 \leq \dfrac{1975}{6} = 329\dfrac{1}{6}$이다.

그러므로 n_6의 최댓값은 329이고, 이때, $n_7 = 330$, $n_8 = 331$, $n_9 = 332$, $n_{10} = 333$, $n_{11} = 335$이다.

실력 향상시키기

06. 目 24명

[풀이] 여학생 수를 x명이라고 가정하면,
$8x < 200 < 9x$, $11(x + 4) > 300$이다.

이를 연립하여 풀면, $\dfrac{256}{11} < x < 25$이다.

따라서 $x = 24$이다.

07. 目 (1) 91 (2) $a = 2$

[풀이] (1) S의 분모는 $\dfrac{22}{2014}$보다 크고 $\dfrac{22}{1993}$보다 작으므로 $\dfrac{1993}{22} < S < \dfrac{2014}{22}$이다.

따라서 S의 정수부분은 91이다.

(2) $a < a + 1 < a + 4$이므로 $\dfrac{1}{a} > \dfrac{1}{a+1} > \dfrac{1}{a+4}$이다. $a = 2$이면 $\dfrac{1}{2} + \dfrac{1}{3} + \dfrac{1}{6} = 1$이 되어 성립한다.

$a \geq 3$이면 $1 = \dfrac{1}{a} + \dfrac{1}{a+1} + \dfrac{1}{a+4} \leq \dfrac{1}{3} + \dfrac{1}{4} + \dfrac{1}{7}$

이 되어 모순이다.

따라서 구하는 자연수 a는 2뿐이다.

08. 답 104분

[풀이] 갑이 x번째 변을 다 걸었을 때, 두 사람은 같은 변 위를 걷고 있다고 하면,

$\left(46 \times \dfrac{400x}{50} + 800\right) - 400x \leq 400$

이다. 이를 풀면, $x \geq \dfrac{25}{2}$이다. 따라서 $x = 13$이다.

그러므로 $\dfrac{400}{50} \times 13 = 104$분 후에 같은 변 위에 있다.

09. 답 (1) ① $y_1 = 500x + 6000 \, (x \geq 4)$,

　　　② $y_2 = 460x + 7360 \, (x \geq 4)$

　　(2) 풀이참조

[풀이] 여학생 수를 x명이라고 가정하면,

$8x < 200 < 9x$, $11(x+4) > 300$이다.

(1) ① $y_1 = 500x + 6000 \, (x \geq 4)$

　　② $y_2 = 460x + 7360 \, (x \geq 4)$

(2) $4 \leq x < 34$일 때, 할인 방법 ①을 사용하여 돈을 지불하는 것이 더 싸다.

$x > 34$일 때, 할인 방법 ②를 사용하여 돈을 지불하는 것이 더 싸다.

응용하기

10. 답 $c < a < b$

[풀이] $\dfrac{c}{a+b} < \dfrac{a}{b+c} < \dfrac{b}{c+a}$에서 역수를 취하면,

$\dfrac{a+b}{c} > \dfrac{b+c}{a} > \dfrac{c+a}{b}$이다.

각 변에 1을 더하고, 통분하면

$\dfrac{a+b+c}{c} > \dfrac{a+b+c}{a} > \dfrac{a+b+c}{b}$이다.

그러므로 $c < a < b$이다.

연습문제 실력다지기

01. 답 (1) $x \neq 1$, $x \neq 2$　　(2) ②

　　　(3) -3　　　　　(4) 2개

[풀이] (1) 분수식이 성립하려면 분모가 0이 아니어야 한다. 따라서 $x \neq 1$, $x \neq 2$이다.

(2) $\dfrac{2a+2b}{2a \times 2b} = \dfrac{1}{2} \times \dfrac{a+b}{ab}$이므로 원래 값의 $\dfrac{1}{2}$배이다. 답은 ②이다.

(3) $\dfrac{x^2 - 9}{x^2 - 4x + 3} = 0$에서 $x = 3$, $x = -3$이면 성립하는데, $x = 3$일 때, 분모가 0이 되어 구하는 답은 $x = -3$이다.

(4) ① $\gcd(a+b, ab) = 1$이다. $\dfrac{a+b}{ab}$는 기약분수이다. (참)

② a, b가 홀수인 소수이면, $b-a$와 $b+a$는 모두 짝수이므로 $\dfrac{b-a}{b+a}$는 기약분수가 아니다. (거짓)

③ a, b가 홀수인 소수이면, $b^2 - a^2$와 $a^2 + b^2$은 모두 짝수이므로 $\dfrac{b^2 - a^2}{a^2 + b^2}$은 기약분수가 아니다. (거짓)

④ ①에서 $\gcd(a+b, ab) = 1$이므로

$\gcd(a^2 + b^2, ab) = \gcd(a^2 + b^2 + 2ab, ab)$

$= \gcd((a+b)^2, ab) = 1$이다.

따라서 $\dfrac{ab}{a^2 + b^2}$는 기약분수이다. (참)

그러므로 기약분수인 것은 모두 2개이다.

02. 답 (1) -1　(2) 1　(3) $x^2 - y^2$

[풀이] (1) $\dfrac{1-a}{a} \div \left(1 - \dfrac{1}{a}\right) = \dfrac{1-a}{a} \times \dfrac{a}{a-1} = -1$

(2) $\dfrac{2x-6}{x^2 - 9} + \dfrac{x^2 + 2x + 1}{x^2 + x - 6} \div \dfrac{x+1}{x-2}$

$= \dfrac{2(x-3)}{(x-3)(x+3)} + \dfrac{(x+1)^2}{(x+3)(x-2)} \times \dfrac{x-2}{x+1}$

$= \dfrac{2}{x+3} + \dfrac{x+1}{x+3} = 1$

(3) $\left(x - y + \dfrac{4xy}{x-y}\right)\left(x + y - \dfrac{4xy}{x+y}\right)$

$$= \frac{(x+y)^2}{x-y} \times \frac{(x-y)^2}{x+y} = x^2 - y^2$$

03. 탭 (1) 2002　(2) ②, ③

[풀이] (1) $\dfrac{(x-2)^3 - (x-1)^2 + 1}{x-2} + 1$

$= (x-2)^2 + \dfrac{-x^2 + 2x}{x-2} + 1$

$= x^2 - 4x + 4 - x + 1$

$= x^2 - 5x + 5$

$= 1997 + 5 = 2002$

(2) ① $\dfrac{a}{b} < \dfrac{c}{d}$ 이므로 $\dfrac{b}{a} > \dfrac{d}{c}$ 이고,

$\dfrac{b}{a} + 1 > \dfrac{d}{c} + 1$ 이다. 즉, $\dfrac{a+b}{a} > \dfrac{c+d}{c}$ 이다.

따라서 $\dfrac{a}{a+b} < \dfrac{c}{c+d}$ 이다. (거짓)

② $\dfrac{a}{b} < \dfrac{c}{d}$ 이므로 $\dfrac{b}{a} > \dfrac{d}{c}$ 이고,

$\dfrac{b}{a} + 1 > \dfrac{d}{c} + 1$ 이다. 즉, $\dfrac{a+b}{a} > \dfrac{c+d}{c}$ 이다.

따라서 $\dfrac{a}{a+b} < \dfrac{c}{c+d}$ 이다. (참)

③ $\dfrac{a}{b} < \dfrac{c}{d}$ 이므로 $\dfrac{a}{b} + 1 < \dfrac{c}{d} + 1$ 이다.

즉, $\dfrac{a+b}{b} < \dfrac{c+d}{d}$ 이다.

따라서 $\dfrac{b}{a+b} > \dfrac{d}{c+d}$ 이다. (참)

④ $\dfrac{a}{b} < \dfrac{c}{d}$ 이므로 $\dfrac{a}{b} + 1 < \dfrac{c}{d} + 1$ 이다.

즉, $\dfrac{a+b}{b} < \dfrac{c+d}{d}$ 이다.

따라서 $\dfrac{b}{a+b} > \dfrac{d}{c+d}$ 이다. (거짓)

04. 탭 (1) -13　(2) $\dfrac{3}{2}$

[풀이] (1) $4x - 3y - 6z = 0$, $x + 2y - 7z = 0$을 연립하여 풀면 $x = 3z$, $y = 2z$ 이다. 이를 준식에 대입하면

$$\frac{5x^2 + 2y^2 - z^2}{2x^2 - 3y^2 - 10z^2} = \frac{5 \times 9z^2 + 2 \times 4z^2 - z^2}{2 \times 9z^2 - 3 \times 4z^2 - 10z^2}$$
$$= -13$$

이다.

(2) $x - y - 2 = 0$에서 $2 = x - y$이다.

이를 $2y^2 + y - 4 = 0$에 대입하면,

$2y^2 + y - 2(x - y) = 0$이다.

양변을 y로 나누면 $2y + 3 - 2 \times \dfrac{x}{y} = 0$이다.

따라서 $\dfrac{x}{y} - y = \dfrac{3}{2}$ 이다.

05. 탭 (1) 0　(2) a

[풀이] (1) $\dfrac{a^2 - bc}{(a+b)(a+c)} = \dfrac{a(a+c) - c(a+b)}{(a+b)(a+c)}$

$= \dfrac{a}{a+b} - \dfrac{c}{a+c}$ 이다.

같은 방법으로 $\dfrac{b^2 - ac}{(b+c)(b+a)} = \dfrac{b}{b+c} - \dfrac{a}{b+a}$,

$\dfrac{c^2 - ab}{(c+a)(c+b)} = \dfrac{c}{c+a} - \dfrac{b}{c+b}$ 이다.

따라서 준식$= 0$ 이다.

(2) 분모가 $(a-b)(b-c)(c-a)$가 되도록 통분하면,

분자$= -a(a+b)(a+c)(b-c)$

$\qquad - 2b^2(c+a)(c-a) - 2c^2(a+b)(a-b)$

$= -a(a+b)(a+c)(b-c)$

$\quad - 2b^2c^2 + 2b^2a^2 - 2c^2a^2 + 2c^2b^2$

$= -a(a+b)(a+c)(b-c) + 2a^2(b+c)(b-c)$

$= a(b-c)\{-a^2 + (b+c)a - bc\}$

$= a(b-c)(-a+c)(a-b)$

$= a(a-b)(b-c)(c-a)$

이다. 준식$= a$ 이다.

06. 답 (1) $\dfrac{57}{91}$ (2) -1 또는 2

[풀이] (1)
$$\dfrac{\dfrac{a+6b}{a^3-b^3}-\dfrac{6a+b}{a^3-b^3}}{\dfrac{a-4b}{a^3+b^3}-\dfrac{4a-b}{a^3+b^3}}\div\dfrac{(a+b)^3-(a-b)^3}{(a+b)^3+(a-b)^3}$$

$$=\dfrac{\dfrac{-5(a-b)}{(a-b)(a^2+ab+b^2)}}{\dfrac{-3(a+b)}{(a+b)(a^2-ab+b^2)}}\div\dfrac{2b(3a^2+b^2)}{2a(a^2+3b^2)}$$

$$=\dfrac{5(a^2-ab+b^2)}{3(a^2+ab+b^2)}\times\dfrac{a(a^2+3b^2)}{b(3a^2+b^2)}\ \cdots\ (*)$$

위 식에 $a=3$, $b=5$를 대입한 후 정리하면

$(*)=\dfrac{91}{57}$ 이다.

(2) $\dfrac{y+z}{x}=\dfrac{x+z}{y}=\dfrac{x+y}{z}=k$라 하면,

$2(x+y+z)=(x+y+z)k$이다.

(i) $x+y+z=0$이면, $k=-1$이다.

(ii) $x+y+z\neq0$이면 $k=2$이다.

따라서 $\dfrac{y+z}{x}=-1$ 또는 2이다.

07. 답 (1) ②   (2) $-\dfrac{5}{11}$

[풀이] (1) $\dfrac{1}{a}+\dfrac{1}{b}+\dfrac{1}{c}=\dfrac{ab+bc+ca}{abc}$

$$=\dfrac{\dfrac{1}{2}\{(a+b+c)^2-(a^2+b^2+c^2)\}}{abc}$$

$$=-\dfrac{a^2+b^2+c^2}{16}<0$$이다.

따라서 답은 ②이다.

(2) $\dfrac{3a+3b}{2a-2b}=\dfrac{2b+c}{2b-2c}=\dfrac{2c-4a}{c-a}$ 에서

$(3a+3b)(2b-2c)=(2b+c)(2a-2b)$,

$(2b+c)(c-a)=(2c-4a)(2b-2c)$를 얻는다.

이를 풀면,

$a:b:c=7:4:3$ 또는 $a:b:c=1:-1:2$를 얻는다.

그런데, $a:b:c=7:4:3$은 $5a-2b-9c=0$이 되어 모순된다.

따라서 $a:b:c=1:-1:2$이다. a, b, c에 각각 1, -1, 2를 대입하면

$\dfrac{a+2b+3c}{5a-2b-9c}=\dfrac{1-2+6}{5+2-18}=-\dfrac{5}{11}$이다.

08. 답 (1) $-\dfrac{49}{83}$ (2) 9

[풀이] (1) $\dfrac{x}{x^2-x+1}=7$에서 $\dfrac{1}{x-1+\dfrac{1}{x}}=7$이다.

이를 정리하면 $x+\dfrac{1}{x}=\dfrac{8}{7}$이다. 그러므로

$$\dfrac{x^2}{x^4-x^2+1}=\dfrac{1}{\left(x+\dfrac{1}{x}\right)^2-3}=\dfrac{1}{\dfrac{64}{49}-3}=-\dfrac{49}{83}$$

이다.

(2) $\dfrac{p}{x^2-yz}=\dfrac{q}{y^2-zx}=\dfrac{r}{z^2-xy}$

$$=\dfrac{p+q+r}{x^2+y^2+z^2-xy-yz-zx}$$이고,

$\dfrac{p}{x^2-yz}=\dfrac{q}{y^2-zx}=\dfrac{r}{z^2-xy}$

$$=\dfrac{px}{x^3-xyz}=\dfrac{qy}{y^3-xyz}=\dfrac{rz}{z^3-xyz}$$

$$=\dfrac{px+qy+rz}{x^3+y^3+z^3-3xyz}$$

$$=\dfrac{px+qy+rz}{x+y+z}\times\dfrac{1}{x^2+y^2+z^2-xy-yz-zx}$$

이다.

따라서 $\dfrac{px+qy+rz}{x+y+z}=9$이다.

09. 답 (1) ④   (2) $a>b$, $c>d$

[풀이] (1) $x=0$을 대입하면 주어진 관계식이 성립한다.

$y=0$, $z=0$을 대입해도 마찬가지로 성립한다.

$xyz=0$을 만족하면 주어진 관계식이 성립한다.

따라서 답은 ④이다.

(2) $a-b=\dfrac{1}{2}[(x-y)^2+(y-z)^2+(x-y)^2]>0$

이므로 $a>b$이다.

마찬가지로,

$c-d=\dfrac{1}{2}\left[\left(\dfrac{1}{x}-\dfrac{1}{y}\right)^2+\left(\dfrac{1}{y}-\dfrac{1}{z}\right)^2+\left(\dfrac{1}{z}-\dfrac{1}{x}\right)^2\right]>0$

이므로 $c>d$이다.

10. 답 $\dfrac{9}{2}$

[풀이] $\dfrac{x}{3y} = \dfrac{y}{2x-5y}$ 에서 $x = 3y$ 또는 $y = -2x$ 이고,

$\dfrac{x}{3y} = \dfrac{6x-15y}{x}$ 에서 $x = 3y$ 또는 $x = 15y$ 이므로

$x = 3y$ 이다. 이를 대입하고 정리하면,

$\dfrac{4x^2 - 5xy + 6y^2}{x^2 - 2xy + 3y^2} = \dfrac{9}{2}$ 이다.

11. 답 풀이참조

[풀이] 주어진 등식으로부터

$(a+b+c)(ab+bc+ca) - abc$

$= (a+b)(b+c)(c+a)$ 이다.

이를 정리하면 $(a+b)(b+c)(c+a) = 0$ 이다.

즉, $a = -b$ 또는 $b = -c$ 또는 $c = -a$ 이다.

이 세 가지 경우를 대입하면

$\dfrac{1}{a^{999}} + \dfrac{1}{b^{999}} + \dfrac{1}{c^{999}} = \dfrac{1}{a^{999} + b^{999} + c^{999}}$

이 모두 성립한다.

08강 일차(연립)방정식으로 바꿀 수 있는 분수방정식

연습문제 실력다지기

01. 답 (1) $x = -2$ (2) $x = 1$

[풀이] (1) $\dfrac{2x}{x-2} = 1$ 에서 $2x = x - 2$ 이다.

이를 풀면, $x = -2$ 이다.

(2) $\dfrac{2x-3}{x-2} = 1$ 에서 $2x - 3 = x - 2$ 이다.

이를 풀면 $x = 1$ 이다.

02. 답 해가 없음

[풀이] $\dfrac{3}{x} + \dfrac{6}{x-1} = \dfrac{x+5}{x^2-x}$ 에서 양변에 $x^2 - x$ 를 곱

하면 $3(x-1) + 6x = x + 5$ 이다. 이를 풀면, $x = 1$ 이

다. 그런데, 이는 분수식의 분모가 0이 되므로 해가 될 수

없다. 따라서 이 분수 방정식의 해가 없다.

03. 답 (1) -69 (2) $x = \dfrac{1}{2}$

[풀이] (1) $\dfrac{1}{2001 - \dfrac{x}{x-1}} = \dfrac{1}{2001}$ 이므로 $\dfrac{x}{x-1} = 0$

이다. 즉, $x = 0$ 이다.

따라서 $\dfrac{x^3 - 2001}{x^4 + 29} = -\dfrac{2001}{29} = -69$ 이다.

(2) $\dfrac{x-1}{1 - \dfrac{x-1}{x}} = -\dfrac{1}{4}$ 에서 $x(x-1) = -\dfrac{1}{4}$ 이다.

이를 풀면 $(2x-1)^2 = 0$ 이 된다. 즉, $x = \dfrac{1}{2}$ 이다.

04. 답 $x = 1$, $y = 10$

[풀이] $\dfrac{2}{5x} + \dfrac{2}{y} = \dfrac{3}{5}$, $\dfrac{3}{5x} - \dfrac{2}{y} = \dfrac{2}{5}$ 을 변변 더하면

$\dfrac{5}{5x} = 1$ 이다. 즉, $x = 1$. 이를 첫 번째 식에 대입하면

$y = 10$ 이다.

05. 답 $a < 2$ 이고 $a \neq -4$ 이다.

[풀이] $\dfrac{2x+a}{x-2} = -1$ 을 풀면 $x = \dfrac{2-a}{3}$ 이다.

$x > 0$이고, $x \neq 2$이므로 $2-a > 0$이고, $\dfrac{2-a}{3} \neq 2$

이다.

따라서 $a < 2$이고 $a \neq -4$이다.

실력 향상시키기

06. 🄳 $\dfrac{5}{2}$

[풀이] $x + \dfrac{1}{x-2} = 4\dfrac{1}{2}$ 을 변형하면

$(x-2) + \dfrac{1}{(x-2)} = 2 + \dfrac{1}{2}$ 이다.

그러므로 $x-2 = 2$ 또는 $x-2 = \dfrac{1}{2}$ 이다.

즉, $x = 4$ 또는 $x = \dfrac{5}{2}$ 이다.

그러므로 나머지 해는 $x = \dfrac{5}{2}$ 이다.

07. 🄳 (1) $x = 4$ (2) $x = 2$

[풀이] (1) $\dfrac{1}{x-7} + \dfrac{1}{x-1} = \dfrac{1}{x-6} + \dfrac{1}{x-2}$ 에서

$\dfrac{1}{x-7} - \dfrac{1}{x-2} = \dfrac{1}{x-6} - \dfrac{1}{x-1}$ 이고,

$\dfrac{5}{(x-7)(x-2)} = \dfrac{5}{(x-6)(x-1)}$ 이다.

그러므로 $(x-7)(x-2) = (x-6)(x-1)$이다.

이를 풀면 $x = 4$이다.

(2) 좌변을 부분분수로 나누면,

좌변

$= \left(\dfrac{1}{x-1} - \dfrac{1}{x}\right) + \left(\dfrac{1}{x} - \dfrac{1}{x+1}\right) + \left(\dfrac{1}{x+1} - \dfrac{1}{x+2}\right)$

$\quad + \left(\dfrac{1}{x+2} - \dfrac{1}{x+3}\right) = \dfrac{1}{x-1} - \dfrac{1}{x-3}$

이다. 그러므로 $\dfrac{1}{x-1} - \dfrac{1}{x+3} = \dfrac{x+2}{x+3}$ 이다.

즉, $\dfrac{1}{x-1} = 1$ 이다. 이를 풀면, $x = 2$이다.

08. 🄳 $x = \dfrac{13}{2}$

[풀이] $\dfrac{13-2x}{11-2x} + \dfrac{17-2x}{15-2x} = \dfrac{19-2x}{17-2x} + \dfrac{11-2x}{9-2x}$ 을

변형하면,

$\dfrac{1}{11-2x} + \dfrac{1}{15-2x} = \dfrac{1}{17-2x} + \dfrac{1}{9-2x}$,

$\dfrac{26-4x}{(11-2x)(15-2x)} = \dfrac{26-4x}{(17-2x)(9-2x)}$

이다. 그러므로 $26-4x = 0$이다. 즉, $x = \dfrac{13}{2}$ 이다.

09. 🄳 $\dfrac{1}{6}$

[풀이] 주어진 관계식의 역수를 생각하면,

$\dfrac{1}{a} + \dfrac{1}{b} = 3$, $\dfrac{1}{b} + \dfrac{1}{c} = 4$, $\dfrac{1}{a} + \dfrac{1}{c} = 5$이다.

이를 연립하여 풀면, $\dfrac{1}{a} = 2$, $\dfrac{1}{b} = 1$, $\dfrac{1}{c} = 3$이다.

따라서 $\dfrac{abc}{ab+bc+bc} = \dfrac{1}{\dfrac{1}{a} + \dfrac{1}{b} + \dfrac{1}{c}} = \dfrac{1}{6}$이다.

응용하기

10. 🄳 $x = \dfrac{2(b^2+c^2)}{a(2c-b)}$, $y = \dfrac{2(b^2+c^2)}{a(2b+c)}$

[풀이] 주어진 연립방정식의 역수를 생각하면,

$\dfrac{b}{y} + \dfrac{c}{x} = a$, $\dfrac{c}{y} - \dfrac{b}{x} = \dfrac{a}{2}$이다.

이를 연립하여 풀면

$\dfrac{1}{x} = \dfrac{a(2c-b)}{2(b^2+c^2)}$, $\dfrac{1}{y} = \dfrac{a(2b+c)}{2(b^2+c^2)}$이다.

따라서 $x = \dfrac{2(b^2+c^2)}{a(2c-b)}$, $y = \dfrac{2(b^2+c^2)}{a(2b+c)}$이다.

11. 🄳 $k \neq 0$, $k \neq -\dfrac{1}{2}$, $k \neq -\dfrac{1}{3}$

[풀이] $\dfrac{x}{(x-1)} - \dfrac{x+1}{x} + \dfrac{kx+2k}{x(x-1)} = 0$의 양변에

$x(x-1)$을 곱하면

$x^2 - (x^2-1) + kx + 2k = 0$, $kx = -2k-1$이다.

$k = 0$이면 해가 없다.

$k \neq 0$이면 $x = -\dfrac{2k+1}{k}$이다. $x \neq 0$, $x \neq 1$이므로

$k \neq -\dfrac{1}{2}$, $k \neq -\dfrac{1}{3}$이다.

따라서 해가 오직 한 개만 존재하려면

$k \neq 0$, $k \neq -\dfrac{1}{2}$, $k \neq -\dfrac{1}{3}$이다.

09강 항등식 변형 (Ⅰ)

연습문제 실력다지기

01. 답 (1) $\dfrac{1}{2}$ (2) 99

[풀이] (1) $x = 20202019$ 라고 두면,

$$\dfrac{20202019^2 + 1}{20202019^2 + 20202019^2}$$

$$= \dfrac{x^2 + 1}{(x-1)^2 + (x+1)^2} = \dfrac{x^2+1}{2(x^2+1)} = \dfrac{1}{2} \text{ 이다.}$$

(2) $\dfrac{n^2}{n^2 - 100n + 5000} = \dfrac{n^2}{(n-50)^2 + 50^2}$ 이므로

원식의 "처음과 끝 두 항" 을 합하면

$$\dfrac{n^2 + (100-n)^2}{(n-50)^2 + 50^2} = 2 \ (n = 1, \ 2, \ \cdots, \ 49) \text{이다.}$$

원식$= 49 \times 2 + 1 = 99$ 이다.

02. 답 (1) $\dfrac{14}{11}$ (2) 1   (3) 8

[풀이] (1) $\dfrac{3}{x+y} = \dfrac{4}{y+z} = \dfrac{5}{z+x} = \dfrac{1}{k}$ 라 두고, 역수를 생각하면 $x+y = 3k$, $y+z = 4k$, $z+x = 5k$가 되어 이를 연립하여 풀면 $x = 2k$, $y = k$, $z = 3k$이다.

그러므로 $\dfrac{x^2 + y^2 + z^2}{xy + yz + zx} = \dfrac{14}{11}$ 이다.

(2) $2000^{\frac{1}{x}} = 25$, $2000^{\frac{1}{y}} = 80$이므로

$2000^{\frac{1}{x} + \frac{1}{y}} = 2000$이다. 따라서 $\dfrac{1}{x} + \dfrac{1}{y} = 1$ 이다.

(3) $\dfrac{a+b-c}{c} = \dfrac{a-b+c}{b} = \dfrac{-a+b+c}{a} = k$라 하면,

$a + b + c = (a+b+c)k$이다. $a+b+c \neq 0$이므로 $k = 1$이다. 즉, $a+b = 2c$, $b+c = 2a$, $c+a = 2b$이다. 그러므로 $\dfrac{(a+b)(b+c)(c+a)}{abc} = 8$이다.

03. 답 (1) 2   (2) $\dfrac{c}{a} = 21$, $\dfrac{d}{b} = 7$ (3) 2

[풀이]

(1) $a + \dfrac{1}{b} = \dfrac{2}{a} + 2b \neq 0$에서 $a = 2b$이다.

따라서 $\dfrac{a}{b} = 2$이다.

(2) $\dfrac{b}{a} = \dfrac{4d-7}{c}$, $\dfrac{b+1}{a} = \dfrac{7(d-1)}{c}$에서

$\dfrac{c}{a} = \dfrac{4d-7}{b} = \dfrac{7(d-1)}{b+1}$이다.

즉, $(4d-7)(b+1) = 7b(d-1)$이다.

이를 정리하면 $d(4-3b) = 7$이다.

b, d가 자연수이므로 $d = 7$, $b = 1$이다.

그러므로 $\dfrac{d}{b} = 7$이고, $\dfrac{c}{a} = 21$이다.

(3) $a + \dfrac{1}{b} = 1$에서 $b = \dfrac{1}{1-a}$이고, 이를 $b + \dfrac{2}{c} = 1$에

대입하면 $\dfrac{1}{1-a} + \dfrac{2}{c} = 1$이다. 이를 정리하면,

$c + 2(1-a) = c(1-a)$이다.

즉, $2 - 2a + ac = 0$이다. 양변을 a로 나누면

$c + \dfrac{2}{a} = 2$이다.

04. 답 (1) 3   (2) $-\dfrac{4}{13}$

[풀이] (1) $\dfrac{a^2}{bc} + \dfrac{b^2}{ca} + \dfrac{c^2}{ab}$

$$= \dfrac{a^3 + b^3 + c^3}{abc}$$

$$= \dfrac{a^3 + b^3 + c^3 - 3abc}{abc} + 3$$

$$= \dfrac{(a+b+c)(a^2+b^2+c^2-ab-bc-ca)}{abc} + 3$$

$$= 3$$

(2) $xy + 2z$

$= xy + (x+y+z)z$

$= y(x+z) + z(x+z)$

$= (x+z)(y+z)$

이고 같은 방법으로

$yz + 2x = (y+x)(z+x)$,

$zx + 2y = (z+y)(x+y)$

이다. 또, $xy + yz + zx$

$$= \dfrac{(x+y+z)^2 - (x^2+y^2+z^2)}{2} = -6 \text{이고,}$$

$(x+y)(y+z)(z+x)$

$= (x+y+z)(xy + xy + zx) - xyz$

$= 2 \times (-6) - 1 = -13$이다.

따라서 $\dfrac{1}{xy+2z}+\dfrac{1}{yz+2x}+\dfrac{1}{zx+2y}$

$=\dfrac{1}{(x+z)(y+z)}+\dfrac{1}{(y+x)(z+x)}+\dfrac{1}{(z+y)(x+y)}$

$=\dfrac{(x+y)+(y+z)+(z+x)}{(x+y)(y+z)(z+x)}$

$=-\dfrac{4}{13}$

05. 답 풀이참조

[풀이] (1) 주어진 등식으로부터

$(a+3b)^2-(5b-c)^2=0$,

$(a+8b-c)(a-2b+c)=0$이다.

그런데, $a+8b=c>a+b$이 되어 삼각형 세 변이 될 수 없다.

따라서 $a+c=2b$이다.

(2) 부분분수로 나누어 정리하면

좌변

$=\dfrac{1}{x-1}-\dfrac{1}{x+1}+\cdots+\dfrac{1}{x-10}-\dfrac{1}{x+10}$

$=\left(\dfrac{1}{x-1}+\dfrac{1}{x-2}+\dfrac{1}{x-3}+\cdots+\dfrac{1}{x-10}\right)$

$\qquad -\left(\dfrac{1}{x+1}+\dfrac{1}{x+2}+\dfrac{1}{x+3}+\cdots+\dfrac{1}{x+10}\right)$

$=\left(\dfrac{1}{x-1}-\dfrac{1}{x+10}\right)+\cdots+\left(\dfrac{1}{x-10}-\dfrac{1}{x+1}\right)$

$=$우변

실력 향상시키기

06. 답 (1) 4개 (2) 6

[풀이] (1) $\dfrac{6x+3}{2x-1}=3+\dfrac{6}{2x-1}$에서 $2x-1$이 6의 약수여야 한다. 즉, $2x-1=\pm1,\ \pm2,\ \pm3,\ \pm6$을 만족하는 정수 x를 찾으면 $x=-1,\ 0,\ 1,\ 2$만 가능하다. 따라서 정수인 분수는 모두 4개이다.

(2) 6개의 식을 변변 곱하면 $(x_1x_2x_3x_4x_5x_6)^4=6^4$이다. 따라서 $x_1x_2x_3x_4x_5x_6=6$이다.

07. 답 (1) 2 (2) $\dfrac{3}{2}$

[풀이] (1) 주어진 등식을 변형하면

$\{(b+c)-2a\}^2=0$이다. 즉, $b+c=2a$이다.

따라서 $\dfrac{b+c}{a}=2$이다.

(2) $\dfrac{3a+2b-5}{a-b+2}=\dfrac{2b+c+1}{3b+2c-8}=\dfrac{c-3a+2}{2c+a-6}=2$를

연립하여 풀면 $a=1,\ b=2,\ c=3$이다.

그러므로 $\dfrac{a+2b+3c-2}{4a-3b+c+7}=\dfrac{3}{2}$이다.

08. 답 (1) 1 (2) 527

[풀이] (1) $x+\dfrac{1}{y}=4,\ y+\dfrac{1}{z}=1,\ z+\dfrac{1}{x}=\dfrac{7}{3}$을 연립

하여 풀면, $x=\dfrac{3}{2},\ y=\dfrac{2}{5},\ z=\dfrac{5}{3}$이다.

따라서 $xyz=1$이다.

(2) 부분분수 공식 $\dfrac{1}{i^2+i}=\dfrac{1}{i(i+1)}=\dfrac{1}{i}-\dfrac{1}{i+1}$

(단, $i=m,\ m+1,\ \cdots,\ n$)을 이용하면

$\dfrac{1}{m^2+m}+\dfrac{1}{(m+1)^2+(m+1)}+\cdots+\dfrac{1}{n^2+n}=\dfrac{1}{23}$

은 $\dfrac{1}{m}-\dfrac{1}{n+1}=\dfrac{1}{23}$이다.

이를 정리하면, $(m-23)\{(n+1)+23\}=-23^2$이다.

따라서 $m=22,\ n=505$이다.

09. 답 (1) 0 (2) 76

[풀이] (1) $\dfrac{1}{x}+\dfrac{1}{y}+\dfrac{1}{z}=1$에서 $xy+yz+zx=xyz$이다. 그러므로

$(x-1)(y-1)(z-1)$

$=xyz-(xy+yz+zx)+(x+y+z)-1=0$이다.

(2) 원식 $=\dfrac{1}{2}\{(a-b)^2+(b-c)^2+(a-c)^2\}=76$

응용하기

10. 🖹 풀이참조

[풀이] $a_i + b_i = 17 \ (i = 1, \cdots, 18)$이고,

$a_1 + a_2 + \cdots + a_{18} = b_1 + b_2 + \cdots + b_{18}$
$$= \frac{18 \times 17}{2} = 9 \times 7 \text{이다.}$$

$a_1^2 + a_2^2 + \cdots + a_{18}^2$
$= (17 - b_1)^2 + (17 - b_2)^2 + \cdots + (17 - b_{18})^2$
$= 17^2 \times 18 - 2 \times 17 \times (b_1 + b_2 + \cdots + b_{18})$
$\quad + (b_1^2 + b_2^2 + \cdots + b_{18}^2)$
$= 17^2 \times 18 - 2 \times 17 \times 9 \times 17 + (b_1^2 + b_2^2 + \cdots + b_{18}^2)$
$= b_1^2 + b_2^2 + \cdots + b_{18}^2$

이다.

11. 🖹 2

[풀이] 갑, 을, 병이 단독으로 공사를 완성한 날짜수를 각각 x일, y일, z일이라고 하면

$$\frac{m}{x} = \frac{1}{y} + \frac{1}{z}, \ \frac{n}{y} = \frac{1}{x} + \frac{1}{y}, \ \frac{k}{z} = \frac{1}{x} + \frac{1}{y} \text{이다.}$$

따라서 $\dfrac{1}{m+1} + \dfrac{1}{n+1} + \dfrac{1}{k+1} = 1$이다.

그러므로 $\dfrac{m}{m+1} + \dfrac{n}{n+1} + \dfrac{k}{k+1}$

$= 3 - \left(\dfrac{1}{m+1} + \dfrac{1}{n+1} + \dfrac{1}{k+1} \right)$

$= 3 - 1 = 2$이다.

10강 일차부정방정식

연습문제 실력다지기

01. 🖹 $40°$

[풀이] 나머지 한 각의 크기를 $a°$, 볼록n각형이라고 하면,
$a° + 500° = (n-2) \times 180°$ 이다.
즉, $a = n \times 180 - 860$이다. $a < 180$이므로
$n = 5$, $a = 40$이다.

02. 🖹 1997

[풀이] 구하는 네 자리 수를 N이라 하면, N $+$ 3은 16의 배수이면서 125의 배수이다.
즉, N $+$ 3은 16과 125의 최소공배수이다.
그러므로 N $+$ 3 $=$ 2000이다. 즉, N $=$ 1997이다.

03. 🖹 7개

[풀이] 맞은 문제, 틀린 문제, 안 푼 문제의 수를 각각 x, y, z라 하면, $8x - 5y = 13$, $x + y + z = 20$이다.
이를 연립하여 풀면, $x = 6$, $y = 7$, $z = 7$이다.
따라서 풀지 않은 문제는 모두 7개이다.

04. 🖹 55명

[풀이] 남학생을 x명, 여학생을 y명, 사과를 z바구니라고 하면 $4x + 3y + 5 = 100z$, $3x + 4y + 10 = 100z$이다.
이를 연립하여 풀면 $x = 30$, $y = 25$, $z = 2$이다.
따라서 이 반의 학생은 모두 55명이다.

05. 🖹 갑 소금물은 최대한 49g을 쓸 수 있고, 최소한 35g을 쓸 수 있다.

[풀이] 갑, 을, 병 소금물에서 각각 $x\,$g, $y\,$g, $z\,$g 씩 꺼내 농도가 7%인 소금물 $100\,$g 을 만들었다고 가정해보면, $x + y + z = 100$, $5x + 8y + 9z = 700$이다.
따라서 $35 \leq x \leq 49$이다.

06. 답 가장 적게 27번 울었다.

[풀이] 15일 만에 아침에 x번, 저녁에 y번 만났다고 가정하면 $(1+2)x+(3+2)y=61$, 즉, $3x+5y=61$이다.

$0 \le x$, $y \le 15$이므로 $x=12$, $y=5$일 때 고양이가 가장 적게 27번 울었다.

07. 답 1976

[풀이] 이 네 자리 수를 $abcd$라고 가정하면

$1001a+101b+11c+2d=1999$이다.

따라서 $a=1$, $b=9$, $c=7$, $d=6$이다.

08. 답 (1) $a_3=2+4=6$　(2) $a_{2001}=1003002$

[풀이] (1) $x+y+2z=3$에서

(i) $z=0$일 때, $x+y=3$을 만족하는 (x, y)의 쌍은 모두 4개이다.

(ii) $z=1$일 때, $x+y=1$을 만족하는 (x, y)의 쌍은 모두 2개이다.

따라서 (i), (ii)에 의하여 $a_3=6$이다.

(2) $x+y+2z=2001$에서

$z=0$일 때, 모두 2002개의 쌍이 있다.

$z=1$일 때, 모두 2000개의 쌍이 있다.

이와 같이 계속하면

$z=1000$일 때, 모두 2개의 쌍이 있다.

따라서 $a_{2001}=2+4+\cdots+2000+2002=1003002$이다.

09. 답 5개

[풀이] $\triangle ABC$의 세 변의 길이를 a, b, c라고 하자.

단, $0 < a \le b \le c$는 자연수이다.

그러면, $a+b+c=20$, $a \le b \le c$, $a+b>c$, $a^2+b^2>c^2$이다.

즉, $0 < a \le 6$, $c \ge 7$, $c < 10$여야 한다.

따라서 $c=7$, 8, 9이다.

그러므로 $(a, b, c)=(6, 7, 7)$, $(4, 8, 8)$, $(5, 7, 8)$, $(6, 6, 8)$, $(2, 9, 9)$이다. 즉, 모두 5개의 예각삼각형이 있다.

10. 답 $(x, y)=(0, -1)$

[풀이] $(a-b)x-(a+b)y=(a+b)$에서

$(a-b)x-(a+b)(y+1)=0$이다.

이 일차방정식은 임의의 유리수 a, b에 대하여 $(x, y)=(0, -1)$을 해로 갖는다.

[별해] 우선 특수한 (a, b) 값을 대입하여 $x=0$, $y=-1$을 구한다. 그런 다음 $(x, y)=(0, -1)$을 x, y에 대한 일차 방정식에 대입하면

$(a-b)\times 0-(a+b)\times(-1)=a+b$이다.

이것은 임의의 유리수 a, b에 모두 성립된다.

11. 답 적어도 7개, 9 g 짜리 4개, 13 g 짜리 3개

[풀이] 양팔저울의 평형이 맞다고 가정했을 때, 9 g 짜리 추는 $|x|$개, 13 g 짜리 추는 $|y|$개(이 추가 무게를 재고자 하는 물체가 있는 저울대 위에 올려 졌을 때 x, y는 음의 정수를 취함) 필요하다.

저울로 3 g 짜리 물체의 무게를 잴 때 $9x+13y=3$이다.

이 부정방정식을 풀면 $x=9+13t$, $y=-6-9t$ (단, t는 정수)이다. $t=0$이면, 15개의 추가 필요하고, $t=-1$이면 7개의 추가 필요하다.

따라서 적어도 7개의 추가 필요하고, 이때, 9 g 짜리 4개, 13 g 짜리 3개가 필요하다.

11강 식의 해법 (I)

연습문제 실력다지기

01. 답 (1) $\dfrac{n(n-1)}{2}$ 개 (2) $\dfrac{n(n-1)}{2}$ 개

(3) $\dfrac{n(n-1)}{2}$ 개 (4) $\dfrac{n(n-1)}{2}$ 번

[풀이] (1) n개의 점 A_1, A_2, $\cdots$, A_n으로 만들어지는 선분의 개수가 $\dfrac{n(n-1)}{2}$ 개이다. 그러므로 직사각형의 개수는 $\dfrac{n(n-1)}{2}$ 개이다.

(2) n개의 점 A_1, A_2, $\cdots$, A_n으로 만들어지는 선분의 개수가 $\dfrac{n(n-1)}{2}$ 개이다. 그러므로 삼각형의 개수는 $\dfrac{n(n-1)}{2}$ 개이다.

(3) n개의 점 A_1, A_2, $\cdots$, A_n에서 2개의 점을 선택하면 하나의 직선이 생긴다. 그러므로 구하는 직선의 개수는 $\dfrac{n(n-1)}{2}$ 개이다.

(4) n개의 팀이 $n-1$개의 팀과 한 번씩 경기를 하므로 총 $\dfrac{n(n-1)}{2}$ 번의 시합이 진행된다.

02. 답 $(2n+1)$개

[풀이] i번째 정삼각형을 만들었을 때 총 S_i개의 성냥개비를 사용했다고 하자. (단, $i=1$, 2, $\cdots$, n)
그러면, $S_i = S_{i-1} + 2$이고 $S_1 = 3$이다.

$S_2 = S_1 + 2$,
$S_3 = S_2 + 2$,
$\cdots$
$S_n = S_{n-1} + 2$

를 변변 더한 후 정리하면, $S_n = S_1 + 2(n-1)$이다.
따라서 $S_n = 2n+1$이다.

[별해]

$S_1 = 2 + 1$, $S_2 = (2+1) + 2 = 2 \cdot 2 + 1$,
$S_3 = (2 \cdot 2 + 1) + 2 = 2 \cdot 3 + 1$, $\cdots$

으로부터 $S_n = 2n+1$을 추측해낼 수 있다.

03. 답 풀이참조

[풀이] (1) ⑥번째의 그림에서 보이지 않는 정육면체는 총 $5^3 = 125$개이다.

(2) n번째 그림 중 보이는 정육면체는 $n^3 - (n-1)^3$개이고, 보이지 않는 정육면체는 $(n-1)^3$개이다.

(3) 색칠이 되지 않은 작은 정육면체는 $(n-2)^3$개이다. 한 면만 칠해져 있는 $6(n-2)^2$개이고 두 면만 색칠해져 있는 $12(n-2)$개이다.

[주의] 12개의 변의 가운데) 세 면이 칠해져 있는 것은 8개가 있다.(8개의 꼭짓점 자리)

04. 답 (1) 22 (2) $1 + \dfrac{n(n+1)}{2}$

[풀이] 일반적인 경우를 생각하자.
평면 위에서 i개의 직선이 평면을 y_i개 부분으로 나눈다고 하면, $y_i = y_{i-1} + i (i = 2$, 3, $\cdots$, $n)$, $y_1 = 2$이다.

$y_2 = y_1 + 2$,
$y_3 = y_2 + 3$,
$\cdots$,
$y_n = y_{n-1} + n$

을 변변 더한 후 정리하면

$$y_n = y_1 + \dfrac{n(n+1)}{2} - 1 = \dfrac{n(n+1)}{2} + 1$$

이다.

(1) $y_6 = 22$

(2) $y_n = \dfrac{n(n+1)}{2} + 1$

실력 향상시키기

05. 답 풀이참조

[풀이] 삼각형 CDA에 생기는 작은 직각삼각형의 개수는 n^2이고, 마찬가지로 삼각형 ABC에 생기는 작은 직각삼각형의 개수는 n^2이다.
따라서 $2n^2$개의 가장 작은 직각삼각형이다.
또, 이 작은 직각삼각형을 형성하는 변의 개수는
$3 \times 2n^2 - n^2 - 2n(n-1) = 3n^2 + 2n$개이다.

06. 📋 (1) 47

(2) n번째의 삼각수는 $\dfrac{n(n+1)}{2}$이다.

[풀이] 삼각수의 수열을 a_1, a_2, $\cdots$, a_n, a_{n+1}, $\cdots$이라 하면, $a_i - a_{i-1} = i$ $(i = 2, 3, \cdots, n)$, $a_1 = 1$이다.

(1) $a_{24} - a_{22} = (a_{24} - a_{23}) + (a_{23} - a_{22})$
$$= 24 + 23 = 47$$

(2) $a_2 - a_1 = 2$,

$a_3 - a_2 = 3$,

$\cdots$,

$a_n - a_{n-1} = n$

를 변변 더한 후 정리하면

$a_n - a_1 = \dfrac{n(n+1)}{2} - 1$이다.

즉, $a_n = \dfrac{n(n+1)}{2}$이다.

07. 📋 $(8n-6)$개

[풀이] n번째를 넣은 후 나무토막의 총 개수는 $2n\{2(n-1)+1\}$개이다.

$n-1$번째 넣은 후 나무토막의 총 개수는 $2(n-1)\{2(n-2)+1\}$개이다.

그러므로 n번째 필요한 나무토막의 개수는

$a_n - a_{n-1}$
$= 4n(n-1) + 2n - 4(n-1)(n-2) - 2(n-1)$
$= 8n - 6$

개이다.

08. 📋 $6 + 2(n-1)$

[풀이] 정육각형 내부에 한 점이 추가할 때마다 2개의 삼각형이 더 생기므로, 구하는 경우의 수를 a_n이라 하면,

$a_n = a_{n-1} + 2$, $a_1 = 6$이다.

따라서 $a_n = 6 + 2(n-1)$이다.

응용하기

09. 📋 풀이참조

[풀이] ① 3개의 점만 있을 때 1개의 삼각형을 만들 수 있고 4개의 점이 있을 때 4개의 삼각형을 만들 수 있고 5개의 점이 있을 때 10개의 삼각형을 만들 수 있다.

② 귀납 : 점의 개수가 n일 때, 만들 수 있는 삼각형의 개수를 S_n이라 하면,

$$S_3 = 1 = \frac{3 \times 2 \times 1}{6},$$

$$S_4 = 4 = \frac{4 \times 3 \times 2}{6},$$

$$S_5 = 10 = \frac{5 \times 4 \times 3}{6},$$

$$\cdots,$$

$$S_n = \frac{n(n-1)(n-2)}{6}$$

③ 삼각형은 3개의 점으로 만들 수 있다. n개의 점이 있을 때, 세 점을 선택하는 방법은 첫 번째 점 A를 선택하는 것이 n가지, 두 번째 점 B를 선택하는 것이 $n-1$가지, 세 번째 점 C를 선택하는 것이 $n-2$가지이고 따라서 총 $n(n-1)(n-2)$가지 방법이 있다.

그런데, 'A, B, C'를 선택하는 것과 'A, C, B', 'B, A, C', 'B, C, A' 'C, A, B', 'C, B, A'를 선택하는 것은 같은 삼각형을 만들기 때문에 6가지 방법을 나누어주면 가지 수는 $\dfrac{n(n-1)(n-2)}{6}$이 됨을 알 수 있다.

④ $S_n \dfrac{n(n-1)(n-2)}{6}$

10. 📋 1026025

[풀이] n번째 조작을 한 후 선분 AB에서 표시된 숫자의 합을 a_n이라 하면, 그러면 $a_{n+1} = 2a_n - 1001$ $(n \geq 1)$, $a_1 = 2002$이다.

차례로 값을 대입하면 $a_{11} = 1026025$이다.

(점화식을 이용하여 $a_n = 1001 \cdot 2^{n-1} + 1001$을 구한 후, $n = 11$을 대입한 a_{11}의 값을 구하여도 된다.)

연습문제 실력다지기

01. 답 (1) $9(n-1)+n=10(n-1)+1$

    (2) $2n+1$

    (3) (a) $\dfrac{8}{65}$ (b) $\dfrac{n}{n^2+1}$

    (4) $(n+2)^2-n^2=4(n+1)$

    (5) 2^{n-1}

[풀이] (1) 주어진 등식을 관찰하면,

$9\times(n-1)+n=10\times(n-1)+1$의 규칙을 가진다.

(2) $-n$에서 n까지의 정수의 개수는 $2n+1$개이다.

(3) 주어진 표를 바탕으로 입력한 값이 n이면, 출력한 값

이 $\dfrac{n}{n^2+1}$임을 알 수 있다.

(a) $\dfrac{8}{65}$ (b) $\dfrac{n}{n^2+1}$

(4) 주어진 등식을 관찰하면, $(n+2)^2-n^2=4n$이다.

(5) 주어진 등식의 각 행의 각 수의 합을 구하면,

$1=2^0,\ 2=2^1,\ 4=2^2,\ \cdots$임을 알 수 있다.

따라서 n번째 행의 각 수의 합을 구하면 2^{n-1}이다.

02. 답 $2n$개 꼭짓점, $3n$개 변

[풀이] n각 기둥은 $(n+2)$개의 면과 $(2n)$개의 꼭짓점과

$(3n)$개의 변의 있다.

03. 답 $2^4-1,\ 2^n-1$

[풀이] 4번 대칭되게 접는다면 2^4-1개의 접힌 자국이 남

고, n번 대칭되게 접는다면 2^n-1개의 접힌 자국이 남

는다.

04. 답 풀이참조

[풀이] n번째 층에 $4(2n+1)$개가 있고,

n층까지 총 $4\{(n+1)^2-1\}$개가 있다.

05. 답 (1) 1, 3, 5

    (2) 최대한 $2n-1$이 있다.

    (3) $n=2003$일 때 최대한 4005개가 있다.

[풀이] (1) $n=1$이면 1개, $n=2$이면 3개, $n=3$이면

5개이다.

(2) 최대 $2n-1$개의 선분이 있다.

(3) $n=2003$일 때, 4005개의 선분이 있다.

실력 향상시키기

06. 답 (1) 정확하지 않다.

    (2) $\dfrac{n+1}{n}\times(n+1)=\dfrac{n+1}{n}+(n+1)$

[풀이] (1) 정확하지 않다.

(반례) $3\times3=9,\ 3+3=6$

(2) 주어진 등식을 관찰하면

$\dfrac{n+1}{n}\times(n+1)=\dfrac{n+1}{n}+(n+1)$이 성립한다.

07. 답 풀이참조

[풀이] (1) $n(n+1)(n+2)(n+3)+1$

$=(n^2+3n)(n^2+3n+2)+1$

$=(n^2+3n)^2+2(n^2+3n)+1$

$=(n^2+3n+1)^2$

(2) 4006001^2

08. 답 (1) 80   (2) 풀이참조

[풀이] (1) 그림 (7)은 그림 (6)보다 80개의 가지가 더 많

다.

(2) 일반적인 가지의 개수의 계산식 :

$$S_n=S_{n-1}+\left\{(S_{n-1}-S_{n-2})-2^{n-4}\right\}\times\dfrac{5}{2},$$

(단 $n\geq4$)이다. S_i는 그림 (i)의 나뭇가지 개수를 표시

한다.

09. 🔖 풀이참조

[풀이] (1) 다섯 번째 진행한 후 4^{5-1}개의 작은 구멍이 생긴다. n번째 진행한 후 4^{n-1}개의 구멍이 생긴다.

(2) $\triangle 1$의 넓이는 $4 = 2^2$이고, $\triangle 2$의 넓이는 $9 = 3^2$이고, $\triangle 3$의 넓이는 $16 = 4^2$, $\cdots$이므로 $\triangle n$의 넓이는 $(n+1)^2$임을 알 수 있다. 그러므로

① 9 ② $(n+1)^2$

이다.

응용하기

10. 🔖 (1) 20개, $2+3n(n-1)$ (2) 2

[풀이] (1) 1개의 삼각형은 평면을 최대 2개로 나눈다.

2개의 삼각형은 평면을 최대 $2+6$개로 나눈다.(정삼각형 두 개를 서로 위아래를 반대로 겹쳐놓은 별모양을 생각하면 된다.) 따라서 3개의 삼각형은 $2+6(1+2)$가 됨을 알 수 있고, n개의 삼각형은 평면을 최대

$2+6\times\{1+2+\cdots+(n-1)\}=2+3n(n-1)$개로 나누는 것을 알 수 있다.

(2) 원래의 목동이 x마리의 양을 몰았다면

$$\dfrac{x+2\times(2^n-1)}{2^n}=2 \text{ 이다.}$$

(거꾸로 생각해도 쉽게 풀 수 있다. 마지막에 목동이 가진 양은 2마리이므로 문지기가 1마리를 주기 전에는 1마리였고, 따라서 그 문을 통과하기 전 목동의 양의 수는 2마리가 된다. 같은 방법으로 추측하면 목동이 처음 가진 양의 수는 2마리임을 알 수 있다.)

11. 🔖 (1) 520 (2) $5n+20$

[풀이] 1번째 순서를 진행한 후 숫자의 합을 계산해 보면 $6+(-1)=5$만큼 증가했다는 것을 알 수 있다.

2번째 순서를 진행한 후 숫자의 합을 계산해 보면 1번째 순서보다 $3+3+(-10)+9=5$만큼 증가했다는 것을 알 수 있다.

(1) 100번째 진행한 후 합은

$(3+9+8)+100(8-3)=520$이다.

(2) n번째 진행한 후의 합은

$(3+9+8)+n(8-3)=5n+20$이다.

Chapter 3 함수

13강 일차함수와 그 응용 (Ⅰ)

연습문제 실력다지기

01. 🔖 (1) ③ (2) ④ (3) ③

[풀이] (1) $s = 400-100t$ $(0 \le t \le 4)$이므로 답은 ③이다.

(2) 거북이의 그래프를 s_1, 토끼의 그래프를 s_2라 하면, 보기의 그래프 중 정답은 ④이다.

(3) 주어진 조건에 맞는 그래프는 ③이다.

02. 🔖 ③

[풀이] $y = kx - k$에서 y가 x가 감소함에 따라 감소한다는 것은 y는 x가 증가함에 따라 증가하므로 $k > 0$이고, $(1, 0)$을 반드시 지난다. 그러므로 제 1, 3, 4사분면을 지난다. 답은 ③이다.

03. 🔖 (1) 시간 당 $5\,\text{m}^3$

(2) $y = 2.5x + 5 \; (8 \le x \le 12)$,

(3) $y = -2.5x + 70 \; (14 \le x \le 18)$,

[풀이] (1) 새벽 4시부터 8시까지는 물만 들어오므로, 이때의 함수의 그래프의 기울기가 시간당 들어오는 물의 양이다. 따라서 $\dfrac{25-5}{8-4} = 5\,\text{m}^3$이다.

(2) $(8, 25)$, $(12, 35)$을 지나는 함수의 그래프를 $y = ax + b$라 하고, 이를 대입하여 풀면,

$a = 2.5$, $b = 5$이다.

따라서 $y = 2.5x + 5 \; (8 \le x \le 12)$이다.

(3) 8시부터 12시까지 나가는 시간당 나가는 물의 양은 $5 - 2.5 = 2.5\,\text{m}^3$ 이다.

그러므로 14시 이후의 함수의 그래프의 기울기는 -2.5이고, $(14, 35)$를 지나는 함수의 그래프를 구하면 $y = -2.5x + 70 \; (14 \le x \le 18)$이다.

04. 🔖 (1) 풀이참조 (2) 풀이참조

[풀이] (1) 갑 학원의 총 수업료는

$$y_1 = \frac{3}{4}ax + \frac{1}{4}a \;(x > 0) \text{이고,}$$

을 학원의 총 수업료는 $y_2 = \dfrac{4}{5}ax \;(x > 0)$ 이다.

(2) 5명을 등록했을 때, 갑, 을 두 학원 중 아무 학원이나 고르면 된다. 5명 보다 덜 파견했을 때, 을 학원을 선택해야 한다. 5명보다 더 많이 등록했을 때, 갑 학원을 선택해야 한다.

05. 답 (1) $-1 < m < \dfrac{3}{2}$ (2) 2

[풀이] (1) $x - y = 2$, $mx + y = 3$을 연립하여 풀면,

$x = \dfrac{5}{m+1}$, $y = \dfrac{5}{m+1} - 2 = \dfrac{-2m+3}{m+1}$

이다. $x > 0$, $y > 0$이므로 $m > -1$, $-2m+3 > 0$

이다. 그러므로 $-1 < m < \dfrac{3}{2}$이다 .

(2) 점 $P(-1, 3)$을 지나는 직선의 방정식을

$y = k(x+1) + 3$이라 하면, x절편은 $-\dfrac{k+3}{3}$, y절편

은 $k+3$이다. 그러므로

$\dfrac{1}{2} \times \left| -\dfrac{k+3}{k} \right| \times |k+3| = 5$

이다. 즉, $(k+3)^2 = 10|k|$이다.

(i) $k > 0$이면, $k^2 - 4k + 9 = 0$이다. 이 이차방정식의 판별식 $16 - 36 < 0$이므로 해가 없다.

(ii) $k < 0$이면, $k^2 + 16k + 9 = 0$이다. 이 이차방정식을 풀면 $k = -8 \pm \sqrt{55}$이다.

따라서 구하는 직선의 방정식은 모두 2개이다.

실력 향상시키기

06. 답 (1) $y = x + 3$ 또는 $y = -x + 11$ (2) ②

[풀이] (1) 구하는 일차함수의 그래프를 $y = ax + b$라 두자.

(i) $a > 0$일 때, 이 함수는 $(2, 5)$, $(6, 9)$을 지나므로 이를 대입하여 풀면, $y = x + 3$이다.

(ii) $a < 0$일 때, 이 함수는 $(2, 9)$, $(6, 5)$를 지나므로 이를 대입하여 풀면, $y = -x + 11$이다.

(2) 처음의 일정시간 동안 같은 속력으로 이동하였으므로 그림(1) 또는 그림(2)가 되어야 한다. 그러므로 답은 ②이다.

07. 답 (1) ③ (2) ④

[풀이] (1) 출발시간이 다르기 때문에 갑, 을은 동시에 뛰기 시작했다는 사실은 거짓이다. 따라서 답은 ③이다.

(2) l_1의 그래프의 함숫값이 l_2의 그래프의 함숫값 보다 커야 이윤을 얻는다. 그러므로 답은 ④이다.

08. 답 5개

[풀이] 함수의 그래프는 $y = \dfrac{5}{4}x + \dfrac{95}{4}$와 평행하므로

기울기는 $\dfrac{5}{4}$이고, 점 $(-1, -25)$을 지나므로

$y = \dfrac{5}{4}x - \dfrac{95}{4}$이다. x절편은 19, y절편은 $-\dfrac{95}{4}$이다.

따라서 선분 AB 위의 정수점은 $(19, 0)$, $(15, -5)$, $(11, -10)$, $(7, -15)$, $(3, -20)$이다.

즉, 모두 5개이다.

09. 답 (1) 풀이참조 (2) 풀이참조 (3) 풀이참조

[풀이] (1) A형 화물칸을 x칸이라 가정하면, 총 운송비는

$y = -2x + 320$(만원)이다.

(2) 세 가지 방법이 있다.

① A형 차의 화물칸 24칸과 B형 차의 화물칸 16칸

② A형 차의 화물칸 25칸과 B형 차의 화물칸 15칸

③ A형 차의 화물칸 26칸과 B형 차의 화물칸 14칸

(3) $x = 26$(즉, ③번째 방법)일 때,

운송비가 $y = -2 \times 26 + 320 = 268$(만원)으로 가장 절약된다.

응용하기

10. 답 $\dfrac{1}{2} \times \dfrac{2000}{2001}$

[풀이] $nx + (n+1)y = 1$ 에서 x절편은 $\dfrac{1}{n}$, y절편은

$\dfrac{1}{n+1}$ 이므로

$S_n = \dfrac{1}{2} \times \dfrac{1}{n} \times \dfrac{1}{n+1} = \dfrac{1}{2}\left(\dfrac{1}{n} - \dfrac{1}{n+1}\right)$

$(n = 1, 2, \cdots, 2000)$이다.

따라서 $S_1 + S_2 + \cdots + S_{2000}$

$= \dfrac{1}{2}\left(\dfrac{1}{1} - \dfrac{1}{2}\right) + \dfrac{1}{2}\left(\dfrac{1}{2} - \dfrac{1}{3}\right) + \cdots$

$\qquad\qquad + \dfrac{1}{2}\left(\dfrac{1}{2000} - \dfrac{1}{2001}\right)$

$= \dfrac{1}{2} \times \dfrac{2000}{2001} = \dfrac{1000}{2001}$

11. 답 풀이참조

(1) 총 운송비는 $\overline{W} = -2000x_1 + 42996000$이다.

여기에서 x_1은 A 지점에서 C 지점까지 옮긴 양이다.

$(0 \le x_1 \le 781)$

A 에서 C, D 까지 옮긴 흙은 각각 $781m^3$와 $0m^3$이고,

B 에서 C, D 까지 옮긴 흙은 각각

$(1525 - 781 =)244m^3$와 $1340m^3$일 때,

41434000원으로 총 운송비가 가장 적다.

(2) (a) $y = 200x + 74000 \ (10 \le x \le 30)$

(b) x는 28, 29, 30 서로 다른 세 값을 취할 수 있다. 따라서 세 가지 방법이 있다.

(c) 을 형 농기구 30대를 전부 A 구역에 보내고, 갑 형 농기구 20대를 전부 B 구역에 보내면 회사가 받을 임대료는 8000달러로 가장 높아진다.

14장 일차함수와 그 응용 (Ⅱ)

연습문제 실력다지기

01. 답 $\dfrac{11}{12}$

[풀이] $x + f\left(\dfrac{x}{3}\right) = \dfrac{1}{2}f(x)$ 에 $x = 0$을 대입하면

$f(0) = 0$이다.

$f(x) + f(1-x) = 7$ 에 $x = 0$을 대입하면

$f(1) = 7$이다.

$x + f\left(\dfrac{x}{3}\right) = \dfrac{1}{2}f(x)$ 에 $x = 1$을 대입하면

$f\left(\dfrac{1}{3}\right) = \dfrac{5}{2}$이다.

$x + f\left(\dfrac{x}{3}\right) = \dfrac{1}{2}f(x)$ 에 $x = \dfrac{1}{3}$을 대입하면

$f\left(\dfrac{1}{9}\right) = \dfrac{11}{12}$이다.

02. 답 20

[풀이] x 대신 $x+1$을 대입하면

$f(x+2) = 3f(x+1) + 2(x+1) \ \cdots$ ①

이다. x 대신 $x+2$를 대입하면

$f(x+3) = 3f(x+2) + 2(x+2) \ \cdots$ ②

이다. 두 식으로부터

$f(x+3) = 9f(x+1) + 8x + 10$ 이다.

$f(x+3) = 27f(x) + 26x + 10$ 이다.

$f(2015) = 27f(2012) + 26 \times 2015 + 10$ 인데,

$27f(2012)$는 27의 배수이므로 $26 \times 2015 + 10$을 27로 나눈 나머지를 구하면 된다.

따라서 구하는 답은 20이다.

03. 답 -2

[풀이] $f(xy) = f(x) + f(y)$ 에 $x = 1, y = 1$ 을 대입하면 $f(1) = f(1) + f(1)$ 이다. 즉, $f(1) = 1$ 이다.

다시 $f(xy) = f(x) + f(y)$ 에 $x = 8, y = \dfrac{1}{8}$ 을 대입하면

$f(1) = f(8) + f\left(\dfrac{1}{8}\right),$

$$0 = 6 + f\left(\frac{1}{8}\right) \qquad \therefore \ f\left(\frac{1}{8}\right) = -6$$

이때, $f(8) = f(2 \cdot 4) = f(2) + f(4)$
$$= f(2) + f(2 \cdot 2)$$
$$= f(2) + f(2) + f(2) = 3f(2)$$

이므로 $3f(2) = 6$ 에서 $f(2) = 2$

$\therefore \ f(4) = f(2) + f(2) = 2 + 2 = 4$

$\therefore \ f\left(\frac{1}{8}\right) + f(1) + f(4) = -6 + 0 + 4 = -2$

04. 답 2

[풀이] $-1 < x < 1$일 때, $f(x)$ 가 항상 양이 되려면 $f(-1) \geq 0$ 이고 $f(1) \geq 0$ 이면 된다.

$f(-1) = -2 + n + 3n - 4 = 4n - 6 \geq 0$

따라서 $n \geq \dfrac{3}{2}$ $\cdots$ ①

$f(1) = 2 - n + 3n - 4 = 2n - 2 \geq 0$

따라서 $n \geq 1$ $\cdots$ ②

①, ②로부터 $n \geq \dfrac{3}{2}$ 이므로 구하는 최솟값은 2이다.

실력 향상시키기

05. 답 2020

[풀이] 함수 f 에 홀수 $2k-1(k=1,\ 2,\ 3,\ \cdots)$와 짝수 $2k(k=1,\ 2,\ 3,\ \cdots)$을 대입하여 함숫값을 구하면 다음과 같다.

$f(2k-1) = -(2k-1) - (2k-2) = -4k + 3$,

$f(2k) = 2k - (-1)(2k-1) = 4k - 1$

그러므로 $f(2k-1) + f(2k) = 2$ 이다.

따라서 구하는 값은 다음과 같다.

$f(1) + f(2) + f(3) + \cdots + f(2020)$
$= \{f(1) + f(2)\} + \{f(3) + f(4)\}$
$\qquad + \cdots + \{f(2019) + f(2020)\}$
$= 2 \times 1010 = 2020$

06. 답 $(44, 10)$

[풀이] x축 위의 점 $(2n+1, 0)$까지 찍힌 점들의 개수는 $(2n+1)^2$이다. 그런데 $43^2 = 1849$, $45^2 = 2025$이므로 점 $(44, 0)$은 2024번째 점이 된다.

따라서 2014번째로 찍히는 점의 x좌표는 44이고 y좌표는 $2024 - 2014 = 10$에서 22가 되어서, 좌표는 $(44, 10)$이 된다.

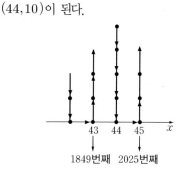

07. 답 $\dfrac{217}{25}$

[풀이] $f(1+x) + xf(1-x) = x^2 + x$ $\cdots\cdots$ ①

의 양변에 x 대신 $-x$를 대입하면

$f(1-x) - xf(1+x) = x^2 - x$ $\cdots\cdots$ ②

가 된다. ① $-$ ②$\times x$를 하면,

$(1 + x^2)f(1+x) = x + 2x^2 - x^3$

이다. 양변에 $x = -7$을 대입하여 정리하면

$f(-6) = \dfrac{217}{25}$ 가 된다.

08. 답 $\dfrac{13}{73}$

[풀이] $x = 3$을 $(x^2 - x + 1)f(x^2) = f(x)$ 에 대입하면 $f(9) = \dfrac{1}{7}f(3) = \dfrac{1}{7}$ 이다.

$x = 9$를 $(x^2 - x + 1)f(x^2) = f(x)$ 에 대입하면

$f(81) = \dfrac{1}{73}f(9) = \dfrac{1}{511}$ 이다.

$x = -9$를 $(x^2 - x + 1)f(x^2) = f(x)$ 에 대입하면

$f(-9) = 91f(81) = \dfrac{13}{73}$ 이다.

09. 답 13

[풀이] (i) $\left[\dfrac{x}{2}\right] = 0$ 이고 $\left[\dfrac{y}{3}\right] = 2$일 때,

$0 < \dfrac{x}{2} < 1$, $2 \le \dfrac{y}{3} < 3$ 이므로

$0 < x < 2$, $6 \le y < 9$이다.

따라서 만족하는 순서쌍은 $(1, 6)$, $(1, 7)$, $(1, 8)$이므로 3개다.

(ii) $\left[\dfrac{x}{2}\right] = 1$ 이고 $\left[\dfrac{y}{3}\right] = 1$ 일 때,

$1 \le \dfrac{x}{2} < 2$, $1 \le \dfrac{y}{3} < 2$ 이므로

$2 \le x < 4$, $3 \le y < 6$ 이다.

따라서 만족하는 순서쌍은 $(2, 3), (2, 4), (2, 5), (3, 3),$ $(3, 4), (3, 5)$이므로 6개다.

(iii) $\left[\dfrac{x}{2}\right] = 2$ 이고 $\left[\dfrac{y}{3}\right] = 0$ 일 때,

$2 \le \dfrac{x}{2} < 3$, $0 < \dfrac{y}{3} < 1$이므로

$4 \le x < 6$, $0 < y < 3$이다.

따라서 만족하는 순서쌍은 $(4, 1), (4, 2), (5, 1), (5, 2)$이므로 4개다.

그러므로 (i), (ii), (iii)에서 구하는 순서쌍 (x, y)의 개수는 $3 + 6 + 4 = 13$이다.

10. 답 0

[풀이] (i) $f(1)$, $f(2)$, $f(3)$, $\cdots$ 을 차례로 구해서 나열하면 3, 9, 7, 1, 3, 9, 7, 1, $\cdots$

(ii) $g(1)$, $g(2)$, $g(3)$, $\cdots$ 을 차례로 구해서 나열하면 7, 9, 3, 1, 7, 9, 3, 1, $\cdots$

(i), (ii)에서 a_1, a_2, a_3, $\cdots$ 을 차례로 나열하면 $3 - 7$, $9 - 9$, $7 - 3$, $1 - 1$, $3 - 7$, $9 - 9$, $7 - 3$, $1 - 1$, $\cdots$ 으로

-4, 0, 4, 0, -4, 0, 4, 0, $\cdots$ 이므로

수열 $\{a_n\}$은 -4, 0, 4, 0 이 반복하여 나타나며 이때, $(-4) + 0 + 4 + 0 = 0$이다.

$2015 = 4 \times 503 + 3$이므로

$a_1 + a_2 + \cdots + a_{2015}$
$= a_1 + a_2 + a_3 = (-4) + 0 + 4 = 0$이다.

11. 답 풀이참조

[풀이]
$f(x) = ax + b$, $g(x) = px + q$ $(a \ne 0$, $p \ne 0)$
로 놓으면
$f(x) = g(f(-x))$ 에서
$ax + b = p(-ax + b) + q = -apx + bp + q$
$\therefore a = -ap$, $b = bp + q$
$a \ne 0$ 이므로 $p = -1$ 이다.
$b = -p + q$ 에서 $q = 2b$ 이다.
$\therefore g(x) = -x + 2b$
즉, $f(x) + g(x) = (a - 1)x + 3b$ 이므로
$g(x) = g(f(x) + g(x))$ 에서
$-x + 2b = -\{(a - 1)x + 3b\} + 2b$
$\qquad\qquad = -(a - 1)x - b$
$\therefore a - 1 = 1$, $-b = 2b$
$\therefore a = 2$, $b = 0$
따라서 $f(x) = 2x$, $g(x) = -x$ 이므로
$f(2) + g(3) = 4 - 3 = 1$

12. 답 499

[풀이] k 가 홀수이므로 $f(k) = k + 1$ 이고, $k + 1$ 이 짝수이므로 $f(f(k)) = f(k + 1) = \dfrac{k + 1}{2}$ 이다.

만약 $\dfrac{k + 1}{2}$ 이 홀수이면,

$f(f(f(k))) = f\left(\dfrac{k + 1}{2}\right) = \dfrac{k + 1}{2} + 1 = 125$ 이므로

$k = 247$이다. 그런데
$f(f(f(247))) = f(f(248)) = f(124) = 62$
이므로 이는 모순이다.

그러므로 $\dfrac{k + 1}{2}$ 은 짝수이고, 다음이 성립해야 한다.

$f(f(f(k))) = f\left(\dfrac{k + 1}{2}\right) = \dfrac{k + 1}{4} = 125$

즉, $k = 499$이어야 한다. 실제로
$f(f(f(499))) = f(f(500)) = f(250) = 125$
이다. 따라서 구하는 값은 499이다.

15^강 정비례 함수, 반비례 함수 응용

연습문제 실력다지기

01. 冒 (1) ②   (2) $x \geq -2$, 단 $x \neq 2$, $x \neq -1$

[풀이] (1) $\sqrt[3]{x-1}$ 의 정의역은 실수 전체(홀수제곱근은 제곱근 안이 음수일 때도 정의된다.)이고,

$\dfrac{1}{2x-4}$의 정의역은 $x \neq 2$인 실수 전체이므로

x의 범위는 $x \neq 2$이다. 따라서 답은 ②이다.

(2) $\sqrt{x+2}$ 의 정의역은 $x \geq -2$인 실수 전체이고,

$x^2 - x - 2$의 정의역은 $x \neq 2$, $x \neq -1$인 실수 전체

$(x^2 - x - 2 = (x-2)(x+1) \neq 0)$이므로

x의 범위는 $x \geq -2$, 단, $x \neq 2$, $x \neq -1$이다.

02. 冒 $P(1, -3)$

[풀이] $-\dfrac{3}{x} = -x - 2$에서 양변에 x를 곱한 후 정리하면,

$x^2 + 2x - 3 = 0$이다. 이를 풀면, $x = -3$, 1이다. 그런데, $x > 0$이므로 $x = 3$이다.

$y = -\dfrac{3}{x}$에 $x = 3$을 대입하면 $y = -1$이다.

따라서 구하는 점 $P(1, -3)$이다.

03. 冒 (1) $A(3, 2)$ (2) $y = 2x - 4$ (3) 8

[풀이] k가 (1) $y = \dfrac{6}{x}$가 $A(a, 2)$를 지나므로 $2 = \dfrac{6}{a}$에서 $a = 3$이다. 즉, $A(3, 2)$이다.

(2) 점 $A(3, 2)$를 $y = mx - 4$에 대입하면

$2 = 3m - 4$이다. 이를 풀면, $m = 2$이다.

따라서 $y = 2x - 4$이다.

(3) $\dfrac{6}{x} = 2x - 4$에서 양변에 x를 곱한 후 정리하면,

$2x^2 - 4x - 6 = 0$이다. 이를 풀면, $x = -1$, 3이다. 따라서 점 B의 x좌표는 -1이고, 이때, y좌표는 -6이다.

즉, 점 $B(-1, -6)$이다.

점 $C(-1, 2)$라 하면,

$S_{\triangle AOB} = S_{\triangle ABC} - S_{\triangle OAC} - S_{\triangle OBC}$

$= \dfrac{1}{2} \times 4 \times 8 - \dfrac{1}{2} \times 4 \times 2 - \dfrac{1}{2} \times 8 \times 1 = 8$이다.

04. 冒 2

[풀이] $OA = OB$이므로 $-kx = -\dfrac{4}{x}$이고, 이를 정리하여 풀면 $x = \pm\dfrac{2}{\sqrt{k}}$이다.

그러므로 $A\left(-\dfrac{2}{\sqrt{k}}, 2\sqrt{k}\right)$, $C(0, \sqrt{k})$이다.

즉, $S_{\triangle ABC} = \dfrac{1}{2} \times 2\sqrt{k} \times \dfrac{2}{\sqrt{k}} \times 2 = 4$이다.

따라서 $S_{\triangle BOC} = \dfrac{1}{2} \times S_{\triangle ABC} = 2$이다.

05. 冒 ③

[풀이] $k > 0$이면, $y = \dfrac{k}{x}$는 제 1, 3사분면을 지나고,

$y = kx - k$는 제 1, 3, 4분면을 지난다. 이와 같은 그래프는 보기 중에 없다.

$k < 0$이면, $y = \dfrac{k}{x}$는 제 2, 4사분면을 지나고,

$y = kx - k$는 제 1, 2, 4분면을 지난다. 이와 같은 그래프는 보기 중에서 ③이다.

따라서 답은 ③이다.

실력 향상시키기

06. 冒 $y = \dfrac{1}{2}x + 4$

[풀이] 직각삼각형 BCA와 직각삼각형 BOC와 직각삼각형 COA가 닮음이므로 닮음의 성질로부터

$CA^2 = OA \times BA$이다. 즉, $20 = 2 \times BA$이다.

그러므로 $BA = 10$이다. 즉, $B(-8, 0)$이다.

또, $CO^2 = BO \times OA = 16$이므로 $C(0, 4)$이다.

따라서 구하는 직선의 방정식은 $y = \dfrac{1}{2}x + 4$이다.

07. 冒 (1) $m = -3$, $k = 9$ (2) $k < 9$, $k \neq 0$

      (3) 제 2사분면, 제 4사분면, 둔각

[풀이] (1) $y = -x - 6$이 $(-3, m)$을 지나므로,

$m = 3 - 6 = -3$이다.

또 $y = \dfrac{k}{x}$가 점 $(-3, -3)$을 지나므로 $k = 9$이다.

(2) $\dfrac{k}{x} = -x - 6$에서 양변에 x를 곱한 후 정리하면,

$x^2 + 6x + k = 0$이다. 이 이차방정식이 서로 다른 두 실근을 가져야 하므로 판별식 $\triangle = 36 - 4k > 0$이다. 즉, $k < 9$이다. 단, $k \neq 0$이다.

(3) $k = -2$를 (2)에서 구한 이차방정식에 대입하면, $x^2 + 6x - 2 = 0$이다. 근의 공식으로 두 근을 구하면, $x = -3 + \sqrt{11}, \ -3 - \sqrt{11}$이다.

이때, $y = -3 - \sqrt{11}, \ -3 + \sqrt{11}$이다.

$A(-3 - \sqrt{11}, \ -3 + \sqrt{11})$,
$B(-3 + \sqrt{11}, \ -3 - \sqrt{11})$이다.

그러므로 A, B는 각각 제 2사분면과 제4사분면 위에 있다. 또, $\overline{AB}^2 = 88$, $\overline{OA}^2 + \overline{OB}^2 = 80$이므로 $\angle AOB$는 둔각이다.

08. 답 ③

[풀이] 연립방정식을 풀면 $x = -1 - \dfrac{4}{k-1}$이다.

x는 정수이므로 $k - 1$는 4의 약수이다.
그러므로 $k - 1 = 1, \ -1, \ 2, \ -2, \ 4, \ -4$이다.
따라서 구하는 k의 개수는 6개이다.
즉, 구하는 답은 ③이다.

09. 답 $-\dfrac{8}{3}$ 또는 $\dfrac{3}{2}$

[풀이] 직각삼각형 PBC와 직각삼각형 APO가 닮음이므로 $\overline{OP} = y$라 하면 $\dfrac{2}{y} = \dfrac{7-y}{3}$이다.

이를 풀면, $y = 1, \ 6$이다.
그러므로 점 P는 $(0, 1)$ 또는 $(0, 6)$이다.

(i) 점 $P(0, 1)$일 때, $k_1 = 3$, $k_2 = -\dfrac{1}{3}$이다.

그러므로 $k_1 k_2 (k_1 + k_2) = -\dfrac{8}{3}$이다.

(ii) 점 $P(0, 6)$일 때, $k_1 = \dfrac{1}{2}$, $k_2 = -2$이다.

그러므로 $k_1 k_2 (k_1 + k_2) = \dfrac{3}{2}$이다.

따라서 구하는 값은 $-\dfrac{8}{3}$ 또는 $\dfrac{3}{2}$이다.

응용하기

10. 답 풀이참조

[풀이]

(i) $a \geq 1$일 때, $S = 0$이다.

(ii) $0 \leq a < 1$일 때, $S = (1-a)^2$이다.

(iii) $-1 \leq a < 0$일 때, $S = 2 - (1+a)^2$이다.

(iv) $a < -1$일 때, $S = 2$이다.

11. 답 풀이참조

[풀이] 을이 A에 x, B에 y, C에 $100 - (x+y)$만큼 공급한다고 하면, 갑은 A에 $45 - x$, B에 $75 - y$, C에 $40 - \{100 - (x+y)\} = x + y - 60$
$= 60 - \{(45 - x) + (75 - y)\}$만큼 공급한다.

따라서
$4x + 8y + 15\{100 - (x+y)\} + 10(45 - x)$
$\qquad + 5(75 - y) + 6(x + y - 60)$
$= 1965 - 3[2(x+y) + 3x] \ (0 \leq x \leq 45)$,

이다. $x = 45$, $y = 55$일 때, 최소가 된다.

$W_{최소} = 1965 - 3(2 \times 100 + 3 \times 45) = 960천 \ 원$
$= 96만 \ 원$이다.

즉, 을이 A에 45톤, B에 55톤, C는 0톤 공급할 때이다.

또한 갑은 A에 0톤, B에 20톤, C에 40톤 공급할 때이다.

부록 모의고사

영재 모의고사 1회

01. 답 757

[풀이] $a^5 = b^4 = m^{20}$, $c^3 = d^2 = n^6$(m, n이 자연수)
라고 놓자. 그러면
$a = m^4$, $b = m^5$, $c = n^2$, $d = n^3$이다.
주어진 조건에서
$c - a = 19$이므로 $n^2 - m^4 = 19$이다.
또, $(n + m^2)(n - m^2) = 19$이다.
m, n이 자연수이므로 $n + m^2 > n - m^2$이고,
19는 소수이므로 $\begin{cases} n + m^2 = 19 \\ n - m^2 = 1 \end{cases}$이다.

이를 풀면, $\begin{cases} m = 3 \\ n = 10 \end{cases}$이다.

그러므로 $\begin{cases} d = n^3 = 1000 \\ b = m^5 = 243 \end{cases}$이다.

따라서 $d - b = 1000 - 243 = 757$이다.

02. 답 -1

[풀이] $\dfrac{a + b - c}{c} = \dfrac{a - b + c}{b} = \dfrac{-a + b + c}{a}$에서

$\dfrac{a + b}{c} - 1 = \dfrac{a + c}{b} - 1 = \dfrac{b + c}{a} - 1$이다.

즉, $\dfrac{a + b}{c} = \dfrac{a + c}{b} = \dfrac{b + c}{a}$이다.

그 비를 k라고 하면,
$a + b = ck$, $a + c = bk$, $b + c = ak$이다.
세 수를 변변 더하면 $2(a + b + c) = k(a + b + c)$이다.
(i) $a + b + c \neq 0$일 때, $k = 2$이다.
(ii) $a + b + c = 0$일 때, $k = -1$이다.
그런데, $x = \dfrac{(a + b)(b + c)(c + a)}{abc} = k^3$이다.

그러므로 $x = 8$ 또는 $x = -1$이다.
따라서 $x < 0$이므로 $x = -1$이다.

03. 답 14, 12, 9, 8

[풀이] 같아진 수를 x로 놓으면, 갑은 $\dfrac{x - 8}{2}$, 을은 $\dfrac{x}{3}$,

병은 $\dfrac{x}{4}$, 정은 $\dfrac{x + 4}{5}$이다. 문제의 뜻에 의하여

$\dfrac{x - 8}{2} + \dfrac{x}{3} + \dfrac{x}{4} + \dfrac{x + 4}{5} = 43$이다.

양변에 60을 곱하면
$30(x - 8) + 20x + 15x + 12(x + 4) = 2580$
이다. 이 방정식을 풀면 $x = 36$이다.

그러므로 갑은 $\dfrac{x - 8}{2} = \dfrac{36 - 8}{2} = 14$,

을은 $\dfrac{x}{3} = \dfrac{36}{3} = 12$, 병은 $\dfrac{x}{4} = \dfrac{36}{4} = 9$,

정은 $\dfrac{x + 4}{5} = \dfrac{36 + 4}{5} = 8$이다.

따라서 갑, 을, 병, 정 네 수는 각각 14, 12, 9, 8이다.

04. 답 267

[풀이] 백의 자리의 수를 x로 놓으면, 문제의 뜻에 의하여
$100(x + 5) + 10(10 - 2x) + x$
$= 3\{100x + 10(10 - 2x) + x + 5\} - 39$
이다. 이를 정리하면 $162x = 324$이다.
즉, $x = 2$이다.
따라서 일의 자리 수 $= x + 5 = 7$,
십의 자리 수 $= 15 - 2 - 7 = 6$이다.
따라서 구하는 세 자리 수는 267이다.

05. 답 8(초)

[풀이] 새마을호 열차와 무궁화호 열차의 속도를 각각 v_1, v_2
라고 하면, 두 열차가 서로 마주칠 때의 속도가 $v_1 + v_2$이다.
새마을호 열차와 무궁화호 열차에 탄 사람에 대해서는 앞
으로 지나가는 열차의 속도는 같으므로 $v_1 + v_2$이다.
무궁화호 열차에 탄 사람이 새마을호 열차가 창 옆을 지나
가는 것을 보는 데 걸리는 시간이 6초이면

$v_1 + v_2 = \dfrac{150}{6} = 25\,\mathrm{m/초}$이다.

따라서 새마을호 열차에 탄 사람이 무궁화호 열차가 창 옆

을 지나가는 것을 보는 데 걸리는 시간은 $t = \dfrac{200}{25} = 8$(초)

이다.

06. 답 2353

[풀이] $\begin{cases} n-49=k^2 \\ n+48=l^2 \end{cases}(k,\ l$은 자연수$)$라고 하면

$(n+48)-(n-49)=l^2-k^2=(l+k)(l-k)$이다.

이를 정리하면, $(l+k)(l-k)=97$이다.

그런데, 97이 소수이고, $l+k>l-k$이므로

$l+k=97$, $l-k=1$이다.

이를 풀면, $l=49$, $k=48$이다.

따라서 $n=48^2+49=2353$이다.

07. 답 1681

[풀이] $n^2=100a^2+x$라고 하자. 단, a는 자연수이고,

$x=11,\ 12,\ \cdots,\ 99(0$이 들어가는 수는 제외$)$이다.

n의 최댓값을 구하려면 a의 최댓값을 먼저 구해야 한다.

그런데, $n>10a$이고, n이 자연수이므로

$n\geq 10a+1$이다. 따라서

$99\geq x=n^2-100a^2\geq(10a+1)^2-100a^2=20a+1$

이다. 이를 정리하면, $a\leq\dfrac{99-1}{20}=4.9$이다.

a는 자연수이므로 $a\leq 4$이다.

$a=4$일 때, $n^2=1600+x$이다.

그런데, $x=81$일 때 $n^2=1681=41^2$이다.

따라서 구하려는 최대의 완전제곱수는 $41^2=1681$이다.

08. 답 4040

[풀이] 먼저 모든 정수 n에 대하여 $f(n)=2020-n$ 임을 보이자.

(a)에서 $f(f(f(n+2)+2))=f(n+2)+2$ ···· ①

(b)에서 $f(f(f(n+2)+2))=f(n)$ ············· ②

①과 ②에서 $f(n+2)+2=f(n)$ 이므로

$f(n+2)=f(n)-2$ ···················· ③

(i) $n=2m$ (m은 정수)일 때,

$\quad f(n)=f(0)+\dfrac{n}{2}\cdot(-2)=2020-n$

(ii) $n=2m-1$ (m은 정수)일 때,

$\quad f(n)=f(1)+\dfrac{n-1}{2}\cdot(-2)=2019-n+1$

$\quad\quad\quad =2020-n$

이때, ③은 음의 정수 n에 대하여도 성립하므로

$f(n)=2020-n$ 이다.

따라서 $f(-2020)=4040$이다.

09. 답 $(2,1),(4,2),(6,3),\cdots,(20,10)$

[풀이] $\triangle POA=\triangle POB$이므로

$\dfrac{1}{2}\times 4\times b=\dfrac{1}{2}\times 2\times a$ $\quad\therefore 2b=a$

a,b는 20 이하의 자연수이므로 $2b=a$인 관계를 만족하는 점 $P(a,\ b)$는

$(2,1),(4,2),(6,3),\cdots,(20,10)$ 이다.

10. 답 $x+3y-12=0$

[풀이] D에서 y축에 내린 수선의 발을 F라 하자. 삼각형 CBD와 삼각형 DFC는 합동이기 때문에 색칠한 부분과 사다리꼴의 넓이가 같으려면 사각형 OADF의 넓이와 삼각형 ADE의 넓이가 같으면 된다.

두 도형의 높이는 같기 때문에 삼각형의 밑변이 사각형의 밑변의 두 배가 되면 된다. 따라서 $E(12,0)$이다.

직선 CE의 기울기는 $-\dfrac{1}{3}$이므로 직선의 방정식은

$y=-\dfrac{1}{3}x+4$, $x+3y-12=0$ 이다.

11. 답 $\dfrac{8}{7}$

[풀이] 점 $A(-4,1)$의 직선 $y=-2$에 대한 대칭점은 $A'(-4,-5)$, 점 $B(-1,3)$의 직선 $x=1$에 대한 대칭점은 $B'(3,3)$이므로 $\overline{AQ}+\overline{QP}+\overline{PB}$ 의 값은 $\overline{A'Q}+\overline{QP}+\overline{PB'}$ 와 같다.

아래 그림에서 직선 $A'B'$ 위에 두 점 P,Q 가 있을 때, 최소이므로 직선 PQ 의 기울기는 직선 $A'B'$ 의 기울기와 같다.

$\therefore\dfrac{3-(-5)}{3-(-4)}=\dfrac{8}{7}$

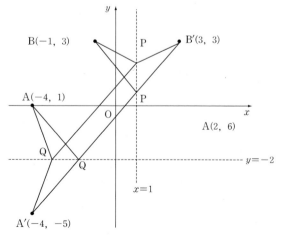

12. 📋 $a = 1$, $b = 7$

[풀이]

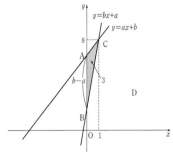

두 방정식 $y = ax + b$ 와 $y = bx + a$ 을 연립하여 풀면 $ax + b = bx + a$, $(a - b)x = a - b$ 이고, $a \neq b$ 이므로 $x = 1$ 이다.

따라서 점 C의 좌표는 $(1, 8)$ 이다.

$x = 1$, $y = 8$ 을 $y = ax + b$ 에 대입하면

$\quad 8 = a + b \qquad\qquad \cdots \text{㉠}$

한편, 두 직선과 y 축과의 교점을 각각 점 A와 B라 하면 이 점들의 y 좌표는 각각 b , a 이다.

삼각형 ABC의 넓이가 3에서

$$\frac{1}{2} \times (b - a) \times 1 = 3 , \; b - a = 6 \cdots \text{㉡}$$

㉠, ㉡을 연립하여 풀면 $a = 1$, $b = 7$ 이다.

13. 📋 $126, \; 252, \; 378, \; 504, \; 630, \; 756, \; 882$

[풀이] $6 = 2 \times 3 , 196 = 2^2 \times 7^2 , 3969 = 3^4 \times 7^2$ 이므로

세 수 $\dfrac{n}{6}$, $\dfrac{n^2}{196}$, $\dfrac{n^3}{3969}$ 은 n 이 $2, \; 3^2, \; 7$ 을 소인수로

가져야 정수가 된다.

그러므로 n 은 $2 \times 3^2 \times 7 = 126$ 의 배수이다.

따라서 세 자리 양의 정수 n 은 $126, \; 252, \; 378, \; 504, \; 630, \; 756, \; 882$ 이다.

14. 📋 14개

[풀이] 먼저 a , b 두 수를 뽑았다고 하자.

이때 a 와 b 를 지우고 $a \sim b (a$ 와 b 의 차)를 적는다.

이 경우 a , b 와 $a \sim b$ 사이에 변하지 않는 성질을 찾으면 a , b 가 모두 짝수인 경우 $a \sim b$ 도 짝수이고 a , b 가 모두 홀수 인 경우도 $a \sim b$ 는 짝수이므로 일정한 성질을 찾을 수 없다.

그런데 a , b 가 어떠한 경우라도 $a \sim b$ 나 $a + b$ 는 함께

짝수이거나 홀수이다.

즉, 덧셈이나 뺄셈에서는 그 결과의 짝수성이 보존된다.

그러므로 n 개의 수에 대하여 두 수를 뽑아 두 수를 지우고 두 수의 차를 쓰는 과정을 $n - 1$ 번 했을 때, 남는 마지막 한 수가 짝수인지 홀수인지는 n 개의 수를 모두 더한 수가 짝수인지 홀수인지와 일치한다.

0은 짝수이므로 $1 + 2 + \cdots + n$ 까지의 합이 짝수이어야 한다.

$1 + 2 + \cdots + n$ 의 값이 짝수이기 위해서는 n 이하의 자연수 중에서 홀수의 개수가 짝수 개가 있어야 한다.

따라서 가능한 n 의 값은 $3, \; 4, \; 7, \; 8, \; 11, \; 12, \; 15, \; 16, \; 19, \; 20, \; 23, \; 24, \; 27, \; 28$ 이므로 구하는 개수는 14개이다.

15. 📋 8개

[풀이] 어떤 두 수를 곱하여 자연수의 제곱이 되지 않는 수를 구하면 $3, \; 5, \; 6, \; 7, \; 10$ 인 경우이다.

곱해서 자연수의 제곱이 되는 자연수의 쌍은 $(1, 4), (1, 9), (2, 8), (4, 9)$ 뿐이다.

따라서 카드를 가장 많이 뒤집고 중지하려면 처음 다섯 번은 $3, \; 5, \; 6, \; 7, \; 10$ 을 뽑고 여섯 번째와 일곱 번째는 $1, \; 4, \; 9$ 중 한 개와 $2, \; 8$ 중 한 개를 뽑아야 한다.

그 뒤 여덟 번째로 어떠한 수가 뽑혀도 자연수의 제곱수가 된다.

그러므로 가장 많이 뽑을 수 있는 경우는 8개까지 뽑을 수 있다.

16. 📋 $-\dfrac{4}{3} < x < 2$

[풀이] $2 \, | \, x - 1 \, | + | \, x + 1 \, | < 5$ 에서

(i) $x < -1$ 일 때,

$\quad -2(x - 1) - (x + 1) < 5 , \; -3x < 4 , \; x > -\dfrac{4}{3}$

이다.

$\quad$ 그러므로 $-\dfrac{4}{3} < x < -1 \qquad \cdots ①$

(ii) $-1 \leq x < 1$ 일 때,

$\quad -2(x - 1) + (x + 1) < 5 , \; -x < 2 , \; x > -2$

이다.

$\quad$ 그러므로 $-1 \leq x < 1 \qquad\qquad \cdots ②$

(iii) $x \geq 1$ 일 때,

$2(x-1)+(x+1) < 5$, $3x < 6$, $x < 2$이다.

그러므로 $1 \leq x < 2$ $\cdots$ ③

따라서 ①, ②, ③으로부터 $-\dfrac{4}{3} < x < 2$ 이다.

17. 🔖 $a = -1$, $b = -\dfrac{1}{2}$

[풀이] 서로 다른 두 실수 a, b에 대하여

(i) $a > b$일 때,

$a \triangle b = 2a - b + 1 = a$, $a \triangledown b = a - 2b - 1 = b$

이므로

$\begin{cases} 2a-b+1=a \\ a-2b-1=b \end{cases}$ 를 풀면 $a = -2$, $b = -1$이다.

이것은 조건 $(a > b)$에 적합하지 않다.

(ii) $a < b$일 때,

$a \triangle b = 2a - b + 1 = b$, $a \triangledown b = a - 2b - 1 = a$

이므로

$\begin{cases} 2a-b+1=b \\ a-2b-1=a \end{cases}$ 를 풀면 $a = -1$, $b = -\dfrac{1}{2}$이다.

이것은 조건 $(a < b)$에 적합하다.

따라서 (i), (ii)로 부터 $a = -1$, $b = -\dfrac{1}{2}$이다.

18. 🔖 65개

[풀이] $\dfrac{N^2+6}{N+5} = \dfrac{(N-5)(N+5)+31}{N+5}$ 이므로 $N+5$

와 31은 1이 아닌 공약수를 가져야 한다.

31은 소수이므로 $N+5 = 31k$ (단, k는 정수)이다. 즉,

$N = 31k - 5$이다.

$1 < 31k - 5 < 2015$, $6 < 31k < 2020$,

$\dfrac{6}{31} < k < \dfrac{2020}{31} < 66$

를 만족하는 k는 1, 2, 3, $\cdots$, 64, 65이다.

그러므로 N의 개수는 65개이다.

19. 🔖 6분

[풀이] 자전거의 속력을 v_1, 버스의 속력을 v_2라고 하면 뒤

에서 오는 버스와 자전거는 같은 방향으로 가므로 서로 이웃

한 버스간의 거리는 $12(v_2 - v_1)$이고 정면으로 오는 버스와

자전거는 반대 방향으로 가므로 서로 이웃한 두 버스간의 거

리는 $4(v_2 + v_1)$이다.

출발 시간 간격이 같으므로

$12(v_2 - v_1) = 4(v_2 + v_1)$ 즉, $v_2 = 2v_1$ $\cdots$ ①

또 정거장에서 출발하는 시간 간격을 t분이라고 하자.

이 시간에 버스가 간 거리는 같은 방향의 서로 이웃한 두

버스간의 거리이다.

즉, $tv_2 = 12(v_2 - v)_1$ $\cdots$ ②

식 ①을 식 ②에 대입하면 $2v_1 t = 12v_1$ 이다. 즉,

$t = 6$이다.

따라서 A, B 두 정거장에서 매 6분마다 한 번씩 출발한

다.

20. 🔖 $(x, y) = (3, -2), (2, 9), (4, 3), (1, 4)$

[풀이] 원 방정식에서 y를 구하면,

$$y = \dfrac{2x^2 - 3x - 11}{2x - 5}$$

이다. 즉, $y = x + 1 - \dfrac{6}{2x-5}$ $\cdots$ ①이다.

y는 정수이므로 $\dfrac{6}{2x-5}$는 정수이다.

또, $2x - 5$는 홀수이므로

$2x - 5$는 6의 홀수인 약수이다.

즉, $2x - 5 = \pm 1, \pm 3$ 이다.

따라서 $x = 3, 2, 4, 1$을 식 ①에 대입하여,

대응하는 y의 값을 구하면

$y = -2, 9, 3, 4$이다.

따라서 원 방정식의 정수해는

$(x, y) = (3, -2), (2, 9), (4, 3), (1, 4)$ 이다.

01. 답 $a = 2$, $b = -2$, $c = 1$

[풀이] $x + y - z = 1$, $2x - 2y + z = 1$을 y, z에 관하여 풀면 $y = 3x - 2$, $z = 4x - 3$이다.

이것을 $ax^2 + by^2 + cz^2 = 1$에 대입하고 x에 관하여 정리하면

$(a + 9b + 16c)x^2 - (12b + 24c)x + 4b + 9c - 1 = 0$

이다. x의 항등식이므로

$a + 9b + 16c = 0$, $12b + 2c = 0$, $4b + 9c - 1 = 0$

이다. 따라서 $a = 2$, $b = -2$, $c = 1$이다.

02. 답 95

[풀이] $27 = 3^3$이므로 $f(27) = 3 + 1 = 4$이므로 $f(n)f(27) = 16$에서 $f(n) = 4$이다.

따라서 양의 약수의 개수가 4인 자연수는 p^3, $p \times q$ (p, q는 소수)의 형태이다.

그런데, $99 = 3^2 \times 11$, $98 = 2 \times 7^2$, 97은 소수, $96 = 2^5 \times 3$, $95 = 5 \times 19$이므로 가장 큰 두 자리 수는 95이다.

03. 답 $\dfrac{3}{5}$

[풀이] 분자, 분모를 xy로 나누면

원식 $= \dfrac{\dfrac{2}{y} + 3 - \dfrac{2}{x}}{\dfrac{1}{y} - 2 - \dfrac{1}{x}} = \dfrac{-2\left(\dfrac{1}{x} - \dfrac{1}{y}\right) + 3}{-\left(\dfrac{1}{x} - \dfrac{1}{y}\right) - 2}$

$= \dfrac{-2 \cdot 3 + 3}{-3 - 2} = \dfrac{3}{5}$이다.

(다른 풀이)

$\dfrac{1}{x} - \dfrac{1}{y} = 3$ 일 때, $\dfrac{y - x}{xy} = 3$이다.

즉, $y - x = 3xy$이다.

구하려는 분수식에 대입하면

$\dfrac{2x + 3xy - 2y}{x - 2xy - y} = \dfrac{2(x - y) + 3xy}{x - y - 2xy} = \dfrac{-6xy + 3xy}{-3xy - 2xy}$

$= \dfrac{-3xy}{-5xy} = \dfrac{3}{5}$

04. 답 $\dfrac{1}{2}$

[풀이] $(a + b + c)^2 = a^2 + b^2 + c^2 + 2(ab + bc + ca)$

에서 $0^2 = 1 + 2(ab + bc + ca)$이다.

즉, $bc + ca + ab = -\dfrac{1}{2}$이다. 또,

$(bc + ca + ab)^2$
$= b^2c^2 + c^2a^2 + a^2b^2 + 2(a^2bc + ab^2c + abc^2)$
$= b^2c^2 + c^2a^2 + a^2b^2 + 2abc(a + b + c)$

이 성립한다.

그러므로

$b^2c^2 + c^2a^2 + a^2b^2 = \left(-\dfrac{1}{2}\right)^2 - 2abc \times 0 = \dfrac{1}{4}$이다.

따라서

$a^4 + b^4 + c^4 = (a^2 + b^2 + c^2)^2 - 2(b^2c^2 + c^2a^2 + a^2b^2)$

$= 1 - 2 \times \dfrac{1}{4} = \dfrac{1}{2}$

이다.

05. 답 100

[풀이] 소수를 차례로 나열해 보면 2, 3, 5, 7, 11, 13, 17, 19, 23, 29, 31 … 이다.

$f(2015) = f(5 \cdot 13 \cdot 31)$
$= f(5) \cdot f(13) \cdot f(31)$
$= 2 \cdot 5 \cdot 10 = 100$,

$f(2016) = f(2^5 \cdot 3^2 \cdot 7)$
$= \{f(2)\}^5 \cdot \{f(3)\}^2 \cdot f(7)$
$= 0 \cdot 1 \cdot 3 = 0$

이다. 따라서 $f(2015) + f(2016) = 100$이다.

06. 답 2357, 2753, 3257, 3527, 5237, 5273, 7253, 7523

[풀이] a, b, c, d는 2, 3, 5, 7 중 하나의 수이다.

d가 2와 5이면 $\overline{abcd}$가 소수라는 사실에 모순되므로, d는 3과 7중 하나이다.

그러므로 $\overline{abcd}$가 될 수 있는 네 자리 수는

2357, 2537, 2573, 2753, 3257, 3527, 5237, 5273, 5327, 5723, 7253, 7523

이다. 이 수들을 소인수분해하면,

2357는 소수, $2537 = 43 \cdot 59$, $2573 = 31 \times 83$,
2753은 소수, 3257는 소수, 3527은 소수,
5237은 소수, 5273은 소수, $5327 = 7 \times 761$,
$5723 = 59 \times 97$, 7253은 소수, 7523은 소수이다.
따라서 구하는 네 자리 수는 2357, 2753, 3257,
3527, 5237, 5273, 7253, 7523이다.

07. 답 2 또는 14

[풀이] $\begin{cases} x+y+z = 10 & \cdots \text{①} \\ |x|+y = 8 & \cdots \text{②} \\ |x|-y = 4 & \cdots \text{③} \end{cases}$ 에서

②+③을 하면 $|x| = 6$이다.

$\therefore x = 6$ 또는 $x = -6$ $\quad \therefore y = 2$

(i) $x = 6$일 때, $6+2+z = 10$ $\quad \therefore z = 2$

(ii) $x = -6$일 때, $-6+3+z = 10$ $\quad \therefore z = 14$

따라서 구하는 z의 값은 2 또는 14이다.

08. 답 1

[풀이] 두 번째 분수식의 분자, 분모에 a를 곱하고 세 번째 분수식의 분자, 분모에 ab를 곱한다. 그러면, $abc = 1$이므로 원식

$$= \frac{a}{ab+a+1} + \frac{ab}{abc+ab+a} + \frac{abc}{a^2bc+abc+ab}$$

$$= \frac{a}{ab+a+1} + \frac{ab}{1+ab+a} + \frac{1}{a+1+ab}$$

$$= \frac{a+ab+1}{ab+a+1} = 1$$

09. 답 $\dfrac{1}{8}$

[풀이] $\dfrac{x}{x^2+x+1} = \dfrac{1}{4}$ 로부터 $\dfrac{x^2+x+1}{x} = 4$이다.

$x + \dfrac{1}{x} + 1 = 4$, 즉, $x + \dfrac{1}{x} = 3$이다.

양변을 제곱하면 $\left(x + \dfrac{1}{x}\right)^2 = 3^2$이다.

즉, $x^2 + \dfrac{1}{x^2} = 7$이다.

따라서 $\dfrac{x^4+x^2+1}{x^2} = x^2 + \dfrac{1}{x^2} + 1 = 7+1 = 8$이다.

즉, $\dfrac{x^2}{x^4+x^2+1} = \dfrac{1}{8}$이다.

10. 답 13, 14, 15

[풀이] 가운데 수를 x로 놓으면 다른 두 수는 각각 $x-1$, $x+1$이다. 문제의 조건으로부터

$$(x-1)x + x(x+1) + (x+1)(x-1) = 587$$

이다. 즉, $3x^2 = 588$, $x^2 = 196$이다.

이를 풀면 x는 자연수이므로 $x = 14$이다.

따라서 이 세 수는 13, 14, 15이다.

11. 답 $\dfrac{1}{2}$

[풀이] 먼저 조건 (ii), (iii)에 $x = 0$을 대입하면
$f(0) = 2f(0)$이다.
$f(0) + f(1) = 1$이므로 $f(0) = 0$, $f(1) = 1$이다.

또 $x = 1$을 (ii)에 대입하면 $f(1) = 2f\left(\dfrac{1}{3}\right)$이므로

$$f\left(\dfrac{1}{3}\right) = \dfrac{1}{2}f(1) = \dfrac{1}{2} \text{ 이고}$$

$x = \dfrac{1}{3}$을 (iii)에 대입하면 $f\left(\dfrac{1}{3}\right) + f\left(\dfrac{2}{3}\right) = 1$이므로

$$f\left(\dfrac{2}{3}\right) = 1 - f\left(\dfrac{1}{3}\right) = \dfrac{1}{2} \text{ 이다.}$$

조건 (i)에서 $\dfrac{1}{3} < \dfrac{4}{9} < \dfrac{2}{3}$이면

$$f\left(\dfrac{1}{3}\right) \le f\left(\dfrac{4}{9}\right) \le f\left(\dfrac{2}{3}\right) \text{ 이고}$$

$f\left(\dfrac{1}{3}\right) = f\left(\dfrac{2}{3}\right) = \dfrac{1}{2}$ 이므로 $f\left(\dfrac{4}{9}\right) = \dfrac{1}{2}$이다.

12. 답 풀이참조

[풀이] 원 방정식을 변형하면 $\dfrac{1}{x} + \dfrac{1}{y} + \dfrac{1}{z} = \dfrac{4}{5}$이다.

$x \ge y \ge z$라 하면,

$$\frac{1}{z} + \frac{1}{z} + \frac{1}{z} \ge \frac{1}{x} + \frac{1}{y} + \frac{1}{z}$$

이다. 즉, $\dfrac{3}{z} \ge \dfrac{4}{5}$이다. 그러므로 $z \le \dfrac{15}{4} < 4$이다.

또 $\dfrac{1}{z} < \dfrac{1}{x} + \dfrac{1}{y} + \dfrac{1}{z} = \dfrac{4}{5}$이므로 $z > \dfrac{5}{4}$이다.

따라서 $2 \le z < 4$이다. 즉, $z = 2, 3$이다.

(i) $z = 2$일 때, $\dfrac{2}{y} \ge \dfrac{1}{y} + \dfrac{1}{x} = \dfrac{3}{10}$이다.

따라서 $y \le \dfrac{20}{3} < 7$이다.

또 $\dfrac{1}{y} < \dfrac{1}{y} + \dfrac{1}{x} = \dfrac{3}{10}$ 이므로 $y > \dfrac{10}{3} > 3$이다.

그러므로 $3 < y < 7$이다. 즉, $y = 4, 5, 6$이다.

(a) $y = 4$일 때, $x = 20$이다.

(b) $y = 5$일 때, $x = 10$이다.

(c) $y = 6$일 때, x는 정수가 아니다.

(ii) $z = 3$일 때, 같은 방법으로 구하면

$2 < y < 5$이다. 따라서 $y = 3, 4$이다.

그런데, $y = 3$ 또는 $y = 4$일 때,

x는 모두 정수가 아니다.

따라서 대칭성에 의하여 원 방정식의 정수해는

$(x, y, z) = (20, 4, 2),\ (20, 2, 4),\ (4, 20, 2),$
$\qquad\quad (4, 2, 20),\ (2, 20, 4),\ (2, 4, 20),$
$\qquad\quad (10, 5, 2),\ (10, 2, 5),\ (5, 10, 2),$
$\qquad\quad (5, 2, 10),\ (2, 10, 5),\ (2, 5, 10)$

이다.

13. 답 $p = 3$

[풀이] (i) $p = 2$이면 $p^2 + 11 = 15$는 4개의 약수를 갖는다.

(ii) $p = 3$이면 $p^2 + 11 = 20$은 6개의 약수를 갖는다.

(iii) $p > 3$이면 $p^2 + 11 = (p^2 - 1) + 12$이고 $p - 1$, p, $p + 1$중 하나는 3의 배수이지만 $p \neq 3$이므로 이들 중 하나는 3의 배수이다.

p가 홀수이므로 $p - 1$, $p + 1$은 둘 다 짝수이고 이들 중 하나는 4의 배수이다.

따라서 $p^2 - 1$은 24의 배수이다.

그러므로 $p^2 + 11$은 12의 배수이다.

즉, $p > 3$일 때는 조건을 만족하는 p가 존재하지 않는다.

따라서 (i), (ii), (iii)에서 $p = 3$만이 구하는 소수이다.

14. 답 $\overline{xyz} = 495$

[풀이] 구하려는 세 자리 수를 $\overline{xyz}$라고 하자. 자리의 순서를 바꾸어 얻은 제일 큰 수를 $\overline{ABC}$($A \geq B \geq C$, $A > C$)라 하면, 제일 작은 수는 $\overline{CBA}$이다.

문제의 조건에 의하여

$\overline{ABC} - \overline{CBA} = \overline{xyz}$이다. 또 $A > C$이므로 다음과 같은 식을 유도할 수 있다.

$$\begin{cases} C + 10 - A = z & \text{①} \\ (B - 1) + 10 - B = y & \text{②} \\ (A - 1) - C = x & \text{③} \end{cases}$$

식 ②로부터 $y = 9$이다. 그런데 A, B, C는 x, y, z의 배열이고, A가 가장 크므로 $A = 9$이다.

또 x, z는 B, C의 배열이다.

식 ①로부터 $10 - 9 + C = z$이다.

$C \neq z$이므로 $C = x$, $B = z$이다.

식 ③으로부터 $x = 4$이고, 식 ①로부터 $z = 5$이다.

따라서 구하려는 세 자리 수는 $\overline{xyz} = 495$이다.

15. 답 1

[풀이] 주어진 조건

$$4x - 3y - 6z = 0 \ \cdots \ \text{①}$$
$$x + 2y - 7z = 0 \ \cdots \ \text{②}$$

에서, ②$\times 4 -$ ①을 하면 $y = 2z$이다.

이를 식 ②에 대입하면 $x = 3z$이다.

따라서

$$\dfrac{2x^2 + 3y^2 + 6z^2}{x^2 + 5y^2 + 7z^2} = \dfrac{2(3z)^2 + 3(2z)^2 + 6z^2}{(3z)^2 + 5(2z)^2 + 7z^2} = 1 \text{이다.}$$

16. 답 $\dfrac{4x}{1 - x^2} - \dfrac{x}{2}$

[풀이] $f\left(\dfrac{x - 3}{x + 1}\right) + f\left(\dfrac{3 + x}{1 - x}\right) = x \cdots$ ① 이라고 놓자.

$t = \dfrac{x - 3}{x + 1}$ 라고 하면, $x = \dfrac{3 + t}{1 - t}$이다.

$$\dfrac{3 + x}{1 - x} = \dfrac{3 + \dfrac{3 + t}{1 - t}}{1 - \dfrac{3 + t}{1 - t}} = \dfrac{-2t + 16}{-2t - 2} = \dfrac{t - 3}{t + 1} \text{이다.}$$

이를 주어진 식 ①에 대입하면

$$f(t) + f\left(\dfrac{t - 3}{t + 1}\right) = \dfrac{3 + t}{1 - t} \cdots \text{②}$$

식 ①에서 $t = \dfrac{3 + x}{1 - x}$ 라고 놓으면

$$t = \dfrac{x - 3}{x + 1}, \ \dfrac{x - 3}{x + 1} = \dfrac{3 + t}{1 - t} \text{가 된다.}$$

이를 식 ①에 대입하면

$$f\left(\dfrac{3 + t}{1 - t}\right) + f(t) = \dfrac{t - 3}{t + 1} \cdots \text{③}$$

이다. 식 ②와 ③을 더하면

$$2f(t) + f\left(\frac{t-3}{t+1}\right) + f\left(\frac{3+t}{1-t}\right)$$

$$= \frac{3+t}{1-t} + \frac{t-3}{t+1}$$

$$= \frac{(t^2+4t+3)-(t^2-4t+3)}{1-t^2}$$

$$= \frac{8t}{1-t^2}$$

이다. 그런데, $f\left(\dfrac{t-3}{t+1}\right) + f\left(\dfrac{3+t}{1-t}\right) = t$ 이다.

$$2f(t) = \frac{8t}{1-t^2} - t$$ 이다.

즉, $f(t) = \dfrac{4t}{1-t^2} - \dfrac{1}{2}t$ 이다.

따라서 구하는 $f(x) = \dfrac{4x}{1-x^2} - \dfrac{x}{2}$ 이다.

17. 답 풀이참조

[풀이] 이 구간의 평평한 길은 $x\,\mathrm{km}$이고, 갈 때 오르막길은 $y\,\mathrm{km}$이다. 내리막길은 $(142-x-y)\,\mathrm{km}$이다.

문제의 조건으로부터

$$\begin{cases} \dfrac{x}{30} + \dfrac{y}{28} + \dfrac{142-x-y}{35} = 4\dfrac{1}{2} & \cdots \text{①} \\[3mm] \dfrac{142-x-y}{28} + \dfrac{y}{35} + \dfrac{x}{30} = 4\dfrac{7}{10} & \cdots \text{②} \end{cases}$$

식 ①, ②를 간단히 하면 $\begin{cases} 2x+3y = 186 & \cdots \text{③} \\ x+3y = 156 & \cdots \text{④} \end{cases}$

식 ③$-$④를 하면 $x=30$이다.

이를 식 ④에 대입하면 $y=42$이다. 또,

$142-x-y = 142-30-42 = 70$이다.

따라서 이 길은 평평한 길이 $30\,\mathrm{km}$이고, 갈 때 오르막길은 $42\,\mathrm{km}$이며 내리막길은 $70\,\mathrm{km}$이다.

18. 답 257

[풀이] $\overline{pqrpqr} = 1000 \times \overline{pqr} + \overline{pqr} = 1001 \times \overline{pqr}$
$= 7 \times 11 \times 13 \times \overline{pqr}$ 이다.

$\overline{pqrpqr}$의 약수의 개수가 2^4이면 7, 11, 13이 소수이므로 $\overline{pqr}$이 소수이어야 한다.

한편, p, q, r이 한자리의 소수이므로 2, 3, 5, 7중에 있다.

$p < q < r$이므로 $\overline{pqr}$이 될 수 있는 수는 235, 237, 257, 357이다.

이 중에서 235는 5의 배수이고, 237, 357은 3의 배수이므로 257만이 소수이다.

따라서 구하는 $\overline{pqr}$은 257이다.

19. 답 3, 4

[풀이] $[x]+3 < 3[x]-1 < 14$에서

$$\begin{cases} [x]+3 < 3[x]-1 & \cdots \text{①} \\ 3[x]-1 < 14 & \cdots \text{②} \end{cases}$$

①을 풀면 $[x]+3 < 3[x]-1$, $2 < [x]$

$\therefore \ x \geq 3 \qquad\qquad \cdots \text{③}$

②를 풀면 $3[x]-1 < 14$, $[x] < 5$

$\therefore \ x < 5 \qquad\qquad \cdots \text{④}$

③, ④의 공통부분을 구하면 $3 \leq x < 5$

따라서 만족하는 정수 x의 값은 3, 4이다.

20. 답 1983

[풀이] 주어진 조건 $\overline{cdab} - \overline{abcd} = \overline{pqef}$ 과 $b > c > d > a$로부터

$2 \leq b-d = f$를 알 수 있다.

$3 \leq e = 10 + a - c \leq 8$, $q = 9 + d - b$,
$p = c - 1 - a \leq 6$
이다.

$$\begin{aligned} \overline{pqef} &= \overline{cdab} - \overline{abcd} \\ &= (\overline{cd} \times 10^2 + \overline{ab}) - (\overline{ab} \times 10^2 + \overline{cd}) \\ &= 99(\overline{cd} - \overline{ab}) \end{aligned}$$ 이다.

즉, $\overline{pq} \times 100 + \overline{ef} = 99(\overline{cd} - \overline{ab})$ 이다.

$\overline{pq} \times 99 + (\overline{pq} + \overline{ef}) = 99(\overline{cd} - \overline{ab})$

따라서 $99 \,|\, (\overline{pq} + \overline{ef})$ 이다. 그런데

$10 \leq \overline{pq} \leq 69$, $30 \leq \overline{ef} \leq 89$ 이다.

그러므로 $40 \leq \overline{pq} + \overline{ef} \leq 158$ 이다.

따라서 $\overline{pq} + \overline{ef} = 99$ 이다.

$\overline{pq}$가 5의 배수가 아니기 때문에 q는 0, 5가 아니다.

그러므로 f는 9, 4가 아니다.

따라서 30과 89 사이의 완전제곱수 36, 49, 64 중 $\overline{ef}$가 될 수 있는 수는 36뿐이다.

따라서 $\overline{ef} = 36$, $\overline{pq} = 63$이다.

$b > c > d > a$의 조건에서 $c - 1 - a = p = 6$이므로 $c = 8$, $a = 1$이다. 그러므로 $b = 9$이다.

$9 - d = b - d = f = 6$이므로 $d = 3$이다.

$8319 - 1983 = 6336$이므로 구하려는 네 자리 수는 $\overline{abcd} = 1983$이다.

국내 교육과정에 맞춘 사고력·응용력·추리력·탐구력을 길러주는 영재수학 기본서

㊐영재수학의 지름길(중학 G&T)은 특목고, 영재학교, 과학고를 준비하는 학생들을 위한 학년별 필수 기본서로
핵심요점 ➡ 예제문제 ➡ 실력다지기 문제 ➡ 실력향상시키기 문제 ➡ 응용문제 ➡ 최종 모의고사까지 단계적으로
문제를 제시하여 구성하였습니다.

각 학년 학기별 15강의와 모의고사 2회로 총 90강, 모의고사 12회로 엄선한 2000여개 문제 이상이 수록되어 있습니다.

한 문제의 다양한 풀이방식으로 수학적 사고력의 깊이와 지능 개발에 탁월한 효과를 얻을 수 있습니다.

차후 대학 입시 준비시 대학별 고사(수리논술)와 학습 연계성을 가질 수 있습니다.

차근차근 공부하다 보면 수학에 단단한 자신감을 가진 수학영재로 성장할 수 있습니다.

Gifted and Talented
in mathematics   step3

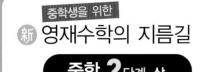

최상위권을 향한 아름다운 도전!

www.sehwapub.co.kr

＊도서출판 세화의 학습서 게시판에서 정오표 및 학습
자료를 내려받으실 수 있습니다.

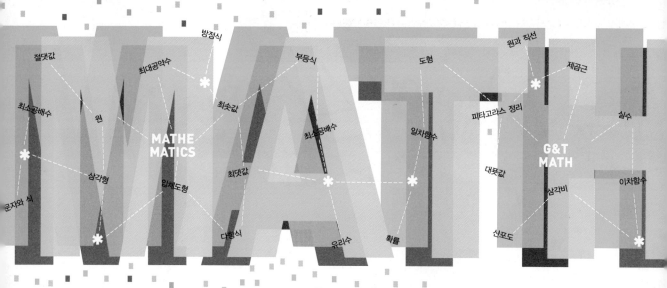

MATHEMATICS

MATHE
MATICS

G&T
MATH

절댓값 방정식 부등식 도형 원과 직선 제곱근
최대공약수 최솟값 피타고라스 정리 실수
최소공배수 원 최소공배수 일차함수
삼각형 입체도형 최댓값 대푯값 이차함수
문자와 식 다항식 유리수 확률 삼각비 산포도

충학생을 위한

新 영재수학의
지름길 2단계 -하

중국 사천대학교 지음

G&T MATH

'지앤티'는 영재를 뜻하는 미국·영국식
약어로 Gifted and talented의 줄임말로 '축복
받은 재능' 이라는 뜻을 담고 있습니다.

씨실과 날실

씨실과 날실은 도서출판 세화의 자매브랜드입니다.

新 영재수학의 지름길(중학G&T)과 함께
꿈의 날개를 활짝 펼쳐보세요.

新 영재수학의 지름길

중학 **2** 단계 **하**

■ 이 책을 감수하신 선생님들

이주형 선생님 e-mail : moldlee@dreamwiz.com

이성우 선생님 e-mail : superamie@naver.com

조현득 선생님 e-mail : gegura12@naver.com

김 준 선생님 e-mail : matholic_kje@naver.com

문지현 선생님 e-mail : yubkidrug@hanmail.net

정한철 선생님 e-mail : jdteacher@daum.net

현해균 선생님 e-mail : suhaksesang@hanmail.net

＊ 이 책의 내용에 관하여 궁금한 점이나 상담을 원하시는 독자 여러분께서는 www.sehwapub.co.kr의 게시판에 글을
남겨주시거나 전화로 연락을 주시면 적절한 확인 절차를 거쳐서 상세 설명을 받으실수 있습니다.

본 도서는 중국 사천대학교의 도서를 공식 라이선스한 책으로 원서 내용 중 우리나라 교육과정과 정서에 맞지 않는 부분은 수정, 보완 편집하였습니다.

중학 사고력 新 영재수학의 지름길 2단계 -하 | 중학 G&T 2-2

원저 중국사천대학교 이 책을 감수하신 선생님들 이주형, 이성우, 조현득, 김준, 문지현, 정한철 이 책에 도움을 주신 분들 정호영, 김강식, 한승우 선생님

펴낸이 박정석 펴낸곳 (주)씨실과 날실 발행일 3판 1쇄 2020년 1월 30일 등록번호 (등록번호: 2007.6.15 제302-2007-000035)
주소 경기도 파주시 회동길 325-22(서패동 469-2) 1층 전화 (02)523-3143~4 팩스 (02)597-6627
표지디자인/제작 dmisen＊ 삽화 부창조 인쇄 (주)대우인쇄 종이 (주)신승제지

판매대행 도서출판 세화 주소 경기도 파주시 회동길 325-22(서패동 469-2)
전화 (031)955-9332~3 구입문의 (02)719-3142, (031)955-9332 팩스 (02)719-3146 홈페이지 www.sehwapub.co.kr

＊독자여러분의 의견을 기다립니다. 잘못된 책은 바꾸어드립니다.

머리말

新 영재 수학의 지름길(중학 G&T) 중학편 감수 및 편집을 마치며

　본 도서는 국내 많은 선생님과 학생들의 사랑을 받아온 '올림피아드 수학의 지름길 중급편'의 최신 개정판 교재로 내신 심화와 영재고 및 경시대회 준비 학생 교육용 교재입니다.

　'올림피아드 수학의 지름길'은 중국사천대학교의 영재교육용 교재로 이미 탁월한 효과를 입증한 바 있습니다. 이 시리즈 또한 최신 영재유형 문제와 상세한 풀이를 수록하였기 때문에 더욱더 우수한 학습효과를 얻을 수 있을것입니다. 영재교육 프로그램에 참여하지 않는 일반 학생들에게도 내신심화와 연결된 좋은 참고서가 될것이며 혼자서도 익혀갈 수 있도록 잘 꾸며져 있습니다. 또한 특수분야를 제외한 나머지 대부분의 내용은 정규과정의 학습에도 많은 도움을 주도록 잘 가꾸어진 내용들로 꾸며져 있습니다. 그리고 영재교육을 담당하는 교사들에게도 좋은 교재와 참고자료가 되리라고 생각합니다.

　원서 내용 중 우리나라 교육과정에 맞게 장별 순서와 목차를 바꾸었으며 정서에 맞지 않는 부분과 문제 및 강의를 수정, 보완 편집하였고 각 단계 상하에 모의고사 2회분을 추가하였습니다.

　무엇보다도 영재수학학습은 지도하시는 선생님들과 공부하는 학생들의 포기하지 않는 인내와 끈기 그리고 반드시 해내겠다는 집념과 노력이 가장 중요합니다.

　우리나라의 우수한 학생들이 축복받은 재능의 날개를 활짝 펴고 세계적인 인재로 성장할 수 있도록 수학 능력 개발에 조금이나마 도움이 되길 바라며 이 책을 출판하기까지 많은 질책과 격려를 아끼지 않았던 독자님들과 많은 도움을 주신 여러 학원 종사자 및 학부모, 선생님들께 무한한 감사를 드리며 도와주신 중국 사천대학 및 세화출판사 임직원 여러분께 감사드립니다.

감수자 및 (주) 씨실과 날실 편집부 일동

이 책의 구성과 활용법

이 책은 중학교 내신심화와 경시 및 영재교육 과정에서 다루는 수학 과정을 체계적으로 나열하고 있으며 주제들의 구성과 전개에 있어 몇가지 특징을 두어 엮었습니다. 특히 영재수학에서 다루는 기본개념을 중심으로 자세한 설명을 하였습니다.

이 책으로 공부하는 학생들은 이 기본개념과 문제의 풀이과정을 충분히 이해함으로써 어떠한 유형의 문제라도 해결할 수 있는 단단한 능력을 갖추게 될 것입니다.

기본개념의 숙지와 응용문제 해결 능력을 키우기 위하여 각 장별로 다음과 같이 구성하였습니다.

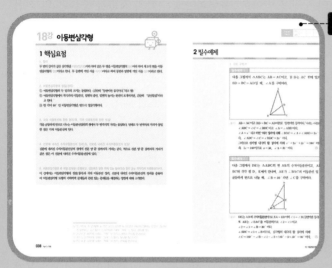

1 필수예제문제

■ 핵심요점과 필수예제

각 강의에서 꼭 알아야 하는 핵심요점을 설명하고 이와 관련된 필수예제를 실어 기본개념을 확고히 인식할 수 있도록 하였습니다.

1. 각 강의별로 핵심이론 설명 후 강의에 따른 필수예제를 구성하였습니다.

2. 예제풀이 과정을 상세히 기술하여 문제에 대한 적응력 및 집중도를 높이도록 하였습니다.

2 참고 및 분석

■ 참고 및 분석

예제문제 풀이시 난이도가 높은 문제는 참고할 수 있는 팁 (TIP)을 구성하여 유형연습에 도움이 되도록 하였습니다.

3 연습문제

■ 연습문제

앞에서 학습한 내용을 확인하는 문제를 실력다지기 문제, 실력향상 문제, 응용 문제 3단계로 분류하여 개념을 확인하고 고급 문제를 대비할 수 있도록 하였습니다.

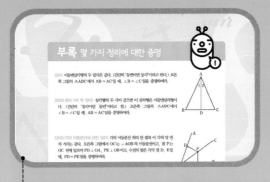

4 부록문제

■ 부록문제

강의별 부록으로 심화이론 설명 및 단원별 Test 문제를 수록
하여 앞에서 배웠던 단원의 핵심을 꿰뚫어 보고 부족한 부분
은 다시 학습할 수 있는 기회를 제공합니다.

5 G&T학습법

■ G&T학습법

쉬어가는 페이지에 부록으로 효과적인 공부법과 두뇌개발에
좋은 내용들에 관한 G&T학습법을 실었습니다.

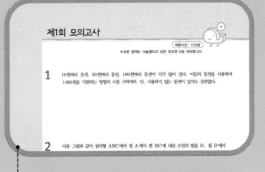

6 영재모의고사

■ 영재모의고사

모의고사 2회 분(각 20문제)을 수록하여 단계별로 학습한 강의
에 대한 최종점검 및 실전 연습을 갖도록 하였습니다.

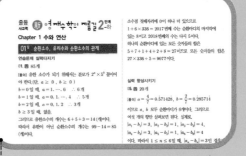

7 연습문제 정답과 풀이

■ 연습문제 정답과 풀이

책속의 책으로 연습문제 정답과 풀이를 분권으로 분리하여
강의 및 학습배양에 편의를 기하도록 하였습니다.
문제의 이해력을 높일수 있도록 하였습니다.

이 책의 활용법

기본 개념을 충분히 숙지해야 합니다. 창의적 사고력은 기본개념에 대한 지식 없이 길러질 수 없습니다. 각 강의
의 핵심요점 설명을 정독하여야 합니다. 만약 필수예제를 풀 수 없는 학생이 있다면, 핵심요점에 나와 있는 개념
설명을 자신이 얼마나 소화했는가를 판단해 보고 다시 한번 정독하여 기본개념을 충분히 숙지하도록 해야 할 것
입니다.

종합적인 사고를 할 수 있어야 합니다. 기본 개념을 숙지한 후에는 수학 과목 상호간의 다른 개념들과의 연관성을
항상 염두에 두고 있어야 합니다. 하나의 문제는 여러가지 기본 개념들을 종합적으로 활용할 때 풀릴수 있는 경우
가 많기 때문입니다. 필수예제문제와 연습문제는 이를 확인하기 위해 설정된 코너입니다.

Contents

중학 G&T 2-2

영재수학의 新 지름길 2 단계 하

Gifted and Talented
in mathemathics

위대한 성취는 부지런한 노동과 정비례된다. 즉 일한것만큼 수확이 있게 되고 그 수확이 하나하나 쌓여
기적을 창조하게 된다. 〈로신〉

Part IV 확률과 통계

16강 경우의 수

1 핵심요점

1. 합의 법칙

(1) 두 사건 A, B가 동시에 일어나지 않을 때,
   사건 A가 일어나는 경우의 수가 m 가지, 사건 B가 일어나는 경우의 수가 n 가지이면
   A 또는 B가 일어나는 경우의 수는 $m + n$ 가지이다.

(2) 두 사건 A, B가 동시에 일어날 때,
   사건 A가 일어나는 경우의 수가 m 가지, 사건 B가 일어나는 경우의 수가 n 가지, A와 B가
   동시에 일어나는 경우의 수가 k가지이면, 사건 A또는 B가 일어나는 경우의 수는
   $m + n - k$이다.

2. 곱의 법칙

두 사건 A, B에 대하여 A가 일어나는 경우의 수가 m 가지이고 그 각각에 대하여, B가 일어나는
경우의 수가 n 가지이면 A가 일어나고 동시에 B가 일어나는 경우의 수는 $m \times n$가지이다.

2 필수예제

필수예제 1

5개의 자연수 1, 2, 3, 4, 5를 이용하여 만들 수 있는 1보다 작은 기약분수의 개수를 구하여라.

[풀이] 분모가 2일 때, $\dfrac{1}{2}$ 분모가 3일 때, $\dfrac{1}{3}$, $\dfrac{2}{3}$

분모가 4일 때, $\dfrac{1}{4}$, $\dfrac{3}{4}$ 분모가 5일 때, $\dfrac{1}{5}$, $\dfrac{2}{5}$, $\dfrac{3}{5}$, $\dfrac{4}{5}$

따라서 기약분수의 개수는 $1 + 2 + 2 + 4 = 9$(개)이다.   답 9(개)

필수예제 2

100원짜리 동전 3개, 50원짜리 동전 3개, 10원짜리 동전 3개의 일부 또는 전부를 사용하여 지불할 수 있는 방법의 수를 a, 지불할 수 있는 금액의 수를 b라 할 때, $a - b$의 값을 구하여라.

[풀이] 100원짜리 동전 3개, 50원짜리 동전 3개, 10원짜리 동전 3개로 지불할 수
있는 방법의 수는 각각 4가지씩이고 지불하지 않는 경우는 빼야하므로 구하
는 지불 방법의 수는 $4 \times 4 \times 4 - 1 = 63$(가지)이다.
50원짜리 2개로 100원을 지불할 수 있으므로 100원짜리 동전 1개를 50원
짜리 동전 2개로 바꾸면 구하는 지불 금액의 수는 50원짜리 동전 9개와 10
원짜리 동전 3개로 지불하는 방법의 수와 같다.

50원짜리 동전 9개로 지불하는 방법의 수는 10가지, 10원짜리 동전 3개로 지불하는 방법의 수는 4가지이고 지불하지 않는 경우는 빼야하므로 구하는 지불 금액의 수는 $10 \times 4 - 1 = 39$(가지)이다.

따라서 $a = 63$, $b = 39$이므로 $a - b = 24$이다.　　　답 24

3. 순열 : 순서대로 나열하는 방법의 수

(1) $_nP_r$: 서로 다른 n 개에서 r 개를 택하여 순서대로 나열하는 방법의 수 (단, $n \geq r$)

$$_nP_r = n(n-1)(n-2)\cdots(n-r+1) = \frac{n!}{(n-r)!}$$

⇨ n 부터 r 번째까지의 곱을 뜻한다.

(2) $_nP_n$: 서로 다른 n 에서 n 개 전체를 순서대로 나열하는 방법의 수

$$_nP_n = n(n-1)(n-2)\cdots 3\cdot 2\cdot 1 = n!$$

(3) $_nP_0 = 1$

(4) $0! = 1$

4. $_nP_r$의 변형식

(1) $_nP_r = n \cdot {}_{n-1}P_{r-1}$

(2) $_nP_r = {}_{n-1}P_r + r \cdot {}_{n-1}P_{r-1}$

(3) $_nP_r = (n-r+1) \cdot {}_nP_{r-1}$

필수예제 3

1, 2, 3, 4, 5의 다섯 개의 숫자 중에서 서로 다른 네 숫자를 이용하여 만들 수 있는 네 자리 자연수의 개수를 구하여라.

[풀이] 다섯 개 중 네 개를 뽑아 일렬로 배열하는 경우의 수와 같으므로

$$_5P_4 = 5 \times 4 \times 3 \times 2 = 120(개)이다.　　　답 120(개)$$

필수예제 4

다음 식을 만족하는 자연수 n 의 값을 구하여라.

$$_nP_3 = 4\,{}_nP_2$$

[풀이] $_nP_3 = 4\,{}_nP_2$에서

$n(n-1)(n-2) = 4n(n-1)$,

$n(n-1)(n-6) = 0$이다.

따라서 $n = 0$, 1, 6이다.

이때, $n \geq 3$이므로 $n = 6$이다.　　　답 6

5. 원순열
(1) 서로 다른 n 개를 원형으로 나열하는 순열
(2) 원순열의 수 → $\dfrac{n!}{n} = (n-1)!$
(3) 같은 것을 포함한 원순열의 수

$$\dfrac{n!}{a!b!c!} \times \dfrac{1}{n} \ (a+b+c = n,\ a,\ b,\ c는\ 서로소)$$

(4) 원형이 아닌 다각형인 경우(대칭인 경우)의 순열의 수

    ① 정 n각형의 한 변에 k개씩 나열하는 경우의 수 : $\dfrac{(n \times k)!}{n}$

    ② 직사각형의 대변에는 같은 수가 되도록 n개를 나열하는 경우의 수 : $\dfrac{n!}{2}$

6. 목걸이(염주)순열
(1) 염주나 목걸이 등과 같이 뒤집어 놓아도 같은 것이 되는 순열
(2) 염주순열의 수 : $\dfrac{(n-1)!}{2}$

필수예제 5

서로 다른 7가지 색을 모두 사용하여 다음 그림과 같은 큰 원 내부의 7칸을 칠하는 방법의 수를 구하여라. (단, 돌려서 같은 것은 같은 것으로 본다.)

[풀이] 가운데 작은 원에 색을 칠하는 방법은 7가지이고, 나머지 6가지의 색을 6등분한 칸에 칠하는 방법의 수는 6개를 원형으로 배열하는 원순열의 수와 같다. 따라서 구하는 경우의 수는 $7 \times (6-1)! = 7 \times 5! = 840$(가지)이다.

답 840(가지)

---

7. 중복 순열
(1) 서로 다른 n 개에서 중복을 허용해서 r 개를 택하여 일렬로 나열하는 순열
(2) 중복순열의 수 $_n\Pi_r = n^r$

8. 같은 것을 포함하는 순열
n 개 중에서 같은 것이 각각 p 개, q 개, r 개, …있을 때, 이 n 개를 모두 사용하여 일렬로 나열하는 순열의 수
$$\dfrac{n!}{p!q!r!\cdots} \ (단,\ p+q+r+\cdots = n)$$

필수예제 6

다음은 1부터 1000까지의 자연수를 차례대로 적은 것이다.

$$12345678910111213 \cdots 9991000$$

이때, 5가 나타나는 횟수를 구하여라.

[풀이 1] 1부터 1000까지의 자연수 중에서

　　　□□5와 같이 일의 자리가 5인 수들의 개수는 $_{10}\Pi_2 = 10^2$(개)

　　　□5□와 같이 십의 자리가 5인 수들의 개수는 $_{10}\Pi_2 = 10^2$(개)

　　　5□□와 같이 백의 자리가 5인 수들의 개수는 $_{10}\Pi_2 = 10^2$(개)

　　　따라서 $12345678910111213 \cdots 9991000$에서 5가 나타나는 횟수는

　　　$3 \times 10^2 = 300$(회)이다.

[풀이 2] 1부터 999까지의 수를 000부터 999까지로 생각하면

　　　$000001002003 \cdots 998999$ ······ (*)

　　　나열된 수는 모두 1000개이고 각 수에 사용된 숫자는 3개씩이므로 (*)은 모두

　　　3000개의 숫자가 나열된 것이다.

　　　이때, 사용된 $0, 1, 2, 3, \cdots, 9$는 모두 $\dfrac{3000}{10} = 300$(개)씩이다.

답 300(개)

9. 조합 : 순서를 생각하지 않고 뽑는 방법의 수

(1) $_nC_r$: 서로 다른 n개에서 순서를 생각하지 않고 r개를 뽑는 방법의 수

$$_nC_r = \frac{_nP_r}{r!} = \frac{n(n-1)(n-2) \cdots (n-r+1)}{r!} = \frac{n!}{r!(n-r)!} \ (단, \ n \geq r)$$

(2) $_nC_0 = 1$　　(3) $_nC_1 = n$　　(4) $_nC_n = 1$

10. $_nC_r$의 변형식

(1) $_nC_r = {_nC_{n-r}}$

(2) $r \cdot {_nC_r} = n \cdot {_{n-1}C_{r-1}}$

(3) $_nC_r = {_{n-1}C_r} + {_{n-1}C_{r-1}}$

11. 중복조합

n개의 서로 다른 원소를 중복을 허락하여 r개를 뽑는 경우의 수를 **중복조합**이라 하고,

기호 $_nH_r$로 나타내고, $_nH_r = {_{n+r-1}C_r}$로 계산한다.

필수예제 7

등식 $_8\mathrm{C}_r = {}_8\mathrm{C}_{2r+2}$ 을 만족하는 자연수 r에 대하여

$_n\mathrm{C}_r + {}_n\mathrm{C}_{r+1} = 2 \times {}_{2n}\mathrm{C}_{2r-3}$ 이 성립할 때, 자연수 n의 값을 구하여라.

[풀이] $_8\mathrm{C}_r = {}_8\mathrm{C}_{2r+2}$에서 $r = 2r+2$ 또는 $8-r = 2r+2$이다.

그런데 $r > 0$이므로 $r = 2$이다.

$_n\mathrm{C}_2 + {}_n\mathrm{C}_3 = 2 \times {}_{2n}\mathrm{C}_1,\quad \dfrac{n(n-1)}{2!} + \dfrac{n(n-1)(n-2)}{3!} = 2 \times 2n,$

$3n(n-1) + n(n-1)(n-2) = 24n,$

$n(n-5)(n+5) = 0$이다.

따라서 $n > 3$이므로 $n = 5$이다.　　　　　　　　　　　　　답 $n = 5$

필수예제 8

크기와 모양이 같은 흰 구슬 5개와 크기와 모양이 같은 검은 구슬 5개를 일렬로 배열할 때, 2개 이상 연속하여 붙어 있는 흰 구슬 전체 개수를 a, 흰 구슬이 2개 이상 연속으로 붙어 있는 부분의 개수를 b라 하자. 예를 들어,

의 경우, $a = 4$이고, $b = 2$이다. 이때, $a - b = 2$인 경우의 수를 구하여라.

[풀이] 흰 구슬을 W, 검은 구슬을 B라 하자.

검은 구슬을 먼저 나열하고 □의 위치에 흰 구슬을 나열한다.

□ B □ B □ B □ B □ B □

$a - b = 2$인 경우는 $a = 4$, $b = 2$일 때와 $a = 3$, $b = 1$일 때 뿐이다.

(i) $a = 4$, $b = 2$인 경우,

WWW, W, W가 □에 위치하는 경우이므로 $_6\mathrm{C}_2 \times {}_4\mathrm{C}_1 = 60$이다.

(ii) $a = 3$, $b = 1$인 경우,

WW, WW, W가 □에 위치하는 경우이므로 $_6\mathrm{C}_1 \times {}_5\mathrm{C}_2 = 60$이다.

따라서 $a - b = 2$인 경우의 수는 $60 + 60 = 120$개다.　　　　　답 120개

필수예제 9

똑같은 모양의 사탕 10개를 4개의 상자 A, B, C, D에 넣을 때, A상자에는 1개 이상의 사탕을 넣고 B상자에는 3개 이상의 사탕을 넣는 방법의 수를 구하여라.

[풀이] A상자에 1개, B상자에 3개의 사탕을 미리 넣으면 6개의 사탕이 남는다.

따라서 구하는 방법의 수는 A, B, C, D의 4개에서 중복을 허락하여 6개를 뽑는 중복조합의 수와 같으므로 $_{4+6-1}\mathrm{C}_6 = {}_9\mathrm{C}_6 = {}_9\mathrm{C}_3 = \dfrac{9 \cdot 8 \cdot 7}{3 \cdot 2 \cdot 1} = 84$이다.

답 84개

[실력다지기]

01 중복을 허락하여 1, 2, 3, 4의 숫자로 만든 네 자리의 자연수 중에서 각 자리의 숫자의 합이 7인 자연수의 개수를 구하여라.

02 정팔각형의 모든 꼭짓점에 숫자 0 또는 1 을 지정하려고 한다. 다음 그림과 같이 고정된 두 꼭짓점 A와 B를 잇는 직선에 대하여 대칭인 점에 같은 숫자를 지정하는 경우의 수를 구하여라.

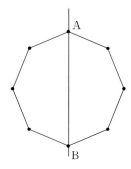

03 1, 2, 3 으로 만들 수 있는 세 자리의 자연수는 27개가 있다.
이 중에서 다음 규칙을 만족시키는 세 자리의 자연수의 개수를 구하여라.

> (가) 1 바로 다음에는 3이다.
>
> (나) 2 바로 다음에는 1 또는 3 이다.
>
> (다) 3 바로 다음에는 1, 2 또는 3 이다.

04 a, b, c, d, e, f 의 6 개의 문자를 일렬로 배열할 때, e, f 사이에 적어도 한 개의 문자가 들어가는 경우의 수를 구하여라.

05 1, 2, 3, 4 를 일렬로 늘어놓은 네 자리의 수 $a_1 a_2 a_3 a_4$ 중에서
$a_1 \neq 1$, $a_2 \neq 2$, $a_3 \neq 3$, $a_4 \neq 4$ 를 전부 만족하는 경우의 수를 구하여라.

06 다음 그림과 같이 가로, 세로의 간격이 일정한 9개의 점이 놓여 있다. 이 중 세 점을 연결하여 만들 수 있는 삼각형의 개수를 구하여라.

[실력 향상시키기]

07 중복을 허용하여 0, 1, 2, 3, 4 의 다섯 개의 숫자로 만들 수 있는 네 자리 정수와 다섯 자리 정수의 개수의 합을 구하여라.

08 a, b, c, d, e를 모두 사용하여 만든 다섯 자리 문자열 중에서 다음 세 조건을 만족시키는 문자열의 개수를 구하여라.

> (가) 첫째 자리에는 b가 올 수 없다.
>
> (나) 셋째 자리에는 a도 올 수 없고 b도 올 수 없다.
>
> (다) 다섯째 자리에는 b도 올 수 없고 c도 올 수 없다.

09 다음 그림과 같이 20개의 정사각형을 붙여서 만든 4×5형태의 직사각형 도로가 있고, 대각선 끝에는 A지점과 B지점이 있다. 지금 A지점에서 승우는 B지점으로 향하고, B지점에서 연우는 A지점으로 향해서 동시에 출발하여 같은 속력으로 최단거리로 진행하여 목적지에 도착한다. 이때, 2명이 만나는 경우는 모두 몇 가지가 있는지 구하여라.

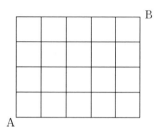

[응용하기]

10 남자 학생 8명과 여자 학생 8명이 있다. 지금 이 16명의 학생을 일렬로 세운 다음 막대기로 두 개의 그룹으로 나누려고 한다. 이때, 나누어진 두 그룹 안의 남녀의 수가 다르게 일렬로 세우는 방법의 수를 구하여라. 예를 들면

> 녀 녀 녀 남 녀 녀 남 녀 남 남 녀 녀 남 남 남 남

으로 세우면 어느 곳에 막대기로 갈라놓아도 조건에 맞는다. 하지만

> 녀 남 남 남 녀 남 녀 녀|남 남 녀 남 녀 남 녀 녀

로 세우면 막대기로 나눈 두 그룹의 남녀의 수가 같게 되어 조건을 만족하지 않는다.

11 한 개의 주사위를 던져 나온 눈의 수에 따라 좌표평면 위의 점 P를 다음과 같이 움직인다.

> (가) n이 짝수이면 점 P를 x축의 양의 방향으로 n만큼 움직인다.
>
> (나) n이 홀수이면 점 P를 y축의 양의 방향으로 1만큼 움직인다.

이때, 점 P가 원점 O$(0,0)$에서 출발하여 점 $(6,2)$에 도달하는 방법의 수를 구하여라.

12 여덟 개의 a와 네 개의 b를 모두 사용하여 만든 12자리 문자열 중에서 다음 조건을 모두 만족시키는 문자열의 개수를 구하여라.

> (가) b는 연속해서 나올 수 없다.
>
> (나) 첫째 자리 문자가 b이면 마지막 자리 문자는 a이다.

17강 확률

1 핵심요점

1. 확률

(1) (사건 A가 일어날 확률)= $\dfrac{(\text{사건 A가 일어나는 경우의 수})}{(\text{모든 경우의 수})}$

(2) 확률의 성질 (I)

① 어떤 사건이 일어날 확률은 p라고 하면 $0 \leq p \leq 1$

② 반드시 일어나는 사건의 확률은 1이다.

③ 절대로 일어날 수 없는 사건의 확률은 0이다.

(3) 확률의 성질 (II) – 여사건의 확률

사건 A가 일어날 확률이 p이면 사건 A가 일어나지 않을 확률 q는 $q = 1 - p$

2. 확률의 계산

(1) A 또는 B가 일어날 확률– 합의 법칙

사건 A, B가 동시에 일어나지 않는 경우, 사건 A가 일어날 확률을 p, 사건 B가 일어날 확률을 q라고 하면 (사건 A 또는 B가 일어날 확률)= $p + q$

(2) A, B가 서로 영향을 끼치지 않는 경우, 사건 A가 일어날 확률을 p, 사건 B가 일어날 확률을 q라고 하면 (사건 A, B가 동시에 일어날 확률)= $p \times q$

(3) 사건 A, B가 일어날 확률이 각각 p, q 이고, 사건 A와 B가 동시에 일어날 확률이 r이라고 하면 (사건 A 또는 B가 일어날 확률)= $p + q - r$

2 필수예제

> **필수예제 1**
>
> 다음 그림과 같이 원주를 6등분하여 6개의 점을 잡았다. 이 중 3개의 점을 이어 삼각형을 만들 때, 다음 물음에 답하여라.
>
>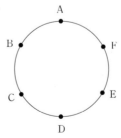
>
> (1) 세 점을 이어 만들 수 있는 삼각형의 개수를 구하여라.
>
> (2) 이때, 만들 수 있는 이등변 삼각형의 개수를 구하여라.
>
> (3) 만들 수 있는 삼각형 중 정삼각형이 될 확률을 구하여라.

[풀이] (1) $_6C_3 = \dfrac{6!}{3! \times 3!} = \dfrac{6 \times 5 \times 4}{3 \times 2 \times 1} = 20$(개)이다.

답 20개

(2) 정삼각형이 아닌 이등변삼각형은
$\triangle ABC$, $\triangle BCD$, $\triangle CDE$, $\triangle DEF$, $\triangle EFA$, $\triangle FAB$으로 6개이고, 정삼각형은 $\triangle ACE$, $\triangle BDF$으로 2개이다. 따라서 8개다.

답 8개

(3) 정삼각형이 나올 경우의 수가 2가지이므로 $\dfrac{2}{20} = \dfrac{1}{10}$이다.

답 $\dfrac{1}{10}$

필수예제 2

주머니 속에 검은 구슬 3개, 흰 구슬 x개, 파란구슬 y개가 들어있다. 이 주머니에서 임의로 구슬을 1개 꺼낼 때, 검은 구슬이 나올 확률이 $\dfrac{1}{5}$, 흰 구슬이 나올 확률이 $\dfrac{1}{3}$이라고 한다. 이때, x와 y를 구하여라.

[풀이] 문제의 조건으로부터 $\dfrac{3}{3+x+y} = \dfrac{1}{5}$, $\dfrac{x}{3+x+y} = \dfrac{1}{3}$이다.
즉, $3+x+y = 15$, $3+x+y = 3x$이다. 이를 연립하여 풀면, $x = 5$, $y = 7$이다.

답 $x = 5$, $y = 7$

필수예제 3

A 주머니에는 빨간 공 2개와 파란 공 3개가 들어 있고, B 주머니에는 빨간 공 4개와 파란 공 2개가 들어 있다. 먼저 동전을 던져 앞면이 나오면 A 주머니를, 뒷면이 나오면 B 주머니를 선택한 후 주머니에서 한 개의 공을 꺼낼 때, 꺼낸 공이 빨간 공일 확률을 구하여라.

[풀이] 동전의 앞면이 나올 경우, 빨간 공일 확률은 $\dfrac{1}{2} \times \dfrac{2}{5} = \dfrac{1}{5}$이다.

동전의 뒷면이 나올 경우, 빨간 공일 확률은 $\dfrac{1}{2} \times \dfrac{4}{6} = \dfrac{1}{3}$이다.

그러므로 구하는 확률은 $\dfrac{1}{5} + \dfrac{1}{3} = \dfrac{8}{15}$이다.

답 $\dfrac{8}{15}$

필수예제 4

일반적인 주사위와 다른 두 주사위를 던져서 나온 눈의 숫자 x, y가 짝수일 확률이 각각 $\frac{1}{4}$, $\frac{2}{3}$라고 할 때, $x+y$가 짝수일 확률을 구하여라.

[풀이] $x+y$가 짝수일 경우는 x, y가 모두 짝수이거나 모두 홀수일 경우이다.

x, y가 모두 짝수일 확률은 $\frac{1}{4} \times \frac{2}{3} = \frac{1}{6}$이다.

x, y가 모두 홀수일 확률은 $\left(1 - \frac{1}{4}\right) \times \left(1 - \frac{2}{3}\right) = \frac{3}{4} \times \frac{1}{3} = \frac{1}{4}$이다.

따라서 구하는 확률은 $\frac{1}{6} + \frac{1}{4} = \frac{5}{12}$이다.

답 $\dfrac{5}{12}$

필수예제 5

길이가 각각 2cm, 3cm, 4cm, 5cm, 6cm 인 5개의 막대 중에서 3개를 골랐을 때 삼각형이 이루어질 확률을 구하여라.

[풀이] 5개의 막대 중에서 3개를 고르는 경우의 수는 $_5C_3 = \dfrac{5 \times 4 \times 3}{3 \times 2 \times 1} = 10$(가지)이다.

삼각형의 결정 조건에 의해 두 변의 길이의 합은 다른 한 변의 길이보다 커야 하므로 삼각형이 이루어지는 경우는 $(2, 3, 4)$, $(2, 4, 5)$, $(2, 5, 6)$, $(3, 4, 5)$, $(3, 4, 6)$, $(3, 5, 6)$, $(4, 5, 6)$의 7가지이다. 그러므로 구하는 확률은 $\dfrac{7}{10}$이다.

답 $\dfrac{7}{10}$

필수예제 6

오른쪽 그림과 같이 한 변의 길이가 4인 정사각형 ABCD의 한 내부의 점 P를 임의로 택할 때 △PBC의 넓이가 5보다 클 확률을 구하여라.

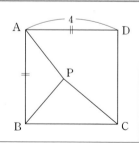

[풀이] △PBC의 넓이의 최댓값은 $4 \times 4 \times \frac{1}{2} = 8$이다.

그러므로 △PBC의 넓이가 5보다 클 확률은 $\dfrac{(8-5)}{8} = \dfrac{3}{8}$이다.

답 $\dfrac{3}{8}$

연습문제 17

[실력다지기]

01 다음 그림과 같이 원 위에 8개의 점이 있다. 두 점을 양 끝으로 하는 선분 2개를 임의로 선택할 때, 두 선분이 원 내부에서 교점이 생길 확률을 구하여라. (단, 원 위의 교점은 생각하지 않는다.)

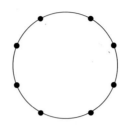

02 다음 그림과 같이 주머니 A에는 흰 공 2개와 검은 공 3개가 들어 있고, 주머니 B에는 흰 공과 검은 공이 각각 1개씩 들어 있다. 주머니 A에서 임의로 두 개의 공을 꺼내어 주머니 B에 넣은 후, 다시 주머니 B에서 임의로 두 개의 공을 꺼내어 주머니 A에 넣었을 때, 주머니 B에 남아 있는 두 개의 공의 색깔이 같게 될 확률을 구하여라.

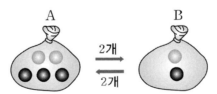

A   B
2개 →
← 2개

03 책상 위에 m a t h e m a t i c s 와 같이 11개의 카드가 놓여 있다. 이 11개의 카드에서 카드를 한 개씩 다섯 번 뽑아 뽑은 순서대로 카드를 배열할 때 , 그 카드에 적힌 알파벳이 자음부터 시작하여 자음과 모음이 교대로 배열될 확률을 구하여라.

(단, a , e , i 는 모음이고, 뽑은 카드는 다시 책상 위에 놓지 않는다.)

04 정육면체 모양의 두 상자 A , B가 있다. 각 상자에는 각각 여섯 개의 면에 1, 1, 2, 2, 2, 3과 1, 1, 1, 2, 2, 3의 숫자가 하나씩 적혀 있다. 이 상자를 던져 바닥에 닿는 면에 나오는 수를 점수라 할 때, 두 상자 A , B를 동시에 던져 나오는 점수의 합이 3이 될 확률을 구하여라.

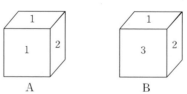

05 다음 그림과 같이 한 변의 길이가 일정한 3개의 정사각형 모양으로 이루어진 도로망에서 갑은 지점 A_0에서 출발하여 지점 B_3까지 최단 거리로 이동하고, 을은 지점 B_0에서 출발하여 지점 A_3까지 최단거리로 이동한다. 갑과 을이 동시에 출발하여 같은 속력으로 이동할 때, 두 사람이 서로 만날 확률을 구하여라. (단, 교차점에서 각각의 경로를 선택하는 확률은 같다.)

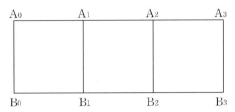

06 1에서 6까지의 숫자가 각각 적힌 카드 6장이 있다. 처음 한 장을 뽑았을 때의 숫자를 x, 다음에 한 장을 뽑았을 때의 숫자를 y라 할 때, $2x+y > 14$일 확률을 구하여라. (단, 처음 뽑은 카드는 다시 사용하지 않는다.)

[실력 향상시키기]

07 반지름의 길이가 2인 동전을 다음 그림과 같이 한 변의 길이가 14인 정사각형 안에 완전히 들어가도록 던졌을 때, 동전이 정사각형 내부의 선에 닿을 확률을 구하여라.
(단, 접하는 것도 포함한다. 선의 두께는 무시한다.)

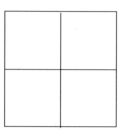

08 주머니 속에 빨간 공과 파란 공이 있다. 이 주머니에서 한 개의 공을 꺼낼 때, 파란 공을 꺼낼 확률이 $\dfrac{3}{5}$ 이고, 이 주머니에 10개의 빨간 공과 5개의 파란 공을 더 넣었을 때, 빨간 공을 꺼낼 확률이 $\dfrac{8}{15}$ 이 된다고 할 때, 처음의 주머니에 들어 있던 파란 공과 빨간 공의 개수를 구하여라.

[응용하기]

09 주머니 A에는 1, 2, 3, 4, 5의 숫자가 하나씩 적혀 있는 5장의 카드가 들어 있고, 주머니 B에는 1, 2, 3, 4, 5, 6의 숫자가 하나씩 적혀 있는 6장의 카드가 들어 있다. 한 개의 주사위를 한 번 던져서 나온 눈의 수가 3의 배수이면 주머니 A에서 임의로 카드를 한 장 꺼내고, 3의 배수가 아니면 주머니 B에서 임의로 카드를 한 장 꺼낸다. 주머니에서 꺼낸 카드에 적힌 수가 짝수일 때, 그 카드가 주머니 A에서 꺼낸 카드일 확률을 구하여라.

10 두 종류의 카드 A, B가 있다. A형 카드의 양면에는 모두 ○ 표시가 있고, B형 카드의 한 면에는 ○, 다른 한 면에는 × 표시가 있다. A형 카드 2장과 B형 카드 3장이 들어 있는 상자에서 임의로 3장의 카드를 꺼내어 탁자 위에 올려놓을 때, 세 장 모두 ○ 표시가 보일 확률을 구하여라.

11 1부터 9까지의 자연수가 각각 하나씩 적힌 아홉 개의 공이 주머니에 들어 있다. 이 주머니에서 임의로 한 개의 공을 꺼내어 공에 적힌 수가 홀수이면 한 개의 주사위를 한 번 던지고, 짝수이면 한 개의 주사위를 두 번 던지는 게임을 한 번 하였더니 두 번 중 한 번 주사위의 눈이 6이 나왔을 때, 공에 적힌 수가 홀수이었을 확률을 구하여라. (단, p와 q는 서로소인 자연수이고, 공의 크기와 모양은 모두 같다.)

12 2개의 구슬이 들어 있는 상자가 있다. 다음과 같은 방법으로 이 상자에 구슬을 넣거나 이 상자에서 구슬을 꺼내는 시행을 한다.

(가) 한 개의 동전을 던져서 앞면이 나오면 상자에 한 개의 구슬을 넣고, 뒷면이 나오면 상자에서 한 개의 구슬을 꺼낸다.

(나) 상자에 들어 있는 구슬이 하나도 없거나 5개가 되면 시행을 끝낸다.

이 시행이 끝날 때까지 동전을 던진 횟수가 4개 이하일 확률을 구하여라.

Part V 기하

18강 이등변삼각형

1 핵심요점

1. 정리

두 변의 길이가 같은 삼각형을 이등변삼각형이라 하며 같은 두 변을 이등변삼각형의 등변이라 하며 제 3의 변을 이등변삼각형의 밑변이라고 한다. 두 등변에 끼인 각을 꼭지각이라고 하며 등변과 밑변에 끼인 각을 밑각이라고 한다.

2. 이등변삼각형의 성질(정리)

① 이등변삼각형의 두 밑각의 크기는 동일하다. (간단히 "등변이면 등각이다."라고 함)[주1]

② 이등변삼각형에서 꼭지각의 이등분선, 밑변의 중선, 밑변의 높이는 완전히 포개어지면, 간단히 "삼선합일"이라고 한다.[주2]

③ 한 각이 60°인 이등변삼각형은 반드시 정삼각형이다.

3. 각의 이등분선에 관한 정리(즉, 각의 이등분선에 관한 성질)

각을 균등하게 반으로 나누는 이등분선상위의 점에서 두 변까지의 거리는 동일하다. 반대로 두 변까지의 거리가 동일한 점은 각의 이등분선에 있다.[주3]

4. 선분에 내려진 수직이등분선의 정리(즉, 선분에 내려진 수직이등분선의 성질)

선분에 내려진 수직이등분선상의 점에서 선분 양 끝 점까지의 거리는 같다. 역으로 선분 양 끝 점까지의 거리가 같은 점은 이 선분에 내려진 수직이등분선상에 있다.[주4]

5. 이등변삼각형은 축 대칭(선대칭) 도형이고, 대칭축은 밑변 위에 있는 높이(또는 중선 또는 꼭지각의 이등분선)이다.

이 강에서는 이등변삼각형의 성질(정리)과 각의 이등분선 정리, 선분에 내려진 수직이등분선의 정리를 응용하여 이등변삼각형 도형의 기하학적 문제들과 관련 있는 문제들을 해결하는 방법에 대해 소개한다.

---

1) [주] 역으로 한 삼각형의 두 각의 크기가 같다면 이 삼각형은 이등변삼각형이다. (간단히 "등각이면 등변이다." 라고 함) 이 강 마지막에 수록된 "부록" 의 정리1, 정리2를 참고

2) [주] 이 강 마지막에 수록된 "부록" 의 정리1의 [평론과 주석]을 참고하시오.

3) [주] 이 강 마지막에 수록된 "부록" 의 정리3, 정리4를 참고하시오.

4) [주] 이 강 마지막에 수록된 "부록" 의 정리5, 정리6을 참고하시오.

2 필수예제

1. 각도 구하기

필수예제 1

다음 그림에서 △ABC는 AB = AC이고, 점 D는 AC 위에 있으며
BD = BC = AD일 때, ∠A를 구하여라.

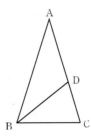

[풀이] AB = AC이고 BD = BC = AD이므로 "등변이면 등각이다."라는 사실로부터
∠ABC = ∠C = ∠BDC이고 ∠A = ∠ABD이다.
∠A = x°라고 하면 "외각 정리에 의해 ∠BDC = ∠A + ∠ABD = $2x$° 이다.
즉, ∠ABC = ∠C = ∠BDC = $2x$° 이다.
그러므로 삼각형 내각의 합 정리에 의해 x° + $2x$° + $2x$° = 180° 이다.
즉, $5x = 180$이므로 $x = 36$, ∠A = 36° 이다.   **답** 36°

필수예제 2

다음 그림에서 DE는 △ABC의 변 AB의 수직이등분선이고, AB,
BC와 각각 점 D, E에서 만나며, AE가 ∠BAC의 이등분선 일 때
균등하게 반으로 나눌 때, ∠B = 30° 라면 ∠C를 구하여라.

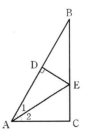

[풀이] DE는 AB의 수직이등분선이므로 EA = EB이며 ∠1 = ∠B (등변이면 등각)이다.
또 AE는 ∠BAC를 이등분하므로 ∠2 = ∠1이고
∠2 = ∠1 = ∠B = 30° 이다.
∠AEC = ∠1 + ∠B이므로, 삼각형의 내각의 합 정리에 의해
∠C = 180° − ∠B − ∠1 − ∠2 = 180° − 3 × 30° = 90° 이다.   **답** 90°

오른쪽 그림에서 △ABC는 AB = AC이고 AD = AE이며 ∠BAD = 60°일 때, ∠EDC를 구하여라.

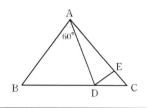

[풀이] ∠EDC = $x°$, ∠B = $y°$라고 하자.

AB = AC이므로 ∠C = ∠B = $y°$(등변이면 등각)이다.

같은 원리로 AD = AE이므로 ∠AED = ∠ADE이다.

외각 정리로 부터

∠AED = ∠ADE = $x° + y°$, ∠ADC = ∠B + ∠BAD이다.

즉, ∠ADE + ∠EDC = ∠B + ∠BAD이다. 그러므로

$(x° + y°) + x° = y° + 60°$이다. $x° = 30°$, 즉, ∠EDC = 30°이다.

答 30°

2. 수직 증명하기

오른쪽 그림에서 △ABC는 AB = AC이고, 점 E는 CA의 연장선 위에 있으며 ∠AEF = ∠AFE일 때, EF ⊥ BC를 증명하여라.

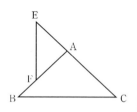

[증명] ∠EAF의 이등분선과 변 EF의 교점을 D라 하면, ∠EAD = ∠FAD이다.

∠AEF = ∠AFE이므로, △AEF는 이등변삼각형이고, "삼선합일"로 EF ⊥ AD이다. 또 AB = AC이므로 ∠B = ∠C이다.

외각 정리에 의해 ∠EAD + ∠FAD = ∠B + ∠C이다.

즉, ∠EAD + ∠EAD = ∠C + ∠C이므로 ∠EAD = ∠C이다.

따라서 DA ∥ BC(동위각이 같다.)이다. 그러므로 EF ⊥ AD(두 평행선 중 한 선에 수직이면 다른 한 평행선에도 반드시 수직이다.)이다.

[평론과 주석] 이 예제를 증명하는 방법은 매우 많다. 예를 들면 다음과 같다.

① 아래 왼쪽 그림과 같이 보조선을 그어 AG⊥BC을 만들고, 수선의 발은 점 G이다. 이미 알고 있는 조건들을 사용하여 BF ∥ AG를 증명하고 이로부터 EF ⊥ BC를 얻는다.

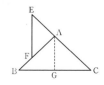
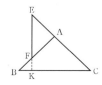

△AEF는 이등변삼각형이다. 꼭지각의 이등분선과 EF의 교점을 D라 하면, AD는 "삼선합일"이므로 EF ⊥ AD이고 이로서 DA∥BC만 증명하면 된다.

② 위 가운데 그림처럼 보조선을 긋는다. EF를 연장하여 변 BC와 교점을 라고 한다. 이미 알고 있는 조건들로 $\angle C + \angle E = 90°$임을 증명할 수 있다.

그러므로 $\angle EKC = 90°$, 즉, $EF \perp BC$이다.

③ 위 오른쪽 그림처럼 보조선을 긋습니다. 점 E를 지나는 EH는 BH $/\!/$ BC이고 BA의 연장선과 H에서 만난다.

이미 알고 있는 조건들로 $\angle AEF + \angle AEH = 90°$를 증명할 수 있다.

그러므로 $EF \perp EH$, 즉, $EF \perp BC$이다.

3. 각의 관계 증명하기

필수예제 5

오른쪽 그림에서 AD는 $\angle BAC$의 이등분선이고, 점 B에서 AD에 내린 수선의 발을 P라 하자. $AB = 5$, $BP = 2$, $AC = 9$일 때 $\angle ABC = 3\angle C$임을 증명하여라.

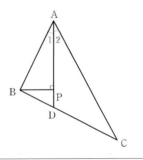

분석 tip

이 문제에 제시된 조건들을 보았을 때 이 문제와 "이등변삼각형"은 아무 관계가 없는 것처럼 보이지만, AP가 BP와 수직하고, $\angle BAC$를 이등분한다. 그러므로 이등변삼각형("삼선합일"을 사용한다. BP를 연장하여 변 AC와의 교점을 E라 하면, $\triangle ABE$는 이등변삼각형이다.)을 만들 수 있다.

또 $AB = AE = 5$, $BP = PE = 2$이므로 $EC = EB = 4$임을 알 수 있다. 그리하여 두 이등변삼각형($\triangle ABE$와 $\triangle EBC$)으로 증명하고자 하는 결론을 해결할 수 있다.

[증명] BP의 연장선과 변 AC와의 교점을 E라 하자.

$BE \perp AP$이므로 $\angle 1 + \angle ABE = \angle 2 + \angle AEB = 90°$이고

또 AP는 $\angle BAC$를 이등분하므로 $\angle 1 = \angle 2$이다.

따라서 $\angle ABE = \angle AEB$이다. 그러므로 $AB = AE = 5$,

$PE = PB = 2$, $EB = PE + PB = 2 + 2 = 4$이다.

또 $AC = 9$이므로 $EC = AC - AE = 9 - 5 = 4$이다.

그러므로 $EB = EC$이고 $\angle C = \angle EBC$이다.

또 외각 정리에 의해 $\angle AEB = \angle EBC + \angle C$이면

$\angle AEB = 2\angle C$이고 이로부터 $\angle ABE = 2\angle C$이다.

따라서 $\angle ABC = \angle ABE + \angle EBC = 2\angle C + \angle C = 3\angle C$이다.

[평론과 주석] 일반적으로 한 점에서 각의 이등분선에 수직인 선분을 만든다. 이 수직인 선분을 연장하여 다른 변과 만나게 하면 이등변삼각형(이것은 보조선을 긋는데 자주 사용되는 방법이다.)이 만들어지고 "삼선합일"이 나타나므로 문제를 푸는데 큰 도움이 된다.

4. 선분이 동일하다는 것 증명하기

다음 그림에서 $AB = AC$이고, $BD = CE$가 되도록 변 AB 위에 점 D를, 변 AC의 연장선 위에 점 E를 잡는다. DE와 BC의 교점을 G라 할 때, $DG = GE$임을 증명하여라.

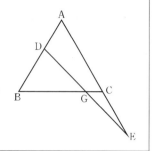

분석 tip
이미 알고 있는 사실 $BD = CE$를 어떻게 사용하는가 하는 것이 이 문제를 푸는 열쇠이다. 가장 직접적인 방법은 점 D를 지나는 DF를 만들어 $DF /\!/ AC$가 되게 하고 점 F에서 BC와 만나도록 한다. 이렇게 해도 $BD = FD$라는 결론을 얻을 수 있다.)에 오게 하면 $BD = CE$를 사용하여 $\triangle DFG \equiv \triangle ECG, DG = GE$를 증명할 수 있다.

[증명] 점 D를 지나 AC에 평행한 직선과 변 BC와의 교점을 F라 하면
　　　　$\angle DFB = \angle ACB$(동위각)이다.
　　　　또 $AB = AC$이므로 $\angle B = \angle ACB$이다.
　　　　$\angle DFB = \angle B$이므로 $FD = BD = CE$이다.
　　　　$\angle DFB = \angle ACB$이므로 $\angle DFG = \angle ECG$(등각의 보각은 동일)이다.
　　　　$\triangle DFG$와 $\triangle ECG$에서 $\angle DFG = \angle ECG$(이미 증명되었음),
　　　　$\angle DGF = \angle EGC$(맞꼭지각), $FD = CE$(이미 증명되었음)이므로
　　　　$\triangle DFG \equiv \triangle ECG$(ASA합동)이다.
　　　　따라서 $DG = GE$이다.

[평론과 주석] 이 문제를 증명하는 방법은 매우 많다. 모두 이등변삼각형 ABC의 밑각이 동일한 것을 새로운 합동 삼각형의 변이 동일하도록 바꾸는 방법을 사용한다.
예를 들면 다음과 같다.
① 아래 그림과 같이, 점 E를 지나 AB에 평행한 직선과 BC의 연장선과의 교점을 F라 한다. 우선 $\triangle ECF$가 이등변삼각형임을 증명하여 $EF = EC = BD$를 증명하고, 그 다음에 $\triangle DBG \equiv \triangle EFG$를 증명하여 $DG = GE$를 얻는다.

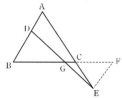

② 아래 그림과 같이, 점 D에서 변 BC에 내린 수선의 발을 M, 점 E에서 변 BC의 연장선에 내린 수선의 발을 N이라 하면, $\triangle DGM \equiv \triangle EGN$(ASA합동)을 증명할 수 있고, 이로부터 $DG = GE$를 얻을 수 있다.

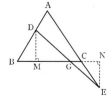

040 Part 5 기하

필수예제 7

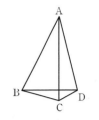

오른쪽 그림과 같이 △ABC에서 AB = AC이고
∠ABC는 60°보다 크며, ∠ABD = 60°,
∠ADB = 90° − $\frac{1}{2}$∠BDC일 때,
AB = BD + DC임을 증명하여라.

분석 tip

두 선분의 합이 나머지 한 선분의 길이와 같음을 증명하려면 우선 두 선분을 한 선분으로 만들어야 하므로 보조선을 그을 필요가 있다. 자주 사용되는 방법은 한 선을 연장하고 연장선에서 다른 선분과 동일한 길이의 부분을 자르는 것이다.

[증명] BD의 연장선 위에 DE = DC가 되도록 점 E를 잡고, AE를 연결한다.

$$∠ADC = ∠ADB + ∠BDC$$
$$= 90° − \frac{1}{2}∠BDC + ∠BDC$$
$$= 90° + \frac{1}{2}∠BDC,$$
$$∠ADE = 180° − ∠ADB$$
$$= 180° − (90° − \frac{1}{2}∠BDC)$$
$$= 90° + \frac{1}{2}∠BDC$$

이므로 ∠ADE = ∠ADC이다.

또 AD = AD(공통변)이고 DC = DE이므로

△ADC ≡ △ADE(SAS합동)이고 AE = AC이다.

또 AC = AB이므로 AE = AB이다.

∠ABE = 60°이므로 △ABE는 정삼각형이고 AB = BE이다.

따라서 AB = BE = BD + DE = BD + CD이다.

[평론과 주석] 분석에 근거하여 다음과 같이 보조선을 그을 수도 있다. (아래 그림 참고)

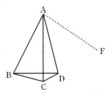

CD의 연장선 위에 DF = DB가 되도록 점 F를 잡고, AF를 연결한다.

이로부터 △ADB ≡ △ADF(SAS합동)을 증명하는 것을 통해

AB = CD + BD를 증명할 수 있다.

([주] 자세한 증명 방법은 위의 유형과 비슷하므로 생략하겠다.)

[실력다지기]

01 다음 물음에 답하여라.

(1) 이등변삼각형의 _____, _____, _____는 서로 완전히 포개어 합쳐진다.

(2) 이등변삼각형의 한 각이 $80°$일 때, 나머지 두 각을 구하여라.

(3) 이등변삼각형의 밑각이 꼭지각의 2배일 때, 이 삼각형의 세 각을 모두 구하여라.

(4) 이등변삼각형의 둘레가 13이고, 그 중 한 변의 길이가 3일 때, 이 이등변삼각형의 밑변의 길이를 구하여라.

(5) 이등변삼각형의 한 변의 길이는 5이고, 나머지 한 변의 길이는 7일 때, 이 이등변삼각형의 둘레의 길이를 구하여라.

02 다음 물음에 답하여라.

(1) 오른쪽 그림의 $\triangle ABC$에서 $\angle A = 46°$, $BE = BD$, $CD = CF$일 때, $\angle EDF$를 구하여라.

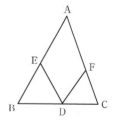

(2) 다음 그림의 △ABC에서 ∠ACB = 90°, AC = AD, BC = BE일 때,
∠DCE를 구하면?

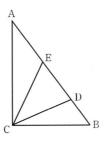

① 60°

② 45°

③ 30°

④ ∠A의 크기에 따라 변함

(3) 삼각형의 한 외각의 이등분선이 삼각형의 한 변과 평행하다면 이 삼각형은 어떤 삼각형인지 구하여라.

03 (1) 다음 그림의 △ABC에서 ∠A = 90°, AB = AC이고, ∠ABC의 내각이등분선과 변 AC와의 교점을 D라 하고, 점 D에서 변 BC에 내린 수선의 발을 E라 한다.
BC = 6cm일 때, △DEC의 둘레의 길이를 구하여라.

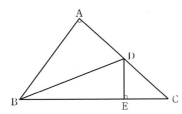

(2) 다음 그림에서 $AB = AC$, $BD \perp AC$일 때, $\angle DBC = \dfrac{1}{2} \angle A$임을 증명하여라.

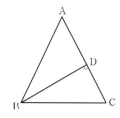

04 다음 그림의 $\triangle ABC$에서 $AB = AC$, $BC = BD = DE = EA$일 때, $\angle A$를 구하여라.

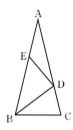

05 오른쪽 그림의 $\triangle ABC$에서 $\angle A = 30°$, CD는 $\angle BCA$의 내각이등분선이고, ED는 $\angle CDA$의 내각이등분선이고, EF는 $\angle DEA$의 내각이등분선이다. $DF = EF$일 때, $\angle B$의 크기를 구하여라.

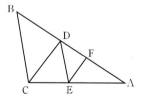

[실력 향상시키기]

06 오른쪽 그림의 오각형 ABCDE에서 ∠B = ∠E, AB = AE, BC = ED, 점 M은 변CD의 중점일 때, AM ⊥ CD임을 증명하여라.

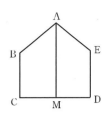

07 다음 그림의 오각형 ABCDE에서 ∠A = ∠B = 120°이고, EA = AB = BC = $\frac{1}{2}$DC = $\frac{1}{2}$DE일 때, ∠D를 구하여라.

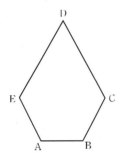

08 오른쪽 그림에서 AC는 ∠BAD의 내각이등분선이고, ∠B + ∠D = 180°일 때, CB = CD임을 증명하여라.

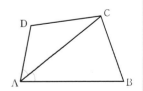

09 다음 그림에서 △ABC는 한 변의 길이가 1인 정삼각형이고, △BDC는 꼭지각이 120°인 이등변삼각형이다. 점 D를 정점으로 하는 60°의 각을 만들고 각의 양변을 각각 변 AB와 M에서, 변 AC와 N에서 만나게 하고, MN을 연결하여 △AMN을 만들 때, △AMN의 둘레가 2라는 것을 증명하여라.

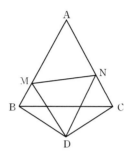

10 다음 그림의 △ABC에서 BC = AC = 5, ∠ACB = 80°이고 점 O는 △ABC 안에 있는 한 점이며, ∠OAB = 10°, ∠OBA = 30°일 때, 선분 AO의 길이를 구하여라.

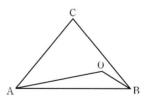

정리1 이등변삼각형의 두 밑각은 같다. (간단히 "등변이면 등각"이라고 한다.) 오른쪽 그림의 △ABC에서 AB = AC일 때, ∠B = ∠C 임을 증명하여라.

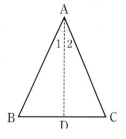

정리2(정리 1의 역 정리) 삼각형의 두 각이 같으면 이 삼각형은 이등변삼각형이다. (간단히 "등각이면 등변"이라고 함.) 오른쪽 그림의 △ABC에서 ∠B = ∠C 일 때, AB = AC 임을 증명하여라.

정리3(각의 이등분선에 관한 정리) 각의 이등분선 위의 한 점과 이 각의 양 변의 거리는 같다. 오른쪽 그림에서 OC는 ∠AOB의 이등분선이고, 점 P는 OC 위에 있으며 PD ⊥ OA, PE ⊥ OB이고, 수선의 발은 각각 점 D, E일 때, PD = PE임을 증명하여라.

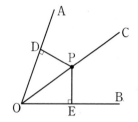

정리4(각의 이등분선에 관한 정리의 역정리) 각의 양 변에 이르는 거리가 같은 점은 이 각의 이등분선 위에 있다. 위의 오른쪽 그림에서 점 P는 ∠AOB 내의 한 점이고 PD ⊥ OA, PE ⊥ OB이다. 수선의 발은 각각 D, E이고, PD = PE일 때, OP는 ∠AOB을 이등분함을 증명하여라.

정리5(선분의 수직이등분선 정리) 선분의 수직이등분선 위의 점에서 선분의 양 끝 점까지의 거리는 같다. 오른쪽 그림에서 직선 MN ⊥ AB이고 수선의 발은 점 C이며 AC = BC이고 점 P는 MN 위에 있는 임의의 한 점일 때, PA = PB임을 증명하여라.

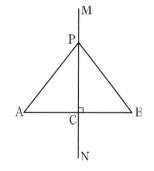

정리6(선분의 수직이등분선 정리의 역 정리) 선분의 양 끝 점까지의 거리가 같은 점은 이 선분의 수직이등분선 위에 있다. 오른쪽 그림에서 점 P는 선분 AB 밖에 있는 한 점이고, PA = PB이며, 점 P를 지나는 PC는 PC ⊥ AB이고 점 C에서 만날 때, AC = BC (즉 점 P가 AB의 수직이등분선 위에 있음)임을 증명하여라.

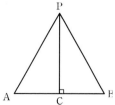

19강 직각삼각형

1 핵심요점

1. 정리

한 내각이 직각(즉, $90°$)인 삼각형을 **직각삼각형**이라 하고, 직각삼각형에서 직각 맞은편에 있는 변을 **빗변**, 그 외 두변을 **직각변**이라고 한다.

2. 직각삼각형의 특수한 성질(정리)

직각삼각형은 특수한 삼각형이므로 일반 삼각형의 성질 외에 다음과 같은 특수한 성질들을 가진다.

① 직각삼각형에서 두 예각은 서로의 여각이고, 특히 직각이등변삼각형의 경우 두 예각은 모두 $45°$이다.

② 피타고라스 정리 : 직각삼각형에서 두 직각변 길이 제곱의 합은 빗변 길이의 제곱과 같다.

③ 피타고라스 정리의 역 정리 : 삼각형에서 두 변 길이 제곱의 합과 제 3의 변 길이의 제곱이 같다면 제 3의 변 맞은 편의 각은 직각(즉, 이 삼각형은 직각삼각형임)이다.

④ 직각삼각형에서 한 예각이 $30°$이면 $30°$의 맞은편에 있는 직각변은 빗변의 절반이다. [주1]

⑤ 직각삼각형에서 한 직각변이 빗변의 절반이라면 이 직각변의 맞은편에 있는 각은 $30°$이다. [주2]

⑥ 직각삼각형에서 빗변 위에 있는 중선은 빗변의 절반이다. 반대로 삼각형에서 한 변위에 있는 중선이 그 변의 절반이라면 이 변 맞은편에 있는 각은 $90°$ (즉, 이 삼각형은 직각삼각형임)이다. [주3]

*무리수의 개념을 알고 학습하면 도움이 됩니다.

2 필수예제

1. 성질 ①의 응용

필수예제 1

다음 그림에서 AD, AF는 각각 $\triangle ABC$의 높이와 각의 이등분선이며 $\angle B = 36°$, $\angle C = 76°$일 때, $\angle DAF$를 구하여라.

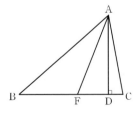

[풀이] $\angle B = 36°$, $\angle C = 76°$이므로
$\angle BAC = 180° - 36° - 76° = 68°$이다.

---

1) [주] 이 강 마지막에 수록된 "부록" 중의 정리1 참고
2) [주] 성질 정리 ④의 역 정리, 이 강 마지막에 수록된 "부록" 중의 정리2 참고
3) [주] 이 강 마지막에 수록된 "부록" 중의 정리3, 4 참고

050 Part 5 기하

AF는 ∠BAC를 이등분하므로

$\angle \mathrm{FAC} = \dfrac{1}{2} \angle \mathrm{BAC} = \dfrac{1}{2} \times 68\,^\circ = 34\,^\circ$ 이다.

$\mathrm{AD} \perp \mathrm{BC}$ 이므로 $\angle \mathrm{DAC} = 90\,^\circ - \angle \mathrm{C} = 90\,^\circ - 76\,^\circ = 14\,^\circ$ 이다.

그러므로 $\angle \mathrm{DAF} = \angle \mathrm{FAC} - \angle \mathrm{DAC} = 34\,^\circ - 14\,^\circ = 20\,^\circ$ 이다.

[평론과 주석] 이 문제의 해결방법으로 다음과 같은 일반적인 결론을 얻을 수 있다.

$\triangle \mathrm{ABC}$ 에서 $\angle \mathrm{C} > \angle \mathrm{B}$ 일 때 점 A에서 변 BC에서 내린 수선의 발을 D 라고 하고, AF가 ∠BAC를 이등분하면 $\angle \mathrm{FAD} = \dfrac{1}{2}(\angle \mathrm{C} - \angle \mathrm{B})$ 이다.

답 20˚

2. 피타고라스 정리의 응용

필수예제 2

다음 그림에서 $\mathrm{AC} = 10$, $\mathrm{BC} = 17$, 점 C에서 변AB에 내린 수선의 발을 D 라 하고, $\mathrm{CD} = 8$일 때, $\triangle \mathrm{ABC}$의 넓이를 구하여라.

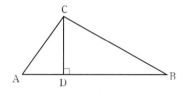

분석 tip
CD⊥AB로 두 직각삼각형을 얻을 수 있고, 피타고라스 정리로 AD, BD의 길이를 구할 수 있다. 이로부터 AB의 길이와 △ABC의 넓이를 구할 수 있다.

[풀이] 직각삼각형 ACD에서 피타고라스 정리로부터 $\mathrm{AD}^2 + \mathrm{CD}^2 = \mathrm{AC}^2$ 이다.

$\mathrm{AD}^2 = \mathrm{AC}^2 - \mathrm{CD}^2 = 10^2 - 8^2 = 36 = 6^2$ 이므로 $\mathrm{AD} = 6$ 이다.

같은 원리로 직각삼각형BCD에서 피타고라스 정리로부터

$\mathrm{BD}^2 = 17^2 - 8^2 = 225 = 15^2$ 이므로 $\mathrm{BD} = 15$ 이다.

따라서 $\triangle \mathrm{ABC}$의 넓이 $= \dfrac{1}{2} \times \mathrm{CD} \times \mathrm{AB}$

$$= \dfrac{1}{2} \times \mathrm{CD} \times (\mathrm{AD} + \mathrm{BC})$$

$$= \dfrac{1}{2} \times 8 \times (6 + 15) = 84$$

이다.

답 84

필수예제 3

다음 그림의 $\triangle ABC$에서 $\angle C = 90°$, $\angle B = 30°$이고, AD는 $\angle BAC$의 이등분선이며, $AB = 4\sqrt{3}$일 때, AD의 길이를 구하여라.

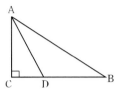

분석 tip

$\angle C = 90°$, $\angle B = 30°$임은 이미 알고 있으므로 반드시 성질 ④를 이용하여
$AC = \dfrac{1}{2}AB = 2\sqrt{3}$을 얻는다.
그리고 각의 이등분으로
$\angle CAD = \dfrac{1}{2}(90° - 30°)$
$= 30°$를 얻을 수 있으므로 또 다시 성질 ④를 이용하여
$AD = 2CD = BD$임을 얻는다.
BC
$= CD + BD = \dfrac{1}{2}BD + BD$
$= \dfrac{3}{2}BD$이고,
BD
$= \dfrac{2}{3}BC = \dfrac{2}{3}\sqrt{AB^2 - AC^2}$
$= \dfrac{2}{3}\sqrt{(4\sqrt{3})^2 - (2\sqrt{3})^2}$
이며 이로부터 AD의 길이를 구할 수 있다.

[풀이] $\angle C = 90°$, $\angle B = 30°$, $AB = 4\sqrt{3}$이므로,
성질 ④를 이용하면 $AC = \dfrac{1}{2}AB = 2\sqrt{3}$이다.
따라서 피타고라스 정리에 의해
$BC^2 = AB^2 - AC^2 = 48 - 12 = 36 = 6^2$이다. 즉, $BC = 6$이다.
또 $\angle B = 30°$이므로 $\angle BAC = 90° - \angle B = 60°$이다.
AD는 $\angle BAC$를 이등분하므로 $\angle CAD = \angle DAB = 30°$이고
$AD = BD$(등각이면 등변)이다.
성질 ④를 이용하면 $CD = \dfrac{1}{2}AD = \dfrac{1}{2}BD$이다.
즉, $BD = \dfrac{2}{3}BC = \dfrac{2}{3} \times 6 = 4$이고 $AD = 4$이다.

답 4

필수예제 4

다음 그림에서 $30°$를 포함한 직각삼각형 세 개가 작은 것부터 큰 것 순으로 그림과 같이 순서대로 배열할 때, 이 삼각형들이 한 변은 동일하여 $AB = A'C' = B''C''$라면, 세 삼각형에서
$BC : B'C' : B''C'' = 3 : x : y$이다. x, y의 값을 구하여라.

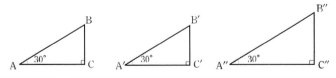

분석 tip

구하고자 하는 결론에서 BC가 세 곳에서 나오므로 계산상의 편의를 위해 $BC = 3k$라고 가정한 후 성질 ④를 이용하여 $B'C'$과 $B''C''$를 k에 대한 식으로 나타내면 비를 구할 수 있다.

[풀이] $BC = 3k$라고 하면 $\angle C = 90°$이고 $\angle A = 30°$이므로 성질 ④로 $A'C' = AB = 6k$임을 알 수 있다.
직각삼각형 $A'B'C'$에서 성질 ④로 $A'B' = 2B'C'$임을 알 수 있다.
피타고라스 정리로 $(A'B')^2 - (B'C')^2 = (A'C')^2$임을 알 수 있다.
그러므로 $4(B'C')^2 - (B'C')^2 = (6k)^2$이고 이것을 풀면 $B'C' = 2\sqrt{3}\,k$이다.

또 $B''C'' = AB = 6k$이므로

$BC : B'C' : B''C'' = 3k : 2\sqrt{3}\,k : 6k = 3 : 2\sqrt{3} : 6$이다.

📋 $x = 2\sqrt{3}$, $y = 6$

4. 직각이등변삼각형의 응용

필수예제 5

오른쪽 그림에서 직각삼각형 ABC는

$AB = AC$, $\angle BAC = 90°$이고, O는

BC의 중점이다. 다음 물음에 답하여라.

(1) 점 O에서 △ABC의 세 꼭짓점

　　A, B, C까지의 거리 관계를 구하여라.

(2) M, N이 선분 AB, AC 위의 점으로 $AN = BM$을 만족할 때, △OMN이 어떤 삼각형인지 증명하여라.

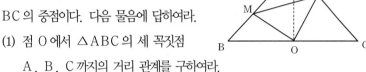

[풀이] (1) AO를 연결하여라. AO는 직각삼각형ABC의 빗변에 대한 중선이므로 성질 ⑥에 따라 $AO = \dfrac{1}{2}BC$임을 알 수 있다. 또 점 O는 BC의 중점,

즉, $BO = CO = \dfrac{1}{2}BC$이므로 구해야하는 관계는

$AO = BO = CO$(주의 : 우리는 성질 ⑥을 제시하였기 때문에 사실상 증명을 제시한 것과 같다.)이다.

📋 풀이참조

(2) △OMN은 직각이등변삼각형이다. (이것은 비교적 표준인 도형에 대해 구체적으로 측량하고 관찰, 분석하여 추측한 것이다.)

이제 이 결론을 증명하여 보자. AO를 연결한다.

$AB = AC$이고 점 O는 BC의 중점이므로 이등변삼각형의 중선

$AO \perp BC$이고

AO는 $\angle BAC$를 이등분 한다. 또 $\angle BAC = 90°$이고

$\angle B = \angle C = \angle BAO = \angle CAO = 45°$이다.

△AON과 △BOM에서 $AO = BO$, $\angle OAN = \angle B$(이미 증명되었음), $AN = BM$(이미 알고 있음)이면 △AON ≡ △BOM(SAS)이므로

$ON = OM$, $\angle AON = \angle BOM$(서로 대응하는 각, 서로 대응하는 변은 동일하다.)

또 $\angle AOM + \angle BOM = 90°$이므로 $\angle AOM + \angle AON = 90°$이다.

즉, $\angle MON = 90°$이고 이로서 △OMN은 직각이등변삼각형임을 알 수 있다.

📋 풀이참조

필수예제 6

오른쪽 그림의 사각형 ABCD에서
$\angle A = 60°$, $\angle B = \angle D = 90°$,
$AD = 8$, $AB = 7$일 때, $BC + CD$를 구하여라.

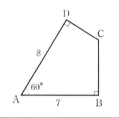

[풀이] AB의 연장선과 DC의 연장선의 교점을 E라고 하자.

$\angle A = 60°$, $\angle D = 90°$이므로 $\angle E = 30°$이고, 성질 ④로부터

$AD = \dfrac{1}{2} AE$이다.

그러므로 $AE = 2AD = 2 \times 8 = 16$이다.

따라서 직각삼각형 ADE에서 피타고라스 정리로부터

$DE^2 = AE^2 - AD^2 = 16^2 - 8^2 = 192$이다. 즉, $DE = 8\sqrt{3}$이다.

또 $BE = AE - AB = 16 - 7 = 9$, $\angle E = 30°$이므로

직각삼각형 BCE에서 성질 ④로부터 $BC = \dfrac{1}{2} CE$이다. 즉, $CE = 2BC$
이다.

피타고라스 정리로 $CE^2 - BC^2 = BE^2$이다. 즉, $(2BC)^2 - BC^2 = 9^2$이다.

이를 풀면 $BC = \sqrt{27} = 3\sqrt{3}$이고, $CE = 2BC = 6\sqrt{3}$이다.

따라서 $CD = DE - CE = 8\sqrt{3} - 6\sqrt{3} = 2\sqrt{3}$이므로

$BC + CD = 3\sqrt{3} + 2\sqrt{3} = 5\sqrt{3}$이다.

[평론과 주석]

① AD의 연장선과 BC의 연장선을 긋는 방법은 위의 풀이 방법과 비슷한
   유형(본질에 차이가 없음)이다. 이것은 모두 사각형 ABCD "외부"에 보
   조선을 긋는 것이다.

② 아래 왼쪽 그림이나 오른쪽 그림과 같이 사각형의 내부에 보조선을 그어
   도 이 문제를 풀 수 있다. 구체적인 풀이 방법은 상술한 것과 비슷하므로
   생략하겠다.

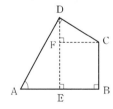
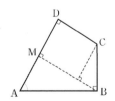

답 $5\sqrt{3}$

제19강

분석 tip

△ABC는 이등변삼각형이고 세 변의 길이는 이미 알고 있으므로 밑변 AC의 높이("삼선합일") BE를 DE와 연결해보자. 그런 후 기타 이미 알고 있는 조건으로 $AD = AE = CE$와 $\angle BAE = 30°$, $\angle EAD = 60°$를 증명하면 CD의 길이를 구할 수 있다.

필수예제 7

오른쪽 그림의 사각형 ABCD 에서 $\angle BAD = 90°$, $AB = BC = 2\sqrt{3}$, $AC = 6$, $AD = 3$일 때, CD 의 길이를 구하여라.

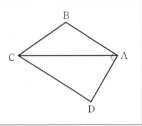

[풀이] 점 B 에서 AC 에 내린 수선의 발을 E라 하고, DE를 연결하자.

$AB = BC$ 이므로 이등변삼각형 ABC 의 밑변의 높이 BE는 중선이다.

그러므로 $AE = CE = \dfrac{1}{2}AC = \dfrac{1}{2} \times 6 = 3$이다.

또 $AD = 3$이면 $AE = AD$, 즉, △AED는 이등변삼각형이다.

직각삼각형 ABE 에서 피타고라스 정리로부터

$BE^2 = AB^2 - AE^2 = (2\sqrt{3})^2 - 3^2 = 3$, 즉, $BE = \sqrt{3}$ 이다.

그런데, $BE = \dfrac{1}{2} \times 2\sqrt{3} = \dfrac{1}{2}AB$이면 직각삼각형 ABE 에서

성질 ⑤에 따라 $\angle BAE = 30°$ 이다.

$\angle EAD = \angle BAD - \angle BAE = 90° - 30° = 60°$이므로

이등변삼각형 AED는 정삼각형이다.

즉, $DE = AD = 3 = \dfrac{1}{2} \times 6 = \dfrac{1}{2}AC$ 이다.

성질 ⑥으로 부터 $\angle ADC = 90°$이다.

직각삼각형 ACD 에서 피타고라스 정리로부터

$CD^2 = AC^2 - AD^2 = 6^2 - 3^2 = 27$이다. 즉, $CD = \sqrt{27} = 3\sqrt{3}$ 이다.

답 $3\sqrt{3}$

연습문제 19

▶ 풀이책 p.10

[실력다지기]

01 다음 물음에 답하여라.

(1) 6개의 얇은 나무 막대기의 길이는 각각 2, 4, 6, 8, 10, 12이다. 이 중에서 순서대로 세 개를 꺼내 직각삼각형 한 개를 만들었을 때, 세 나무 막대기의 길이를 각각 구하여라.

(2) 다음 그림의 직각이등변삼각형 ABC에서 ∠C = 90°, ∠CBD = 30° 일 때, $\dfrac{\overline{AD}}{\overline{CD}}$ 의 값은?

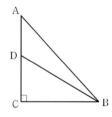

① $\dfrac{\sqrt{3}}{3}$ ② $\dfrac{\sqrt{2}}{2}$ ③ $\sqrt{3}-1$ ④ $\sqrt{2}+1$

(3) 오른쪽 그림의 사각형 ABCD에서 ∠ABC = ∠ADC = 90° 이고, 점 E, F는 각각 대각선 AC, BD의 중점일 때, 다음 중 성립하는 것은?

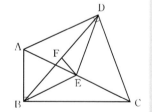

① $\overline{EF} \perp \overline{BD}$

② ∠AEF = ∠ABD

③ $\overline{EF} = \dfrac{1}{2}(\overline{AB} + \overline{CD})$

④ $\overline{EF} = \dfrac{1}{2}(\overline{CD} - \overline{AB})$

02 다음 물음에 답하여라.

(1) 직각삼각형의 두 직각변의 길이가 각각 6과 8일 때, 직각삼각형의 빗변 위의 높이를 구하여라.

(2) 오른쪽 그림의 직각삼각형 ABC에서 $\angle C = 90°$, $\angle A = 15°$이 고, AB의 수직이등분선과 변 AC와의 교점을 D, 변 AB와의 교점을 E라 하고, BD를 연결한다. BC = 1일 때, AD의 길이와 $\dfrac{BC}{AC}$를 구하여라.

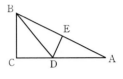

(3) 오른쪽 그림에서 그림 안의 사각형은 모두 정사각형이고, 삼각형은 모두 직각삼각형이며 그 중 가장 큰 정사각형의 길이는 7㎝이다. 정사각형 A, B, C, D의 넓이의 합을 구하여라.

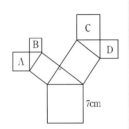

03 오른쪽 그림과 같이 정삼각형 ABC 내부의 점 P에서 세 변 AB, BC, CA에 내린 수선의 발을 각각 Q, R, S라 하고, PQ = 6, PR = 8, PS = 10일 때, △ABC의 넓이를 구하여라.

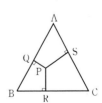

04 오른쪽 그림의 △ABC에서 AB = 13, AC = 15, BC = 14이고, 점 A에서 변 BC에 내린 수선의 발을 D라 할 때, AD의 길이를 구하여라.

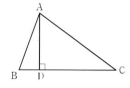

05 (1) 오른쪽 그림에서 점 B, C는 해안가에 있는 두 점이고, 점 A는 반대편 해안가의 한 점이며, ∠ABC = 45°, ∠ACB = 60°, BC = 60m일 때, 점 A에서 해안가 BC까지의 거리를 구하여라.

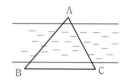

(2) 다음 그림의 직각삼각형 ABC에서 ∠ACB = 90°, ∠A < ∠B, CM은 빗변 AB의 중선이고, △ACM을 CM을 기준으로 접으면 점 A는 점 D에 오며, CD는 AB와 수직일 때, ∠A를 구하여라.

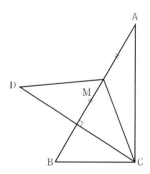

[실력 향상시키기]

06 다음 그림에서 높이는 $2\,\mathrm{m}$, 경사각도는 $30°$인 계단 표면에 카페트를 깔려고 할 때, 카페트의 길이는 적어도 몇 m인지 구하여라.

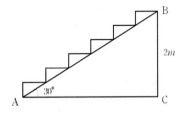

07 삼각형의 한 변의 길이는 2이고 이 변 위에 있는 중선의 길이는 1이며, 나머지 양 변의 합은 $1+\sqrt{3}$일 때, 이 삼각형의 넓이를 구하여라.

08 다음 그림의 $\triangle ABC$에서 $AB = AC$, $\angle BAC = 120°$, AC의 수직이등분선과 변 AC와의 교점을 E, 변 BC와의 교점을 F라 할 때, $BF = 2FC$임을 증명하여라.

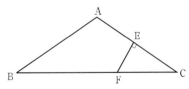

09 다음 그림에서 AD ⊥ CD, AB = 10, BC = 20, ∠A = ∠C = 30°일 때, AD, CD의 길이를 구하여라.

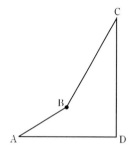

[응용하기]

10 이등변삼각형의 한 변의 높이는 다른 변의 절반일 때, 꼭지각을 구하여라.

11 오른쪽 그림의 예각삼각형 ABC에서 AD, CE는 각각 BC, AB 변 위의 높이이고, AD와 CE의 교점은 F라 한다. 선분 BF의 중점을 P, 변 AC의 중점을 Q라 하고, PQ와 DE를 연결한다.
(1) 직선 PQ는 선분 DE의 수직이등분선임을 증명하여라.

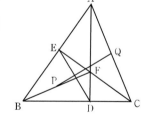

(2) △ABC가 ∠BAC > 90°인 둔각삼각형일 때, 위의 결론은 성립하는지 여부를 둔각삼각형에 근거하여 원래의 문제를 고치고, 이에 맞는 그림을 그린 후 증명하여라.

부록 몇 가지 정리에 대한 증명

정리1 직각삼각형에서 한 예각이 $30°$이면 그 예각의 맞은편에 있는 직각변은 빗변의 절반이다. 오른쪽 그림의 $\triangle ABC$에서 $\angle ACB = 90°$이고, $\angle A = 30°$일 때, $BC = \dfrac{1}{2}AB$임을 증명하여라.

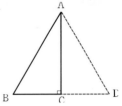

정리2 직각삼각형에서 한 직각변이 빗변의 절반이라면 이 직각변의 맞은편에 있는 예각은 $30°$이다.

(주 : 위의 정리 1의 역정리임) 위의 오른쪽 그림의 $\triangle ABC$에서 $\angle C = 90°$, $BC = \dfrac{1}{2}AB$일 때, $\angle A = 30°$를 증명하여라.

정리3 직각삼각형에서 빗변 위의 중선은 빗변의 절반이다. 다음 그림의 $\triangle ABC$에서 $\angle C = 90°$, $AD = BD$일 때, $CD = \dfrac{1}{2}AB$를 증명하여라.

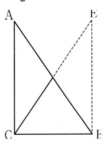

정리4 삼각형에서 한 변위의 중선이 그 변의 절반이라면 이 변의 맞은편에 있는 각은 $90°$ (즉, 이 삼각형은 직각삼각형)이다.

(주의 : 이 정리는 위의 정리 3의 역정리임) 오른쪽 그림을 보면 점 D는 AB의 중점이고 중선 $CD = \dfrac{1}{2}AB$임을 알 수 있다. $\angle ACB = 90°$임을 증명하면 된다.)

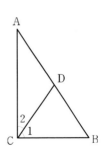

20강 평행사변형과 그 특수 도형

1 핵심요점

이 강에서는 주요하게 사각형의 네 가지 특수한 도형 평행사변형, 마름모, 직사각형, 정사각형에 대해 고찰해 보도록 하겠다.

이 네 가지 도형의 (포함)관계는 위의 그림과 같다. 마름모, 직사각형, 정사각형은 모두 특수한 평행사변형이고, 정사각형은 특수한 마름모, 직사각형이다. 이 네 가지 도형의 정의, 성질, 결정 조건, 대칭성은 아래 표와 같다.

유형	정의	성질	결정 조건	대칭성
평행 사변형	두 쌍의 대변이 각각 평행한 사각형을 평행사변형이라고 한다.	① 대변이 평행하다. ② 두 쌍의 대변의 길이가 각각 같다. (정리1)[*] ③ 두 쌍의 대각의 크기가 각각 같다. (정리1) ④ 두 대각선이 서로 다른 것을 이등분한다. (정리2) ⑤ 이웃하는 각은 서로 보각이다. (즉, 이웃하는 두 각의 합이 $180°$ 이다.) ───────────── (*) 괄호 안의 정리는 이 강 마지막에 수록된 "부록" 의 정리를 뜻함. 이하 동문	① 두 쌍의 대변이 각각 평행하다. ② 두 쌍의 대변의 길이가 각각 같다. (정리3) ③ 한 쌍의 대변이 평행하고, 그 길이가 같다. (정리4) ④ 두 쌍의 대각의 크기가 각각 같다. (정리5) ⑤ 두 대각선이 서로 다른 것을 이등분한다. (정리6)	• 점대칭 도형
마름모	네 변의 길이가 모두 같은 사각형을 마름모라고 한다.	① 평행사변형의 모든 성질을 가진다. ② 이웃하는 두 변의 길이가 같은 평행사변형이다. ③ 두 대각선이 서로 직교하고 대각을 이등분한다.(정리7) ④ 마름모의 넓이는 두 대각선의 길이의 곱의 절반이다.	① 이웃하는 두 변의 길이가 같은 평행사변형이다. ② 네 변이 같다. ③ 두 대각선이 직교하는 평행사변형이다.(정리8) ④ 두 대각선이 서로 다른 것을 수직이등분하는 사각형이다.	• 점대칭 도형 • 선대칭 도형

직사각형	네 내각의 크기가 모두 같은 사각형을 직사각형이라고 한다.	① 평행사변형의 모든 성질을 가진다. ② 한 각이 직각이 평행사변형이다. ③ 두 대각선의 길이가 같다. (정리9)	① 한 각이 직각인 평행사변형이다. ② 네 내각이 직각인 사각형이다. ③ 두 대각선의 길이가 같은 평행사변형이다. (정리10)	• 점대칭 도형 • 선대칭 도형
정사각형	네 변의 길이가 모두 같고, 네 내각의 크기가 모두 같은 사각형을 정사각형이라고 한다.	① 평행사변형, 마름모, 직사각형의 모든 성질을 가진다. ② 대각선과 변의 끼인 각은 45°	① 직사각형이면서 이웃하는 두 변의 길이가 같다. ② 마름모이면서 한 각이 직각인 사각형이다. ③ 두 대각선은 길이가 같고, 서로 다른 것을 수직 이등분하는 사각형이다.	• 점대칭 도형 • 선대칭 도형

이 네 가지 도형의 대각선을 연결하면 삼각형과 연결이 되므로 이 네 가지 도형을 연구하는데 있어 "평행" 성질을 충분히 이용하는 것 외에 특수한 삼각형, 합동 삼각형과의 밀접한 관계에 대해 연구해야한다.

2 필수예제

1. 평행사변형 성질의 응용

필수예제 1

다음 그림의 평행사변형 $ABCD$ 에서 $AB = 4\text{cm}$, $AD = 7\text{cm}$, $\angle ABC$ 의 이등분선은 AD 와 점 E 에서 교차하고, CD 의 연장선과는 점 F 에서 교차할 때, DF 의 길이를 구하여라.

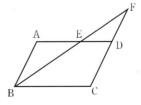

[풀이] 사각형 $ABCD$ 는 평행사변형이므로 $AD /\!/ BC$ 이고,

$\angle EBC = \angle AEB = \angle FED$ (엇각, 동위각 동일)이다.

또 $AB /\!/ FC$ 이므로 $\angle ABE = \angle F$ (엇각 동일)이다.

BE 가 $\angle ABC$ 를 이등분하므로

∠ABE = ∠CBE이고, ∠ABE = ∠AEB, ∠DEF = ∠F이다.

그러므로 AE = AB = 4(cm)이다.

따라서 DF = DE = AD − AE = 7 − 4 = 3 (cm)이다.

🅐 3cm

필수예제 2

오른쪽 그림에서 점 E, F는 평행사변형 ABCD의 대각선 AC에 있는 두 점이고 AE = CF일 때, 다음을 증명하여라.

(1) △ABE ≡ △CDF

(2) BE∥DF

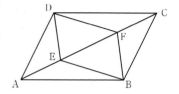

[증명] (1) 사각형 ABCD는 평행사변형이므로

AB = CD(대변 동일), AB∥CD(대변 평행)이고 ∠BAE = ∠DCF (엇각 동일)이다. △ABE와 △CDF에서 AB = CD(이미 증명되었음)이고 ∠BAE = ∠DCF(이미 증명되었음)이며 AE = AF(이미 알고 있음)이므로 △ABE ≡ △CDF(SAS)이다.

🅐 풀이참조

[증명] (2) (1)로부터 △ABE ≡ △CDF이므로 ∠AEB = ∠CFD이다.

따라서 ∠BEF = 180° − ∠AEB = 180° − ∠CFD = ∠DFE이다.

따라서 BE∥DF(엇각이 동일하면 평행임)이다.

🅐 풀이참조

필수예제 3

오른쪽 그림의 △ABC에서 AB = AC = 5, 점 D는 BC 위의 한 점이고, DE∥AB, AC와 점 E에서 교차하며 DF∥AC, AB와 점 F에서 교차할 때, 사각형 AFDE의 둘레를 구하여라.

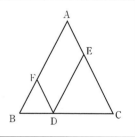

[풀이] DE∥AB, DF∥AC이므로

사각형 AEDF는 평행사변형이다.

또 AB = AC이므로 ∠B = ∠C(등변이면 등각)이다.

또 DE∥AB로부터 ∠EDC = ∠B(동위각 동일)이다.

∠EDC = ∠C이므로 ED = EC(등각이면 등변)이고

AE + ED = AE + EC = AC = 5이다.

따라서 사각형 AFDE의 둘레 = 2(AE + ED) = 2AC = 10이다. 🅐 10

분석 tip

이미 알고 있는 조건들로 사각형 AEDF가 평행사변형임을 알 수 있다. 그 둘레를 구하려면 서로 이웃하는 두 변의 합만 알면 된다.

2. 결정 조건의 응용

필수예제 4

오른쪽 그림에서 점 D, E, F는 각각
△ABC의 변 BC, CA, AB 위의 점이고,
DE∥AB, DF∥AC일 때, 사각형 AFDE가
직사각형이 되기 위해 필요한 조건을 구하여라.

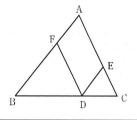

[풀이] DE∥AB, DF∥AC이므로 사각형 AFDE는 평행사변형(정의)이다.
　　　한 내각이 90°인 조건만 있으면 평행사변형 AFDE는 직사각형이 된다.

답 ∠AFD = 90° 또는 ∠FAE = 90°

필수예제 5

오른쪽 그림에서 점 D는 △ABC의 BC
위의 중점이고 점 D에서 변 AC, AB에
내린 수선의 발을 각각 E, F라 한다.
BF = CE일 때, 다음을 증명하여라.

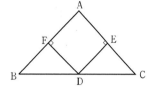

(1) △ABC는 이등변삼각형이다.

(2) ∠A = 90°일 때 사각형 AFDE가 어떤 사각형인지 결정하고, 결론을
　　증명하여라.

[증명] (1) DE⊥AC, DF⊥AB이므로 ∠BFD = ∠CED = 90°이다.
　　　또 점 D는 BC의 중점이므로 BD = CD이다.
　　　직각삼각형BDF와 직각삼각형CDE에서 BF = CE, BD = CD이므로
　　　△BDF ≡ △CDE(RHS합동)이다.
　　　그러므로 ∠B = ∠C이고 AB = AC(등각이면 등변)이다.
　　　따라서 △ABC는 이등변삼각형이다.

답 풀이참조

(2) 결론 : ∠A = 90°이면 사각형 AEDF는 정사각형이다.
　　DE⊥AC, DF⊥AB, ∠A = 90°이므로
　　사각형 AEDF는 직사각형(사각형 AEDF에서
　　DE∥FA, DF∥EA(동측 내각은 서로 보각이므로 평행임)이므로,
　　즉, 사각형 AEDF는 평행사변형이고 한 각 ∠A = 90°이므로)이다.
　　또 (1)로부터 △BDF ≡ △CDE, DF = DE이다.
　　따라서 사각형 AEDF는 정사각형(정사각형의 정의)이다.

답 풀이참조

분석 tip

사각형 EFGH의 두 대각선이 서로 직교한다는 것은 이미 알고 있으므로 이것이 마름모라는 것만 증명하면 된다. 마름모의 결정 조건으로 사각형 EFGH가 평행사변형이라는 것만 증명하면 된다.

필수예제 6

오른쪽 그림과 같이 평행사변형 ABCD의 대각선의 교점 O를 지나 서로 직교하는 두 직선 EG, FH와 평행사변형 ABCD의 각 변은 각각 점 E, F, G, H에서 만날 때, 사각형 EFGH가 마름모임을 증명하여라.

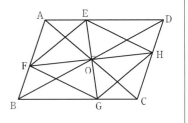

[증명] 사각형 ABCD가 평행사변형이라는 것은 이미 알고 있으므로

OB = OD(두 대각선은 서로를 이등분함)이고 BC∥AD(대변 평행)이다.

그러므로 ∠GBO = ∠EDO, ∠BGO = ∠DEO(엇각 동일)이고

△BGO ≡ △DEO(ASA합동)이다.

즉, OG = OE(서로 대응하는 변이 동일)이다.

같은 원리로 OF = OH도 증명한다.

그러므로 사각형 EFGH는 평행사변형(두 대각선이 서로 이등분하므로)이다.

또 EG⊥FH이므로 사각형 EFGH는 마름모(두 대각선이 서로 직교하는 평행사변형은 마름모)이다.

📋 풀이참조

---

3. 종합 응용

필수예제 7

오른쪽 그림에서 직사각형 ABCD의 한 변의 길이는 각각 9㎝, 3㎝이고 정점 A와 C를 포개어 합치면 접은 선분이 EF일 때, 다음 물음에 답하여라.

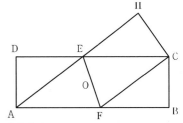

(1) 사각형 AECF가 마름모임을 증명하여라.

(2) 접은 선분 EF의 길이를 계산하여라.

(3) △CEH의 넓이를 구하여라.

[증명] (1) 사각형 ABCD는 직사각형이므로 AB∥CD, 즉, AF∥EC이다.

또 접어서 CF∥HE, 즉, CF∥EA이므로 사각형 AECF는 평행사변형이다.

또 접었을 때 AF = FC이므로 사각형 AECF는 마름모이다.

📋 풀이참조

(2) $\mathrm{AF}=x\,\mathrm{cm}$라고 하면 $\mathrm{CF}=x\,\mathrm{cm}$, $\mathrm{BF}=(9-x)\,\mathrm{cm}$이다.

그러므로 직각삼각형 BCF에서 $\mathrm{CF}^2=\mathrm{BF}^2+\mathrm{BC}^2$이다.

즉, $x^2=(9-x)^2+3^2$이다.

이를 풀면 $x=5$이다. 즉, $\mathrm{AF}=5\,\mathrm{cm}$이다.

그러므로 $\mathrm{CF}=5\,\mathrm{cm}$, $\mathrm{BF}=9-5=4\,\mathrm{cm}$이다.

AC를 연결하면 피타고라스 정리로부터

$\mathrm{AC}=\sqrt{\mathrm{AB}^2+\mathrm{BC}^2}=\sqrt{9^2+3^2}=3\sqrt{10}$,

$\mathrm{FO}=\sqrt{\mathrm{CF}^2-\mathrm{CO}^2}=\sqrt{\mathrm{CF}^2-\left(\dfrac{1}{2}\mathrm{AC}\right)^2}=\sqrt{5^2-\left(\dfrac{3}{2}\sqrt{10}\right)^2}$

$=\sqrt{25-\dfrac{90}{4}}=\dfrac{1}{2}\sqrt{10}$이다.

그러므로 $\mathrm{EF}=2\times\mathrm{FO}=2\times\dfrac{1}{2}\sqrt{10}=\sqrt{10}$이다.

답 $\sqrt{10}\,\mathrm{cm}$

(3) 접었을 때 $\triangle\mathrm{CEH}\equiv\triangle\mathrm{AED}$이다. 그러므로

$S_{\triangle\mathrm{CEH}}=S_{\triangle\mathrm{AED}}=\dfrac{1}{2}\mathrm{DE}\times\mathrm{AD}=\dfrac{1}{2}(\mathrm{DC}-\mathrm{CE})\mathrm{AD}$

$=\dfrac{1}{2}(9-5)\times3=6\,(\mathrm{cm}^2)$이다.

답 $6\,\mathrm{cm}^2$

필수예제 8

오른쪽 그림에서 사각형 ABCD는 정사각형이고 점 E는 BF 위에 있는 한 점이며 사각형 AEFC는 마름모일 때, $\angle\mathrm{EAB}$를 구하여라.

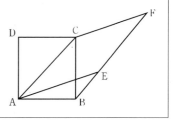

분석 tip
$\angle\mathrm{EAB}$를 구하려면 $\angle\mathrm{CAE}$도 구해야 한다.
($\angle\mathrm{EAB}=\angle\mathrm{CAB}-\angle\mathrm{CAE}$ $=45°-\angle\mathrm{CAE}$이므로) 사각형 AEFC는 마름모이고 사각형 ABCD는 정사각형이므로(그러므로 $\angle\mathrm{CAB}=45°$) 추측해보면 (직관적으로 관찰해도 알 수 있다.) $\angle\mathrm{EAC}=30°$이고 이로부터 $30°$를 가진 특수한 직각삼각형을 가지고 문제를 풀 수 있다.

[풀이] BD와 AC와의 교점을 O, 점 E에서 AC에 내린 수선의 발을 H라 하자.

사각형 ABCD가 정사각형이므로 $\mathrm{BD}=\mathrm{AC}$이다.

또 BD와 AC는 서로 수직 이등분하므로 $\mathrm{BO}=\dfrac{1}{2}\mathrm{AC}$이다.

그리고 $\mathrm{BE}\,/\!/\,\mathrm{OH}$, $\mathrm{EH}\,/\!/\,\mathrm{BO}$($\mathrm{AC}$에 수직으로 내려지므로)이므로 사각형 BEHO는 평행사변형(직사각형이라는 것을 증명할 수 있다.)이고 $\mathrm{EH}=\mathrm{BO}=\dfrac{1}{2}\mathrm{AC}$이다.

또 사각형 AEFC는 마름모이므로 $\mathrm{AC}=\mathrm{AE}$이다.

따라서 $\mathrm{EH}=\dfrac{1}{2}\mathrm{AE}$이며 $\angle\mathrm{CAE}=30°$(직각삼각형에서 직각변이 빗변의 절반일 경우 이 직각변 맞은편에 있는 각은 $30°$)이다.

그러므로 $\angle\mathrm{EAB}=\angle\mathrm{CAB}-\angle\mathrm{CAE}=45°-30°=15°$이다.

답 $15°$

[실력다지기]

01 다음 물음에 답하여라.

평행사변형 모양의 종이를 접어서 접은 곳이 이 평행사변형의 넓이를 정확하게 이등분하도록 접는 방법의 총 수를 구하면?

① 1가지   ② 2가지   ③ 3가지   ④ 무수히 많음

02 다음 물음에 답하여라.

(1) 오른쪽 그림의 평행사변형 $ABCD$에서 $\angle C = 108°$, BE는 $\angle ABC$를 이등분할 때, $\angle ABE$를 구하여라.

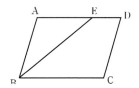

(2) 오른쪽 그림에서 사각형 $ABCD$는 정사각형이고 $\triangle CDE$는 정삼각형일 때, $\angle AEB$를 구하여라.

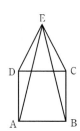

03 다음 물음에 답하여라.

(1) 오른쪽 그림에서 $\overline{BD}$는 평행사변형 ABCD의 대각선이고 점 E, F는 $\overline{BD}$ 위에 있을 때, 사각형 AECF가 평행사변형이 되는 조건을 구하여라. (하나만 적어도 됨).

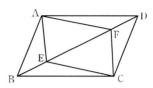

(2) 오른쪽 그림에서 합동인 직각삼각형이 2개 있다. 두 삼각형을 붙여 놓았을 때(두 삼각형은 중첩되지 않음) 여러 가지 도형 중에 몇 가지 형태의 사각형이 나올 수 있는가?

① 3가지   ② 4가지

③ 5가지   ④ 6가지

04 다음 물음에 답하여라.

(1) 오른쪽 그림에서 점 E는 정사각형 ABCD의 변 CD 위에 있는 한 점이고, 점 F는 CB의 연장선 위에 있는 한 점이며, $\overline{EA} \perp \overline{AF}$일 때, $\overline{DE} = \overline{BF}$를 증명하여라.

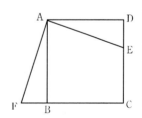

(2) 오른쪽 그림에서 정사각형 ABCD의 넓이는 256, 점 E는 $\overline{AD}$ 위에 있고, 점 F는 $\overline{AB}$의 연장선 위에 있으며, $\overline{EC} \perp \overline{FC}$, △CEF의 넓이는 200일 때, $\overline{BF}$의 길이를 구하여라.

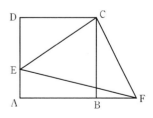

05 다음 물음에 답하여라.

(1) 오른쪽 그림의 원형 화단은 중간의 꽃들이 마름모꼴(그림에서 치수 단위는 m 임)로 형성하려 한다. 한 ㎡ 당 20송이의 꽃을 심는다면 이 마름모꼴 안에 심을 꽃의 총 수를 구하여라.

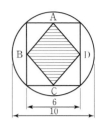

(2) 오른쪽 그림의 마름모 ABCD에서 ∠BAD = 80°, AB의 수직이등분선과 변 AB, AC의 교점을 각각 E, F라 하고, DF를 연결한다. 이때, ∠CDF를 구하여라.

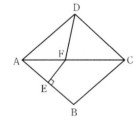

[실력 향상시키기]

06 다음 그림의 사각형 ABCD에서 $\overline{AB} = \overline{BC}$, $\angle ABC = \angle CDA = 90°$ 이고, 점 B에서 $\overline{AD}$에 내린 수선의 발을 E라 한다. $S_{\square ABCD} = 8$일 때, $\overline{BE}$의 길이를 구하여라.

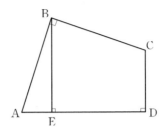

07 다음 그림의 직사각형 ABCD에서 $\overline{AB} = 6$, $\overline{BC} = 8$이다. 이때, 점 B, D가 겹쳐지도록 접는다. 여기서, EF는 접은 선분이다. 접은 선분 EF의 길이를 구하여라.

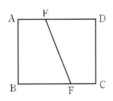

08 다음 그림과 같이 ∠C = 90°, AC = 3인 직각삼각형 ABC에서 AB를 한 변으로 하는 정사각형 ABEF를 그리고, 정사각형의 중심을 O라 하자. OC = 4√2일 때, BC의 길이를 구하여라.

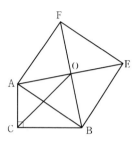

09 오른쪽 그림의 정사각형 ABCD에서 AB = 8, 점 Q는 CD의 중점이고, ∠DAQ = α, ∠BAP = 2α로 하는 점 P를 CD 위에 잡을 때, CP의 길이를 구하여라.

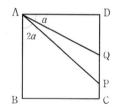

10 다음 그림에서 점 P는 직각이등변삼각형 ACB의 빗변 AB 위에 있는 임의의 한 점이고, 점 P에서 변 AC, BC에 내린 수선의 발을 각각 E, F라 하고, 점 P에서 EF에 내린 수선의 발을 G라 하자. GP의 연장선 위에 PD＝PC인 점 D를 잡는다. BC⊥BD일 때, BC＝BD임을 증명하여라.

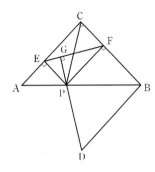

11 다음 그림의 정사각형 ABCD에서 점 P, Q는 각각 BC, CD 위의 점이다.

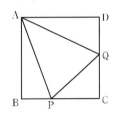

(1) ∠PAQ＝45°일 때, PB＋DQ＝PQ임을 증명하여라.

(2) △PCQ의 둘레가 정사각형 ABCD의 둘레의 절반일 때, ∠PAQ＝45°임을 증명하여라.

21강 사다리꼴과 중점 연결 정리

1 핵심요점

1. 관련있는 정리

정리 1 사다리꼴 : 한 쌍의 대변은 평행하고 나머지 한 쌍의 대변은 평행하지 않는 사각형을 **사다리꼴**이라고 한다. 오른쪽 그림에서 AD ∥ BC 이고 AB 와 DC 는 평행하지 않으므로 사각형 ABCD 는 사다리꼴이다.

정리 2 사다리꼴의 밑변 : 사다리꼴에서 평행인 두 변을 **사다리꼴의 밑변**이라고 한다. 오른쪽 그림에서 AD 와 BC 는 사다리꼴의 밑변이다. 위에 있는 변은 윗변(AD와 같은 경우)이라 하고 밑에 있는 변은 아랫변(BC와 같은 경우)이라고 한다.

정리 3 사다리꼴의 옆변 : 사다리꼴에서 평행하지 않는 두 변을 **사다리꼴의 옆변**이라고 한다. 오른쪽 그림에서 AB 와 DC 가 바로 사다리꼴 ABCD 의 두 옆변이다.

정리 4 사다리꼴의 밑각 : 사다리꼴에서 각과 밑변에 끼인 각을 **사다리꼴의 밑각**이라 한다. 오른쪽 그림에서 ∠A, ∠B, ∠C, ∠D는 모두 사다리꼴 ABCD 의 밑각 (그러나 일반적으로 사다리꼴의 밑각이란 사다리꼴의 밑 부분에 있는 두 밑각 ∠B와 ∠C를 가리킨다.)이다.

정리 5 사다리꼴의 높이 : 사다리꼴에서 두 밑변 사이의 거리를 **사다리꼴의 높이**라고 한다. 오른쪽 그림에서 EF 가 사다리꼴 ABCD 의 높이이다.

정리 6 사다리꼴의 중선 : 사다리꼴의 두 옆변의 중점을 연결한 선을 **사다리꼴의 중선**이라고 한다. 예를 들어 오른쪽 그림의 GH이며 점 G와 점 H는 각각 AB와 DC 의 중점이다.

정리 7 등변사다리꼴 : 두 밑각이 같은 사다리꼴을 **등변사다리꼴**이라 한다.

2. 등변사다리꼴의 성질과 결정 조건

(1) 성질
  ① 등변사다리꼴은 동일한 밑변 위의 두 밑각은 같다.
  ② 등변사다리꼴의 두 대각선의 길이는 같다. (정리 2 참고)

(2) 결정 조건
  ① 동일한 밑변 위에 있는 두 밑각이 같은 사다리꼴은 등변사다리꼴이다. (정리 3 참고)
  ② 대각선의 길이가 같은 사다리꼴은 등변사다리꼴이다. (정리 4 참고)

3. 평행선으로 선분을 잘랐을 때 길이가 같은 경우의 정리

직선 위의 한 쌍의 평행선이 자르는 선분의 길이가 동일하다면 기타 어떤 직선 위에서도 자른 선분의 길이는 동일하다. (정리 5 참고)

4. 삼각형, 사다리꼴의 중점 연결 정리

- 삼각형의 중점 연결 정리 : 삼각형의 두 변의 중점을 연결한 선(간단하게 삼각형의 중점 연결선이라 부름)은 제3변과 평행하고 제3변의 절반이다. (정리 6 참고)
- 사다리꼴의 중점 연결 정리 : 사다리꼴의 중점 연결선은 두 밑변과 평행하고 두 밑변의 합의 절반이다. (정리 7 참고)

2 필수예제

1. 사다리꼴 성질의 응용

필수예제 1

오른쪽 그림과 같이 사다리꼴 ABCD에서
$\overline{AD} \parallel \overline{BC}$이고, $\overline{AD} = \overline{AB} = \overline{DC}$,
$\overline{BD} \perp \overline{CD}$일 때, $\angle C$를 구하여라.

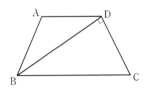

[풀이] $\overline{AD} \parallel \overline{BC}$이고 $\overline{AB} = \overline{DC}$이므로 사각형 ABCD는 등변사다리꼴이다.
그러므로 $\angle C = \angle ABC$이다.
$\overline{AB} = \overline{AD}$이므로 $\angle ABD = \angle ADB$(등변이면 등각)이고
$\angle ADB = \angle DBC$(엇각 동일)이다. $\angle C = \angle ABD + \angle DBC = 2\angle DBC$
이므로 $\angle DBC + \angle C + \angle BDC = 180°$, $\angle BDC = 90°$로부터
$\angle DBC + 2\angle DBC + 90° = 180°$이다. 이를 풀면 $\angle DBC = 30°$이다.
따라서 $\angle C = 2\angle DBC = 60°$이다.

답 $60°$

분석 tip

$\overline{EF} = \dfrac{1}{2}(\overline{BC} - \overline{AD})$이므로
$\overline{BC} - \overline{AD}$를 한 선분으로 삼고 이것과 $\overline{EF}$ 사이에 직접적인 관계가 발생하도록 해야 한다. $\angle B$와 $\angle C$의 합은 두 각을 동일하게 움직여 $\angle B$와 $\angle C$를 같은 삼각형 안으로 놓고 구할 수 있다. 이것이 바로 보조선을 긋는 근거이다.

필수예제 2

오른쪽 그림과 같이 사다리꼴
ABCD에서 $\overline{AD} \parallel \overline{BC}$, 점 E는
$\overline{AD}$의 중점이고, 점 F는 $\overline{BC}$의
중점이며, $\overline{EF} = \dfrac{1}{2}(\overline{BC} - \overline{AD})$일 때, $\angle B + \angle C$를 구하여라.

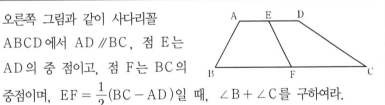

[풀이] 점 E를 지나는 $\overline{EG}$는 $\overline{EG} \parallel \overline{AB}$이고 $\overline{BC}$와 점 G에서 만나고 점 E를 지나는 $\overline{EH}$는 $\overline{EH} \parallel \overline{DC}$이고 $\overline{BC}$와 점 H에서 만난다고 하자. (즉, $\overline{AB}, \overline{DC}$를 $\overline{EG}, \overline{EH}$의 위치로 옮김)
$\overline{AD} \parallel \overline{BC}$이므로 사각형 ABGE와 DCHE는 평행사변형이다.
그러므로 $\overline{AE} = \overline{BG}$, $\overline{ED} = \overline{HC}$이다. 또 $\overline{AE} = \overline{ED}$, $\overline{BF} = \overline{FC}$이므로
$\overline{GF} = \overline{HF}$, $\overline{BC} - \overline{AD} = \overline{GH}$이고, $\overline{EF} = \dfrac{1}{2}(\overline{BC} - \overline{AD}) = \dfrac{1}{2}\overline{GH}$이다.
또 점 F가 $\overline{GH}$의 중점(즉, $\overline{EF}$는 중선)이므로, $\angle GEH = 90°$이다.
즉, $\angle EGH + \angle EHG = 90°$이다.
또 $\angle B = \angle EGH$, $\angle C = \angle EHG$(동위각 동일)이므로 $\angle B + \angle C = 90°$이다.

아래 그림과 같이 점 A를 지나는 AG를 그어 AG // EF이게 하고,
AH를 그어 AH // DC (또는 점 D를 지나는 DM을 그어 DM // EF이도록
하고, DN을 그어 DN // AB이게 함)하게 하여 이 문제(마지막에 중선

$$AG = \frac{1}{2}(BC - AD) = \frac{1}{2}BH에 도달함)를 푼다.$$

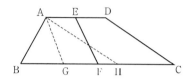

답 90°

2. 사다리꼴의 넓이 구하기

필수예제 3

오른쪽 그림과 같이 사다리꼴 ABCD에서
AB // CD, AB = 8, BC = $6\sqrt{2}$,
∠BCD = 45°, ∠BAD = 120° 일 때,
사다리꼴 ABCD의 넓이를 구하여라.
(힌트 : 피타고라스 정리를 이용하라)

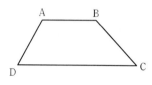

[풀이] 점 A에서 변 DC에 내린 수선의 발을 E라 하고, 점 B에서 변 DC에 내린
수선의 발을 F라 하자.
∠BCD = 45°이므로, ∠FBC = 45°이므로 BF = CF이다.
그러므로 △BFC에서 피타고라스 정리에 의해 $2BF^2 = BC^2 = (6\sqrt{2})^2$이다.
이를 풀면, BF = 6이다. 따라서 AE = BF = 6이다.
또 ∠DAE = ∠BAD − 90° = 120° − 90° = 30°이므로,
$DE = \frac{1}{2}AD$이다.
즉, AD = 2DE이다.
직각삼각형 ADE에서 피타고라스 정리에 의해
$AD^2 = AE^2 + DE^2$, $(2DE)^2 - DE^2 = 6^2$이고, 이를 풀면 $DE = 2\sqrt{3}$이다.
AB // DC이고 AE ⊥ DC, BF ⊥ DC이므로,
사각형 ABFE는 직사각형이므로
EF = AB = 8이다.
그러므로 DC = DE + EF + FC = $2\sqrt{3} + 8 + 6 = 14 + 2\sqrt{3}$이다.
따라서 $S_{사다리꼴 ABCD} = \frac{1}{2}(AB + DC) \times AE$

$$= \frac{1}{2}(8 + 14 + 2\sqrt{3}) \times 6$$

$$= 66 + 6\sqrt{3}$$

이다.

분석 tip

$S_{사다리꼴 ABCD} = \frac{1}{2}(AB + DC)$
× 높이 이다. 그러므로 "높이"를
만들어야 하고, 우선 아랫변 DC
를 구해야 사다리꼴 ABCD의
넓이를 구할 수 있다.

[평론과 주석] 사다리꼴 문제는 주로 윗변과 아랫변의 양 끝점에 "보조선"을 그어 높이를 만든 후 직각삼각형과 직사각형 문제로 바꿔 계산할 수 있다. 또는 옆변(위의 필수예제 2 참고)의 위치를 옮겨 평행사변형과 특수한 삼각형의 문제로 바꿔 계산할 수 있다. 이것은 사다리꼴에 "보조선"을 긋는 기본적인 두 가지 방법이다. (필수예제 2, 필수예제 3)

$$\text{탑} \quad 66+6\sqrt{3}$$

3. 사다리꼴 중점 연결 정리의 응용

필수예제 4

오른쪽 그림과 같이 사다리꼴 $ABCD$에서 $AD /\!/ BC$이고 점 E, F는 각각 변 AB와 CD의 중점이며 EF를 연결하면 BD, AC와 점 G, H에서 만난다. $BC-AD=1$일 때, GH의 길이를 구하여라.

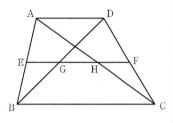

[풀이] 점 E, F는 각각 사다리꼴의 두 변 AB, DC의 중점이므로 $EF /\!/ BC$(사다리꼴의 중점 연결 정리)이다.

$\triangle ABC$에서 $EH /\!/ BC$(이미 증명되었음)이고 점 E는 AB의 중점이면 "평행선으로 선분을 잘랐을 때 같다는 정리"에 의해 점 H가 AC의 중점이다. 그러므로 삼각형의 중점 연결 정리에 의해 $EH=\frac{1}{2}BC$이다.

같은 원리로 $EG=\frac{1}{2}AD$이다.

따라서 $GH=EH-EG=\frac{1}{2}(BC-AD)=\frac{1}{2}$이다.

[평론과 주석] 우리는 필수예제 4의 풀이 과정에서 다음과 같은 2가지 중요한 결과를 알 수 있다.

(1) 사다리꼴의 중선은 두 대각선을 각각 이등분한다.

(2) 사다리꼴의 두 대각선의 중점을 연결한 선은 두 밑변과 평행이고 두 밑변 길이의 차의 절반이다.

$$\text{탑} \quad \frac{1}{2}$$

필수예제 5

오른쪽 그림의 사다리꼴 ABCD에서 AD∥BC, AC⊥BD, AC=12, BD=9일 때, 이 사다리꼴의 중점 연결선의 길이를 구하여라.

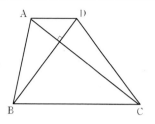

[풀이] 점 D를 지나 AC에 평행한 직선과 BC의 연장선과의 교점을 E라 하면 사각형 ACED는 평행사변형이다. 즉, DE=AC=12, CE=AD이다.

또 AC⊥BD이면 DE⊥BD이므로 직각삼각형 BDE에서

$BE^2 = BD^2 + DE^2 = 9^2 + 12^2 = 225$, BE=15이다.

따라서 사다리꼴 ABCD의 중선의 길이는 $\dfrac{AD+BC}{2} = \dfrac{BE}{2} = \dfrac{15}{2}$ 이다.

답 $\dfrac{15}{2}$

4. 삼각형 중점 연결 정리의 응용

필수예제 6·1

다음 그림과 같이 BD, CE는 각각 ∠B, ∠C의 외각 이등분선이고, 점 A에서 BD, CD에 내린 수선의 발을 각각 F, G라 하고, AF, AG의 연장선과 BC의 연장선과의 교점을 각각 M, N이라 할 때, $FG = \dfrac{1}{2}(AB+BC+CA)$를 증명하여라.

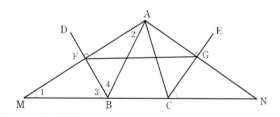

[증명] AF⊥BD이므로 ∠1+∠3 = ∠2+∠4 = 90° 이다.

또 BD는 ∠ABM을 이등분하므로 ∠3 = ∠4이고,

∠1 = ∠2이다. 그러므로 MB = AB이다.

그러므로 이등변삼각형 BAM에서 밑변의 높이 BF는 중선이다.

같은 원리로 AC = CN, 점 G는 AN의 중점이다.

삼각형 중점 연결 정리에 의해

$FG = \dfrac{1}{2}MN$

$$= \frac{1}{2}(MB + BC + CN)$$

$$= \frac{1}{2}(AB + BC + CA)$$

이다.

📋 풀이참조

필수예제 6·2

오른쪽 그림과 같이 BD, CE가 각각 $\triangle ABC$에서 $\angle ABC$와 $\angle ACB$의 내각 이등분선일 때, FG를 AB, BC, CA로 나타내어라.

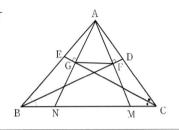

[풀이] $BA = BM$, $CA = CN$, FG가 $\triangle ANM$의 중점 연결선이면

$$FG = \frac{1}{2}MN$$

$$= \frac{1}{2}(BM + CN - BC)$$

$$= \frac{1}{2}(AB + CA - BC)$$

이다.

📋 $FG = \frac{1}{2}(AB + CA - BC)$

필수예제 6·3

오른쪽 그림과 같이 BD는 $\angle ABC$의 내각 이등분선이고, CE는 $\angle ACB$의 외각 이등분선일 때, FG를 AB, BC, CA로 나타내어라.

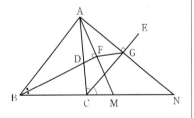

[풀이] $AB = BM$, $AC = CN$이고, FG는 $\triangle ANM$의 중점 연결선이면 삼각형 중점 연결 정리에 의해

$$FG = \frac{1}{2}(BN - BM)$$

$$= \frac{1}{2}(BC + CN - AB)$$

$$= \frac{1}{2}(BC + CA - AB)$$

이다.

📋 $FG = \frac{1}{2}(BC + CA - AB)$

[평론과 주석] 이 예제의 결론은 둔각삼각형, 직각삼각형에서도 성립된다.

분석 tip

조건 중에 세 선분의 중점이 있으므로 삼각형의 중점 연결 정리를 충분히 응용해야 한다. 또 점 M, N은 직각삼각형 빗변의 중점이므로 "직각삼각형 빗변 위의 중선은 빗변의 절반임"인 성질을 잘 응용해야한다.

필수예제 7

오른쪽 그림과 같이 $\triangle ABC$에서 점 D는 AB의 중점이고, $DE = DF$가 되도록 CA, CB를 각각 점 E, F까지 연장한다. 점 E, F를 지나 각각 CA, CB의 수선이 점 P에서 만난다. 선분 PA, PB의 중점을 각각 점 M, N일 때, 다음을 증명하여라.

($\angle E = \angle F = 90°$)

(1) $\triangle DEM \equiv \triangle FDN$

(2) $\angle PAE = \angle PBF$

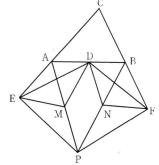

[증명] (1) 점 D, M, N은 각각 $\triangle PAB$ 세 변의 중점이므로

삼각형 중점 연결 정리에 의해 $DM /\!/ BP$이고

$DM = \dfrac{1}{2}BP = BN$, $DN /\!/ AP$이고, $DN = \dfrac{1}{2}AP = AM$이다.

그러므로 $\angle AMD = \angle APB = \angle BND$ (동위각 동일)이다. 또 점 M, N은 각각 직각삼각형AEP와 직각삼각형BFP의 빗변의 중점이므로

$EM = AM$, $FN = BN$이다.

또 $EM = DN$, $FN = DM$이다.

$DE = DF$이므로 $\triangle DEM \equiv \triangle FDN$(SSS)이다.

📋 풀이참조

(2) (1)로부터 $\triangle DEM \equiv \triangle FDN$(SSS)이다.

즉, $\angle EMD = \angle FND$ (대응각 동일)이다.

또 $\angle AMD = \angle BND$((1)에서 증명됨)이므로 (위의 두 식을 서로 빼면 다음과 같다.) $\angle AME = \angle BNF$이다.

또 직각삼각형 AEP와 직각삼각형 BFP에서

빗변의 중선 $EM = \dfrac{1}{2}AP = AM$, $FN = \dfrac{1}{2}BP = BN$이므로

$\triangle AME$와 $\triangle BNF$는 모두 이등변삼각형이다.

따라서 $\angle PAE = \angle PBF$(꼭지각이 동일한 두 이등변삼각형의 밑각은 동일함)이다.

📋 풀이참조

연습문제 21

[실력다지기]

01 다음 물음에 답하여라.

(1) 아래 나열된 내용 중 옳은 것은?

① 두 변 길이와 그 중 한 변의 대각의 크기가 서로 같은 두 삼각형은 합동이다.

② 이등변삼각형은 선대칭도형이면서 점대칭도형이다.

③ 두 대각선이 서로 다른 것을 이등분하는 사각형은 평행사변형이다.

④ 두 변이 평행한 사각형은 사다리꼴이다.

(2) 등변사다리꼴의 둘레는 22cm, 옆변의 길이는 5cm 일 때, 이 사다리꼴의 중선의 길이를 구하여라.

(3) 사다리꼴의 넓이는 20cm² 이고, 높이는 4cm 일 때, 이 사다리꼴의 중선의 길이를 구하여라.

(4) 다음 그림과 같이 마름모 ABCD 에서 점 E 는 AB 의 중점이고, 점 E 를 지나는 EF 는 EF∥BC 이며 AC와 점 F 에서 만난다. EF = 4 일 때, CD 의 길이를 구하여라.

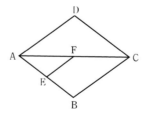

02 다음 물음에 답하여라.

(1) 오른쪽 그림과 같은 등변사다리꼴에만 있고 일반적인 사다리꼴에는 없는 세 가지 특징을 구하여라.

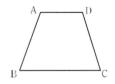

(2) 다음 그림과 같이 사다리꼴 ABCD에서 AD∥BC이고, 점 E, F는 각각 AB, DC의 중점이며, EF를 연결할 때, ∠B = 50°이고, AD = 3, BC = 9라면 ∠AEF와 EF를 각각 구하여라.

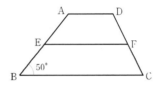

(3) 오른쪽 그림에서 사각형 ABCD의 두 대각선 AC, BD는 서로 직교하고, 사각형 $A_1B_1C_1D_1$은 사각형 ABCD의 각 변의 중점을 연결한 사각형이다. AC = 8, BD = 10일 때, 사각형 $A_1B_1C_1D_1$의 넓이를 구하여라.

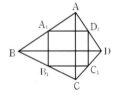

(4) 오른쪽 그림에서 △ABC의 세 변의 중점은 각각 점 D, E, F이고, AB = 6cm, AC = 8cm, BC = 10cm일 때, △DEF의 둘레를 구하여라.

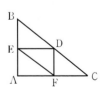

03 (1) 오른쪽 그림과 같이 사다리꼴 ABCD에서 AB ∥ DC이고, 점 E 는 BC의 중점이고, AE, DC의 연장선은 점 F에서 만나고, AC, BF를 연결할 때, 다음 물음에 답하여라.

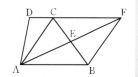

(a) AB = CF를 증명하여라.

(b) 사각형 ABFC가 어떤 사각형인지 구하여라.

(2) 오른쪽 그림과 같이 사다리꼴 ABCD에서 AD ∥ BC, 중점 연결 선 EF는 대각선 BD와 점 O에서 만나고 AD = 2, EO : OF = 1 : 2일 때, BC를 구하여라.

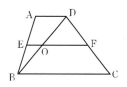

(3) 오른쪽 그림과 같이 등변사다리꼴 ABCD에서 AD ∥ BC, PA = PD일 때, PB = PC임을 증명하여라.

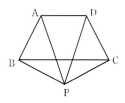

04 오른쪽 그림에서 △ABP와 △CDP는 합동인 두 개의 정삼각형이고 PA⊥PD일 때, 아래에 4개의 결론 중 옳은 결론을 모두 고르시오.

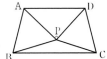

① ∠PBC = 15°

② AD∥BC

③ 직선 PC와 AB는 직교함

④ 사각형 ABCD는 선대칭도형임

05 (1) 오른쪽 그림에서 AD는 BC에 대한 중선이고, 점 E는 AD의 중점이며 직선 BE는 AC와 점 F에서 만날 때, $\dfrac{AF}{FC}$ 를 구하여라.

(2) 오른쪽 그림의 사다리꼴 ABCD에서 BC = 10cm, CD = 5.5cm이다. ∠ABC = 50°이고 ∠ADC = 100°일 때, AD의 길이를 구하여라.

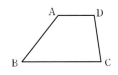

[실력 향상시키기]

06 **다음 물음에 답하여라.**

(1) 다음 그림과 같이 등변사다리꼴 ABCD에서 AD∥BC, ∠1 = 30°, ∠DCB = 60°일 때, 그림에는 있는 이등변삼각형의 수를 구하여라.

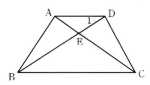

(2) 오른쪽 그림과 같이 사각형 ABCD에서 AB = CD, AD ≠ BC 이고, AD, BC의 중점은 각각 M, N이며 MN을 연결할 때, AB 와 MN의 길이의 크기를 비교하여라.

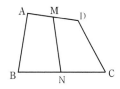

07 **다음 물음에 답하여라.**

(1) 오른쪽 그림과 같이 등변사다리꼴 ABCD에서 AB∥CD, ∠DAB = 60°, AC는 ∠DAB를 이등분하고 AC = $2\sqrt{3}$ 일 때, 이 사다리꼴 ABCD의 넓이를 구하여라.

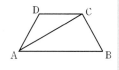

(2) 오른쪽 그림과 같이 사다리꼴 ABCD에서 AB = 13, CD = 8, ∠DAB = 90°, AD = 12일 때, 점 A에서 BC까지의 거리를 구하여라.

08 다음 그림에서 점 M은 △ABC의 변 BC의 중점이고, 점 B에서 ∠BAC의 이등분선에 내린 수선의 발을 N이라 한다. AB = 10, BC = 15, MN = 3일 때, △ABC의 둘레를 구하여라.

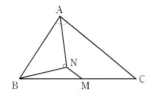

09 다음 물음에 답하여라.

(1) 네 선분 $a = 14$, $b = 13$, $c = 9$, $d = 7$을 네 변으로 하는 사다리꼴에서 중점을 연결한 선분의 길이의 최댓값을 구하여라.

(2) 사다리꼴의 네 변의 길이는 각각 1, 2, 3, 4일 때, 이 사다리꼴의 넓이를 구하여라.

[응용하기]

10 오른쪽 그림과 같이 사다리꼴 ABCD에서 AB∥CD, 점 E는 AD의 중점일
때, 아래 네 명제 중 옳은 명제는?

① AB + CD = BC 라면 ∠BEC = 90°이다.

② ∠BEC = 90°라면 AB + CD = BC이다.

③ BE가 ∠ABC의 이등분선이라면 ∠BEC = 90°이다.

④ AB + CD = BC 라면 CE는 ∠DCB의 이등분선이다.

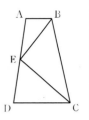

11 다음 그림과 같이 사다리꼴 ABCD에서 AD∥BC, 변 AB와 CD는 각각 정사각형 ABGE
와 정사각형 DCHF의 변이고, 선분 AD의 수직이등분선 l이 선분 EF와 점 M에서 만난다.
점 E, F에서 직선 l에 내린 수선의 발을 각각 P, Q라 할 때, EP = FQ를 증명하여라.

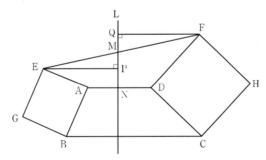

부록 사다리꼴과 몇 가지 정리에 대한 증명

정리1(등변사다리꼴의 성질 정리) 등변사다리꼴의 밑변의 두 밑각은 같다.

오른쪽 그림의 사다리꼴 ABCD에서 AD∥BC이고 AB = DC 일 때, ∠B = ∠C, ∠A = ∠D임을 증명하여라.

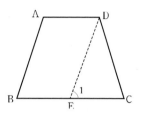

정리2 등변사다리꼴의 두 대각선의 길이는 같다.

오른쪽 그림의 사다리꼴 ABCD에서 AD∥BC이고 AB = DC 일 때, AC = DB임을 증명하여라.

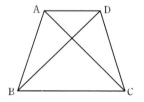

정리3 같은 밑변 위의 두 밑각의 크기가 같은 사다리꼴은 등변사다리꼴이다.

오른쪽 그림의 사다리꼴 ABCD에서 AD∥BC이고 ∠B = ∠C 일 때, AB = DC임을 증명하여라.

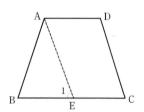

정리4 두 대각선의 길이가 같은 사다리꼴은 등변사다리꼴이다.

오른쪽 그림의 사다리꼴 ABCD에서 AD∥BC 이고, AC = BD일 때, AB = DC임을 증명하여라.

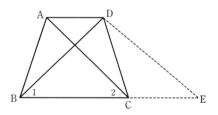

정리5(평행선이 선분을 동일하게 자르는 정리) 직선 위의 한 쌍의 평행선이 자른 선분의 길이가 같으면 기타 어떤 직선 위에서도 자른 선분의 길이는 같다.

오른쪽 그림의 직선 $L_1 /\!/ L_2 /\!/ L_3$, $AB = BC$일 때, $A_1B_1 = B_1C_1$임을 증명하여라.

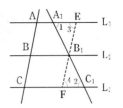

정리6(삼각형의 중점 연결 정리) 삼각형의 중점 연결선은 제3변과 평행이고 제3변 길이의 절반이다.

오른쪽 그림의 $\triangle ABC$에서 점 D, E는 각각 AB, AC의 중점일 때, $DE /\!/ BC$, $DE = \dfrac{1}{2}BC$임을 증명하여라.

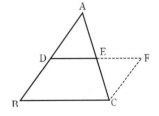

정리7(사다리꼴 중점 연결 정리) 사다리꼴의 중점 연결선은 두 밑변과 평행하고 두 밑변 길이의 합의 절반이다.

오른쪽 그림의 사다리꼴 $ABCD$에서 $AD /\!/ BC$, 점 M, N은 각각 두 옆 변 AB, DC의 중점이고, $MN /\!/ BC /\!/ AD$일 때, $MN = \dfrac{1}{2}(BC + AD)$임을 증명하여라.

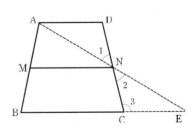

22강 삼각형의 닮음 (Ⅰ)

1 핵심요점

1. 다각형의 닮음, 삼각형의 닮음

대응하는 변은 비례하고 대응하는 각은 같은 두 다각형을 닮은 다각형이라고 한다. 특히 두 삼각형 $\triangle ABC$와 $\triangle A_1B_1C_1$의 서로 대응하는 변이 $\dfrac{AB}{A_1B_1} = \dfrac{BC}{B_1C_1} = \dfrac{CA}{C_1A_1} (= k)$로 비례하고 서로 대응하는 각이 $\angle A = \angle A_1$, $\angle B = \angle B_1$, $\angle C = \angle C_1$로 동일하다면 $\triangle ABC$와 $\triangle A_1B_1C_1$은 닮았다고 하고 $\triangle ABC \backsim \triangle A_1B_1C_1$이라고 적는다. 비율 k는 닮음비라 한다.

2. 삼각형의 닮음 결정조건

결정 조건 1. 서로 대응하는 두 각이 같은 두 삼각형은 닮음이다. (AA)

    추론 1. 삼각형의 한 변과 평행한 직선과 기타 두 변(또는 두 변의 연장선)이 만나서 만들어지는 삼각형과 원래의 삼각형은 닮음이다. 즉 아래 그림과 같이 $DE /\!/ BC$이면 $\triangle ADE \backsim \triangle ABC$ 이다.

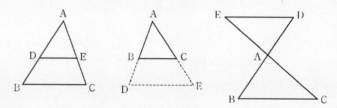

    추론 2. 서로 대응하는 예각이 동일한 두 직각삼각형은 닮음이다.

    추론 3. 직각삼각형을 빗변 위의 높이로 나누었을 때 생기는 두 (작은) 직각삼각형과 원래의 직각삼각형은 모두 닮음이다.

결정 조건 2. 서로 대응하는 세 변이 비례하는 두 삼각형은 닮음이다. (SSS)

    추론 4. 서로 대응하는 빗변과 직각변이 비례하는 두 직각삼각형은 닮음이다.

결정 조건 3. 서로 대응하는 두 변이 비례하고 끼인 각이 동일한 두 삼각형은 닮음이다. (SAS)

3. 삼각형의 닮음 성질

성질 1. 닮은 삼각형의 대응하는 각은 동일하고 대응하는 변은 비례한다. (정의)

성질 2. 닮은 삼각형의 대응하는 높이의 비, 대응하는 중선의 비, 대응하는 각의 이등분선의 비는 모두 닮음비이다.

성질 3. 닮은 삼각형의 둘레의 비는 닮음비와 같다. (정리 2)

성질 4. 닮은 삼각형의 넓이의 비는 닮음비의 제곱과 같다. (정리 3)

4. 삼각형의 닮음 응용

(1) 평행선이 선분을 잘랐을 때의 비율 정리 : 세 평행선이 두 직선을 잘랐을 때 대응하는 선분은 비례한다.

    다음 그림과 같이 세 선 $L_1 /\!/ L_2 /\!/ L_3$이 두 직선 L_1, L_2를 잘랐으며 $\dfrac{AB}{BC} = \dfrac{A_1B_1}{B_1C_1}$이라고 가정해보자.

    (이 강 마지막 수록된 "부록"의 정리 4 참고)

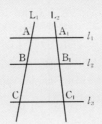

추론 5 다음 그림과 같이 $\triangle ABC$에서 $DE \parallel BC$이면

$$\frac{AD}{DB} = \frac{AE}{EC} \text{ (또는 } \frac{AD}{AE} = \frac{DB}{EC} \text{)이다.}^{주3)}$$

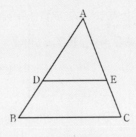

그림 22-3

(2) 닮은 삼각형 관련 내용은 매우 광범위하게 쓰이고 있고, 이것을 사용하여 각과 선분에 관련된 수많은 문제를 풀 수 있다. (크기, 길이, 동일, 비례 등)

2 필수예제

1. 삼각형의 닮음 결정하기

분석 tip

$\angle A$는 $\triangle ABD$와 $\triangle ACB$의 공통각이므로 $\triangle ABD \backsim \triangle ACB$가 되게 하려면 나머지 서로 대응하는 각이 같거나 혹은 서로 대응하는 이 공통각의 두 변이 비례하면 된다.

필수예제 1	

오른쪽 그림과 같이 $\triangle ABC$에서 점 D는 AC 변 위(점 D는 점 A, C와 완전히 포개지지 않음)에 있다. $\triangle ABD \backsim \triangle ACB$이 되려면 어떤 조건을 필요로 하는지 구하여라.

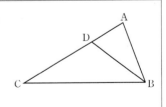

[풀이] 덧붙일 수 있는 조건에는 세 가지가 있을 수 있다.

─────────

1) [주] 결정 조건과 뒤의 결정 조건2, 3은 수학적으로 모두 증명할 수 있는 정확한 결론(정리)이다. 그러나 우리는 여기에서 증명하지 않고 이것을 공리 삼아 응용한다. (합동 삼각형의 몇 가지 결정 조건이 "공리"인 것과 같이)

2) [주] 이 강의 마지막 "부록" 중의 정리1 참고

3) [주] 추론1과 결합하여 $\dfrac{AD}{AE} = \dfrac{DB}{EC} = \dfrac{AB}{AC}$임을 알 수 있다.

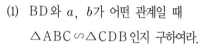

덧붙일 조건이 ①이거나 ②이면 ∠A는 △ABD와 △ACB의 공통각이므로 결정 조건1에 의해 △ABD∽△ACB임을 알 수 있다.

덧붙일 조건이 ③이면 ∠A = ∠A이므로 결정 조건3에 의해 △ABD∽△ACB임을 알 수 있다.

▣ 풀이참조

분석 tip

△ABC와 △CDB(또는△BDC)는 모두 직각삼각형이므로 △ABC∽△CDB(또는△BDC)가 되려면 서로 대응하는 두 빗변과 한 직각변이 비례하기만 하면 된다(추론 4로 △ABC∽△CDB(또는 △BDC)를 얻을 수 있다.) 핵심은 두 삼각형의 서로 대응하는 변을 제대로 찾는 것이다.

필수예제 2

다음 그림과 같이

∠ABC = ∠CDB = 90°이고

AC = a, BC = b이다.

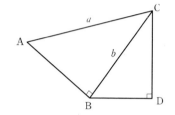

(1) BD와 a, b가 어떤 관계일 때 △ABC∽△CDB인지 구하여라.

(2) BD와 a, b가 어떤 관계일 때 △ABC∽△BDC인지 구하여라.

(3) BD와 a, b가 어떤 관계일 때 이 두 삼각형이 닮은 삼각형인지 구하여라.

[풀이] (1) △ABC와 △CDB를 보면 점 A와 C, 점 B와 D, 점 C와 B는 서로 대응되므로 빗변 AC와 BC는 대응되고 직각변 BC와 DB는 대응된다.

그러므로 추론4에 의해 다음을 알 수 있다.

$\dfrac{AC}{BC} = \dfrac{BC}{DB}$일 때, △ABC∽△CDB이다.

$\dfrac{a}{b} = \dfrac{b}{BD}$, 즉, $BD = \dfrac{b^2}{a}$일 때, △ABC∽△CDB이다.

(2) △ABC와 △BDC를 보면, 같은 원리로 빗변 AC와 BC는 대응되고 직각변 AB와 BD는 대응되므로 추론4에 의해 다음을 알 수 있다.

$\dfrac{AC}{BC} = \dfrac{AB}{BD}$일 때, 즉, $\dfrac{a}{b} = \dfrac{\sqrt{a^2 - b^2}}{BD}$일 때, △ABC∽△BDC이다.

즉, $BD = \dfrac{b}{a}\sqrt{a^2 - b^2}$일 때, △ABC∽△BDC이다.

(3) 위의 (1), (2)의 결과로부터

$BD = \dfrac{b^2}{a}$이거나 $\dfrac{b}{a}\sqrt{a^2 - b^2}$일 때 이 두 삼각형이 닮은 삼각형이 된다는 것을 알 수 있다.

[평론과 주석] 문제 (1), (2)에서 서로의 대응 관계를 확실히 알 수 있어서 한 가지 상황만이 존재한다. 문제 (3)에서는 서로의 대응 관계를 확실히 알 지 못하므로 두 가지 상황으로 나눠 생각해야한다.

2. 평행선이 나눈 선분 비례 정리의 응용

필수예제 3

오른쪽 그림에서 $L_1 /\!/ L_2 /\!/ L_3$이고, $\mathrm{AB}=1$, $\mathrm{BC}=2$, $\mathrm{DE}=1.5$일 때, EF의 길이를 구하여라.

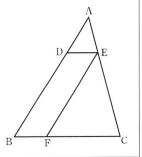

[풀이] $L_1 /\!/ L_2 /\!/ L_3$이므로 평행선이 나눈 선분 비례 정리로

$$\frac{\mathrm{AB}}{\mathrm{BC}} = \frac{\mathrm{DE}}{\mathrm{EF}} \text{이고, } \mathrm{EF} = \frac{\mathrm{DE} \cdot \mathrm{BC}}{\mathrm{AB}} \text{이다.}$$

$$\mathrm{EF} = \frac{1.5 \times 2}{1} = 3 \text{이다.}$$

답 3

3. 결정 조건(특히 추론 1)의 응용

필수예제 4

오른쪽 그림과 같이 $\triangle \mathrm{ABC}$에서 $\mathrm{AB}=3\mathrm{AD}$, $\mathrm{DE}/\!/\mathrm{BC}$, $\mathrm{EF}/\!/\mathrm{AB}$이고, $\mathrm{AB}=9$, $\mathrm{DE}=2$일 때, 선분 FC의 길이를 구하여라.

[풀이] $\mathrm{AB}=9$이고, $\mathrm{AB}=3\mathrm{AD}$이면 $\mathrm{AD} = \frac{1}{3}\mathrm{AB} = \frac{1}{3} \times 9 = 3$이므로

$\mathrm{DB} = 9-3 = 6$이다.

또 $\mathrm{DE}/\!/\mathrm{BC}$이고, $\mathrm{EF}/\!/\mathrm{AB}$이면 사각형 DBFE는 평행사변형이므로

$\mathrm{EF}=\mathrm{DB}=6$이고, $\mathrm{BF}=\mathrm{DE}=2$이다.

$\mathrm{EF}/\!/\mathrm{AB}$이면 추론 1에 의해 $\triangle \mathrm{CEF} \backsim \triangle \mathrm{CAB}$임을 알 수 있으므로

$$\frac{\mathrm{EF}}{\mathrm{AB}} = \frac{\mathrm{FC}}{\mathrm{CB}}, \text{ 즉, } \frac{6}{9} = \frac{\mathrm{FC}}{\mathrm{FC}+2} \text{이다.}$$

이것을 풀면 $\mathrm{FC}=4$이다.

답 4

오른쪽 그림에서 공사장에 전봇대 AB와 CD가 서 있다. 이 둘 간의 간격은 15 m 이고, 지면에서 각각 4 m, 6 m 떨어진 A, C 두 곳과 전봇대의 양 옆 E와 D

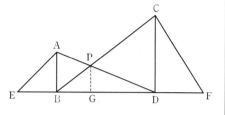

지점, B와 F 지점을 스틸 와이어로프로 연결하여 전봇대를 고정시켜놓았다. 이때, 스틸 와이어로프 AD와 BC의 교차점 P에서 지면까지의 높이를 구하여라.

[풀이] 그림과 같이 점 P에서 지면 EF에 내린 수선의 발을 G라 하면, P에서 지면까지의 높이란 선분 PG의 길이를 말한다.

$AB \perp BD$이고, $CD \perp BD$이면, $AB /\!\!/ PG /\!\!/ CD$이므로 $\triangle ABD$에서 추론1에 의해 $\triangle DPG \infty \triangle DAB$이다.

따라서 $\dfrac{PG}{AB} = \dfrac{DG}{DB}$이다. ①

같은 원리로 $\triangle BCD$에서 $\triangle BPG \infty \triangle BCD$이며

$\dfrac{PG}{CD} = \dfrac{BG}{BD}$이다. ②

①+②로부터 $\dfrac{PG}{AB} + \dfrac{PG}{CD} = \dfrac{DG}{DB} + \dfrac{BG}{BD} = \dfrac{DG+BG}{DB} = \dfrac{DB}{DB} = 1$이다.

$\dfrac{1}{PG} = \dfrac{1}{AB} + \dfrac{1}{CD}$, 즉, $\dfrac{1}{PG} = \dfrac{1}{4} + \dfrac{1}{6}$이고, 이것을 풀면 $PG = 2.4$이다.

따라서 P에서 지면까지의 고도는 2.4 m 이다.

[평론과 주석] 일반적인 상황(수직 상황이 아니어도)에서도 다음과 같은 결론이 나온다.

아래 그림에서 $AB /\!\!/ PG /\!\!/ CD$라면 $\dfrac{1}{PG} = \dfrac{1}{AB} + \dfrac{1}{CD}$이다.

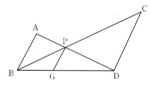

([주] 연습문제 21의 5번 참고)

🔑 2.4 m

필수예제 6

오른쪽 그림과 같이 정사각형 ABCD 에서 점 D를 지나는 DP는 AC와 점 M에서 만나고, AB와 점 N에서 만나며, CB의 연장선과 점 P에서 만난다. MN = 1이고, PN = 3일 때, DM의 길이를 구하여라.

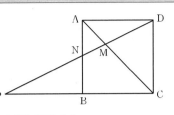

[풀이] 정사각형 ABCD에서 AB // DC이므로 추론1에 의해 △CMD ∽ △AMN이다.

그러므로 $\dfrac{MD}{MN} = \dfrac{MC}{MA}$ 이다.

같은 원리로 PC // AD로 △PMC ∽ △DMA이다.

따라서 $\dfrac{PM}{MD} = \dfrac{MC}{MA}$ 이다. 즉, $\dfrac{MD}{MN} = \dfrac{PM}{MD}$ 이다.

그러므로 $MD^2 = MN \cdot PM = MN \cdot (PM + NM) = 1 \times (3+1) = 4$이다.

따라서 DM = 2이다.

답 2

제22강

4. 닮은 삼각형의 간단한 응용

필수예제 7

분석 tip

$S_{\triangle DEO} = 1$이라는 것은 이미 알고 있고 구하고자 하는 것은 $S_{\triangle OBC}$이므로 "넓이의 비는 닮음비의 제곱"(즉, 닮은 삼각형의 성질4)결론을 사용해야한다.

다음 그림과 같이 △ABC에서 점 D, E는 각각 AB, AC의 중점이고, DE, BE, CD를 연결하면 BE, CD는 점 O에서 만나고 $S_{\triangle DEO} = 1$일 때, $S_{\triangle OBC}$를 구하여라.

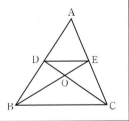

[풀이] 점 D, E는 각각 변 AB, AC의 중점이므로

삼각형의 중점 연결 정리로 DE // BC이고 $DE = \dfrac{1}{2}BC$이다.

이로부터 추론1에 의해 △ODE ∽ △OCB이다.

그러므로 $\dfrac{S_{\triangle DEO}}{S_{\triangle OBC}} = \left(\dfrac{DE}{BC}\right)^2 = \left(\dfrac{1}{2} \times \dfrac{BC}{BC}\right)^2 = \dfrac{1}{4}$이다.

따라서 $S_{\triangle OBC} = 4S_{\triangle DEO} = 4 \times 1 = 4$이다.

답 4

오른쪽 그림과 같이 정사각형 $ABCD$에서 점 E는 BC의 중점이고, 점 F는 CD 위의 한 점이며, $AE \perp EF$일 때, 아래 나열된 결론 중 옳은 것을 모두 고르시오.

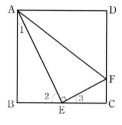

① $\angle BAE = 30°$

② $CE^2 = AB \times CF$

③ $CF = \dfrac{1}{3}CD$

④ $\triangle ABE \backsim \triangle AEF$

[풀이] (1) 사각형 $ABCD$는 정사각형이므로 점 E는 BC의 중점이고

$$BE = \frac{1}{2}BC = \frac{1}{2}AB \neq \frac{1}{2}AE$$이므로

$\angle BAE \neq 30°$ ($\angle BAE = 30°$이면 $BE = \dfrac{1}{2}AE$가 되므로 모순됨)이다.

따라서 ①은 옳지 않다.

(2) $AE \perp EF$ (이미 알고 있음)이므로 $\angle 2 + \angle 3 = 90°$, $\angle B = 90°$이므로

$\angle 1 + \angle 2 = 90°$이고 $\angle 1 = \angle 3$(같은 각의 여각은 동일)이다.

또 $\angle B = \angle C$이므로 $\triangle ABE \backsim \triangle ECF$이고,

$\dfrac{AB}{EC} = \dfrac{BE}{CF}$, 즉, $EC \times BE = AB \times CF$이다.

따라서 $CE^2 = AB \times CF$ ($BE = EC$이므로)이다.

따라서 ②은 옳다.

(3) 점 E는 BC의 중점이므로 $AB = BC = 2BE$이다.

또 이미 증명된 $\triangle ABE \backsim \triangle ECF$로 $\dfrac{EC}{FC} = \dfrac{AB}{BE} = 2$,

즉, $EC = 2CF$이다.

그러므로 $CD = BC = 2CE = 4CF$, 즉, $CF = \dfrac{1}{4}CD$이다.

따라서 ③은 옳지 않다.

(4) 이미 증명된 $\triangle ABE \backsim \triangle ECF$로 $\dfrac{AE}{EF} = \dfrac{AB}{EC}$이고,

$EC = BE$이므로 $\dfrac{AE}{EF} = \dfrac{AB}{BC}$, 즉, $\dfrac{AE}{AB} = \dfrac{EF}{BE}$ 이다.

추론 4로 $\triangle ABE \backsim \triangle AEF$이다.

따라서 ④은 옳다.

위의 내용을 종합해보면 옳은 것은 ②과 ④이다.

답 ②, ④

연습문제 22

[실력다지기]

01 다음 물음에 답하여라.

(1) 다음 그림에서 직사각형 종이 ABCD 가 있고 AB : BC = 3 : 2이다. 우선 이 종이를 AE를 기준으로 접어서 AD가 AB 위에 오게 한 다음 또 △AED를 DE를 기준으로 오른쪽으로 접어 AE와 BC가 점 F에서 만나게 할 때, DB : BA를 구하여라.

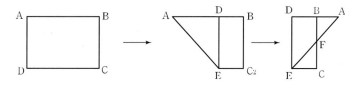

(2) 다음 그림의 △ABC에서 DE // BC, $\dfrac{AD}{DB} = \dfrac{1}{3}$ 일 때, $\dfrac{DE}{BC}$ 를 구하여라.

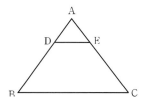

(3) 오른쪽 그림은 평행한 태양광선이 교실의 창문으로 들어오는 광경을 그린 평면도이다. 광선과 지면이 만드는 각은 AMC = 30°이고, 교실 지면의 그림자 길이는 MN = $2\sqrt{3}$ m 일 때, 창문의 아랫 처마에서 교실 지면까지의 거리 BC가 1 m 라면 창문 위 처마에서 지면까지의 거리 AC를 구하여라.

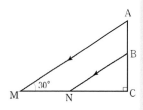

02 다음 물음에 답하여라.

(1) 아래 나열된 내용 중 옳은 내용을 모두 고르시오.

① 합동인 삼각형은 닮은 삼각형이다.

② 꼭지각이 동일한 두 이등변삼각형은 닮음이다.

③ 모든 정삼각형은 닮음이다.

④ 모든 직각삼각형은 닮음이다.

(2) 오른쪽 그림에서 $\angle 1 = \angle 2$일 때, 조건을 하나 덧붙여서 $AB \times DE = AD \times BC$가 성립되도록 하려면 어떤 조건이 필요한지 구하여라.

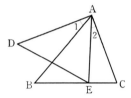

03 (1) 다음 그림에서 $AB /\!/ EF /\!/ CD$, $AB = 10$, $CD = 40$, $BC = 50$일 때, EF를 구하여라.

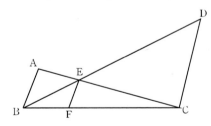

(2) $\triangle ABC$에서 점 D, E는 각각 AB, AC 위에 있고, $DE /\!/ BC$이며, $AD = 1$, $BD = 2$일 때, $S_{\triangle ADE} : S_{\triangle ABC}$를 구하여라.

04 오른쪽 그림의 평행사변형 ABCD에서 점 M, N은 AB를 삼
등분하는 점이고, DM, DN은 각각 AC와 점 P, Q 두 점에
서 교차할 때, AP : PQ : QC를 구하여라.

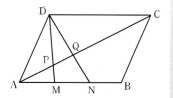

05 오른쪽 그림의 사다리꼴 ABCD에서 AD∥BC이고, AC, BD는
점 O에서 교차한다. 점 O를 지나는 EF는 EF∥BC이고, AB와
점 E에서 교차하며, DC와 점 F에서 교차할 때, OE = OF임을
증명하여라.

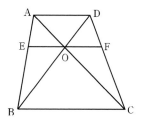

06 다음 그림의 △ABC에서 AB = 8, BC = 7, AC = 6이고 BC를 점 P까지 연장하여
△PAB∽△PCA가 되도록 할 때, PC를 구하여라.

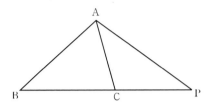

07 오른쪽 그림과 같이 삼각형 ABC에서 DE∥BC, $S_{\triangle ADE} = 1$,
$S_{\triangle BDE} = 3$을 만족하도록 점 D, E를 각각 변 AB, AC에 잡을 때,
$S_{\triangle EBC}$를 구하여라.

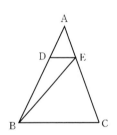

08 오른쪽 그림에서 △ABC와 △DEF는 모두 정삼각형이고, 점 D, E 는 각각 AB, BC 위에 있을 때, △DBE와 닮은 삼각형을 찾고 증명 하여라.

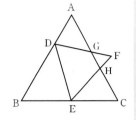

09 오른쪽 그림의 정삼각형 ABC에서 점 P는 BC 위의 한 점이고, 점 D 는 AC 위의 한 점이며, $\angle APD = 60°$, $BP = 1$, $CD = \dfrac{2}{3}$ 일 때, △ABC의 한 변의 길이를 구하여라.

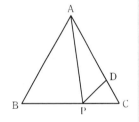

[응용하기]

10 오른쪽 그림에서 점 M, N은 각각 정사각형의 변 DA, AB 위에 있고, AM = AN을 만족한다. 점 A를 BM에 내린 수선의 발을 P라 할 때, ∠APN = ∠BPC임을 증명하여라.

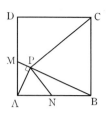

11 다음 그림에서 △ABC, △DCF, △FEG는 세 합동인 이등변삼각형이고, 밑변 BC, CE, EG는 동일한 직선 위에 있으며, AB = $\sqrt{3}$, BC = 1이다. BF와 AC, DC, DE와의 교점을 각각 P, Q, R이라 한다.

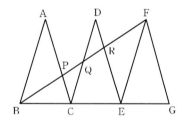

(1) △BFG ∽ △FEG를 증명하고 BF의 길이를 구하여라.

(2) 도형을 관찰해서 점 P와 관련된 사실들을 제시하여라.

부록 닮거나 비례하는 몇 가지 정리에 대한 증명

정리1 닮은 삼각형의 서로 대응하는 높이의 비, 중선의 비, 각의 이등분선의 비가 모두 닮음비와 같다.

다음 그림에서 $\triangle ABC \backsim \triangle A_1B_1C_1$이고, 닮음비는 k이며, AD, A_1D_1은 서로 대응하는 높이일 때, $\dfrac{AD}{A_1D_1} = k$임을 보여라.

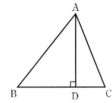

정리2 닮은 삼각형의 둘레의 비는 닮음비이다.

위의 그림에서 $\triangle ABC \backsim \triangle A_1B_1C_1$이고 닮음비는 k일 때, $\dfrac{AB+BC+CA}{A_1B_1+B_1C_1+C_1A_1} = k$임을 증명하여라.

정리3 닮은 삼각형의 넓이의 비는 닮음비의 제곱과 같다.

위의 그림에서 $\triangle ABC \backsim \triangle A_1B_1C_1$이고 닮음비는 k이며, AD, A_1D_1은 높이일 때,

$$\dfrac{S_{\triangle ABC}}{S_{\triangle A_1B_1C_1}} = k^2$$임을 증명하여라.

정리4(평행선이 자른 선분이 서로 비례하는 정리) 세 평행선이 두 직선을 잘랐을 때 서로 대응되는 선분은 비례한다.

오른쪽 그림에서 세 직선 $l_1 /\!/ l_2 /\!/ l_3$이 직선 L_1, L_2를 잘랐을 때,

$$\dfrac{AB}{A_1B_1} = \dfrac{BC}{B_1C_1} = \dfrac{AC}{A_1C_1}$$ 임을 증명하여라.

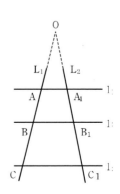

23강 삼각형의 닮음 (Ⅱ)

1 핵심요점

전 강에서 우리는 닮은 삼각형의 기본 지식에 대해 소개하였고, 전형적인 예제에서 닮은 삼각형의 간단한 응용에 대해 예를 들며 소개하였다.

2 필수예제

1. 기초적인 응용

> **필수예제 1**
>
> 오른쪽 그림에서 점 D는 AC 위에 있는 한 점이고, BE∥AC, BE = AD, AE는 각각 BD, BC와 점 F, G에서 만나며, ∠1 = ∠2이다.
> (1) △FAD와 합동인 삼각형을 찾고, 증명하여라.
> (2) $BF^2 = FG \times EF$임을 증명하여라.

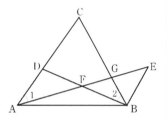

[증명] (1) 직관적으로 △FEB ≡ △FAD임을 추측할 수 있다.

사실상 △FEB와 △FAD에서 ∠1 = ∠E(BE∥AC에서 엇각으로 동일)이고,

BE = AD(이미 알고 있음)이며, ∠BFE = ∠DFA(맞꼭지각)이므로 △FEB ≡ △FAD(ASA)이다.

(2) BE∥AC이면 ∠1 = ∠E이고, ∠1 = ∠2이므로

∠2 = ∠E이다. 또 ∠BFG = ∠EFB(공통각)이면

△BFG∽△EFB이고 BF : FG = EF : BF이다.

따라서 $BF^2 = FG \times EF$이다.

분석 tip

P, A, D를 꼭짓점으로 하는 삼각형과 점 P, B, C를 꼭짓점으로 하는 삼각형이 닮은 꼴($\triangle PAD \backsim \triangle PBC$라고 쓸 수 없다. 이렇게 쓰면 대응 관계가 확정된다.)이 되어야 하지만 대응변이 아직 확실치 않으므로 여러 가지 가능한 상황으로 나누어 풀어야 한다.

필수예제 2

오른쪽 그림의 사다리꼴 ABCD에서 $AD /\!/ BC$, $\angle ABC = 90°$, $AB = 7$, $AD = 2$, $BC = 3$일 때, 점 P, A, D를 꼭짓점으로 하는 삼각형과 점 P, B, C를 꼭짓점으로 하는 삼각형이 닮음이 되도록 하는 변 AB 위의 점 P의 개수를 구하여라.

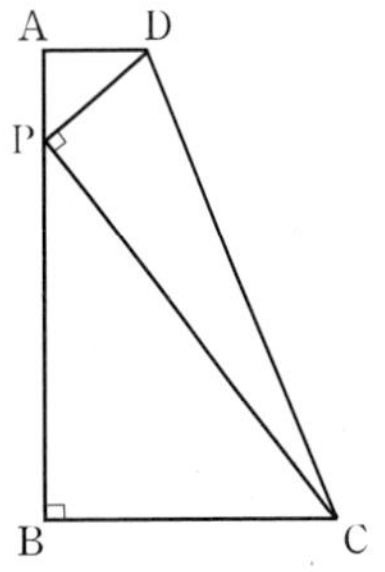

[풀이] $PA = x$라고 가정하면 $PB = 7 - x$이다.

(1) $\triangle PAD \backsim \triangle PBC$일 때, $\dfrac{PA}{PB} = \dfrac{AD}{BC}$이므로 $\dfrac{x}{7-x} = \dfrac{2}{3}$이다.

이를 풀면 $x = \dfrac{14}{5}$이다.

(2) $\triangle PAD \backsim \triangle CBP$일 때, $\dfrac{PA}{CB} = \dfrac{AD}{PB}$이므로 $\dfrac{x}{3} = \dfrac{2}{7-x}$,

즉, $x^2 - 7x + 6 = 0$이다.

따라서 $(x-1)(x-6) = 0$이다.

그러므로 $x = 1$ 또는 $x = 6$만 가능하다.

위의 내용을 종합해보면 $AP = \dfrac{14}{5}$ 이거나 1 이거나 6

(즉, P에 이 세 수를 넣을 수 있음)일 때, P, A, D를 꼭짓점으로 하는 삼각형과 점 P, B, C를 꼭짓점으로 하는 삼각형이 닮음이 된다.

답 3개

분석 tip

점 E는 AD를 삼등분하는 점이고, 점 D는 CB의 중점이다. 이 두 이미 알고 있는 조건을 이용해야 이 문제를 풀 수 있다. 이 두 조건을 사용하기 위해서는 점 D를 지나면서 CF와 평행인 보조선을 그어야 한다.

필수예제 3

오른쪽 그림에서 AD는 △ABC의 중선이고, 점 E는 AD 위에 있는 한 점이며, $AE = \dfrac{1}{3}AD$, CE의 연장선은 AB와 점 F에서 만난다. AF = 1.2cm 일 때, AB의 길이를 구하여라.

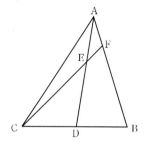

[풀이] 점 D를 지나 CF에 평행한 직선과 변 AB와의 교점을 G라 하자.

△ADG에서 EF∥DG이면 $\dfrac{AF}{AG} = \dfrac{AE}{AD} = \dfrac{1}{3}$ 이다.

즉, AG = 3AF = 3×1.2 = 3.6cm이다.

따라서 FG = AG − AF = 3.6 − 1.2 = 2.4cm이다.

△BCF에서 BC의 중점인 D에서 DG∥CF이고 DG는 △BCF의 중점연결선이므로 BG = FG = 2.4cm이다.

따라서 AB = AG + BG = 3.6 + 2.4 = 6cm이다.

[평론과 주석] 우리는 다음과 같이 보조선을 그어 이 문제를 풀 수도 있다. 점 D를 지나 BA에 평행한 직선과 CF와의 교점을 H라 한다. (아래 그림과 같이)

이로부터 △AEF ∽ △DEH이고, DH = 2AF이다.

점 D는 BC의 중점이므로 BF = 4AF이고,

AB = BF + AF = 5AF = 5×1.2 = 6cm이다.

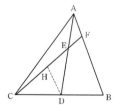

답 6

필수예제 4

분석 tip

EF의 길이를 묻는 문제이므로 "평행선으로 자른 선분이 서로 비례하는 정리"만으로는 부족하고, 반드시 닮은 삼각형을 이용해야 EF의 길이를 이끌어낼 수 있다. 따라서 다음과 같이 보조선을 긋는다. 한 가지 방법은 점 A를 지나는 AG를 그어 AG∥DC가 되고 EF, BC와 점 H, G에서 교차하도록 한다. 또 다른 방법은 AC(평론과 주석에서 소개하겠음)를 연결하는 것이다.

오른쪽 그림의 사다리꼴 ABCD에서 AD∥BC, AD = 3, BC = 9, AB = 6, CD = 4이고, EF∥BC이며 사다리꼴 AEFD와 사다리꼴 EBCF의 둘레가 동일할 때, EF를 구하여라.

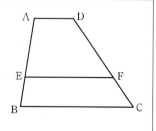

[풀이] 점 A를 지나 DC에 평행한 직선과 BC, EF와의 교점을 각각 G, H라 하면 사각형 AHFD와 HGCF는 모두 평행사변형이다.

따라서 HF = AD = GC = 3이고, BG = BC − CG = 9 − 3 = 6이다.

$\mathrm{AE}=x$, $\mathrm{AH}=y(=\mathrm{DF})$라 하자.

$\mathrm{AD}\,/\!/\,\mathrm{EF}\,/\!/\,\mathrm{BC}$이므로 $\dfrac{\mathrm{AE}}{\mathrm{AB}}=\dfrac{\mathrm{AH}}{\mathrm{DC}}$, 즉, $\dfrac{x}{6}=\dfrac{y}{4}$ ①

이다. 또, $\mathrm{AE}+\mathrm{EF}+\mathrm{FD}+\mathrm{AD}=\mathrm{EB}+\mathrm{BC}+\mathrm{CF}+\mathrm{FE}$이므로

$x+\mathrm{EF}+y+3=(6-x)+9+(4-y)+\mathrm{EF}$이다.

즉, $x+y=8$ ②

이다.

①, ②를 연립해서 풀면 $x=\dfrac{24}{5}$, $y=\dfrac{16}{5}$이다.

$\mathrm{AE}=\dfrac{24}{5}$, $\mathrm{AH}=\mathrm{DF}=\dfrac{16}{5}$이다.

$\mathrm{EH}\,/\!/\,\mathrm{BG}$에서 $\triangle\mathrm{AEH}\backsim\triangle\mathrm{ABG}$이므로 $\dfrac{\mathrm{EH}}{\mathrm{BG}}=\dfrac{\mathrm{AE}}{\mathrm{AB}}$이다.

$\mathrm{EH}=\dfrac{\mathrm{AE}\cdot\mathrm{BG}}{\mathrm{AB}}=\dfrac{24}{5}\times(9-3)\div6=\dfrac{24}{5}$이다.

따라서 $\mathrm{EF}=\mathrm{EH}+\mathrm{HF}=\dfrac{24}{5}+3=\dfrac{39}{5}$이다.

[평론과 주석] 우리는 다음 그림과 같이 보조선을 그어 이 문제를 풀 수도 있다.

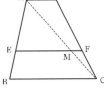

AC를 연결한다. AC는 EF와 점 M에서 만난다고 한다.

AE, DF(즉, 위 풀이 방법의 x, y)는 풀이와 같이 구한다.

$\mathrm{EF}\,/\!/\,\mathrm{BC}$이면 $\triangle\mathrm{AEM}\backsim\triangle\mathrm{ABC}$이므로 $\dfrac{\mathrm{EM}}{\mathrm{BC}}=\dfrac{\mathrm{AE}}{\mathrm{AB}}$이다.

즉, $\mathrm{EM}=\dfrac{\mathrm{AE}\cdot\mathrm{BC}}{\mathrm{AB}}=\dfrac{24}{5}\times9\div6=\dfrac{36}{5}$이다.

같은 원리로 $\mathrm{FM}=\dfrac{3}{5}$이다.

따라서 $\mathrm{EF}=\mathrm{EM}+\mathrm{FM}=\dfrac{36}{5}+\dfrac{3}{5}=\dfrac{39}{5}$이다.

답 $\dfrac{39}{5}$

필수예제 5

오른쪽 그림의 △ABC에서 점 M은 AC의 중점이고, 점 P, Q는 변 BC를 삼등분하는 점이고, BM이 AP, AQ와 각각 점 D, E 두 점에서 만날 때, 세 선분 BD, DE, EM의 길이의 비를 구하여라.

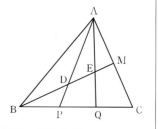

분석 tip

점 M은 AC의 중점이고, 점 P, Q는 변 BC를 삼등분하는 점이므로 QM을 연결하면 QM은 △ABC의 중점 연결선이고, PD는 △BQM의 중점 연결선이다. 이렇게 하면 BD, DE, EM 세 선분을 연결할 수 있다.

[풀이] MQ를 연결한다. 점 M, Q는 각각 AC, PC의 중점이고, MQ는 △ABC의 중점 연결선이므로 MQ∥AP이고, $MQ = \dfrac{1}{2}AP$이다.

점 P가 BQ의 중점이고, DP∥MQ이면 BD = DM이므로 PD는 △BQM의 중점 연결선이다.

따라서 $PD = \dfrac{1}{2}MQ = \dfrac{1}{4}AP$이다.

또 AP∥MQ이면 △ADE∽△QME이므로

$\dfrac{DE}{ME} = \dfrac{AD}{MQ} = \dfrac{AP - DP}{MQ} = \left(2MQ - \dfrac{1}{2MQ}\right) \div MQ = \dfrac{3}{2}$이다.

DE = 3k라고 가정하면 EM = 2k이다.

따라서 BD = DM = DE + EM = 5k이다.

따라서 BD : DE : EM = 5k : 3k : 2k = 5 : 3 : 2이다.

답 5 : 3 : 2

필수예제 6

오른쪽 그림의 예각 △ABC에서 점 D, E, F는 각각 AB, BC, CA의 삼등분 점 중 하나이고, 점 P, Q, R은 각각 △ADF, △BDE, △CEF의 중선의 교점(무게중심)이다.

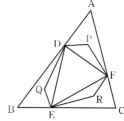

(1) △DEF와 △ABC의 넓이의 비를 구하여라.

(2) △PDF와 △ADF의 넓이의 비를 구하여라.

(3) 육각형 PDQERF와 △ABC의 넓이의 비를 구하여라.

분석 tip

문제의 그림은 비교적 복잡하고 풀어야할 문제가 3개이므로 문제를 쉽게 풀 수 있도록 문제를 나누어 각각의 문제에 필요한 "그림"을 만든다.

[풀이] (1) △DEF와 △ABC의 넓이의 비를 구하기 위해서는 △BDE, △CEF, △ADE, △ABC의 넓이 관계만 구하면 된다. 따라서 아래 그림과 같이 필요한 부분(△ABC와 △DEF)만 따로 그린다. 점 D에서 변 BC에 내린 수선의 발을 G, 점 A에서 변 BC에 내린 수선의 발을 H라 하면, DG∥AH이며 △BDG∽△BAH이다.

그러므로 $\dfrac{DG}{AH}=\dfrac{BD}{BA}=\dfrac{2}{3}$, 즉, $DG=\dfrac{2}{3}AH$이다.

또 $BE=\dfrac{1}{3}BC$이므로

$$
\begin{aligned}
S_{\triangle BDE} &= \frac{1}{2}BE \times DG \\
&= \frac{1}{2} \times \frac{1}{3}BC \times \frac{2}{3}AH \\
&= \frac{2}{9}\left(\frac{1}{2}BC \cdot AH\right) \\
&= \frac{2}{9}S_{\triangle ABC}
\end{aligned}
$$

이다. 같은 원리로

$S_{\triangle ADF}=\dfrac{2}{9}S_{\triangle ABC}$, $S_{\triangle EFC}=\dfrac{2}{9}S_{\triangle ABC}$이다.

$$
\begin{aligned}
S_{\triangle DEF} &= S_{\triangle ABC}-S_{\triangle BDE}-S_{\triangle ADF}-S_{\triangle EFC} \\
&= S_{\triangle ABC}-3 \times \frac{2}{9}S_{\triangle ABC} \\
&= \frac{1}{3}S_{\triangle ABC}
\end{aligned}
$$

이다.

따라서 $S_{\triangle DEF} : S_{\triangle ABC}=1:3$이다.

답 $1:3$

(2) $\triangle ADF$를 아래와 같이 따로 그린다.

DP의 연장선과 AF의 교점을 M, AP의 연장선과 DF의 교점을 N이라 하자. MN을 연결한다. 점 N은 DF의 중점이므로 $S_{\triangle DPN}=S_{\triangle FPN}$이다.

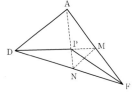

또 점 P가 세 중선의 교점(무게중심)이면

$AP=2PN$("평론과 주석" 참고)이므로 $S_{\triangle FPN}=\dfrac{1}{3}S_{\triangle ANF}$이다.

같은 원리로 $S_{\triangle DPN}=\dfrac{1}{3}S_{\triangle AND}$이다. 즉,

$$
\begin{aligned}
S_{\triangle PDF} &= S_{\triangle DPN}+S_{\triangle FPN} \\
&= \frac{1}{3}S_{\triangle AND}+\frac{1}{3}S_{\triangle ANF} \\
&= \frac{1}{3}S_{\triangle ADF}
\end{aligned}
$$

이다.

따라서 $S_{\triangle PDF} : S_{\triangle ADF}=1:3$이다.

답 $1:3$

(3) (2)로부터 $S_{\triangle PDF} = \dfrac{1}{3}S_{\triangle ADF}$ 임을 알 수 있다.

같은 원리로 $S_{\triangle DQE} = \dfrac{1}{3}S_{\triangle BDE}$ 이고, $S_{\triangle EFR} = \dfrac{1}{3}S_{\triangle CEF}$ 이다.

또 (1)로부터 $S_{\triangle ADF} = \dfrac{2}{9}S_{\triangle ABC}$ 이다.

즉, $S_{\triangle PDF} = \dfrac{1}{3} \times \dfrac{2}{9}S_{\triangle ABC} = \dfrac{2}{27}S_{\triangle ABC}$ 이다.

같은 원리로 $S_{\triangle DQE} = \dfrac{2}{27}S_{\triangle ABC}$, $S_{\triangle EFR} = \dfrac{2}{27}S_{\triangle ABC}$ 이다.

따라서

$$
\begin{aligned}
S_{\text{육각형}PDQERF} &= S_{\triangle DEF} + S_{\triangle PDF} + S_{\triangle DQE} + S_{\triangle EFR} \\
&= \dfrac{1}{3}S_{\triangle ABC} + 3 \times \dfrac{2}{27}S_{\triangle ABC} \\
&= \dfrac{5}{9}S_{\triangle ABC}
\end{aligned}
$$

이다.

따라서 $S_{\text{육각형}PDQERF} : S_{\triangle ABC} = 5 : 9$ 이다.

国 5 : 9

[평론과 주석] 여기에서 ((2)에서) 다음의 주요한 결론을 인용하였다.

"삼각형의 세 중선은 한 점에서 만나고, 이 점을 삼각형의 무게중심이라고 부른다. 무게중심에서 꼭짓점까지의 거리는 대변 중점까지의 거리의 2배이다."
이 결론의 증명과 필수예제 3은 유사하며 매우 간단하다.
아래 그림에서, 점 P는 △ADF의 중심이고, AN은 중선이다.
DP를 연결하고 더 연장하면 AF와 점 M에서 만난다. 즉, 점 M은 AF의 중점이다. 또 점 N을 지나는 NZ는 NZ//DM이고, AF와 점 Z에서 만난다.
평행선이 자른 선분이 비례하는 정리로 다음을 알 수 있다.

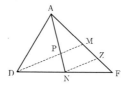

$FZ = MZ = \dfrac{1}{2}FM = \dfrac{1}{2}AM$ (점 N은 DF의 중점이므로) ①

$\dfrac{AP}{PN} = \dfrac{AM}{MZ}$ ②

①을 ②에 대입하면 $\dfrac{AP}{PN} = AM \div \dfrac{1}{2}AM = 2$ 이다.

따라서 $AP = 2PN$ 이다.

필수예제 7

오른쪽 그림과 같이 평행사변형 ABCD에서 P_1, P_2, $\cdots$, P_{n-2}, P_{n-1}은 BD를 n등분하는 점들이다. AP_2를 연결하여 연장하면 BC와 점 E에서 만나고 AP_{n-2}를 연결하여 연장하면 CD와 점 F에서 만난다.

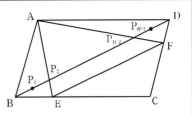

(1) EF∥BD를 증명하여라.

(2) 평행사변형 ABCD의 넓이가 S이고, $S_{\triangle AEF} = \dfrac{3}{8}S$일 때, n의 값을 구하여라.

[증명] (1) 사각형 ABCD는 평행사변형이므로

AD∥BC, AB∥DC이고 $\triangle P_{n-2}FD \backsim \triangle P_{n-2}AB$,

$\triangle P_2BE \backsim \triangle P_2DA$이다.

$$\frac{AP_{n-2}}{P_{n-2}F} = \frac{BP_{n-2}}{P_{n-2}D} = \frac{n-2}{2}, \quad \frac{AP_2}{P_2E} = \frac{DP_2}{P_2B} = \frac{n-2}{2},$$

그러므로 $\dfrac{AP_{n-2}}{P_{n-2}F} = \dfrac{AP_2}{P_2E}$, $\dfrac{P_{n-2}F}{AP_{n-2}} = \dfrac{P_2E}{AP_2}$이다.

따라서 $\dfrac{P_{n-2}F}{AP_{n-2}} + 1 = \dfrac{P_2E}{AP_2} + 1$, $\dfrac{P_{n-2}F + AP_{n-2}}{AP_{n-2}} = \dfrac{P_2E + AP_2}{AP_2}$이다.

즉, $\dfrac{AF}{AP_{n-2}} = \dfrac{AE}{AP_2}$이다.

또 $\angle A = \angle A$이므로 $\triangle AP_2P_{n-2} \backsim \triangle AEF$,

즉, $\angle AP_2P_{n-2} = \angle AEF$이다.

따라서 EF∥BD(동위각이 동일)이다.

[풀이] (2) (1)로 부터 $\dfrac{AP_2}{P_2E} = \dfrac{n-2}{2}$이다.

$AP_2 = (n-2)k$, $P_2E = 2k$라고 가정하면

$$\frac{AP_2}{AE} = \frac{AP_2}{AP_2 + P_2E} = \frac{(n-2)k}{nk} = \frac{n-2}{n}$$이고,

$$\frac{S_{\triangle AP_2P_{n-2}}}{S_{\triangle AEF}} = \left(\frac{AP_2}{AE}\right)^2 = \left(\frac{n-2}{n}\right)^2$$이므로

$$S_{\triangle AP_2P_{n-2}} = \left(\frac{n-2}{n}\right)^2 \cdot S_{\triangle AEF} = \left(\frac{n-2}{n}\right)^2 \cdot \frac{3}{8}S \qquad ①$$

이다.

또 $S_{\triangle ABD} = \dfrac{1}{2}S_{평행사변형ABCD} = \dfrac{1}{2}S$이고,

P_1, P_2, $\cdots$, P_{n-2}, P_{n-1}은 BD를 n개로 나누는 점이므로

$$S_{\triangle AP_2P_{n-2}} = \frac{n-4}{n} \cdot S_{\triangle ABD}$$이고,

$$S_{\triangle AP_2P_{n-2}} = \frac{n-4}{n} \cdot \frac{1}{2}S$$

②

이다.

①, ②로부터 $\left(\dfrac{n-2}{n}\right)^2 \cdot \dfrac{3}{8}S = \dfrac{n-4}{n} \cdot \dfrac{1}{2}S$이다.

간단하게 정리하면 $n^2 - 4n - 12 = 0$, $(n-6)(n+2) = 0$이다.

즉, $n = 6$이거나 $n = -2$일 때 위의 식은 성립된다.

그러나 $n > 0$이어야 하므로 $n = 6$이다.

답 6

연습문제 23

▶ 풀이책 p.21

[실력다지기]

01 다음 물음에 답하여라.

(1) 오른쪽 그림에서 점 D 는 △ABC 의 변 AB 위에 있는
한 점이고 CD 를 연결하면, ∠B = ∠ACD,
AC = 6 cm, AD = 4 cm 일 때, AB 를 구하여라.

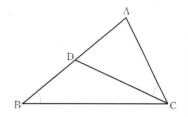

(2) 오른쪽 그림의 △ABC 에서 점 D, E 는 각각 AB, AC 위에 있는 점
으로 DE ∥ BC 이고, DE = 1, BC = 3, AB = 6 일 때, AD 를 구
하여라.

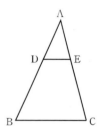

(3) 오른쪽 그림에서 점 D, E 는 각각 △ABC 의 AB, AC 위의
점이고, DE ∥ BC, $S_{\triangle ADE} : S_{사각형 DBCE} = 1 : 3$ 일 때,
AD : AB 를 구하여라.

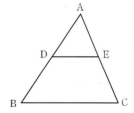

(4) 오른쪽 그림에서 직사각형 종이 ABCD 에서 가로 AB = a,
세로 BC = b, 점 E, F 는 각각 AB, CD 의 중점이다. 이 직
사각형 종이를 직선 EF 를 기준으로 접으면 직사각형 AEFD
의 긴 변과 짧은 변의 길이의 비가 직사각형 ABCD 의 긴 변과
짧은 변의 길이의 비와 같을 때, $a : b$ 를 구하여라.

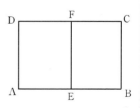

02 오른쪽 그림의 사다리꼴 ABCD에서 AB∥DC, 점 E, F는 각각 AD, BD 위에 있고, EF∥DC이며 $\dfrac{AE}{ED}=2$, AB = 7, CD = 10 일 때, EF의 길이를 구하여라.

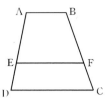

03 (1) 다음 그림과 같이 △ABC에서 AD는 BC에 대한 중선, 점 F는 AD 위의 한 점이고, AF : FD = 1 : 5이며 CF를 연결하여 연장하면 AB와 점 E에서 만날 때, AE : EB를 구하여라.

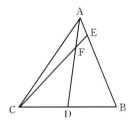

(2) 다음 그림에서 사각형 ABCD는 사다리꼴이고, $AE=\dfrac{1}{3}DE$, CE ⊥ AD, CE는 ∠BCD의 이등분선일 때, 사각형 ABCE와 삼각형 CDE의 넓이의 비를 구하여라.

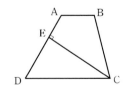

04 다음 그림과 같이 평행사변형 ABCD 의 대각선은 점 O 에서 만나고, AB 의 연장선 위의 임의의 한 점 E 와 O 를 연결한 선분은 변 BC 와 점 F 에서 만나며, AB $= a$, AD $= c$, BE $= b$ 라 할 때, BF 를 구하여라.

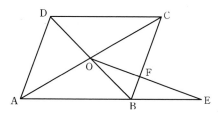

05 [그림 1]과 같이 $AB \perp BD$, $CD \perp BD$, 점 B, D는 수선의 발이고, AD와 BC는 점 E에서 만나며, $EF \perp BD$는 점 F에서 만날 때 $\dfrac{1}{AB} + \dfrac{1}{CD} = \dfrac{1}{EF}$ 이 성립한다는 것을 증명할 수 있다. [그림 2]와 같이 그림 안의 수직을 $AB \parallel CD \parallel EF$로 바꿨을 때, 아래의 질문에 답하여라.

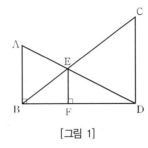
[그림 1]

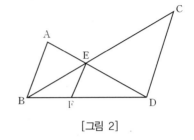
[그림 2]

(1) $\dfrac{1}{AB} + \dfrac{1}{CD} = \dfrac{1}{EF}$ 이 성립 여부를 증명하여라.

(2) $S_{\triangle ABD}$, $S_{\triangle BED}$, $S_{\triangle BDC}$의 관계식을 찾아 증명하여라.

[실력 향상시키기]

06 다음 물음에 답하여라.

(1) 다음 그림의 $\triangle ABC$에서 $\dfrac{BD}{DC}=\dfrac{2}{3}$, $\dfrac{AE}{EC}=\dfrac{3}{4}$, AD, BE는 점 F에서 만날 때,

$\dfrac{AF}{FD}\times\dfrac{BF}{FE}$의 값을 구하여라.

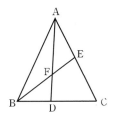

(2) 다음 그림에서 $\triangle ABC$는 직각이등변삼각형이고, $\angle C = 90°$, $AD = \dfrac{1}{3}AC$,

$CE = \dfrac{1}{3}BC$일 때, $\angle 1$과 $\angle 2$의 크기를 비교하여라.

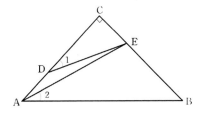

07 다음 물음에 답하여라.

(1) 한 개의 등변사다리꼴이 두 개의 이등변삼각형으로 나뉠 때, 이를 황금 사다리꼴이라고 한다. 황금 사다리꼴의 네 변의 비를 구하여라.

(2) 다음 그림의 $\triangle ABC$에서 점 D는 BC 위에 있는 중점이고, $AD = AC$, $DE \perp BC$, DE와 AB는 점 E에서 만나며, EC와 AD는 점 F에서 만난다.

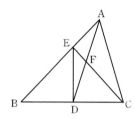

(a) $\triangle ABC \backsim \triangle FCD$를 증명하여라.

(b) $S_{\triangle FCD} = 5$이고 $BC = 10$일 때, DE의 길이를 구하여라.

08 오른쪽 그림의 사다리꼴 ABCD에서 AB∥CD, AB = 3CD, 점 E는 대각선 AC의 중점이고, 직선 BE는 AD와 점 F에서 만날 때, AF : FD를 구하여라.

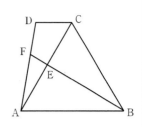

09 오른쪽 그림의 △ABC에서 점 D는 BC 위에 있는 중점이고, 점 E는 AC 위에 있는 임의의 한 점이며, BE는 AD와 점 O에서 교차할 때, 어느 학생들이 이 문제를 풀던 중 다음과 같은 사실을 발견하였다.

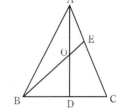

① $\dfrac{AE}{AC} = \dfrac{1}{2} = \dfrac{1}{1+1}$ 일 때, $\dfrac{AO}{AD} = \dfrac{2}{3} = \dfrac{2}{2+1}$ 이다.

([그림 1]과 같이)

② $\dfrac{AE}{AC} = \dfrac{1}{3} = \dfrac{1}{1+2}$ 일 때, $\dfrac{AO}{AD} = \dfrac{2}{4} = \dfrac{2}{2+2}$ 이다. ([그림 2]와 같이)

③ $\dfrac{AE}{AC} = \dfrac{1}{4} = \dfrac{1}{1+3}$ 일 때, $\dfrac{AO}{AD} = \dfrac{2}{5} = \dfrac{2}{2+3}$ 이다. ([그림 3]과 같이)

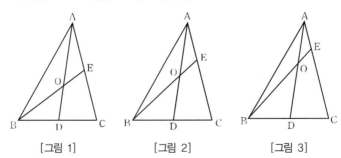

[그림 1]　　　　　[그림 2]　　　　　[그림 3]

*상술한 연구 결론을 참고하여 $\dfrac{AE}{AC} = \dfrac{1}{1+n}$ 일 때의 $\dfrac{AO}{AD}$ (n을 사용하여 표시)를 추측하고 증명하여라.

(여기에서 n은 자연수)

[응용하기]

10 오른쪽 그림의 정사각형 ABCD에서 AE = EF = FB, BG = 2GC,
DE, DF는 각각 AG와 점 P, Q에서 만날 때, 아래의 결론 중 옳지
<u>않은</u> 것을 모두 고르시오.

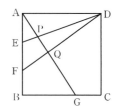

① $AG \perp FD$

② $AQ : QG = 6 : 7$

③ $EP : PD = 2 : 11$

④ $S_{사각형GCDQ} : S_{사각형BGQF} = 17 : 9$

11 다음 그림의 $\triangle ABC$에서 $AB = 5$, $BC = 3$, $AC = 4$이고, $PQ /\!/ AB$, 점 P는 AC 위에
있으며(점 A, C와 완벽하게 포개지지는 않음), 점 Q는 BC 위에 있다.

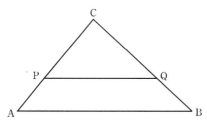

(1) $\triangle PQC$의 넓이와 사각형 $PABQ$의 넓이가 동일하다고 할 때, CP의 길이를 구하여라.

(2) △PQC의 둘레와 사각형 PABQ의 둘레가 동일하다고 할 때, CP의 길이를 구하여라.

(3) AB 위에 △PQM을 직각이등변삼각형으로 만드는 점 M이 존재의 여부를 증명하고 만약 존재한다면 PQ의 길이를 구하여라.

24강 내각이등분선 정리

1 핵심요점

정리 1

삼각형 ABC에서 ∠A의 내각이등분선이 변 BC와 만나는 점을 D라 할 때,
AB : AC = BD : DC가 성립한다.

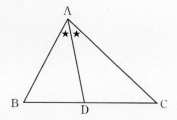

정리 2

삼각형 ABC에서 ∠A의 외각이등분선이 변 BC의 연장선과 만나는 점을 D라 할 때,
AB : AC = BD : DC가 성립한다.

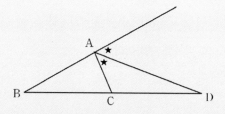

2 필수예제

필수예제 1	

오른쪽 그림의 삼각형 ABC에서
AD는 ∠A의 이등분선이다.
$AB = 12$cm, $AC = 8$cm,
$BC = 10$cm일 때, BD의 길이를
구하여라.

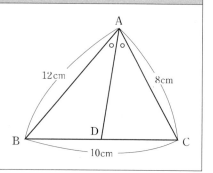

[풀이] $BD = x$라 하면, 내각이등분선의 정리에 의하여 AB : AC = BD : DC이다.
즉, $12 : 8 = x : (10 - x)$이다. 이를 풀면 $x = 6$이다.

답 6 cm

필수예제 2

오른쪽 그림과 같이 삼각형 ABC에서 $\angle A$의 외각의 이등분선과 BC의 연장선과의 교점이 D이고 $AB = 9\,\text{cm}$, $AC = 6\,\text{cm}$, $BC = 7\,\text{cm}$일 때, CD의 길이를 구하여라.

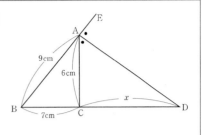

[풀이] 외각이등분선의 정리에 의하여 $AB : AC = BD : DC$이다.

즉, $9 : 6 = (7+x) : x$이다. 이를 풀면 $x = 14$이다. 　　🔲 $14\,\text{cm}$

필수예제 3

오른쪽 그림과 같이 $\triangle ABC$에서 $\angle B$의 이등분선과 변 AC와의 교점을 D라 하고, BD 위에 점 E를 $AD = AE$가 되게 잡는다. $AB = 16\,\text{cm}$, $BC = 20\,\text{cm}$, $BE = 12\,\text{cm}$일 때, ED의 길이를 구하여라.

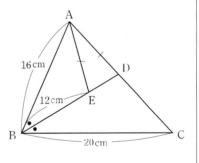

[풀이] 내각이등분선의 정리에 의하여 $AB : AC = AD : DC$에서 $AD : DC = 4 : 5$이다.

또, $AD = AE$이므로, 삼각형 ABE와 삼각형 CBD에서

$AE : DC = 4 : 5$, $AB : BC = 4 : 5$, $\angle EBA = \angle CBD$이므로 닮음이다.

$ED = x$라 하면, $16 : 20 = 12 : (12 + x)$가 성립한다.

이를 풀면, $x = 3$이다. 따라서 $ED = 3\,\text{cm}$이다. 　　🔲 $3\,\text{cm}$

필수예제 4

오른쪽 그림과 같이 $AB = 6\,\text{cm}$, $AC = 8\,\text{cm}$인 삼각형 ABC에서 $\angle A$의 내각이등분선과 변 BC와의 교점을 D라 하고, 점 D를 지나 AB에 평행한 직선과 변 AC와의 교점을 E라 할 때, DE의 길이를 구하여라.

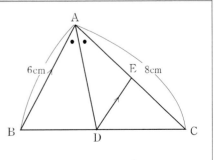

[풀이] 내각이등분선의 정리에 의하여 $BD : DC = 6 : 8 = 3 : 4$이다.

그러므로 삼각형 CDE와 삼각형 CBA는 닮음비가 $4 : 7$인 닮음이다.

따라서 $4 : 7 = DE : 6$이다. 이를 풀면, $DE = \dfrac{24}{7}$이다. [답] $\dfrac{24}{7}$ cm

---

필수예제 5

다음 그림과 같이 삼각형 ABC에서 $\angle A$, $\angle B$의 이등분선을 각각 AD, BE라 한다.
$AB = 15\,\text{cm}$, $AC = 20\,\text{cm}$, $BD = 9\,\text{cm}$일 때, EC의 길이를 구하여라.

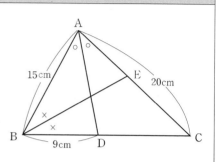

[풀이] 내각이등분선의 정리에 의하여 $AB : AC = BD : DC$이다.

즉, $15 : 20 = 9 : DC$이다. 이를 풀면 $DC = 12$이다.

또, 내각이등분선의 정리에 의하여 $BC : BA = CE : EA$이다.

즉, $CE : EA = 21 : 15 = 7 : 5$이다.

따라서 $CE = 20 \times \dfrac{7}{12} = \dfrac{35}{3}$ cm이다. [답] $\dfrac{35}{3}$ cm

---

필수예제 6

다음 그림에서 $\triangle ABC$의 내심을 I라 하고, AI의 연장선과 변 BC가 만나는 점을 D라 하자.
$AB = 4\,\text{cm}$, $AC = 5\,\text{cm}$, $BC = 6\,\text{cm}$일 때, AI와 ID의 길이의 비를 구하여라.

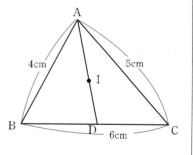

[풀이] 내각이등분선의 정리에 의하여 $AB : AC = BD : DC$, 즉, $4 : 5 = BD : DC$이다.

그러므로 $BD = 6 \times \dfrac{4}{9} = \dfrac{8}{3}$ (cm)이다.

또, BI가 $\angle B$의 내각이등분선이므로, 내각 이등분선의 정리에 의하여

$BD : BA = DI : IA$, $DI : IA = \dfrac{8}{3} : 4 = 2 : 3$이다.

따라서 $AI : ID = 3 : 2$이다.

[답] $3 : 2$

[실력다지기]

01 다음 그림과 같이, $\overline{AB} = 7\,cm$, $\overline{AC} = 5\,cm$인 삼각형 ABC에서, $\angle C = \dfrac{1}{2} \times \angle B + 90\,°$

이다. $\angle A$의 내각이등분선과 변 BC와의 교점을 P라고 할 때, $\overline{PC}$의 길이를 구하여라.

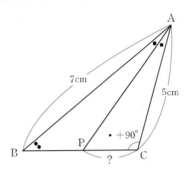

02 $\overline{AB} = 10\,cm$, $\overline{BC} = 8\,cm$, $\overline{CA} = 6\,cm$, $\angle C = 90\,°$인 직각삼각형 ABC의 밖에 점 P, Q를

$\angle PBC = \dfrac{1}{2} \times \angle ABC$, $\angle QAC = \dfrac{1}{2} \times \angle BAC$, $\angle BPC = \angle AQC = 90\,°$가 되도록

잡는다. 이때, 삼각형 CPQ의 넓이를 구하여라.

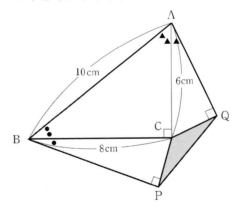

03 다음 그림과 같이, $AB : AC = 2 : 3$인 삼각형 ABC에서 $\angle BAC$의 이등분선과 BC와의 교점을 P라 한다. AP 위에 $AQ : QP = 3 : 2$가 되는 점 Q를 잡고, AC의 중점을 N, PQ의 중점을 R이라 하자. $BQ = 2cm$라고 할 때, NR의 길이를 구하여라.

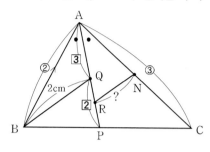

04 $AB = 28cm$, $BC = 30cm$, $CA = 36cm$인 삼각형 ABC에서 점 B에서 $\angle A$의 내각이등분선과 $\angle C$의 내각이등분선에 내린 수선의 발을 각각 P, Q라고 할 때, PQ의 길이를 구하여라.

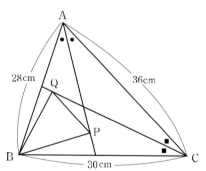

05 $AB = BC$인 예각 이등변삼각형 ABC의 외접원의 반지름의 길이가 3이다. 점 A와 외접원의 중심 O를 잇는 직선과 변 BC와의 교점 P에 대하여 $AP = \dfrac{21}{4}$일 때, "원에서 두 현 AB, CD의 교점을 P라 할 때, $BP \cdot PC = AP \cdot PQ$가 성립" 함을 이용하여 선분 AB의 길이의 제곱을 구하여라.

[실력 향상시키기]

06 $AB = 13\text{cm}$, $BC = 12\text{cm}$, $CA = 5\text{cm}$인 직각삼각형 ABC에서 점 A, B에서 $\angle ACB$의 내각이등분선에 내린 수선의 발을 D, E라 하자. DE와 AB의 교점을 F라 할 때, 삼각형 FEB와 삼각형 DAF의 넓이의 차를 구하여라.

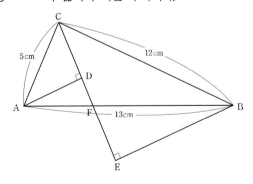

07 $\overline{AB} > \overline{BC}$, $\angle B = 37°$인 삼각형 ABC에서 $\angle B$의 내각이등분선과 변 CA와의 교점을 D라 하자. 점 C를 $\overline{BD}$에 대하여 대칭이동시킨 점을 C'라 하면 $\angle C'DA = 8°$이다. 또, 변 AB의 수직이등분선과 $\overline{BD}$의 교점을 O라 하고, $\overline{OA}$와 $\overline{DC'}$의 교점을 E라 하자. 이때, $\angle OED$의 크기를 구하여라.

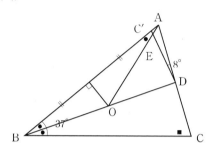

08 $\overline{AB} : \overline{BC} = 2 : 5$인 삼각형 ABC에서, $\angle B$의 이등분선이 $\overline{AC}$와 만나는 점을 E라 하고, 점 C에서 $\overline{BE}$의 연장선(점 E쪽의 연장선)에 내린 수선의 발을 D라고 할 때, 삼각형 ABE와 삼각형 DEC의 넓이의 비를 구하여라.

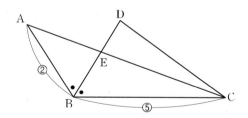

09 정삼각형 ABC에서 AP = CQ가 되도록 변 AB 위에 점 P를, 변 CA 위에 점 Q를 잡는다. CP와 BQ의 교점을 R이라 하면, BR : RC = 2 : 1이 된다. 이때, 삼각형 RBC의 넓이는 정삼각형 ABC의 넓이의 몇 배인지 구하여라.

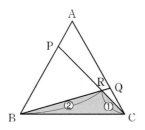

10 정사각형 ABCD의 변 AB 위에 점 E를 잡고, 점 B를 CE에 대하여 대칭이동시킨 점을 B′라고 하자. AB′의 연장선과 변 BC의 교점을 M이라 하자. 점 M이 변 BC의 중점이 될 때, 삼각형 AB′E의 넓이는 정사각형의 넓이의 몇 배인지 구하여라.

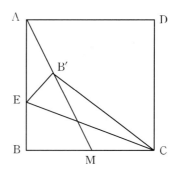

25강 보조선을 이용한 각도 구하기

1 핵심요점

이 강에서는 보조선을 그려서 각도를 구하는 문제들에 대해서 살펴본다.

2 필수예제

필수예제 1

오른쪽 그림과 같이 삼각형 ABC에서 점 A에서 변 BC에 내린 수선의 발을 H라 하자. 점 H에서 변 AB와 변 AC에 내린 수선의 발을 각각 D, E라 하자. 그러면, $\angle CDH = 21°$, $\angle BCA = 57°$일 때, $\angle BEA$의 크기를 구하여라.

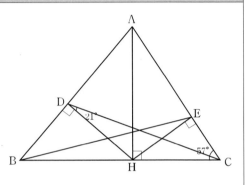

[풀이]

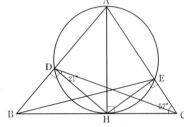

$\angle ADH = \angle AEH = 90°$이므로, 네 점 A, D, H, E는 AH를 지름으로 하는 원 위에 있다.

직각삼각형 ABH에서 직각삼각형의 닮음(사영정리)을 이용하면 $AH^2 = AD \cdot AB$이다.

또, 직각삼각형 ACH에서 직각삼각형의 닮음을 이용하면, $AH^2 = AE \cdot AC$이다.

따라서 $AD \cdot AB = AE \cdot AC$이다.

즉, $AD : AE = AC : AB$이므로, 삼각형 ABE와 삼각형 ACD는 닮음이다. 그러므로 $\angle ADC = \angle AEB$이다.

즉, $\angle BEA = 180° - 90° - 21° = 69°$이다.

답 69°

다음 그림과 같이 $\angle C = 28°$ 인 삼각형 ABC에서, 변 AC의 중점을 M이라 하고, 변 BC 위에 $AD = BD$인 점 D를 잡는다. 점 D를 지나 변 AB에 평행한 직선과 BM과의 교점을 E라 할 때, $\angle DAE$의 크기를 구하여라.

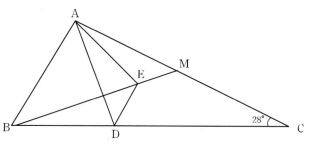

[풀이]

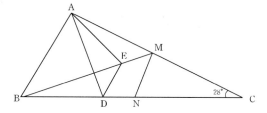

점 M을 지나 DE에 평행한 직선과 변 BC와의 교점을 N이라 하자.
그러면, 삼각형 중점연결정리에 의하여 점 N은 변 BC의 중점이다.
또, 가정에서 $AD = BD$이므로 $\dfrac{MN}{DE} = \dfrac{BN}{BD} = \dfrac{NC}{AD}$ 이다.
그리고 평행선의 동위각과 엇각의 성질에 의하여
$\angle MNC = \angle ABD = \angle BAD = \angle ADE$이다. 따라서
삼각형 DAE와 삼각형 NCM은 닮음이다. 그러므로
$\angle DAE = \angle NCM = \angle BCM = 28°$ 이다.

답 28°

$AC = 10\text{cm}$인 삼각형 ABC에서 변 AB 위에 $AD : DB = 3 : 2$인 점 D를 잡고, 변 BC 위에 $BE : EC = 5 : 2$인 점 E를 잡는다. AE와 CD의 교점을 F라 하면, $AF = 6\text{cm}$이고, $\angle CAE = 46°$이다. 이때, $\angle BAE$의 크기를 구하여라.

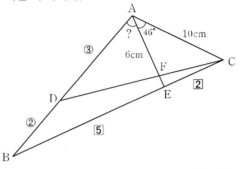

[풀이]

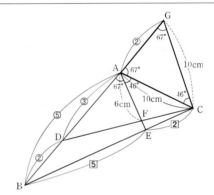

변 BA의 연장선 위에 $BD = AG$가 되는 점 G를 잡는다.

그러면, 삼각형 ABE와 삼각형 GBC는 닮음비가 $5 : 7$인 닮음이다.

그러므로 $AE /\!/ GC$이다. 즉, $\angle ACG = 46°$이다.

또, 삼각형 ADF와 삼각형 GDC도 닮음비가 $3 : 5$인 닮음이다.

그러므로 $GC = 10\text{cm}$이다.

따라서 삼각형 ACG는 $AC = GC = 10\text{cm}$인 이등변삼각형이다.

즉, $\angle CAG = \angle CGA = (180° - 46°) \div 2 = 67°$이다.

따라서 $\angle BAE = \angle AGC = 67°$이다.

🗊 $67°$

AD∥BC인 등변사다리꼴 ABCD에서 삼각형 AEF가 정삼각형이 되도록 점 E, F를 각각 변BC, CD 위에 잡으면, ∠BAE = 36°, ∠EFC = 50°이다. 이때, ∠AEB의 크기를 구하여라.

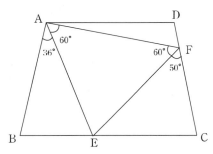

[풀이]

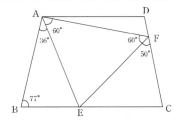

사각형 ABCD가 등변사다리꼴이므로 ∠ABC = ∠DCB이다.

따라서 ∠ABC = (360° − (36° + 60°) − (60° + 50°)) ÷ 2 = 77°이다.

그러므로 ∠AEB = 180° − 77° − 36° = 67°이다.

📋 67°

다음 그림과 같이 $AB = AD$, $\angle ABD = \angle CBD = 50°$,
$\angle BAC = 60°$ 인 사각형 $ABCD$에서 $\angle BDC$의 크기를 구하여라.

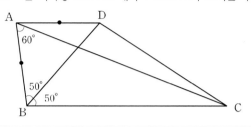

[풀이]

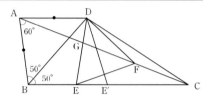

$AB = AD$이므로 $\angle ADB = 50°$이다. 그러므로 $AD /\!/ BC$이고,
$\angle DAC = 20°$이다.

그림과 같이 $DA = DE = DF$가 되도록 점 E와 F를 각각 변 BC, AC
위에 잡는다.
(여기서, 점 E가 될 수 있는 점이 그림에서 E와 E'인데, 그 중에서 점 B
에 가까운 점을 점 E로 택한다.)

DE와 AC의 교점을 G라 하자.

사각형 $ABED$는 등변사다리꼴이므로 $\angle BED = 100°$, $\angle ADE = 80°$이다.

그러므로 $\angle DGA = 180° - (20° + 80°) = 80°$이다.

또, $DA = DF$이므로 $\angle DFG = 20°$, $\angle FDG = 80° - 20° = 60°$이다.

따라서 삼각형 DEF는 정삼각형이다.

그러므로 $\angle FEC = 20°$이고, $\angle FCE = 20°$이므로,

삼각형 FEC는 $FE = FC$인 이등변삼각형이다.

더욱이, 삼각형 DFC도 $DF = FC$인 이등변삼각형이다.

그러므로 $\angle FDC = 10°$이다.

따라서 $\angle BDC = 30° + 60° + 10° = 100°$이다.

답 $100°$

필수예제 6

∠ABC = 50°인 삼각형 ABC에서 변 BC 위에 AB = PC인 점 P를 잡으면, ∠BAP = 15°이다. 이때, ∠ACB의 크기를 구하여라.

[풀이] 다음 그림과 같이 ∠CPQ = 50°,

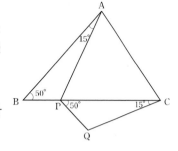

∠PCQ = 15°가 되는 점 Q를 잡는다.
그러면, 삼각형 ABP와 삼각형 CPQ
는 합동이다.
또, ∠APQ = ∠CQP = 115°이다.
그러므로 사각형 APQC는 등변사
다리꼴이다.
따라서 PQ∥AC이므로
∠ACB = ∠CPQ = 50°이다.

달 50°

[실력다지기]

01 $\angle B = \angle C = 40°$ 인 이등변삼각형 ABC의 내부에 $\angle ABO = \angle OBC = 20°$,

$\angle BCO = 10°$, $\angle OCA = 30°$ 를 만족하는 점 O를 잡는다. 이때, $\angle OAC$의 크기를 구하여라.

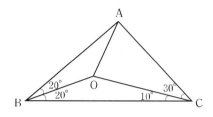

02 삼각형 ABC에서 $\angle ABC$의 내각이등분선과 변 CA와의 교점을 D, $\angle ACB$의 내각이등분선과 변 AB와의 교점을 E라 하자. $\angle ABC = 70°$, $\angle ACB = 50°$ 일 때, $\angle AED$의 크기를 구하여라.

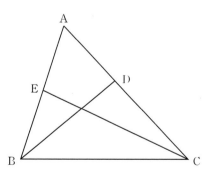

03 $AB = BC = CD$, $\angle ABC = 108\degree$, $\angle BCD = 48\degree$ 인 사각형 $ABCD$ 에서 $\angle ADC$ 의 크기를 구하여라.

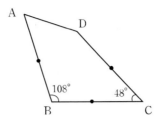

04 삼각형 ABC 에서 변 BC 의 중점을 D 라 하면, $\angle ABD = \angle CAD$, $\angle BDA = 45\degree$ 가 된다. 이때, $\angle ABD$ 의 크기를 구하여라.

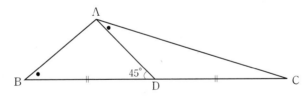

05 ∠B = 80°, ∠C = 40°인 삼각형 ABC에서 AB = AD, BD = DC가 되도록 점 D(점 A를 중심으로 하고 반지름을 AB로 하는 원과 변 BC의 수직이등분선의 교점이 점 D이다)를 잡는다. 이때, ∠DAC의 크기를 구하여라.

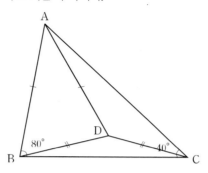

[실력 향상시키기]

06 그림과 같이 반원 O와 O′가 점 B에서 접하고, AB는 반원 O의 지름이고, AB는 반원 O′와 점 D에서 접하고, DF는 AB와 수직이다. 이때, ∠CAB = 25°일 때, ∠CFB의 크기를 구하여라.

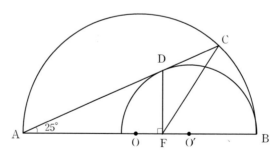

07 삼각형 ABC에서 변 BC 위에 점 D를 잡으면 AC = BD, AD = DC, $\angle ABC = \angle CAD \times \dfrac{3}{2}$ 이다. 이때, $\angle ABD$ 의 크기를 구하여라.

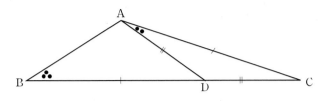

08 삼각형 ABC의 내부에 AB = BP = PC가 되도록 한 점 P를 잡으면, $\angle ABP = 35°$, $\angle BPC = 155°$ 이다. 이때, $\angle BAC$ 의 크기를 구하여라.

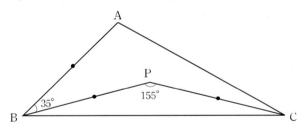

26강 체바의 정리와 메넬라우스 정리 응용

1 핵심요점

공통변을 가진 두 개의 삼각형의 넓이의 비에 대한 간단하면서 유용한 정리인 체바(Ceva)의 정리와 메넬라우스(Menelaus)의 정리에 대해서 알아보자. 체바의 정리의 역은 주어진 삼각형의 무게중심, 내심, 수심, 방심의 존재성을 알려주었다.

1. 넓이의 비에 대한 간단한 정리

넓이에 관련된 문제를 해결하기 위해서 필요한 가장 기본적인 성질들에 대해서 살펴보자.

정리 1 선분 AB와 PQ의 교점 또는 그 연장선의 교점을 M이라고 하면, $\dfrac{\triangle ABP}{\triangle ABQ} = \dfrac{\overline{PM}}{\overline{QM}}$이 성립한다.

(증명) 이것을 증명하기 전에 다음을 먼저 생각해보자.

삼각형 ABC의 넓이 $\triangle ABC = \dfrac{1}{2}ah_a$이다.(단, h_a는 점 A에서 변 BC와의 거리, 즉 높이)

이것은 h_a가 일정하면 삼각형의 넓이는 a에 비례함을 의미한다.

예를 들어, 다음 그림과 같이 $\dfrac{\triangle ACD}{\triangle BCD} = \dfrac{\overline{AD}}{\overline{BD}}$이다.

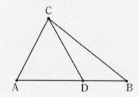

위의 성질을 이용하여 증명해보자.

$$\frac{\triangle ABP}{\triangle ABQ} = \frac{\triangle ABP}{\triangle AMP} \cdot \frac{\triangle AMP}{\triangle AMQ} \cdot \frac{\triangle AMQ}{\triangle ABQ} = \frac{\overline{AB}}{\overline{AM}} \cdot \frac{\overline{PM}}{\overline{QM}} \cdot \frac{\overline{AM}}{\overline{AB}} = \frac{\overline{PM}}{\overline{QM}}$$

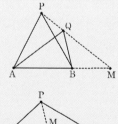
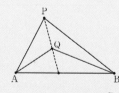
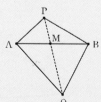
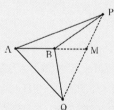

2 필수예제

점 P가 삼각형 ABC의 내부의 한 점이다. 직선 AP, BP, CP가 각각 변 BC, CA, AB와 만나는 점을 D, E, F라 하면,

$$\frac{\overline{PD}}{\overline{AD}} + \frac{\overline{PE}}{\overline{BE}} + \frac{\overline{PF}}{\overline{CF}} = 1$$ 임을 증명하여라.

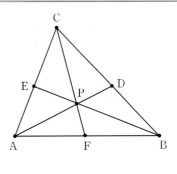

[풀이] 정리 1에 의하면,

$$\frac{\overline{PD}}{\overline{AD}} + \frac{\overline{PE}}{\overline{BE}} + \frac{\overline{PF}}{\overline{CF}} = \frac{\triangle PBC}{\triangle ABC} + \frac{\triangle APC}{\triangle ABC} + \frac{\triangle ABP}{\triangle ABC}$$
$$= \frac{\triangle ABC}{\triangle ABC}$$
$$= 1$$

답 1

오른쪽 그림과 같이 볼록 사각형 ABCD가 있다.

변 DA와 CB, 변 AB와 DC, 변 AC와 KL, 변 DB와 KL 의 연장선의 교점들을 각각 K, L, G, F라 두면,

$$\frac{\overline{KF}}{\overline{FL}} = \frac{\overline{KG}}{\overline{GL}}$$ 이 성립함을 증명하여라.

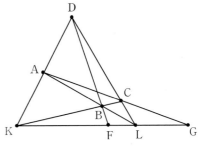

[증명] 정리 1을 적용하면,

$$\frac{\overline{KF}}{\overline{LF}} = \frac{\triangle KBD}{\triangle LBD} = \frac{\triangle KBD}{\triangle KBL} \cdot \frac{\triangle KBL}{\triangle LBD} = \frac{\overline{CD}}{\overline{CL}} \cdot \frac{\overline{AK}}{\overline{AD}}$$
$$= \frac{\triangle ACD}{\triangle ACL} \cdot \frac{\triangle ACK}{\triangle ACD} = \frac{\triangle ACK}{\triangle ACL} = \frac{\overline{KG}}{\overline{LG}}$$

답 풀이참조

2. 체바(Ceva)의 정리

정리 2 (체바의 정리) 삼각형 ABC에서, 점 D, E, F를 각각 변 BC, CA, AB 위의 점 또는 연장선 위의 점이라고 하자.(아래 그림 참고)

만약 AD, BE, CF가 한 점에서 만나면(그 점을 P라 하면), 다음이 성립한다.

$$\frac{\overline{AF}}{\overline{FB}} \cdot \frac{\overline{BD}}{\overline{DC}} \cdot \frac{\overline{CE}}{\overline{EA}} = 1.$$

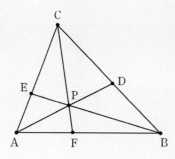 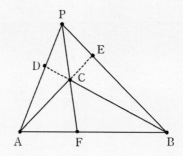

(증명)

정리 1을 적용하면,

$$\frac{\overline{AF}}{\overline{FB}} \cdot \frac{\overline{BD}}{\overline{DC}} \cdot \frac{\overline{CE}}{\overline{EA}} = \frac{\triangle APC}{\triangle PBC} \cdot \frac{\triangle ABP}{\triangle APC} \cdot \frac{\triangle PBC}{\triangle ABP} = 1$$

정리 3 (메넬라우스의 정리) 삼각형 ABC에서, 점 D, E, F를 각각 변 BC, CA, AB 위의 점 또는 연장선 위의 점이라고 하자. 만약 D, E, F가 한 직선 위의 점이라고 하면, 다음이 성립한다.

$$\frac{\overline{AF}}{\overline{FB}} \cdot \frac{\overline{BD}}{\overline{DC}} \cdot \frac{\overline{CE}}{\overline{EA}} = 1.$$

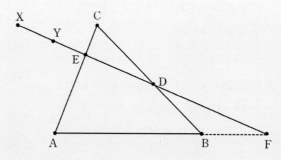

(증명) 점 X, Y을 직선 DEF 위의 임의의 점이라고 하자. 그러면

$$\frac{\overline{AF}}{\overline{FB}} \cdot \frac{\overline{BD}}{\overline{DC}} \cdot \frac{\overline{CE}}{\overline{EA}} = \frac{\triangle AXY}{\triangle BXY} \cdot \frac{\triangle BXY}{\triangle CXY} \cdot \frac{\triangle CXY}{\triangle AXY} = 1$$

필수예제 3

(체바의 정리의 역) 삼각형 ABC에서, 점 D, E, F를 각각 변 BC, CA, AB 위의 점 또는 연장선 위의 점이라고 하자. 만약

$$\frac{\overline{AF}}{\overline{FB}} \cdot \frac{\overline{BD}}{\overline{DC}} \cdot \frac{\overline{CE}}{\overline{EA}} = 1$$

이 성립하면 AD, BE, CF가 한 점에서 만남을 보여라.

[풀이] 우선 두 선분 AD와 BE가 만나는 점을 P라 두고,
선분 CP의 연장선이 AB와 만나는 점을 F′이라 하자.

정리 2(체바의 정리)에 의해 $\dfrac{\overline{AF'}}{\overline{F'B}} \cdot \dfrac{\overline{BD}}{\overline{DC}} \cdot \dfrac{\overline{CE}}{\overline{EA}} = 1$ 이고,

이때, 가정에 의해 $\dfrac{\overline{AF}}{\overline{FB}} \cdot \dfrac{\overline{BD}}{\overline{DC}} \cdot \dfrac{\overline{CE}}{\overline{EA}} = 1$ 이므로 F = F′이다.

📋 풀이참조

필수예제 4

(메넬라우스 정리의 역) 삼각형 ABC에서, 점 D, E, F를 각각 변 BC, CA, AB 위의 점 또는 연장선 위의 점이라고 하자. 만약

$$\frac{\overline{AF}}{\overline{FB}} \cdot \frac{\overline{BD}}{\overline{DC}} \cdot \frac{\overline{CE}}{\overline{EA}} = 1$$

이 성립하면 D, E, F는 한 직선 위의 점임을 보여라.

[풀이] 우선 직선 DE와 AB의 연장선과의 교점을 F′라 하자.

정리 3(메넬라우스의 정리)에 의해 $\dfrac{\overline{AF'}}{\overline{F'B}} \cdot \dfrac{\overline{BD}}{\overline{DC}} \cdot \dfrac{\overline{CE}}{\overline{EA}} = 1$ 이고,

이때, 가정에 의해 $\dfrac{\overline{AF}}{\overline{FB}} \cdot \dfrac{\overline{BD}}{\overline{DC}} \cdot \dfrac{\overline{CE}}{\overline{EA}} = 1$ 이므로 F = F′이다.

📋 풀이참조

제26강

필수예제 5

다음 그림과 같이 △ABC 세 변 AB, BC, CA 위에 각 점 E, F, G 가 $\overline{AE}:\overline{EB}=\overline{BF}:\overline{FC}=\overline{CG}:\overline{GA}=1:3$ 을 만족한다고 하자. 세 점 K, L, M을 각각 선분 AF와 CE, 선분 BG와 AF, 선분 CE와 BG 의 교점이라고 하자. △ABC 의 넓이를 1이라고 할 때, △KLM 의 넓이를 구하여라.

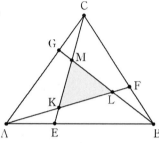

[풀이]

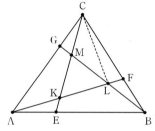

△ABL의 넓이를 S라 하자. 정리 1에 의해, △CAL = 3S이고, △BCL = $\dfrac{S}{3}$ 이다.

주어진 조건에 의해서 △ABL + △BCL + △CAL = △ABC = 1 이므로 $S+\dfrac{S}{3}+3S=1$ 이다.

따라서 $S=\dfrac{3}{13}$ 이다. 즉, △ABL = $\dfrac{3}{13}$ 이다.

이와 비슷하게 하면 △BCM = △CAK = $\dfrac{3}{13}$ 임을 알 수 있다.

그러므로

△KLM = △ABC − △ABL − △BCM − △CAK

$\qquad = 1-\dfrac{3}{13}-\dfrac{3}{13}-\dfrac{3}{13}=\dfrac{4}{13}$

이다.

답 $\dfrac{4}{13}$

연습문제 26

▶ 풀이책 p.31

[실력다지기]

01 체바의 정리의 역을 이용하여 삼각형의 세 중선이 한 점에서 만남을 보여라.
이 교점을 삼각형의 무게중심이라고 한다.

02 체바의 정리의 역을 이용하여 삼각형의 세 수선이 한 점에서 만남을 보여라.
이 교점을 삼각형의 수심이라고 한다.

03 체바의 정리의 역을 이용하여 삼각형의 세 내각의 이등분선이 한 점에서 만남을 보여라. 이 교점을 삼각형의 내심이라고 한다.

04 체바의 정리의 역을 이용하여 삼각형의 한 내각의 이등분선과 다른 두 외각의 이등분선이 한 점에서 만남을 보여라. 이 교점을 방심이라고 한다.

05 그림과 같이 ∠ACB = 45°, BC = 2cm인 삼각형 ABC에서, 변 CB의 연장선 위에 BE = 1cm가 되는 점 E를 잡고, 점 E에서 변 AC에 내린 수선의 발을 D라 하면, ∠EDB = ∠BAC가 된다. ED와 AB의 교점을 F라 할 때, △AFD의 넓이를 구하여라.

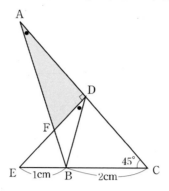

06 그림과 같이 AB = AC = 6cm, BC = 4cm인 이등변삼각형 ABC에서 변 AC위에 AF = 4cm가 되도록 점 F를, 변 BC의 연장선(점 C쪽의 연장선) 위에 CD = 8cm가 되는 점 D를 잡는다. BF와 AD의 교점을 E라 할 때, AE : FE를 구하여라.

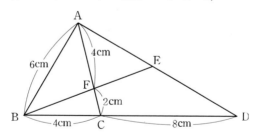

07 그림과 같이 삼각형 ABC에서 변 AB 위에 점 P를 잡고, 변 AC 위에 점 Q를 잡고, PC와 QB의 교점 O를 잡으면, $\triangle PBO = 28 \text{cm}^2$, $\triangle OBC = 16 \text{cm}^2$, $\triangle QCO = 8 \text{cm}^2$이 될 때, $\triangle ABC$의 넓이를 구하여라.

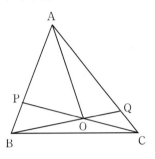

08 그림과 같이 $AB : AC : BC = 3 : 4 : 5$인 직각삼각형 ABC에서 $AF : FB = 4 : 5$, $AE : EC = 7 : 5$가 되도록 점 F, E를 각각 변 AB, AC 위에 잡고, $\triangle AEF = \triangle DEF$가 되도록 점 D를 변 BC에 잡는다. 이때, $BD : DC$를 구하여라.

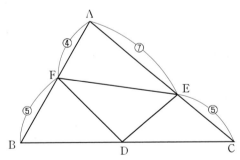

09 그림과 같이 $AB = 12\,cm$, $BC = 16\,cm$인 직사각형 $ABCD$에서 $AE = 12\,cm$, $CF = 4\,cm$ 가 되도록 점 E, F를 각각 변 AD, CD 위에 잡는다. AF와 CE의 교점을 G라 하자. 이때, 사각형 $ABCG$의 넓이를 구하여라.

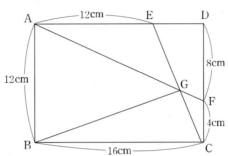

Part VI 종합

27강 정수의 홀짝성 및 간단한 2색법

1 핵심요점

1. 개념 및 정의

(1) 2로 나눌 때 나머지가 1인 수를 홀수라고 한다.

(2) 2로 완전히 나누어떨어지는 수를 짝수라고 한다.

(3) 홀수의 전체는 ±1, ±3, ±5, …, 홀수를 일반적으로 표시하는 형식은 $2k+1$이나 $2k-1$이고 k는 정수이다.

(4) 짝수의 전체는 0, ±2, ±4, ±6, …, 짝수를 일반적으로 표시하는 형식은 $2k$이고 k는 정수이다.

(5) 한 정수는 홀수나 짝수 둘 중 하나이다.

그러므로 전체 정수는 정수의 기우성(홀짝성)에 따라서 두 가지 유형으로 나눌 수 있다. 한 가지 유형은 홀수이고 다른 한 가지 유형은 짝수이다. (주의 : 전에 우리는 정수를 양의 정수, 음의 정수와 0으로 나눴고 약수의 개수로 양의 정수를 소수와 합성수와 1인 세 종류로 나눴다.)

2. 홀짝성의 성질

(1) 두 개의 홀수의 합(이나 차)은 짝수이다. 두 개의 짝수의 합(이나 차)은 짝수이다.

    홀수±홀수=짝수,   짝수±짝수=짝수

(2) 한 홀수와 한 짝수의 합(이나 차)는 홀수이다.

    홀수±짝수=홀수

    이러한 두 개의 성질에서 홀수 개 홀수의 합(이나 차)은 홀수이고 짝수 개 홀수의 합(이나 차)은 짝수인 것을 알 수 있다.

(3) 임의의 n개 홀수의 곱은 여전히 홀수이다.

(4) 임의의 여러 개의 정수에서 최소한 한 개의 짝수가 있다면 그들의 곱은 짝수이며 임의의 정수의 곱이 짝수라면 이 인수 중 최소한 1개는 짝수이다.

(5) 임의의 한 정수 m과 한 홀수의 합(이나 차)의 홀짝성과 m은 반대이다.

    임의의 한 정수 m과 한 짝수의 합(이나 차)의 홀짝성과 m은 일치한다.

(6) 임의의 한 정수 m과 한 홀수의 적의 홀짝성과 m은 일치한다.

    임의의 한 정수 m과 짝수의 곱은 짝수이다.

(7) 두 정수의 합과 차의 홀짝성은 일치한다.

3. 간단한 2색법

간단한 2색법은 더욱 직접적인 홀짝 분석의 한 가지 방법이다. 그것은 문제 중에서 대상을 적당히 두 가지 색깔로 칠하여서 대응하는 두 개의 색깔로 만들고 이 두 색의 도형으로 원래의 문제를 해결하는 해법이다.

2 필수예제

1. 성질을 이용하는 문제

필수예제 1

임의의 3개의 정수에 대해 다음 설명 중 옳은 것은?

① 그들의 합의 짝수일 가능성이 작다.

② 그들의 합이 홀수일 가능성이 작다.

③ 그 중 반드시 두 개의 수의 합은 홀수이다.

④ 그 중 반드시 두 개의 수의 합은 짝수이다.

[풀이] 세 개의 정수의 홀짝성에서 가능한 것은 :

㉠ 세 수가 모두 홀수이다.

㉡ 두 수는 홀수 한 수는 짝수

㉢ 두 수는 짝수 한 수는 홀수

㉣ 세 수가 모두 짝수이다.

세 수를 모두 더할 때 ㉠, ㉢일 때는 홀수이고 ㉡, ㉣일 때는 짝수이다.

그러므로 세 수의 합은 홀수나 짝수일 가능성은 모두 같다.

그러므로 ①, ②은 성립되지 않는다.

또 ㉠, ㉣의 유형에서 임의의 두개의 수의 합은 모두 짝수이다.

그러므로 ③은 성립되지 않는다.

그러므로 ④을 선택해야 한다.

[평가와 해설] 직접법을 이용할 수도 있다. :

㉠, ㉣에서 임의의 두 수의 합은 반드시 짝수이다.

㉡에서 두 홀수의 합은 짝수이다.

㉢에서 두 짝수의 합은 짝수이다.

그러므로 임의의 세 개의 정수에서 그 중 두 수의 합은 반드시 짝수이다.

그러므로 ④을 선택해야 한다.

답 ④

n은 홀수인 자연수이며 a_1, a_2, $\cdots$, a_n는 n개의 서로 다른 음의 정수일 때, 다음 설명 중 옳은 것은?

① $(a_1+1)(a_2+2)\cdots(a_n+n)$은 양의 정수이다.

② $(a_1-1)(a_2-2)\cdots(a_n-n)$은 양의 정수이다.

③ $\left(\dfrac{1}{a_1}+1\right)\left(\dfrac{1}{a_2}+2\right)\cdots\left(\dfrac{1}{a_n}+n\right)$은 양수이다.

④ $\left(1-\dfrac{1}{a_1}\right)\left(2-\dfrac{1}{a_2}\right)\cdots\left(n-\dfrac{1}{a_n}\right)$은 양수이다.

[풀이] 특수한 값을 대입하여 계산한다.

$a_1=-1$을 취할 때 $(a_1+1)=0$, $\left(\dfrac{1}{a_1}+1\right)$이므로,

①, ③은 성립되지 않는다.

$a_i=-i(i=1,\ 2,\ \cdots,\ n)$일 때, $(a_1-1)(a_1-2),\ \cdots,\ (a_n-n)$은 n개(n은 홀수)의 음수이다. 그들의 곱은 반드시 음수이다.

그러므로 ②은 성립되지 않는다.

그러므로 ④을 선택해야 한다.

[평가와 해설] 직접법을 사용하여 계산할 수도 있다.

a_1, a_2, $\cdots$, a_n은 n개의 서로 다른 음의 정수이다.

즉, $\left(1-\dfrac{1}{a_1}\right)>1$, $\left(2-\dfrac{1}{a_1}\right)>2$, $\cdots$, $\left(n-\dfrac{1}{a_n}\right)>n$이다.

그러므로 그들의 곱은 양수이다.

그러므로 ④을 선택해야 한다.

답 ④

$|2a+7|+|2a-1|=8$을 적합한 정수 a의 값의 개수를 구하여라.

[풀이] 수직선을 생각한다. 주어진 등식을 점 $2a$에서 점 -7과 1의 거리의 합은 8과 같다(아래 그림 참고)

점 $2a$는 짝수점이므로 -7에서 1사이의 짝수점은 -6, -4, -2, 0이 있다. 대응되는 점 $a=-3$, -2, -1, 0이다. 즉, 주어진 등식에서 정수 a는 4개이다.

[평가와 해설] 영점분리법을 사용할 수 있지만 복잡하기 때문에 사용하지 않는다.

답 4

2. 홀짝 분석 문제

필수예제 4

두 자리 수가 있다. 일의 자리 수와 십의 자리 수의 합의 3배는 원래의 수에서 2를 뺀 수와 같을 때, 원래의 수의 십의 자리 수를 구하여라.

[풀이] 이 두 자리 수를 $\overline{ab}$라고 하면, $3(a+b) = (10a+b)-2$, 즉, $7a = 2b+2$ 이다.

$2b+2$는 짝수이고 $2 \times 9 + 2 = 20$이하이므로, a는 반드시 짝수이고 $a < 3$ 이다.

그러므로 $a = 2$이고 원래의 십의 자리 수는 2이다.

답 2

필수예제 5

방에 다리가 3개인 앉은뱅이 의자와 다리가 4개인 의자가 몇 개 있다. 앉은뱅이 의자에 단 한 명씩 앉을 수 있다면, 사람들이 와서 회의할 때 앉은뱅이 의자 또는 다리가 4개인 의자에 다 앉을 수 없다. 하지만 다리가 4개인 의자와 앉은뱅이 의자에 앉는다면 빈자리가 생긴다. 사람들의 다리와 앉은뱅이 의자의 다리, 다리가 4개인 의자의 다리수의 합이 32일 때, 이 방에 몇 명의 사람과 몇 개의 앉은뱅이 의자와 몇 개의 다리가 4개인 의자가 있는지 구하여라.

[풀이] 방에 a명의 사람과 b개의 앉은뱅이 의자와 c개의 다리가 4개인 의자(a, b, c는 모두 양의 정수이다.)가 있다고 하면,

$$2a+3b+4c = 32 \qquad \qquad ①$$

또 $a > b$, $a > c$, $a < b+c$ $\qquad \qquad ②$

①에서 $2a$, $4c$, 32는 모두 짝수이다.

3은 홀수이므로 b는 짝수이다. 즉, b가 가질 수 있는 값은 2, 4, 6, ⋯이다.

(i) $b = 2$일 때, ①은 $a+2c = 13$이 된다. 그러므로 a는 홀수이다.

　　그러므로 이 식의 양의 정수의 (a, c)에 대한 수 중 가능한 것은

　　$(1, 6)$, $(3, 5)$, $(5, 4)$,

　　$(7, 3)$, $(9, 2)$, $(11, 1)$이다.

　　하지만 조건 ②에 맞는 것은 $(a, c) = (5, 4)$이다.

　　즉, $a = 5$, $b = 2$, $c = 4$는 문제의 뜻에 맞는다.

(ii) $b = 4$일 때, ①은 $a+2c = 10$이 된다. a는 짝수이다.

　　그러므로 이 식에 맞는 양의 정수 (a, c)는 $(2, 4)$, $(4, 3)$, $(6, 2)$, $(8, 1)$뿐이다.

　　검증을 통하여 이 네 쌍은 조건 ②에 맞지 않는다.

(iii) $b \geq 6$일 때, $2a + 3b + 4c > 5b + 4c \geq 5 \times 6 + 4 \times 1 = 34 > 32$이므로,
①은 성립되지 않는다. 즉, $b \geq 6$은 문제의 뜻에 맞지 않는다.

위의 내용을 종합하면 이 방에 사람이 5명이 있고 앉은뱅이 의자는 2개가 있고 다리가 4개인 의자가 4개가 있다.

🔲 사람 5명, 앉은뱅이 의자 2개, 다리가 4개인 의자 4개

필수예제 6

양의 정수 N에 대하여, $N - \dfrac{k(k-1)}{2}$이 k의 양의 정수 배가 되는 1보다 큰 양의 정수 k가 존재하면, 이 N을 '기쁨 수'라고 한다. 1, 2, 3, $\cdots$, 2000에서 '기쁨 수'의 개수를 구하고 이유를 설명하여라.

분석 tip

"기쁨 수의 정의"를 근거로 하여 기쁨 수의 특징을 찾고 그 후 1, 2, $\cdots$, 2000에서 "기쁨 수"의 특징을 가지고 있지 않은 수를 배제하고 그 나머지는 기쁨수이다.

[풀이] 만약 N이 "기쁨 수"일 때, $N - \dfrac{k(k-1)}{2} = mk$를 만족하는

양의 정수 m, k가 존재한다. 단, $k > 1$이다. 즉, $2N = k(2m + k - 1)$이다.

k와 $2m + k - 1$의 홀짝성은 분명히 다르고 $k > 1$, $2m + k - 1 > 1$이다.

$2N = ab$(단, $a < b$)라 하면, a, b는 1보다 큰 홀짝성은 다르고, $a > 1$이다.

$N - \dfrac{a(a-1)}{2} = \dfrac{ab - a(a-1)}{2} = \dfrac{b - a + 1}{2}$이고,

여기서, $\dfrac{b - a + 1}{2}$는 양의 정수이고 그러므로 N은 "기쁨 수"이다.

위를 종합하면 N이 1보다 큰 홀수를 약수를 가질 때, N은 "기쁨수"이다.

그러므로 1, 2, 3, $\cdots$, 2000에서 1, 2, 2^2, $\cdots$, 2^{10}에서만 1보다 큰 홀수인 약수를 가지지 않으므로 이들은 "기쁨 수"가 아니다.

그러므로 1, 2, 3, $\cdots$, 2000에서 "기쁨 수"는 모두 $2000 - 11 = 1989$개이다.

🔲 1989

3. 간단한 2색법 문제

필수예제 7

교실에 7줄의 자리가 있다. 한 줄에 7석이 있고 한 자리마다 한명의 학생이 앉는다. 1주가 지난 후 각 학생은 모두 반드시 옆의 (전, 후, 좌, 우) 한 학생과 자리를 바꿔야 한다면 자리바꿈의 가능성 여부를 말하고 설명하여라.

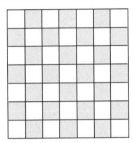

[풀이] 교실을 $7 \times 7 = 49$의 칸으로 나누고 흑 백 두 색으로 나누어 빈칸에 색을 칠하고 임의의 인접해 있는 자리의 색깔이 다르게 칠한다. 문제그림처럼 만약 규정한 방법대로 자리를 교환한다면 흑색과 백색은 전부 교환해야 한다. 하지만 백색과 흑색을 비교하면 칸이 하나가 더 많다. 그러므로 교환이 가능하지 않다.

[평가와 해설] 그 자리에 일일이 번호를 매겨서 수의 홀짝성을 이용하여 이 문제를 해결할 수도 있다. 하지만 위의 색칠방법은 기우분석법이 더욱 형상적이고 직관적이고 이해하기 쉽다. 그리고 그 본질은 같다. 🔖 교환이 가능하지 않다.

필수예제 8

8×8인 방안지의 왼편 아래쪽과 오른편 윗 쪽의 작은 칸을 아래 그림과 같이 자른다. 1×2의 모눈종이 31장으로 이 큰 남은 모눈종이를 다 덮을 수 없다는 것을 증명하여라.

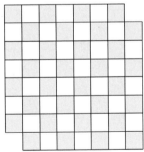

[증명] 모눈종이를 흑, 백 두색으로 나누어 색칠하고 그 중 작은 흑색의 칸이 32개이고 작은 백색의 칸이 30개이다 (문제그림처럼) 1×2인 직사각형 종이로 그 위를 덮으면 반드시 하나는 흑색이고 하나는 백색이다.

31개의 1×2의 종이로 덮을 때 반드시 31개의 흑색 칸과 30개의 백색 칸을 덮어야 한다. (백색 한 칸을 더 하게 된다.) 하지만 흑색 칸은 가려지지 않는다. 그러므로 덮을 수 없음을 증명할 수 있다.

[실력다지기]

01 a, b, c는 3개의 임의의 정수일 때, $\dfrac{a+b}{2}$, $\dfrac{b+c}{2}$, $\dfrac{c+a}{2}$ 이 세 수에 대해 설명으로 옳은 것은?

① 모두 정수가 아니다.　　　　　② 최소한 두개의 정수가 있다.

③ 최소한 한 개의 정수가 있다.　　④ 모두 정수이다.

02 n은 정수이고, 두 개의 식 (1) $2n+3$, (2) $4n-1$ 중 임의의 홀수인 것은?

03 n개의 정수의 곱은 n이고, 합은 0일 때, n에 대한 설명으로 옳은 것은?

① 반드시 짝수이다.

② 반드시 홀수이다.

③ 짝수도 가능하고 홀수도 가능하다.

④ 존재하지 않는다.

04 아래의 그림 중 C는 선분 AB 위의 한 점이고 D는 선분 CB의 중점이다.

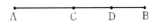

모든 선분의 길이의 합은 23이고 선분 AC의 길이와 선분 CD의 길이는 모두 양의 정수일 때, AC의 길이를 구하여라.

05 방학 캠프로 360명의 선생님과 학생이 여행을 간다. 한 렌터카 회사에서 두 종류의 큰 버스를 선택할 수 있다. 갑 종류의 버스는 자리가 40개이며, 렌트비는 40만원이고, 을 종류의 버스는 50개의 자리가 있고, 렌트비는 48만원이다. 이 회사의 버스를 렌트하기 위해서 필요한 최소한의 자금을 구하여라.

[실력 향상시키기]

06 다음 물음에 답하여라.

(1) x, y는 모두 소수이며 방정식 $x + y = 1999$의 해는 모두 몇 쌍인가?

① 1쌍 　　　　② 2쌍 　　　　③ 3쌍 　　　　④ 4쌍

(2) 한 이등변삼각형의 세변의 길이가 모두 정수이고 둘레의 길이가 10일 때, 그 밑변의 길이를 구하여라.

07 수열 1, 1, 2, 3, 5, 13, 21, 34, 55, … 의 배열 규칙은 앞의 두 수는 1이고 세 번째 수부터 시작해서 매 수는 앞 두 수의 합으로 이 수열을 피보나치수열이라고 한다. 이 피보나치수열의 앞의 2004번째 수까지에는 몇 개의 짝수가 있는지 구하여라.

08 다음 그림의 5개의 도형을 이용하여 4×5의 직사각형을 만들 수 있는지 구하여라.

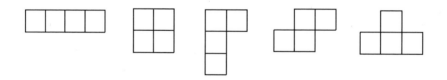

[응용하기]

09 다음 그림에서 한 정육면체의 꼭짓점의 자리의 원에 1 ~ 9까지의 9개의 번호 중에 8개를 쓰고 각 원에 수를 기입하고 한 면의 4개의 꼭짓점에 있는 수의 합이 같게 하고 그 합이 원에 쓰지 않은 수로 나누어떨어지지 않는다면 쓴 수의 제곱의 합을 구하여라.

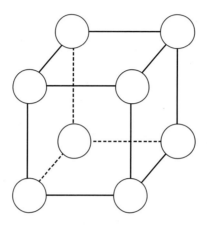

10 2001을 몇 개의 (1개보다 많은) 연속되는 양의 홀수의 합으로 표시한다면 여러 가지 표시 방법을 생각해보고 그 방법 중 가장 큰 홀수를 취하여 귀납하여 조를 만들고 이 수 조 중에서 가장 큰 수를 구하여라.

28강 개수의 계산방법 (Ⅰ)
– 열거법, 합의 법칙, 곱의 법칙

1 핵심요점

개수를 계산하는 방법은 매우 많다. 본 강의는 3가지 방법을 주요하게 소개한다.

(1) **열거법**(매거법, 궁거법) : 수를 계산할 때 (빠뜨려서도 안되고 중복되어서도 안된다.) 일일이 열거한 후 개수를 계산하는 방법을 열거법이라고 한다.

(2) **합의 법칙** : 만약 한 가지 일을 마치는 데 n가지의 방법($n \geq 2$, 정수)이 있을 때 첫 번째 방법을 m_1가지 방법이라고 하고 두 번째 방법을 m_2가지 방법이라고 하고, $\cdots$, n번째 방법을 m_n가지 방법이라고 한다면 이 일을 마치는데 총 $(m_1+m_2+\cdots+m_n)$가지 방법이 있다.

예 갑에서 을까지 3개의 길로 자동차를 타고 직접 갈 수 있고 두개의 길은 수로로 배를 타고 갈 수 있고 한 개의 길로 기차를 타고 갈 수 있다. 그러면, 합의 법칙을 이용하여 갑에서 을까지 가는 방법은 총 $3+2+1=6$가지이다. (오른쪽 그림 참고)

(3) **곱의 법칙** : 만약 한 가지의 일을 완성하는데 n개의 절차가 필요하다면 첫 번째에는 m_1가지의 방법이 있고 두 번째에는 m_2가지의 방법이 있고 n번째에는 m_n가지의 방법이 있다면 이 일을 완성하는 데에는 $m_n m_2 \cdots m_n$가지의 방법이 있다.

예 갑에서 을로 갈 때 반드시 병을 지나야 하고 갑에서 병까지 가는데 3가지 길이 있고 병에서 을까지 가는데 4가지 서로 다른 길이 있다면 갑에서 (병을 지나서) 을까지 가는 서로 다른 노선은 $3 \times 4 = 12$(가지)이다. (오른쪽 그림 참고)

2 필수예제

1. 열거법의 응용

열거법을 사용하여 개수를 계산할 때 어떠한 순서나 규칙에 따라서 열거하도록 하여야 빠뜨리지 않고 중복되지 않게 열거할 수 있다.

열거할 때 분류를 자주 사용하여 열거한다. (즉, 어떠한 표준에 따라 분류를 하여 열거한다.) 그 후 합의 법칙에 따라서 총 개수를 구해낸다.

필수예제 1

삼각형의 각 변의 길이는 모두 2001의 소인수일 때, 서로 다른 삼각형은 총 몇 개인지 구하여라.

[풀이] $2001 = 3 \times 23 \times 29$ 이다. 그러므로 2001의 소인수는 3, 23, 29 세 개뿐이다.

삼각형의 세 변의 길이는 (숨겨져 있는) 조건을 만족시켜야 한다.

그것은 임의의 두 변의 합은 다른 세 번째 변보다 길어야 한다는 것이다.

그러므로 세 변의 길이는 이 세 가지 소인수에서 값을 취한다.

그러므로 3, 3, 23이나 3, 3, 29이나 3, 23, 29와 같은 세 가지 수로 삼각형 변의 길이를 취할 수 없다.

따라서 서로 다른 삼각형의 변의 길이는 $(3, 3, 3)$, $(23, 23, 23)$, $(29, 29, 29)$, $(23, 23, 3)$, $(23, 23, 29)$, $(29, 29, 3)$, $(29, 29, 23)$ 으로 서로 다른 삼각형은 모두 7개이다.

🖎 7개

필수예제 2

다음 그림에서 작은 칸은 변의 길이가 1인 정사각형일 때,

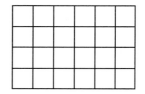

(1) 그림에 정사각형이 총 몇 개인지 구하여라.

(2) 직사각형이 총 몇 개인지 구하여라.

[풀이] (1) 변의 길이가 1, 2, 3, 4일 때 정사각형의 개수를 분류하여 계산한다.

변의 길이가 1인 것은 4×6개, 변의 길이가 2인 것은 3×5개

변의 길이가 3인 것은 2×4개, 변의 길이가 4인 것은 1×3개

그러므로 그림에서 있는 정사각형의 개수는

$4 \times 6 + 3 \times 5 + 2 \times 4 + 1 \times 3 = 50$개이다.

🖎 50개

(2) 그림에서 세로에는 $(4+3+2+1)$개의 선분이 있고,

가로에는 $(6+5+4+3+2+1)$개의 선분이 있다.

그러므로 가로의 선분 하나와 세로의 선분 하나씩 짝을 지으면

그림에는 $(4+3+2+1) \times (6+5+4+3+2+1) = 210$개의 직사각형이 있다.

🖎 210개

필수예제 2의 일반적인 계산공식은 아래 그림과 같은 $n \times m(n \geq m)$의 모눈에서 정사각형의 개수는 $m \cdot n + (m-1)(n-1) + \cdots + 1 \cdot (n-m+1)$개이다.

직사각형의 개수는 $\{m + (m-1) + \cdots + 2 + 1\} \cdot \{n + (n-1) + \cdots + 2 + 1\}$개이다.

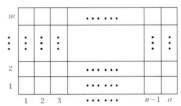

2. 합의 법칙의 응용

분류하여 열거하는 방법에서도 사실상 합의 법칙이 사용되었다. 여기서 두 개의 예제를 더 소개한다.

필수예제 3	

1, 2, 3, $\cdots$, 999에서 사용된 모든 숫자의 합을 구하여라.

[풀이] 001, 002, 003, $\cdots$, 999의 모든 숫자의 합을 구하는 것과 같다.

우선 일의 자리 숫자를 보면 일의 자리가 1인 것은

001, 011, 021, $\cdots$, 991로 100개이다.

같은 원리로 일의 자리 수가 2, 3, $\cdots$, 9인 것도 각각 100개씩 있다.

그러므로 일의 자리 수에 사용된 모든 숫자의 합은

$100 \times (1 + 2 + 3 + \cdots + 9) = 4500$이다.

같은 원리로 십의 자리 수와 백의 자리 수에 사용된 모든 숫자의 합도 각각 4500이다.

그러므로 구하는 모든 숫자의 합은 $3 \times 4500 = 13500$이다.

답 13500

필수예제 4

다음 그림은 단위 길이인 변으로 된 정사각형 9개로 이루어진 도형이다. 각 단위 길이의 변을 한 보라 할 때, A에서 B까지 가는데 8보를 갔다면 총 몇 개의 노선이 있는지 구하여라.

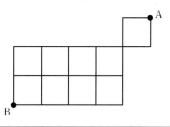

[풀이] 우선 A에서 B까지가 딱 8보인 사실에서 알 수 있는 것은 A에서만 출발하여 왼편 아래 쪽으로만 이동해야 한다는 것이다. (오른 편 윗 쪽으로 갈수는 없다.) 그러므로 합의 법칙을 통해서 매 보 (즉, 각 교차점)의 다른 노선의 개수는 오른쪽 그림과 같다.

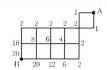

📋 30개

필수예제 5·1

어느 상점에서 7가지의 탁구 라켓과 7가지의 탁구공 상자와 3가지의 탁구네트를 판매한다. 은선이는 탁구 라켓 하나와 탁구공 한 상자와 탁구네트 한 장을 사려고 할 때 그녀에게 몇 가지의 선택방법이 있는지 구하여라.

[풀이] 은선이는 탁구라켓을 하나 사고 탁구공을 한 상자 사고 탁구네트를 한 장 사려면 세 가지 절차를 거쳐야 한다. : 탁구라켓을 하나 사고(7가지 방법이 있다), 탁구공을 한 상자 사고(7가지 방법이 있다.), 탁구네트를 한 장 산다.(3가지 방법이 있다.) 그러므로 곱의 법칙에 따라서 은선이는 $7 \times 7 \times 3 = 147$가지의 선택방법이 있다.

🗐 147가지

필수예제 5·2

트럼프 한 세트에는 4종류의 그림이 있고 총 52장이 있다. 매 종류의 그림에는 모두 숫자가 써져있고 1, 2, 3, …, 13까지 써져있다. 다섯 장의 카드 중 같은 숫자인 다른 4종류의 그림이 모두 나온다면 이 카드 패를 포 카드라고 한다. 서로 다른 포 카드는 몇 종류인지 구하여라.

[풀이] 두 가지 절차를 통해서 포 카드를 얻을 수 있다. : 우선 숫자가 같은 4가지 그림의 카드에는 13가지의 방법이 있다. 그리고 그 후 나머지 48가지 카드 중에서 한 장을 골라서 원래 골라놓았던 4장과 포 카드를 만든다. 그러므로 곱의 법칙에 따라서 $13 \times 48 = 624$가지 서로 다른 포 카드가 있다.

🗐 624가지

필수예제 6

세 자리 수에서 십의 자리 수가 백의 자리 수나 일의 자리 수보다 큰 세 자리 수는 몇 개인지 구하여라.

[풀이] 문제의 의도에 맞는 세 자리 수를 $\overline{abc}$ 라고 한다.

만약 십의 자리 수를 $b=i(2 \leq i \leq 9)$라고 하면 백의 자리 수 a는 1, 2, $\cdots$, $i-1$ 중 임의의 한 수를 취한다.(즉, a는 $i-1$가지의 선택법이 있다.)

일의 자리 수 c는 0, 1, 2, $\cdots$, $i-1$중의 임의의 수를 취한다(즉, c는 i가지의 선택법이 있다).

곱의 법칙에 의해서 $(i-1)i$개의 이러한 수가 있다는 것을 알 수 있다 ($i=2$, 3, $\cdots$, 9이고 합의 법칙에 의해서 알 수 있다.)

그 총 수는 $1 \times 2 + 2 \times 3 + 3 \times 4 + \cdots + 8 \times 9 = 240$이다.

답 240개

필수예제 7

자연수 n을 수식 덧셈에서 계산할 때 $n+(n+1)+(n+2)$에서 자리 수를 올리는 현상이 일어나지 않는 것을 n의 연속 수라고 한다. 예를 들어 12는 연속 수이다. 왜냐하면 $12+13+14$에서는 자리 수를 올리는 현상이 일어나지 않는다. 하지만 13은 연속 수가 아니다. 이때, 1000을 넘지 않는 연속 수는 총 몇 개인지 구하여라.

[풀이] 왜냐하면 $0+1+2$, $1+2+3$, $2+3+4$는 자리 수가 올라가지 않고 $1+1+1$, $2+2+2$, $3+3+3$도 자리 수가 올라가지 않기 때문에 일의 자리 수에서 연속 수는 2개이다.

두 자리 수에서 연속 수는 $3 \times 3 = 9$개이다. 왜냐하면 연속수의 십의 자리 수는 1, 2, 3으로 3가지, 일의 자리 수는 0, 1, 2로 3가지 방법이 있기 때문이다.

세 자리 수에서 연속 수는 $3 \times 4 \times 3 = 36$개이다. 왜냐하면 연속 수의 백의 자리 수는 1, 2, 3으로 세 가지, 십의 자리 수는 0, 1, 2, 3으로 네 가지, 일의 자리 수는 0, 1, 2로 세 가지 방법이 있기 때문이다.

네 자리 수 1000은 연속수가 아니다. 왜냐하면 1000, 1001, 1002에서 1001, 1002는 1000을 넘는다.

그러므로 1000을 넘지 않는 연속 수는 총 $2+9+36 = 47$개이다.

답 47개

중간고사에서 갑, 을, 병, 정 학생이 각각 1등, 2등, 3등, 4등을 했다. 기말고사에서도 이 네 사람이 반의 4등 안에 들었다.

(1) 중간고사와 기말고사에서 한 명의 등수만 바뀌지 않고 다른 사람들은 모두 바뀌었다면 이러한 상황은 총 몇 가지인지 구하여라.

(2) 중간고사와 기말고사에서 등수가 모두 바뀌었다면 이러한 상황은 총 몇 가지인지 구하여라.

[풀이] (1) 갑의 기말고사 등수와 중간고사 등수가 같고 나머지 을, 병, 정의 기말고사와 중간고사의 등수가 다르다면 단 두 가지가 있다. (오른쪽 표와 같다.)

1	2	3	4
갑	병	정	을
갑	정	을	병

같은 원리로 을, 병, 정의 등수가 기말과 중간고사가 같을 때에도 각각 두 가지의 방법이 있다.

그러므로 그들 중 한 명이 등수가 중간고사와 기말고사 때가 같을 때에는 총 $4 \times 2 = 8$가지가 있다.

답 8

(2) 갑은 기말고사에서 1등을 해서는 안되고 2등, 3등, 4등 3가지만 할 수 있다.

갑이 기말고사에서 2등을 했을 때 중간고사의 2등인 을은 1등, 3등, 4등 3가지만 가능하고 나머지 병과 정은 중간고사의 등수와는 다른 등수인 각 1가지가 있다.

같은 원리로 갑이 기말고사에서 3등을 했을 때 중간고사에서 3등을 한 병은 1등, 2등, 4등 3가지만 가능하고 나머지 을과 정은 각각 중간고사의 등수가 아닌 다른 1가지만 가능하다.

갑이 기말고사에서 4등일 때 중간고사에서 4등이었던 정은 1등, 2등, 3등 3가지만 가능하고 나머지 을과 병은 각각 중간고사의 등수가 아닌 1가지만 가능하다.

그러므로 곱의 법칙에서 알 수 있는 것은 총 $3 \times 3 = 9$가지가 가능하다.

답 9

[평가와 해설] 위의 (2)의 해법에서 을, 병, 정의 등수는 모두 고려했다. 그러므로 그것들은 (갑처럼) 다시 고려할 필요가 없다. 그렇지 않는다면 중복될 수도 있다.

연습문제 28

▶ 풀이책 p.34

[실력다지기]

01 다음 물음에 답하여라.

(1) 오른쪽 그림과 같이 A에서 C로 갈 때 수로나 육로나 비행로로 갈 수 있다. A에서 B까지는 2개의 수로, 2개의 육로가 있고 B에서 C까지는 3개의 육로가 있다. 또 A에서 C까지 갈 때 B를 지나지 않고 직접 가는 비행로도 하나 있다.
그렇다면 A에서 C까지 가는 데는 총 몇 가지인지 구하여라.

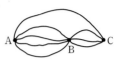

(2) 병렬도에 4개의 스위치가 있다. 두 개의 인접해 있는 스위치는 동시에 끌 수 없다면 서로 다른 상황은 몇 가지인지 구하여라.

02 다음 물음에 답하여라.

(1) 오른쪽 그림에서 총 몇 개의 예각이 있는지 구하여라.

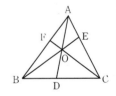

(2) 오른쪽 그림에서 총 몇 개의 삼각형이 있는지 구하여라.

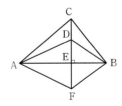

03 삼각형의 각 변의 길이는 정수이고 4보다 작거나 같다면 이러한 서로 다른 삼각형은 총 몇 개인지 구하여라.

04 0, 0, 1, 2, 3 이 다섯 개의 숫자로 만들어진 수는 총 몇 개인지 구하여라.

05 **다음 물음에 답하여라.**

(1) 오른쪽 그림에서 두 개의 평행직선 m, n 위에 각각 4개의 점과 5개의 점이 있다. 임의의 이 9개의 점 중 두 점을 연결하여 직선을 만든다면 총 몇 개의 직선을 만들 수 있는지 구하여라.

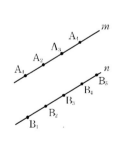

(2) 어느 거리를 오른쪽 그림과 같이 나누고 한 주민이 A에서 B로 이동할 때, 경로는 왼쪽에서 오른쪽으로, 위에서 아래로 이동하는 것으로 규정을 한다면 이 주민이 이동하는 노선은 총 몇 개인지 구하여라.

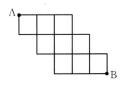

[실력 향상시키기]

06 원의 둘레에 6개의 점에서 임의의 3개의 점으로 삼각형을 만든다면 서로 다른 삼각형을 최대로 몇 개를 만들 수 있는지 구하여라.

07 삼각형의 변의 길이 a, b, c가 모두 정수이며, $a < b \leq c$를 만족하고 $b = 7$일 때, 삼각형의 개수를 구하여라.

08 **다음 물음에 답하여라.**

(1) 6권의 서로 다른 책을 두 사람에게 나눠 주고 한 사람 당 최소한 한 권씩 나눠진다면 나눠주는 방법은 총 몇 가지인지 구하여라.

(2) 부부 18쌍이 파티에 참석한다. 파티에서 남자들은 자신의 부인 외에 다른 사람들과 모두 악수를 하고 여자들끼리는 서로 악수를 하지 않았다면 그들이 악수한 횟수는 총 몇 번인지 구하여라.

09 오른쪽 그림에서 $\angle AOB$의 두 변에 각각 다섯 개의 점 A_1, A_2, A_3, A_4, A_5와 네 개의 점 B_1, B_2, B_3, B_4가 있다.
선분 $A_iB_j(1 \le i \le 5, 1 \ge j \ge 4)$에서 $\angle AOB$에서 각 변 위에서 만나지 않는 한 쌍의 선분을 화목선분쌍이라고 한다. (순서는 생각하지 않는다.) 예를 들어 A_5B_4와 A_4B_3을 화목선분쌍이라고 한다면 그림에서는 총 몇 개의 화목선분쌍이 있는지 구하여라.

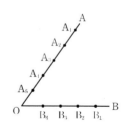

[응용하기]

10 오른쪽 그림에서 주어진 점과 변으로 만든 다각형의 총 개수를 구하여라.

11 다음 물음에 답하여라.

(1) 6개의 서로 같은 공을 4개의 서로 다른 상자에 넣고 상자가 비어있지 않는 방법은 몇 가지인지 구하여라.

(2) 10개의 같은 작은 공을 번호가 1, 2, 3인 세 개의 상자에 넣고 넣는 방법은 각 상자에 적혀 있는 번호보다 수가 작지 않다면 공을 넣는 방법이 총 몇 개인지 구하여라.

29강 개수의 계산방법 (Ⅱ)

1 핵심요점

포함배제법(비교적 높은 수준의 수학에서는 '용차원리'라고 한다.)은 개수의 계산방법에서 자주 사용되는 방법 중의 하나이다.

같은 유형의 사물(사물은 수 또는 사람 또는 도형 등을 말한다.)로 구성된 더미(수학에서는 집합)

(1) A, B, C, … 간단한 포함배제법은 아래의 개수를 계산하는 방법--개수의 계산공식 : 아래 왼쪽 그림처럼

   A, B가 중복될 때

   A, B에서 (서로 다른)의 총 개수는

   =(A의 개수+B의 개수)-(A, B중 중복되는 부분의 개수) ·····················①

(2) 특별히 A, B에 중복되는 부분이 없을 때

   A, B에서 (서로 다른)의 총 개수는=(A의 개수) + (B의 개수)

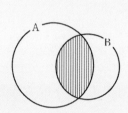

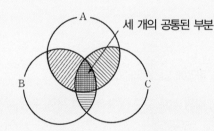

세 개의 공통된 부분

(3) 위의 오른쪽 그림에서 A, B, C에 중복되는 부분이 있을 때

   A, B, C에서 (서로 다른)의 총 개수는

   =(A의 개수＋B의 개수＋C의 개수)-(A, B중 중복되는 부분의 개수+A, C중 중복되는 부분의 개수+B, C중 중복되는 부분의 개수) + (A, B, C중 중복되는 부분의 개수) ·····················②

2 필수예제

1. 포함배제법의 응용

분석 tip

(1-1) 그림에서 앞의 강(28강) 필수예제 2의 [평가와 해설]에서 소개한 공식으로 5×2와 3×3 두 개의 모눈에서의 직사각형의 개수를 구하고 그 다음에 포함배제법을 사용하여 두개의 방안도에서 중복되는 한(그림의 오른편 아래쪽) 3×2의 방안도에서의 직사각형의 개수를 뺀다.

필수예제 1·1

다음 그림에서 총 몇 개의 직사각형인지 구하여라. (정사각형도 직사각형에 포함된다.)

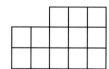

[풀이] 그림에서 5×2의 모눈에 있는 직사각형은

$(2+1)\times(5+4+3+2+1) = 45$개이다.

3×3 모눈에 있는 직사각형은 $(3+2+1) \times (3+2+1) = 36$개이다.

중복되는 3×2의 모눈에 있는 직사각형은 $(2+1) \times (3+2+1) = 18$개이다.

그러므로 포함배제법에 의해 그림에 있는 직사각형은 $45+36-18 = 63$개이다.

63개

필수예제 1·2

다음 그림에서 변의 길이가 1인 정사각형 중 각각 변의 길이를 지름으로 하는 반원을 그렸을 때, 음영부분의 넓이를 구하여라.

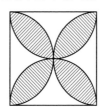

분석 tip

(1-2) 그림에서 알 수 있는 것은 4개의 반원이 정사각형의 전부를 가릴 뿐만 아니라 음영부분은 4개의 반원이 중복되는 부분이고 각 음영의 꽃잎모양에서 한 번씩 중복되었기 때문에 포함배제법을 통해서 알 수 있는 것은 정사각형의 넓이＝4개의 반원의 넓이−음영부분의 넓이

[풀이] 분석을 통해 알 수 있는 것은

"음영부분의 넓이＝4개의 반원 넓이−정사각형의 넓이"이다.

즉, 정사각형의 넓이＝$1 \times 1 = 1$이다.

4개의 반원 넓이＝2개의 원 넓이＝$2 \times \pi \times \left(\dfrac{1}{2}\right)^2 = \dfrac{\pi}{2}$

즉, 구해야 하는 음영부분의 넓이＝$\dfrac{\pi}{2} - 1$이다.

$\dfrac{\pi}{2} - 1$

필수예제 2

학교에 1400명의 학생이 있다. 그 중 1250명의 학생은 체육활동을 좋아하고 952명의 학생은 문화 활동을 좋아한다. 그리고 60명의 학생은 아무것도 좋아하지 않는다. 두 개를 모두 좋아하는 학생은 총 몇 명인지 구하여라.

분석 tip

다음 그림에서 전교생 1400명에서 우선 60명을 빼면, $1400-60 = 1340$명의 학생은 체육운동을 좋아하거나 문화 활동을 좋아하거나 둘 다 좋아하는 학생들이다. 만약 둘 다 좋아하는 학생 수를 x명이라고 한다면 포함배제법을 사용하여 알 수 있는 것은 $(1400-60) = (1250+952)-x$이고 여기서 x를 구하면 된다.

[풀이] 둘 다 좋아하는 학생 수를 x명이라고 하면 (분석에서의 그림 참고)

$(1400-60) = (1250+952)-x$이다.

이를 풀면, $x = (1250+952) - (1400-60) = 862$이다.

그러므로 둘 다 좋아하는 학생은 862명이다.

862명

반에서 중간고사를 보는 과목은 국어, 수학과 영어이다. 소식에 의하면 국어시험에 통과한 학생 수와 수학시험에 통과한 학생 수, 그리고 영어시험에 통과한 학생 수의 합은 106이다. 국어와 수학을 모두 통과한 학생은 28명이고 국어와 영어를 모두 통과한 학생은 24명이고 수학과 영어를 모두 통과한 학생은 22명이며, 또 세 과목을 모두 통과한 학생은 전체 학생 수의 $\frac{1}{3}$이다. 세 과목을 모두 통과하지 못한 학생은 없다고 할 때, 이 반의 학생 수를 구하여라.

[풀이] 다음 그림과 같이 S_A, S_B, S_C를 각각 국어, 수학, 영어를 통과한 사람 수라 하고, S_{AB}, S_{AC}, S_{BC}를 각각 국어와 수학, 국어와 영어, 수학과 영어를 통과한 사람 수라 하자. 또, 이 반에 사람이 x명 있다면,

세 과목을 모두 통과한 학생 수 $S_{ABC} = \frac{1}{3}x$이다.

포함배제법에 의하여 $x = (S_A + S_B + S_C) - (S_{AB} + S_{AC} + S_{BC}) + S_{ABC}$이다.

즉, $x = 106 - (28 + 24 + 22) + \frac{1}{3}x$이다.

이를 풀면 $x = 48$이다.

그러므로 이 반의 학생수가 48명이다.

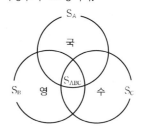

답 48명

41명의 학생이 수학, 영어, 과학 세과목의 경시대회에 참가한다. 아래의 표는 각 과목의 불합격한 학생 수이다.

과목	수학	영어	과학	수학, 영어	수학, 과학	영어, 과학	수학, 영어, 과학
불합격한 사람	12	5	8	2	6	3	1

모든 과목에서 합격한 학생 수는 몇 명인지 구하여라.

[풀이] 포함배제법에 의하여 최소한 한 과목을 불합격한 사람 수는

$(12 + 5 + 8) - (2 + 6 + 3) + 1 = 15$이다.

즉, 모든 과목을 합격한 사람 수는 $41 - 15 = 26$명이다. 답 26명

분석 tip

(5-1) 1에서 200까지의 자연수 중에서 2 또는 3 또는 5로 나누어떨어지는 수(2, 3, 5는 서로소이다.)는 2×3, 2×5, 3×5, $2\times3\times5$로 나누어떨어지는 수를 포함한다. 그러므로 포함배제법을 사용하여 1부터 200까지의 2 또는 3 또는 5로 나누어떨어지는 수의 개수를 구한다.

필수예제 5-1

1에서 200 까지의 자연수 중에서 2 또는 3 또는 5로 나누어떨어지는 수는 총 몇 개인지 구하여라.

[풀이] 1부터 200사이의 자연수 중 2 또는 3 또는 5로 나누어떨어지는 수의 개수는

$$\left[\frac{200}{2}\right]+\left[\frac{200}{3}\right]+\left[\frac{200}{5}\right]$$

$$-\left\{\left[\frac{200}{2\times3}\right]+\left[\frac{200}{2\times5}\right]+\left[\frac{200}{3\times5}\right]\right\}+\left[\frac{200}{2\times3\times5}\right]$$

$$=100+66+40-(33+20+13)+6=146개이다.$$

📋 146개

분석 tip

(5-2) $1989=3^2\times13\times17$, $a_i=1989+i(i=1, 2, 3, \cdots, 100)$ 이므로 i는 3또는 13 또는 3×13 또는 3×17 (왜냐하면 i는 100이하이므로 13×17, $3\times13\times17$은 고려할 필요가 없다.)의 배수일 때 i와 a_i는 서로소가 아니다. 그러므로 $\frac{i}{a_i}$도 기약분수가 아니다. 포함배제법을 통하여 i가 1부터 100까지의 수일 때 i와 a_i가 서로소가 아닌 수의 개수를 구한다.

필수예제 5-2

$a_i = 1989+i$라고 하고 $i=1, 2, 3, \cdots, 100$일 때 100개의 분수 $\frac{i}{a_i}$를 얻을 수 있다. 예를 들면 $i=5$일 때, $\frac{i}{a_i}=\frac{5}{1989+5}=\frac{5}{1994}$이다. 100개의 분수들 중에서 기약분수의 개수를 모두 구하여라.

[풀이] $1989=3^2\times13\times17$, $a_i=1989+i(i=1, 2, 3, \cdots, 100)$이다.

그러므로 i와 a_i의 서로소가 아닌 개수(즉, $\frac{i}{a_i}$는 기약분수가 아니다.)는 포함배제법을 통하여

$$\left[\frac{100}{3}\right]+\left[\frac{100}{13}\right]+\left[\frac{100}{17}\right]$$

$$-\left\{\left[\frac{100}{3\times13}\right]+\left[\frac{100}{3\times17}\right]+\left[\frac{100}{13\times17}\right]\right\}+\left[\frac{100}{3\times13\times17}\right]$$

$$=33+7+5-(2+1+0)+0=42(개)이다.$$

그러므로 100개의 분수 $\frac{i}{a_i}$ 중 기약분수는 $100-42=58(개)$이다.

📋 58개

[해설] 나누어떨어짐의 개수문제와 관련된 문제는 매우 많다. 여기서는 몇 개의 경시대회문제를 참고로 소개한다.

(1) 1, 2, 3, $\cdots$, 2000이 2000개의 자연수 중에서 몇 개의 자연수가 2와 3으로 나누어떨어지고 5로 나누어떨어지지 않겠는가?

[풀이] $\left[\frac{2000}{2\times3}\right]-\left[\frac{2000}{2\times3\times5}\right]=267(개)$

📋 267개

(2) 1, 2, 3, $\cdots$, 100에서 2로 나누어떨어지지 않고 5로도 나누어떨어지지 않는 수는 총 몇 개인가?

[풀이] $100 - \left\{ \left[\dfrac{100}{2} \right] + \left[\dfrac{100}{5} \right] \right\} + \left[\dfrac{100}{2 \times 5} \right] = 40$개

閏 40개

(3) 1, 2, 3, ⋯, 888에서 12와 서로소가 되지도 않고 45와 서로소가 되지도 않는 정수는 총 몇 개인가?

[풀이] $12 = 2^2 \times 3$, $45 = 3^2 \times 5$이므로 12와도 서로소가 아니고 15와도 서로소가 아닌 수를 두 가지 유형으로 나눌 수 있다. 첫째는 인수 3을 포함하는 정수, 둘째는 인수 2를 포함하고 인수 5를 포함하는 인수 10을 포함하는 정수이다. 그러므로 1, 2, 3, ⋯, 888에서 12와 서로소가 되지도 않고 45와 서로소가 되지도 않는 정수는

$$\left[\dfrac{888}{3} \right] + \left[\dfrac{888}{2 \times 5} \right] - \left[\dfrac{888}{3 \times 2 \times 5} \right] = 355 \text{개다.}$$

閏 355개

2. 기타

필수예제 6·1

다음 그림은 벌집의 모양을 표시한 것이다. 가운데 음영부터 계산하여 총 27개의 층이 있다. 이 정육각형의 작은 방안에 작은 벌을 하나씩 집어넣는다면 총 몇 마리의 벌을 집어넣을 수 있는지 구하여라.

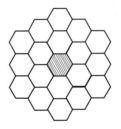

[풀이] 그림에서 첫째 층에 1개의 작은 방이 있고 둘째 층에는 6개의 작은 방이 있고 셋째 층에는 2×6개의 방이 있다. 규칙은 한 층씩 증가할 때마다 앞 층의 개수를 기준으로 하여 6개가 증가한다.

그러므로 n번째 층은 $(n-1) \times 6$개의 방이 있다.

그러므로 27층까지의 방의 총 개수는

$1 + 1 \times 6 + 2 \times 6 + \cdots + (27-1) \times 6$

$\quad = 1 + (1 + 2 + \cdots + 26) \times 6 = 2107$개다.

그러므로 이 벌집에는 총 2107마리의 작은 벌을 집어넣을 수 있다.

閏 2107마리

필수예제 6·2

칸을 뛰어 넘는 게임을 한다. 다음 그림에서 칸의 바깥에서는 첫 번째 칸에만 갈 수 있으며 매번 칸을 한 칸씩 넘든지 2칸씩 넘을 수 있다. 이 6개의 칸을 뛰어넘는데 총 몇 가지의 방법이 있는지 구하여라.

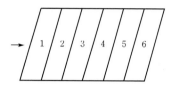

[풀이] 문제의 의도에 의하여 첫째 칸에 들어가는 방법은 한 가지 뿐이다.

둘째 칸에 들어가는 방법도 한가지이다.

세 번째 칸에 들어가는 방법은 $1 + 1 = 2$가지이다. (왜냐하면 첫째 칸이나 둘째 칸에서 셋째 칸으로 갈 수 있기 때문이다.)

같은 원리로 넷째 칸으로 가는 방법은 $1 + 2 = 3$가지이다. (왜냐하면 둘째 칸이나 셋째 칸에서 넷째 칸으로 갈 수 있기 때문이다.)

다섯 째 칸으로 가는 방법은 $2 + 3 = 5$가지이다. (왜냐하면 셋째 칸이나 넷째 칸에서 다섯째 칸으로 갈 수 있기 때문이다.)

그러므로 여섯 째 칸으로 가는 방법은 $3 + 5 = 8$가지이다. (왜냐하면 넷째 칸이나 다섯째 칸에서 여섯째 칸으로 갈 수 있기 때문이다.)

📄 8개

[해설] 이 예제에서 규칙을 찾는 것이 개수를 계산하는 방법 중에 하나라는 것을 알려 준다.

필수예제 6-2의 일반적인 결론은 n번째 칸으로 가는 방법을 a_n이라고 하면 $a_n = a_{n-2} + a_{n-1} (n \geq 3)$이다. 즉, n번째 칸으로 가는 방법은 그 두 칸 앞으로 가는 것이다. (즉, $n-2$번째 칸과 $n-1$번째 칸의 합이다.)

분석 tip
문제에서 매번 꺼내는 수량이 같고 다 꺼내었을 때 많지도 적지도 않게 딱 알맞았다라는 것이므로 매번 꺼낸 수량은 1998의 약수이다. 하지만 문제에서 한번만 꺼내지도 않고 또 하나씩 꺼내지도 않기 때문에 즉 1998과 1은 포함하지 않는다. 그러므로 문제는 1998(1과 자신을 제외한)의 약수의 개수를 구하는 문제로 전환된다.

필수예제 7

사과 한 광주리에 1998개가 있다. 만약 한번만 꺼내지도 않고 또 하나씩 꺼내지도 않고 매번 꺼내는 수량이 같고 다 꺼내었을 때 많지도 적지도 않게 딱 알맞았다면 총 몇 가지의 꺼내는 방법이 있겠는가?

[풀이] $1998 = 2 \times 3^3 \times 37$이므로 1998의 (양의) 약수의 개수는
$(1+1) \times (3+1) \times (1+1) = 16$개이다.
그러므로 문제의 요구에 맞는 방법은 $16 - 1 - 1 = 14$가지이다.

[해설] 일반적으로 양의 정수 N의 소인수분해가 $N = p_1^{a_1} \cdot p_2^{a_2} \cdot \cdots \cdot p_n^{a_n}$일 때,
(여기서, p_1, p_2, $\cdots$, p_n은 서로 다른 소수이고 a_1, a_2, $\cdots$, a_n은 양의 정수)
N의 (양의) 약수의 개수는 $(a_1+1) \cdot (a_2+1) \cdot \cdots \cdot (a_n+1)$개 이다.

🔖 14가지

필수예제 8

1997개의 상자를 왼쪽에서 오른쪽으로 배열하고 각 상자 안에 작은 공을 몇 개씩 넣고 가장 왼쪽에 있는 상자에 7개의 공을 넣고 임의의 연속되게 배열된 4개의상자의 합은 모두 30이라면 가장 오른쪽에 있는 상자에 있는 공의 수량을 구하여라.

[풀이] $1997 = 4 \times 499 + 1$이므로 만약 오른쪽부터 배열하면 4상자씩 한 조를 이루면 총 499조와 하나의 상자가 남는다. (이것은 가장 왼쪽에 있는 상자이고 거기에는 7개의 공이 들어있다.)
그러므로 문제에서 주어진 조건에 의해서 공의 총 수가 $(499 \times 30 + 7)$개이다.
왼쪽부터 배열하여 마지막에 배열된 (즉, 가장 오른쪽의 상자) 상자안의 개수를 x개라고 하면, $499 \times 30 + x = 499 \times 30 + 7$이다.
이를 풀면 $x = 7$이다.

🔖 7개

▶ 풀이책 p.36

[실력다지기]

01 1 ~ 209까지의 209개의 자연수에서 209와 서로소인 자연수는 총 몇 개인지 구하여라.

02 어떤 중학교의 3학년 1반에 40명의 학생이 있다. 그 중 수학경시대회에 참가하는 학생은 31명이며 물리경시대회에 참가하는 학생은 20명이고 8명은 아무것도 참가하지 않는다. 동시에 참가하는 학생은 총 몇 명인지 구하여라.

03 올해 어떤 반에서 56명이 〈중학생 수학학습〉을 정기구독 하였다. 그 중 상반기에는 25명의 남학생과 15명의 여학생이 이 잡지를 구독하였고 하반기에는 26명의 남학생과 25명의 여학생이 정기구독 하였다. 또 23명의 남학생은 한 해 동안 계속 정기구독 하였다면 상반기에만 이 잡지를 구독한 여학생은 총 몇 명인지 구하여라.

04 아빠가 딸인 태연에게 (원 모양의) 케이크를 사 주었다. 태연은 이 케이크의 크기가 같지 않은 10조각 이상 작은 조각으로 나누어서 10명의 친구들에게 나누어 주었다. 만약 이 케이크를 나눈다면 최소한 칼로 몇 번을 잘라야 하는지 구하여라.

05 $\dfrac{1}{97}$, $\dfrac{2}{96}$, $\dfrac{3}{95}$, $\dfrac{4}{94}$, $\cdots$, $\dfrac{95}{3}$, $\dfrac{96}{2}$, $\dfrac{97}{1}$ 중 진분수이면서 기약분수인 것의 개수를 구하여라.

[실력 향상시키기]

06 한 (볼록)다각형에 총 14개의 대각선이 있다면 그것의 내각의 합을 구하여라.

07 중학교 3학년 1반에 국어, 영어, 수학 세 과목 시험을 친다. 과목당 우수한 성적을 거둔 학생 수는 각각 15, 12, 9명이다. 또 이 세 과목에서 최소한 한 과목이 우수한 학생인 22명일 때, 모든 과목에서 우수한 성적을 거둔 것은 최대한 몇 명이고 최소한 몇 명인지를 구하여라.

08 **다음을 물음에 답하여라.**

(1) $1 \times 2 \times 3 \times \cdots \times 2013 \times 2014$(즉, 2014!)의 뒷부분에는 총 몇 개의 0이 있는지 구하여라.

(2) 수의 배열 1, 4, 7, 10, $\cdots$, 697, 700의 규칙은 첫째 수는 1이고 그 다음부터의 수는 앞의 수에서 3을 더하여 700까지이고 이 수들을 모두 곱하여서 뒷부분에 있는 0의 개수를 구하여라. (예를 들면 12003000의 뒷부분의 0의 개수는 3이다.)

09 진분수 중 2010이 분모인 기약 분수는 총 몇 개인지 구하여라.

[응용하기]

10 지훈이는 계단 올라가기 연습을 한다. 그가 한 번 올라갈 때 2개나 3개씩 올라갈 수 있다면 (1개씩 올라가지 않는다.) 지훈이가 12개의 계단을 올라갈 때 총 몇 가지 방법이 있는지 구하여라. (주: 계단을 올라가는 두 가지 방법 중 단 한번 올라가는 계단수가 달라도 다른 종류로 본다.)

11 3개의 직선이 한 정육각형을 6개의 완전히 같은 도형으로 나눈다면 몇 가지 방법이 있는가?

① 단 1가지가 있다.　　　　　　② 2가지가 있다.

③ 6가지가 있다.　　　　　　　④ 무수히 많다.

30강 도형 개수 문제

1 핵심요점

앞에서 소개하였던 개수 기본 방법(열거법, 분류열거법, 덧셈 원리, 나눗셈 원리, 배제법 포함)을 사용하여 기하적인 성질과 관련된 개수 문제를 해결한다.

2 필수예제

1. 선분 수를 표준 개수로 삼는다.

분석 tip
사다리꼴의 아랫변, 윗변은 AB, CD, EF 위의 선분만 가능하다. 사다리꼴의 아랫변, 윗변을 확실시한 후 점 O에서 나온 9줄의 사선을 확인하시오.

필수예제 1

다음 그림에서 AB, CD, EF 세 선은 평행할 때, 만들 수 있는 사다리꼴은 총 몇 개인지 구하여라.

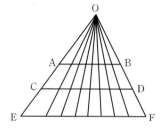

[풀이] AB, CD, EF에서 임의로 두 줄을 선택하는 방법은 총 3가지가 있다.
(AB, CD), (AB, EF), (CD, EF)
점 O에서 나온 사선은 총 9줄이고, 이중에서 임의로 두 줄을 선택하는 방법은
$8+7+6+5+4+3+2+1=36$가지이다.
곱셈 원리로 셀 수 있는 사다리꼴은 총 $3\times36=108$(개)가 있다.

🖹 108개

필수예제 2

평면 위의 네 직선은 두 개씩 교차하고 세 선에 동일한 점이 없을 때, 동측내각이 총 몇 쌍인지 구하여라.

[풀이] 그림을 보면 두 직선과 나머지 한 직선이 교차하고 두 개의 교차점이 있으며, 한 개의 선분이 있고, 이 선분의 양 측에는 각각 한 쌍의 동측내각이 있다.
총 $2\times1=2$쌍의 동측내각이다.

이처럼 "선분"개수가 동측내각의 개수를 결정한다.

다음 그림을 보면 각 직선은 모두 나머지 세 직선과 교차하고, 3개의 교차점이 있으며, 두 교차점당 한 선분을 결정한다.

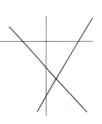

따라서 각 직선 위에는 모두 3개의 서로 다른 선분이 있다.([주] 사선이 아님)

즉, 총 $3 \times 4 = 12$개의 선분이 있다.

각 선분의 양측에 각각 한 쌍의 동측내각이 있으므로 위의 그림에는 총 $2 \times 12 = 24$쌍의 동측내각이 있다.

閏 24쌍

2. 넓이를 표준 개수로 삼는다.

필수예제 3

정사각형 바둑판에서 작은 사각형은 모두 변의 길이가 1인 정사각형일 때 A, B 두 점은 작은 사각형의 꼭짓점 위에 있고 위치는 다음 그림이 나타내는 것과 같다. 점 C도 작은 사각형의 꼭짓점 위에 있고 A, B, C를 꼭짓점으로 하는 삼각형의 넓이를 1이라 할 때, 점 C의 개수를 구하여라.

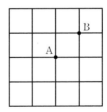

[풀이] 다음 그림에 있는 C_1, C_2, C_3, C_4, C_5, C_6 총 6개의 점이 각각 A, B와 만드는 삼각형의 넓이는 1이다.

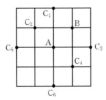

閏 6개

필수예제 4

분석 tip
삼각형이 합동이 되는 결정 조건에 근거하여 큰 것부터 작은 것까지 일반적인 것부터 특수한 것까지 합동 삼각형을 찾아 하나하나 열거한다.

다음 그림의 평행사변형 $ABCD$에서 두 대각선 AC와 BD는 점 O에서 만나고, 점 A, C에서 대각선 BD에 내린 수선의 발을 각각 E, F라 할 때, 그림 안의 합동 삼각형이 총 몇 쌍인지 구하여라.

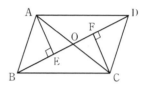

[풀이] 큰 변을 포함하는 부등변 삼각형은 두 쌍이 있다.

$\triangle ABC \equiv \triangle CDA$, $\triangle ABD \equiv \triangle CDB$

중간변을 포함하는 부등변 삼각형은 두 쌍이 있다.

$\triangle AOD \equiv \triangle COB$, $\triangle AOB \equiv \triangle COD$

직각삼각형은 세 쌍이 있다.

$\triangle ABE \equiv \triangle CDF$, $\triangle AOE \equiv \triangle COF$, $\triangle ADE \equiv \triangle CBF$

답 7쌍

4. 규칙을 찾아 개수 구하기

필수예제 5·1

오른쪽 그림의 좌표 평면에서 정사각형 $ABCD$가 있다. 네 꼭짓점은 $A(10, 0)$, $B(0, 10)$, $C(-10, 0)$, $D(0, -10)$일 때, 이 정사각형 안과 경계선에는 총 몇 개의 격자점이 있는지 구하여라. (격자점은 가로, 세로 좌표가 모두 정수의 점이다.)

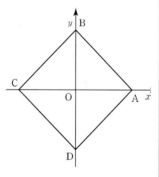

[풀이] 다음 그림는 오른쪽 그림의 사분면 안의 그림이다. 좌표축 위의 정수점을 계산하지 않으면

$1+2+3+\cdots+9=45$(개)이다.

그리고 두 좌표축 위의 정수점은 $2 \times 21 - 1 = 41$(개)이다.

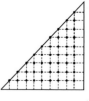

그러므로 위의 오른쪽 그림에는 총 $4 \times 45 + 41 = 221$(개)의 정수점이 있다.

답 221개

필수예제 5·2

오른쪽 그림의 삼각형은 한 변의 길이가 $1\,\mathrm{m}$ 인 정삼각형이고, 각 변위의 꼭지각에서 부터 $2\,\mathrm{cm}$ 마다 한 점을 골라 두 직선을 만들고 각각 다른 두 변과 평행이 되도록 하였다. 그림에서 한 변의 길이가 $2\,\mathrm{cm}$ 인 정삼각형의 개수를 구하여라.

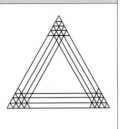

[풀이] 그림에서 위에서부터 아래로 세었을 때 한 변의 길이가 $2\,\mathrm{cm}$ 인 정삼각형이 1층에는 1개, 2층에는 3개, 3층에는 5개, 4층에는 7개, …, 50층에는 99개(규칙을 보면 n층의 경우 $2(n-1)+1$개)가 있다.

그러므로 그림에서 한 변의 길이가 $2\,\mathrm{cm}$ 인 작은 정삼각형은 총 $1+3+5+7+\cdots+99=50^2=2500$(개)가 있다.

[평론과 주석]

(1) (2)에서는 합 구하기 결론(홀수의 합)을 인용하였다.

$$1+3+5+\cdots+(2n-1)=n^2$$

이 공식은 "귀납 추측법"을 사용하여 얻을 수 있다.

(2) 이 문제는 넓이 관계를 사용하여 개수를 알 수 있다.

$$\frac{\sqrt{3}}{4}\times100^2\div(\frac{\sqrt{3}}{4}\times2^2)=2500(\text{개})$$

답 2500개

5. "변의 길"에 근거하여 개수 정하기

필수예제 6

오른쪽 그림의 2×3의 직사각형 종이에서 작은 정사각형의 꼭짓점을 격자점이라고 한다. 격자점을 꼭짓점으로 하는 직각이등변삼각형은 총 몇 개인지 구하여라.

[풀이] 작은 정사각형의 한 변의 길이를 1이라 하자.

그림에서 격자점을 끝점으로 하는 각종 선분의 길이는

1, $\sqrt{2}$, 2, $\sqrt{5}$, $2\sqrt{2}$, 3, $\sqrt{10}$, $\sqrt{13}$ 만이 가능하다.

이런 선분으로 만들어진 직각이등변삼각형은 세 변의 길이에 따라 고려해보면 다음의 네 가지 종류만 가능하다.

① 1, 1, $\sqrt{2}$(다음 그림의 ①과 동일)

② $\sqrt{2}$, $\sqrt{2}$, 2(다음 그림의 ②와 동일)

③ 2, 2, $2\sqrt{2}$(다음 그림의 ③과 동일)

④ $\sqrt{5}$, $\sqrt{5}$, $\sqrt{10}$(다음 그림의 ④와 동일)

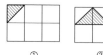

① ② ③ ④

① $4 \times 6 = 24$(개)의 직각이등변삼각형이 있다.

② $2 \times 3 + 4 \times 2 = 14$(개)의 직각이등변삼각형이 있다.

③ $2 \times 4 = 8$(개)의 직각이등변삼각형이 있다.

④ $2 \times 2 = 4$(개)의 직각이등변삼각형이 있다.

총 $24 + 14 + 8 + 4 = 50$(개)의 직각이등변삼각형이 있다.

目 50(개)

필수예제 7

네 선분의 길이는 각각 9, 5, x, 1(여기에서 x는 양의 실수) 이 선분들을 합쳐 두 개의 직각삼각형을 만들었다. AB와 CD는 그 중 두 선분(다음 그림과 같음) 일 때, x가 취할 수 있는 값의 개수를 구하여라.

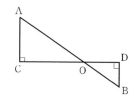

[풀이] 그림에서 AB의 길이가 가장 크므로 AB $= 9$ 또는 AB $= x$이다.

　(i) AB $= 9$라면,

　　　① CD $= x$일 때, $9^2 = x^2 + (1+5)^2$, 즉, $x^2 = 45$이다.

　　　　　따라서 $x = 3\sqrt{5}$ 이다.

　　　② CD $= 5$일 때, $9^2 = 5^2 + (x+1^2)$, 즉, $(x+1)^2 = 56$이다.

　　　　　따라서 $x + 1 = \sqrt{56}$, 즉, $x = 2\sqrt{14} - 1$이다.

　　　③ CD $= 1$일 때, $9^2 = 1^2 + (a+5)^2$, 즉, $(x+5)^2 = 80$이다.

　　　　　따라서 $x + 5 = \sqrt{80}$, $x = 4\sqrt{5} - 5$이다.

　(ii) AB $= x$라면,

　　　① CD $= 9$일 때, $x^2 = 9^2 + (1+5)^2$이다. 따라서 $x = 3\sqrt{13}$ 이다.

　　　② CD $= 5$일 때, $x^2 = 5^2 + (1+9)^2$이다. 따라서 $x = 5\sqrt{5}$ 이다.

　　　③ CD $= 1$일 때, $x^2 = 1^2 + (5+9)^2$이다. 따라서 $x = \sqrt{197}$ 이다.

([주] 이상은 모두 조건 $x > 0$을 응용하였다. 그러므로 근호를 벗길 때 모두 "+"기호만 붙인다.)

위의 내용을 종합해보면 x가 총 6개의 값을 취할 수 있다는 것을 알 수 있다.

目 6개

6. 분류 논의로 개수 정하기

분류 논의는 수를 세는 주요한 수단 중 하나로, 앞의 많은 예제에 모두 "분류 논의"를 사용하여 수를 세었다. 다시 예를 들어보도록 하겠다.

필수예제 8

길이가 20인 철사로 세 변의 길이가 정수인 삼각형을 둘러싸려고 할 때, 서로 다른 삼각형의 개수를 구하여라.

[풀이] 둘레가 20이므로 길이가 20인 철사는 (한 변의 길이가 정수인) 정삼각형을 둘러쌀 수 있다.

따라서 세 변을 a, b, c ($a+b+c=20$이고, 모두 양의 정수)라고 가정하면 $c \geq a \geq b$라고 해도 무방하다. 삼각형 변의 성질에 의하여 $c < a+b$이다.

따라서 가장 긴 변 $c < a+b = 20-c$, 즉, $c < 10$이다.

또 $a+b+c=20$, $3c > a+b+c$로 $c > 6\frac{2}{3}$이다.

즉, c는 7, 8, 9만 가능하다.

분류논의를 해 보자.

① $c=9$일 때, $a+b=11$이다.

따라서 문제에 적합한 삼각형의 세 변은 각각 다음과 같다.

$(2, 9, 9)$, $(3, 8, 9)$, $(4, 7, 9)$, $(5, 6, 9)$

② $c=8$일 때, $a+b=12$이다.

따라서 문제에 적합한 삼각형의 세 변은 각각 다음과 같다.

$(4, 8, 8)$, $(5, 7, 8)$, $(6, 6, 8)$

③ $c=7$일 때, $a+b=13$이다.

따라서 문제에 적합한 삼각형의 세 변은 다음과 같다.

$(6, 7, 7)$

그러므로 서로 다른 삼각형의 개수는 $4+3+1=8$(개)이다.

답 8(개)

[실력다지기]

01 다음 물음에 답하여라.

(1) 정사각형을 4번 자를 때, 가장 많이 몇 조각으로 자를 수 있는지 구하여라.

(2) 다각형에서 2개의 내각을 제외하고 나머지 내각의 합은 2002°일 때, 이 다각형의 변의 개수를 구하여라.

(3) 정사각형의 두 쌍의 대변 위의 서로 대응하는 삼등분 점을 연결할 때, 오른쪽 그림에서 모든 선분으로 만들어진 직사각형은 총 몇 개인지 구하여라.

02 다음 물음에 답하여라.

(1) 다음 그림에서 직각삼각형은 총 몇 개인지 구하여라.

(2) 오른쪽 그림에서 점 E, F는 각각 △ABC의 변 AC, AB의 중점일 때, 넓이가 동일한 두 삼각형은 총 몇 쌍인지 구하여라.

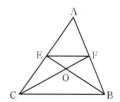

03 어느 나무판에 못이 9개가 박혀있다. 못 끝이 위를 향하고 있을 때, 다음 그림과 같이 고무줄을 사용하여 그 중 4개의 못을 묶어 평행사변형을 만들려고 한다. 못을 묶는데 총 몇 가지 방법이 있는지 구하여라.

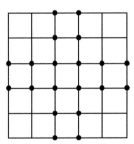

```
1    2    3
●    ●    ●

4    5    6
●    ●    ●

7    8    9
●    ●    ●
```

04 다음 그림의 5×5 정사각형에서 총 20개의 점(검은 점으로 표시)을 선택할 때, 이 점들을 꼭짓점으로 하는 정사각형은 총 몇 개인지 구하여라.

05 세 변의 길이가 서로 같지 않은 정수이고 둘레가 13보다 작은 삼각형은 총 몇 개인지 구하여라.

06 다음 그림은 일련의 정사각형 격자 중의 처음 세 가지 형태이다. 이 규칙에 따라 9번째 격자를 만들었다. 목판에 9번째 격자의 형태대로 못을 박고 고무줄로 못을 묶으면 총 몇 개의 위치가 서로 다른 정사각형(이 정사각형의 네 변은 모두 수직이거나 가장 큰 정사각형의 변과 평행임)이 나올 수 있는지 구하여라.

07 좌표 평면에서 점 $A(2, 2)$, $B(2, -2)$, 점 P는 y축 위에 있고, $\triangle APB$는 직각삼각형일 때, 점 P의 개수를 구하여라.

08 한 변의 길이가 5인 정사각형의 각 변을 5등분하고, 상응하는 분점들을 연결하여 다음 그림에서 나타내는 것과 같이 했을 때, 정사각형의 총 개수를 구하여라.

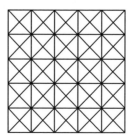

09 다음 그림의 정삼각형 ABC에서 점 D, E, F는 세 변의 중점이고, 그림에서 셀 수 있는 삼각형 중 임의로 두 개의 삼각형(순서는 생각하지 않고)을 골랐을 때, 두 삼각형이 최소한 한 변이 동일하다면 이 삼각형들을 "**좋은 삼각형**"이라고 할 때, "**좋은 삼각형**"은 총 몇 쌍인지 구하여라.

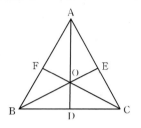

[응용하기]

10 평면 위에 8개의 점 A_1, A_2, $\cdots$, A_8이 있고, 여기에서 임의로 한 직선 위에 있지 않는 세 점을 골랐다. 이 점들 간에는 25개의 선분이 연결되어 있을 때, 이 선분들은 A_1, A_2, $\cdots$, A_8을 꼭짓점으로 하는 삼각형을 최대 몇 개까지 만들 수 있는지 구하여라.

11 세 변의 길이는 양의 정수이고, 둘레는 100을 넘지 않으며, 가장 긴 변과 가장 짧은 변의 차이는 2보다 크지 않는 삼각형 중 서로 합동이지 않은 삼각형이 총 몇 개인지 구하여라.

부록　모의고사

제한시간 : 120분

＊모든 문제는 서술형이고 답만 맞으면 0점 처리합니다.

1 10원짜리 동전, 50원짜리 동전, 100원짜리 동전이 각각 많이 있다. 이들의 동전을 사용하여 1400원을 지불하는 방법의 수를 구하여라. 단, 사용하지 않는 동전이 있어도 상관없다.

2 다음 그림과 같이 삼각형 ABC에서 점 A에서 변 BC에 내린 수선의 발을 D, 점 D에서 변 AB, AC에 내린 수선의 발을 각각 E, F라 한다. AE = 5cm, EB = 3cm, AF = 2cm일 때, 삼각형 ADC의 넓이를 구하여라.

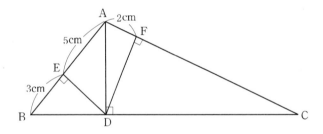

3 주사위를 두 번 던져서 첫 번째 나온 눈의 수를 a, 두 번째 나온 눈의 수를 b라 하자. $\left[\dfrac{b}{a}\right] \neq \dfrac{b}{a}$가 성립할 확률을 구하여라. (단, $[x]$는 x보다 크지 않은 최대의 정수이다.)

4 다음 그림에서 각 ①과 ②는 같고, 각 ③과 ④도 같다. 다음 물음에 답하여라.

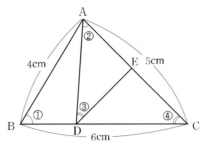

(1) AD의 길이를 구하여라.

(2) 삼각형 ABD와 삼각형 ADE와 삼각형 EDC의 넓이를 비를 가장 간단한 자연수의 비로 나타내어라.

5 주머니 속에 1, 2, 3, 4, …, 30 의 숫자가 각각 1개씩 적힌 30개의 공이 있다. 이 주머니에서 2개의 공을 꺼낼 때, 2개의 공에 적힌 두 수의 차가 15 이상일 확률을 구하여라.

6 다음 그림의 평행사변형 ABCD에서 BE = 5cm, EG = 22cm이고, 삼각형 ABE의 넓이는 40㎠, 삼각형 DFC의 넓이는 56㎠이다. 사다리꼴 AEFD의 둘레의 길이가 79cm일 때, 이 사다리꼴의 넓이를 구하여라.

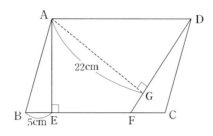

7 다음 그림과 같이 정사각형 12개를 붙여서 만든 것과 같은 도로가 있고, 대각선 끝으로 A 지점과 B 지점이 있다. 지금 A 지점에서 천재는 B 지점으로 향하고, B 지점에서 영재는 A 지점으로 향해서 동시에 출발하여 같은 속력으로 최단거리로 진행하여 목적지에 도착한다.

이때, 2명이 만나는 경우는 모두 몇 가지가 있는지 구하여라.

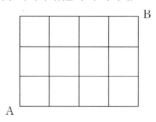

8 다음 그림과 같은 5각형 ABCDE가 있다. 이 5각형의 변 AB, BC, CD, DE, EA의 중점을 각각 P, Q, R, S, T라고 하자. 또, TQ, PR, QS, RT, SP의 중점을 각각 V, W, X, Y, Z라고 하자. 이때, (WX + XY + ZV) − (VW + YZ)를 구하여라.

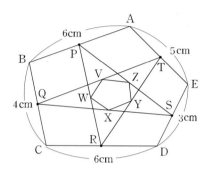

9 다음 그림과 같이 정사면체의 각 꼭짓점 4개와 각 모서리의 중점 6개가 있다. 이들 10개의 점을 이어 그을 수 있는 서로 다른 직선의 개수를 구하여라.

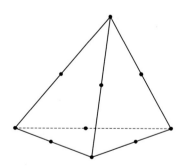

10 다음 그림과 같이 넓이가 48㎠인 정삼각형 ABC에서 변 AC 위에 점 E를, 변 BC의 연장선 (점 C 쪽의 연장선) 위에 점 D를 잡으면 ∠CBE = ∠CED이고, BE : ED = 3 : 1이 된다고 할 때, 삼각형 ECD의 넓이를 구하여라.

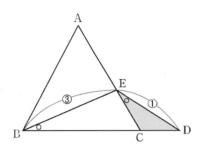

11 다음 그림과 같이 정육각형 모양의 방이 연결되어 있으며 인접한 방과 방 사이에는 통로가 있는 벌집 모양의 미로가 있다. 방 A에서 출발하여 어두운 부분의 방은 지나지 않고, 7개의 방을 지나 방 B에 도착하는 방법의 수를 구하여라.

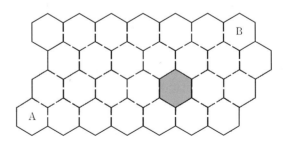

12 다음 그림과 같이 ∠BAD = 90°, ∠ABC = 45°, AB = 2×AD인 사각형 ABCD가 있다. 두 대각선 AC와 BD가 점 P에서 직교하고, AP = 9cm일 때, CD의 길이를 구하여라.

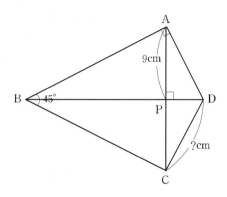

13 1, 2, 3, 4, 5의 숫자가 하나씩 적힌 5개의 공을 3개의 상자 A, B, C에 넣으려고 한다. 어느 상자에도 넣어진 공에 적힌 수의 합이 13이상이 되는 경우가 없도록 공을 상자에 넣는 방법의 수를 구하여라. 단, 빈 상자의 경우에는 넣어진 공에 적힌 수의 합을 0으로 한다.

14 평행사변형 ABCD에서 변 CD 위에 DQ : QC = 2 : 3이 되는 점 Q를 잡는다. △PBQ의 넓이

가 평행사변형 ABCD의 넓이의 $\dfrac{1}{4}$이 되도록 점 P를 변 AD 위에 잡는다. 대각선 BD와 PQ의

교점을 T라 할 때, BT와 DT의 비를 가장 간단한 자연수의 비로 나타내어라.

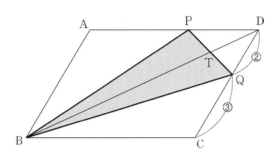

15 세화중학교 동아리의 2학년 회원은 남학생이 3명, 여학생이 6명이다. 다음 규칙에 따라 이 동아리

의 2학년 회원 9명이 졸업앨범에 실릴 동아리 사진을 촬영하고자 한다.

> (가) 앞줄에 5명, 뒷줄에 4명의 학생이 선다.
>
> (나) 각 줄에는 적어도 한 명의 남학생이 서고, 각 줄의 남학생은 어느 두 명도 이웃하게
>   서지 않는다.

사진을 촬영하기 위해 자리를 배치하는 서로 다른 방법의 수를 구하여라.

16 네 명의 학생 승우, 교순, 원준, 연우는 10점 만점의 수행평가를 받았다. 그 결과는 다음과 같았다.

- 교순이는 최고 득점으로 8점 이하이다.
- 승우는 최저 득점으로 1점 이상이다.
- 원준이는 승우의 점수이상이고, 교순이의 점수미만이다.
- 연우는 승우의 점수보다 높고 교순이의 점수이하이다.

이때, 네 명의 학생의 득점의 경우의 수를 모두 몇 가지인지 구하여라.

17 한 개의 주사위를 던져 나온 눈의 수에 따라 좌표평면 위의 점 P를 다음과 같이 움직인다.

(가) n이 짝수이면 점 P를 x축의 양의 방향으로 n만큼 움직인다.

(나) n이 홀수이면 점 P를 y축의 양의 방향으로 1만큼 움직인다.

이때, 점 P가 원점 O$(0, 0)$에서 출발하여 점 $(6, 2)$에 도달하는 방법의 수를 구하여라.

18 다음 그림과 같이 AB = AD, AC = DC, ∠D = 72°, ∠BAC = 96° 인 사각형 ABCD 가 있다. 이때, ∠B의 크기를 구하여라.

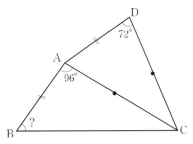

19 다음 그림과 같은 육각형 ABCDEF가 있다. 이 육각형의 대각선을 모두 그으면, 어느 세 대각선 도 한 점에서 만나지 않는다고 한다. A~F의 6개의 꼭짓점과 대각선을 모두 그어서 생긴 교점 중 에서, 세 점을 선택하여 삼각형을 만들 때, 원래의 육각형 ABCDEF의 꼭짓점 중 2개 포함하고 있는 것은 모두 몇 개인지 구하여라.

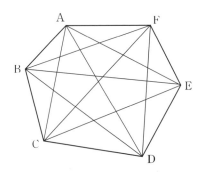

20 다음 그림과 같이 AC = 10cm, AB = 12cm, BC = 14cm인 삼각형 ABC에서 변 AB 위에 점 D를 잡고, BA의 연장선 위에 ∠DCE = 90°가 되도록 점 E를 잡으면, BD = 7cm이다. 이때, DE의 길이를 구하여라.

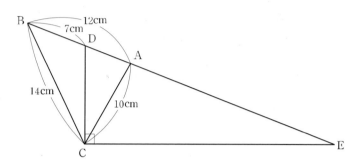

제한시간 : 120분

＊모든 문제는 서술형이고 답만 맞으면 0점 처리합니다.

1 그림과 같이 가로 방향 도로와 세로 방향 도로가 각각 서로 평행한 도로망이 있다. 도로망 위의 A, B지점에 숙소가 있고, P, Q, R, S지점에 관광지가 있다. 부모님을 모시고 효도관광을 온 어느 가족이 A지점에 있는 숙소를 출발하여 P, Q, R, S지점에 있는 관광지 중 두 곳을 관광한 후 B지점에 있는 숙소로 가기로 하였을 때, 이 가족이 도로망을 따라 이동할 수 있는 최단 경로의 수를 구하여라. (단, P, Q, R, S지점에서 직선도로 l까지의 거리는 모두 같다.)

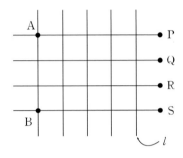

2 다음 그림과 같이, 정육각형 ABCDEF에서 세 변 AB, CD, EF의 중점을 각각 X, Y, Z라 하자. XY와 AC, CE와의 교점을 각각 O, P라고 하고, YZ와 CE, EA와의 교점을 각각 Q, R이라 하고, ZX와 EA, AC와의 교점을 각각 S, T라 하자. 육각형 OPQRST의 넓이가 110㎠일 때, 정육각형 ABCDEF의 넓이를 구하여라.

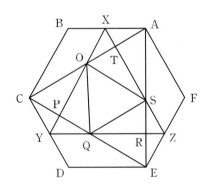

3 다음 그림과 같이 6개의 정사각형 모양의 창으로 이루어진 창문이 있다. 6개의 각 정사각형 모양의 창에 빨강, 파랑, 노랑의 세 가지 색유리 중 임의의 한 가지를 각각 끼우려고 할 때, 같은 가로줄에는 서로 다른 색유리가 끼워지고 같은 세로줄에도 서로 다른 색유리가 끼워질 확률을 구하여라.(단, 같은 색의 색유리는 서로 구별하지 않는다.)

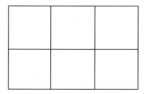

4 다음 그림에서 점 O는 삼각형 ABC의 외심이고, $\angle OBC = 30°$이며 $\angle OCA = 40°$이다. 이때, $\angle OAB$의 크기를 구하여라.

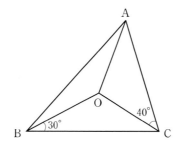

5 다음 그림과 같이 평행한 두 직선 l, m이 있다. 직선 l과 m 사이의 거리가 2이고, 각 직선 위에 이웃한 두 점 사이의 거리가 1이 되도록 6개의 점을 잡는다.

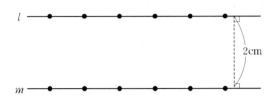

이 중 네 개의 점을 꼭짓점으로 하는 사각형 중에서 넓이가 5인 것의 개수를 구하여라.

6 다음 그림의 직사각형 $ABCD$에서 변 AD의 중점을 E, 변 BC 위에 $BF : FG : GC = 1 : 2 : 1$이 되도록 점 F, G를 잡는다. 대각선 BD와 EF, EG와의 교점을 각각 H, J라 하자. 삼각형 EHJ의 넓이가 16일 때, 직사각형 $ABCD$의 넓이를 구하여라.

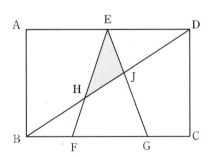

7 주머니 속에 흰 공과 검은 공이 각각 n 개씩 들어 있다. 이 주머니에서 2 개의 공을 동시에 꺼낼 때, 흰 공과 검은 공을 각각 1 개씩 꺼낼 확률은 $\dfrac{5}{9}$ 이다. 자연수 n 의 값을 구하여라.

8 정육각형 ABCDEF 의 넓이가 108 일 때, 각 변의 중점을 연결하여 만든 정육각형의 넓이를 구하여라.

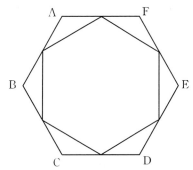

9 다음 조건을 모두 만족하는 6자리 자연수의 개수를 구하여라.

> (가) 각 자리의 숫자는 1 또는 2이다.
>
> (나) 같은 숫자가 연속해서 3번 이상 나올 수 없다.

10 정사각형 ABCD의 변 AB와 원 O와의 두 교점을 각각 E, F(점 E가 점 A에 가까운 점)라고 하고, 변 BC와 원 O와의 두 교점을 각각 G, H(점 G가 점 B에 가까운 점)이다. △OFG = 104㎠일 때, 삼각형 OEH의 넓이를 구하여라. (단, 원 O의 중심은 정사각형 ABCD의 내부에 있다.)

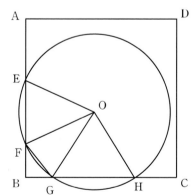

11 흰 공 5개와 검은 공 3개가 들어 있는 주머니에서 임의로 1개씩 공을 꺼내는 시행을 반복하여 검은 공 3개가 모두 나오면 이 시행을 멈추기로 할 때, 5번 이상 공을 꺼낼 확률을 구하여라. (단, 꺼낸 공은 다시 넣지 않는다.)

12 평행사변형 $ABCD$에서 $AC = 14\text{cm}$, $\angle ADB = 45°$이다. 두 대각선의 교점을 O라 하면, $AB = AO$이다. 이때, 삼각형 ABO의 넓이를 구하여라.

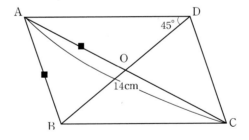

13 1부터 9까지의 자연수 중에서 서로 다른 4개의 숫자를 사용하여 다음 조건을 만족시키는 네 자리의 자연수 n을 만든다.

> (가) n은 홀수이다
>
> (나) n은 3의 배수이다.
>
> (다) n을 이루고 있는 4개의 숫자를 작은 수부터 나열하면 등차수열(이웃한 항의 차가 일정한 수열)을 이룬다.

이때, 모든 자연수 n의 개수를 구하여라.

14 $\overline{BC} = 36\,\text{cm}$, $\overline{CD} = 16\,\text{cm}$이고, 넓이가 $338\,\text{cm}^2$인 평행사변형 $ABCD$에서 대각선 AC 위에 한 점 P를 잡고, 점 P를 지나 AB에 평행한 직선과 변 AD, BC와의 교점을 각각 E, F라 하고, 점 P를 지나 BC에 평행한 직선과 변 AB, CD와의 교점을 각각 G, H라 하자. 사각형 $GBFP$가 마름모일 때, 사각형 $EPHD$의 넓이를 구하여라.

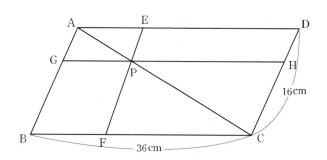

15 1부터 6까지의 번호가 쓰여 있는 창문 6개가 열려 있다. 주사위를 던져서 나온 눈의 수와 같은 번호의 창문이 열려 있으면 닫고, 닫혀 있으면 연다. 예를 들어, 세 번 모두 1의 눈이 나오면 1번 창문은 닫혀 있게 된다. 주사위를 3번 던질 때, 닫혀 있는 창문이 1개일 확률을 구하여라.

16 넓이가 4506㎠인 직사각형 ABCD에서 변 BC, CD 위에 각각 점 E, F를 잡으면, 삼각형 AEF의 넓이는 2010㎠이고, DF = 18cm일 때, BE의 길이를 구하여라.

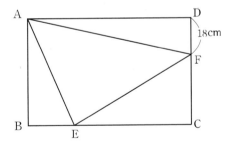

17 그림과 같이 A 지점에서 출발하여 B 지점까지 최단거리로 이동하여 도착하려고 한다. 이때 P 지점을 지나가는 확률을 구하여라.

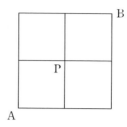

18 원에 외접하는 사각형 ABCD에서, AD∥BC, ∠A = ∠B = 90°, AD = 10 cm, BC = 8 cm 일 때, 사각형 ABCD의 넓이를 구하여라.

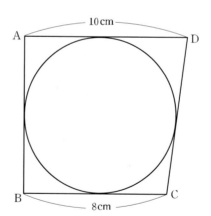

19 정육면체 주사위의 두 면에는 빨간색, 두 면에는 파란색, 노란색과 초록색이 각각 한 면에 칠해져 있다고 하자. 이런 주사위를 두 번 던졌을 때, 같은 색의 면이 위로 올 확률을 구하여라.

20 $BC = 89\,cm$, $CD = 58\,cm$ 인 평행사변형 $ABCD$ 에서 $\angle C$, $\angle D$ 의 내각이등분선과 변 AD, BC 와의 교점을 각각 E, F 라 하고, CE 와 DF 의 교점을 O 라 하자. 점 A 에서 변 BC 에 내린 수선의 발을 H 라 하면, $AH = 42\,cm$ 이다. 이때, 오각형 $ABFOE$ 의 넓이를 구하여라.

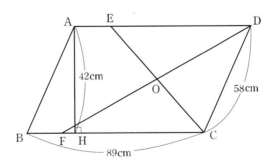

중학생을 위한

중국 사천대학교 지음

중학 G&T 2-2

新 영재수학의 지름길 2단계 -하

연습문제 정답과 풀이

G&T MATH

'지앤티'는 영재를 뜻하는 미국·영국식
약어로 Gifted and talented의 줄임말로 '축복
받은 재능'이라는 뜻을 담고 있습니다.

씨실과 날실

씨실과 날실은 도서출판 세화의 자매브랜드입니다.

연습 문제
정답과 풀이

중학 2단계-하

Part 4. 확률과 통계

16강 경우의 수

연습문제 실력다지기

01. 답 20개

[풀이] 각 자리의 숫자의 합이 7인 네 자리의 자연수가 되는 경우는 $(1,\ 1,\ 1,\ 4)$, $(1,\ 1,\ 2,\ 3)$, $(1,\ 2,\ 2,\ 2)$의 세 가지 뿐이다.

(i) $(1,\ 1,\ 1,\ 4)$로 만들어지는

네 자리의 자연수의 개수는 $\dfrac{4!}{3!} = 4$(개)이다.

(ii) $(1,\ 1,\ 2,\ 3)$로 만들어지는

네 자리의 자연수의 개수는 $\dfrac{4!}{2!} = 12$(개)이다.

(iii) $(1,\ 2,\ 2,\ 2)$로 만들어지는

네 자리의 자연수의 개수는 $\dfrac{4!}{3!} = 4$(개)이다.

따라서 각 자리의 숫자의 합이 7인 네 자리의 자연수는 20개 이다.

02. 답 32개

[풀이] 주어진 정팔각형에 숫자를 지정하는 경우는 원순열에 해당하므로, 점 A 를 고정시키고 대칭인 경우를 찾으면 아래 그림에 (C,H), (D,G), (E,F)인 경우가 서로 대칭이고 각 쌍마다 $(0,0)$, $(1,1)$ 의 2가지 경우가 있다. 또한, 점 A 와 점 B 에 각각 $0,\ 1$ 을 지정하는 2가지 경우가 있으므로 구하는 경우의 수는

$2 \times 2 \times 2 \times 2 \times 2 = 32$ 이다.

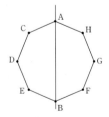

03. 답 13 가지

[풀이] 조건에 맞는 세 자리 수는

$131,\ 132,\ 133,\ 213,\ 231,\ 232,\ 233,\ 313,$

$321,\ 323,\ 331,\ 332,\ 333$ 이므로 13 가지이다.

04. 답 480

[풀이] $e,\ f$ 사이에 적어도 1개의 문자가 들어가는 경우의 여사건은 $e,\ f$ 가 이웃하는 경우이다.

6개의 문자를 일렬로 배열하는 경우의 수는 $6! = 720$ 이다.

$e,\ f$ 가 이웃하는 경우의 수는 $e,\ f$ 를 하나로 생각하여 5개이다.

6개의 문자를 배열하고 e 와 f 를 서로 바꾸면 되므로

$5! \times 2 = 240$이다.

따라서 구하는 경우의 수는 $720 - 240 = 480$(가지)이다.

05. 답 9

[풀이] $a_1 = 2$인 경우를 생각하자.

$$
\begin{array}{cccc}
a_1 & a_2 & a_3 & a_4 \\
 & 1 & - & 4 & - & 3 \\
2 & - & 3 & - & 4 & - & 1 \\
 & 4 & - & 2 & - & 3
\end{array}
$$

그림에서와 같이 a_2 를 차례로 $1,\ 3,\ 4$로 놓고 a_2의 각각에 대하여 a_3 에 대응하는 수를 정하고 a_4 를 정한다.

따라서 위의 그림에서 $a_1 = 2$일 때, 3가지이다.

이때, a_1 이 3, 4일 때도 3가지씩이므로 $3 \times 3 = 9$(가지)이다.

06. 답 76

[풀이] 일직선 위에 있는 세 점을 연결하면 삼각형 만들어지지 않으므로

$${}_9\text{C}_3 - {}_3\text{C}_3 \times 8 = \dfrac{9 \times 8 \times 7}{3 \times 2 \times 1} - 8 = 76\text{(개)}$$ 이다.

실력 향상시키기

07. 답 3000

[풀이] 다섯 자리 정수, 네 자리 정수는 각각 앞자리에 0을 제외한다.

따라서 구하는 합은

$4 \times {}_5\Pi_4 + 4 \times {}_5\Pi_3 = 2500 + 500 = 3000$이다.

08. 답 28

[풀이]

①	②	③	④	⑤

(i) b를 배치하는 방법 : ②, ④ 뿐이므로 2(가지)이다.

(ii) a와 c를 배치하는 방법 : a를 ⑤에 배치하는 경우에는 c는 b의 자리와 ⑤를 제외하는 곳에 배치하므로 3가지이고, a를 ⑤가 아닌 곳에 배치하는 경우엔 c는 b의 자리와 a의 자리, ⑤를 제외한 곳에 배치하므로 2 가지이다.

$\therefore 1 \cdot 3 + 2 \cdot 2 = 7$(가지)

(iii) d와 e를 배치하는 방법 : 2 (가지)

따라서 (i), (ii), (iii)에 의해 $2 \cdot 7 \cdot 2 = 28$(가지)이다.

09. 답 2994

[풀이]

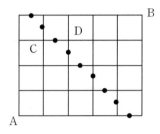

2명이 만나는 지점은, 윗 그림의 ●표시한 곳과 같이 9곳이 있다.

예를 들면, 3번째의 지점에서 만나기 위해서, 승우는 AC를 최단경로로 진행되어, CD를 지나, DB를 최단경로로 진행된다.

따라서 진행되는 방법은 $_4C_3 \times _4C_3 = 16$가지이다.

이와 같이 연우도 BD, DC, CA로 진행되므로,

$_4C_3 \times _4C_3 = 16$가지이다.

따라서 모두 $16 \times 16 = 256$가지 방법이 있다.

이와 같이 9곳에서 만나는 경우의 수를 더하면,

$(_4C_0 \times _4C_0)^2 \cdot 2 + (_4C_0 \cdot _4C_1)^2 \cdot 2 + (_4C_1 \cdot _4C_1)^2 \cdot 2$

$+ (_4C_1 \cdot _4C_2)^2 \cdot 2 + (_4C_2 \cdot _4C_2)^2$

$= 1^2 \cdot 2 + 4^2 \cdot 2 + 16^2 \cdot 2 + 24^2 \cdot 2 + 36^2 = 2994$

이다.

10. 답 858

[풀이] 아래 그림 1과 같이 8×8 격자도를 생각한다.

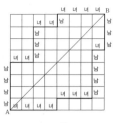

그림 1   그림 2

점 A로부터 B에 최단경로로 도달하는데, 위로 올라가는 것을 남자, 오른쪽으로 가는 것을 여자로 대응시키면 8명의 남녀를 늘어놓는 방법과 일대일 대응한다.

최단 경로 가운데, 어디서 단락을 지어도 좌우에 있는 남녀의 학생 수가 다른 경우는 A, B사이에 있는 대각선의 격자점을 지나지 않는 경우이며, 어디선가 단락을 지으면 좌우에 있는 남녀 학생 수가 같아지는 경우는 A, B 사이의 대각선 위에 있는 격자점을 지나는 경우이다. 따라서 우리가 구하는 경우의 수는 A, B의 대각선 위에 있는 격자점을 지나지 않는 최단경로의 수를 구하면 된다.

따라서 그림 2와 같이 계산할 수 있다. 그러므로 구하는 경우의 수는 858가지이다.

11. 답 225

[풀이]

(i) 5번 던져서 2가 3번 나오고, 홀수가 2번 나오는 경우:

2, 2, 2, ○, ○을 일렬로 나열하고, ○에 1, 3, 5 중 한 개를 넣는 방법의 수와 같으므로

$\dfrac{5!}{3!2!} \times 3 \times 3 = 90$가지이다.

(ii) 4번 던져서 2와 4가 각각 1번씩 나오고, 홀수가 2번 나오는 경우 :

2, 4, ○, ○을 일렬로 나열하고, ○에 1, 3, 5 중 한 개를 넣는 방법의 수와 같으므로

$\dfrac{4!}{2!} \times 3 \times 3 = 108$가지이다.

(iii) 3번 던져서 6이 1번 나오고, 홀수가 2번 나오는 경우:

6, ○. ○을 일렬로 나열하고, ○에 1, 3, 5 중 한 개를 넣는 방법의 수와 같으므로

$$\frac{3!}{2!} \times 3 \times 3 = 27 \text{가지이다.}$$

따라서 (i), (ii), (iii)에서 구하는 방법의 수는
$90 + 108 + 27 = 225$가지이다.

12. 답 105

[풀이] (i) 첫째 자리 문자가 a인 경우

$$a \bigcirc a \bigcirc a \bigcirc a \bigcirc a \bigcirc a \bigcirc a \bigcirc a \bigcirc$$

8개의 ○에 네 개의 b를 넣는 경우의 수는
$_8C_4 = 70$가지이다.

(ii) 첫째 자리 문자가 b인 경우

$$ba \bigcirc a \bigcirc a \bigcirc a \bigcirc a \bigcirc a \bigcirc a$$

7개의 ○에 세 개의 b를 넣는 경우의 수는 $_7C_3 = 35$가지
이다.

따라서 (i), (ii)에 의하여 문자열의 개수는 105가지이다.

17강 확률

연습문제 실력다지기

01. 답 $\dfrac{5}{27}$

[풀이] 8개의 점 중 2개를 선택하면 1개의 선분을 만들 수
있으므로 선분의 개수는 $_8C_2 = 28$(개)이다.

28개의 선분에서 2개를 고르는 경우의 수는 $_{28}C_2 = 278$
(가지)이다.

원 위의 서로 다른 네 점을 선택하면 교점이 하나 생기므로
두 선분이 교점이 생기는 경우의 수는 $_8C_4 = 70$(가지)이다.

따라서 구하는 확률은 $\dfrac{70}{378} = \dfrac{5}{27}$이다.

02. 답 $\dfrac{2}{5}$

[풀이] 주머니 A에서 꺼내어 주머니 B에 넣은 공을
분류하면 다음과 같다.

(i) 흰 공 2개일 때, $\dfrac{_2C_2}{_5C_2} \times \dfrac{_3C_1 \times _1C_1}{_4C_2} = \dfrac{1}{20}$

(ii) 흰 공 1개, 검은 공 1개일 때,

$$\dfrac{_3C_1 \times _2C_1}{_5C_2} \times \dfrac{2 \times _2C_2}{_4C_2} = \dfrac{1}{5}$$

(iii) 검은 공 2개일 때, $\dfrac{_3C_2}{_5C_2} \times \dfrac{_3C_1 \cdot _1C_1}{_4C_2} = \dfrac{3}{20}$

따라서 구하는 확률은 $\dfrac{1+4+3}{20} = \dfrac{8}{20} = \dfrac{2}{5}$이다.

03. 답 $\dfrac{1}{22}$

[풀이] 〈자음–모음–자음–모음–자음〉의 순으로 뽑을 확률을
순서대로 각각 구해 곱한다.

따라서 $\dfrac{7}{11} \times \dfrac{4}{10} \times \dfrac{6}{9} \times \dfrac{3}{8} \times \dfrac{5}{7} = \dfrac{1}{22}$이다.

04. 답 $\dfrac{13}{36}$

[풀이] A, B의 점수를 각각 a, b라고 하면 (a, b)가
$(1, 2)$와 $(2, 1)$의 두 가지 경우이다.

따라서 구하는 확률은 $\dfrac{2}{6} \times \dfrac{2}{6} + \dfrac{3}{6} \times \dfrac{3}{6} = \dfrac{13}{36}$이다.

05. 답 $\dfrac{11}{32}$

[풀이] 최단거리로 이동하기 위해서는 갑은 아래쪽으로 한 번, 을은 위쪽으로 한 번 이동할 수 있으므로 두 사람은 $\overline{A_n B_n}$의 중점에서만 만날 수 있다.

$\overline{A_0 B_0}$의 중점에서 만날 확률은 $\dfrac{1}{2} \times \dfrac{1}{2} = \dfrac{1}{4}$이다.

$\overline{A_1 B_1}$의 중점에서 만날 확률은 $\left(\dfrac{1}{2}\right)^2 \times \left(\dfrac{1}{2}\right)^2 = \dfrac{1}{16}$이다.

$\overline{A_2 B_2}$의 중점에서 만날 확률은 $\left(\dfrac{1}{2}\right)^3 \times \left(\dfrac{1}{2}\right)^3 = \dfrac{1}{64}$이다.

$\overline{A_3 B_3}$의 중점에서 만날 확률은 $\left(\dfrac{1}{2}\right)^3 \times \left(\dfrac{1}{2}\right)^3 = \dfrac{1}{64}$이다.

따라서 구하는 확률은 $\dfrac{1}{4} + \dfrac{1}{16} + \dfrac{1}{64} + \dfrac{1}{64} = \dfrac{11}{32}$이다.

06. 답 $\dfrac{2}{15}$

[풀이] $2x + y > 14$이 성립하는 경우는 $x = 6$일 때, $y = 3, 4, 5$, $x = 5$일 때, $y = 6$이 올 수 있다.

따라서 구하는 확률은 $\dfrac{4}{30} = \dfrac{2}{15}$이다.

실력 향상시키기

07. 답 $\dfrac{16}{25}$

[풀이] 그림에서와 같이 동전이 정사각형 안에 완전히 들어가도록 하려면 동전(원)의 중심이 존재할 수 있는 구역의 넓이는 $10 \times 10 = 100$이다.

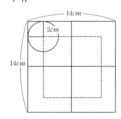

그런데 동전이 정사각형 내부의 선에 닿기 위해 동전의 중심이 존재할 수 있는 구역은 다음 그림과 같으므로 넓이는 $4 \times 10 + 4 \times 10 - 4 \times 4 = 64$이다.

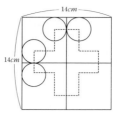

그러므로 확률은 $\dfrac{64}{100} = \dfrac{16}{25}$이다.

08. 답 파란 공 9개, 빨간 공 6개

[풀이] 파란 공의 개수를 x, 빨간 공의 개수를 y라 하자.

$$\dfrac{x}{x + y} = \dfrac{3}{5} \quad \Rightarrow \quad 2x = 3y \quad \Rightarrow \quad y = \dfrac{2}{3}x$$

$$\dfrac{y + 10}{x + y + 15} = \dfrac{8}{15} \quad \Rightarrow \quad 8x - 7y = 30$$

두 식을 연립하여 풀면 $x = 9$, $y = 6$이다.

응용하기

09. 답 $\dfrac{2}{7}$

[풀이] 주머니에서 꺼낸 카드가 짝수일 경우,

(i) 주사위를 던져 3의 배수인 눈의 수가 나오고 A 주머니에서 짝수가 나올 확률은

$\dfrac{2}{6} \times \dfrac{2}{5} = \dfrac{2}{15}$이다.

(ii) 주사위를 던져 3의 배수가 아닌 눈의 수가 나오고 B 주머니에서 짝수가 나올 확률은

$\dfrac{4}{6} \times \dfrac{3}{6} = \dfrac{1}{3}$이다.

따라서 주머니에서 꺼낸 카드에 적힌 수가 짝수일 때, 그 카드가 주머니 A에서 꺼낸 카드일 확률은

$$\dfrac{\dfrac{2}{15}}{\dfrac{2}{15} + \dfrac{1}{3}} = \dfrac{2}{7}$$이다.

10. **답** $\dfrac{5}{16}$

[풀이]

(i) A 카드 2 장, B 카드 1 장을 꺼내는 경우,

$$\dfrac{{}_2\mathrm{C}_2 \times {}_3\mathrm{C}_1}{{}_5\mathrm{C}_3} \times 1 \times 1 \times \dfrac{1}{2} = \dfrac{3}{20} \text{ 이다.}$$

(ii) A 카드 1 장, B 카드 2 장을 꺼내는 경우,

$$\dfrac{{}_2\mathrm{C}_1 \times {}_3\mathrm{C}_2}{{}_5\mathrm{C}_3} \times 1 \times \dfrac{1}{2} \times \dfrac{1}{2} = \dfrac{3}{20} \text{ 이다.}$$

(iii) B 카드 3 장을 꺼내는 경우,

$$\dfrac{{}_3\mathrm{C}_2}{{}_5\mathrm{C}_3} \times \dfrac{1}{2} \times \dfrac{1}{2} \times \dfrac{1}{2} = \dfrac{1}{80} \text{ 이다.}$$

따라서 (i)~(iii)으로부터 구하는 확률은

$$\dfrac{3}{20} + \dfrac{3}{20} + \dfrac{1}{80} = \dfrac{5}{16} \text{ 이다.}$$

11. **답** $\dfrac{15}{37}$

[풀이] (i) 공에 적힌 수가 홀수인 경우, 6의 눈이 나올 확률은

$$\dfrac{5}{9} \times \dfrac{1}{6} = \dfrac{5}{54} \text{ 이다.}$$

(ii) 공에 적힌 수가 짝수인 경우, 주사위를 두 번 던졌을 때, 6의 눈이 나올 확률은

$$\dfrac{4}{9} \times \left(1 - \dfrac{5}{6} \times \dfrac{5}{6}\right) = \dfrac{4}{9} \times \dfrac{11}{36} = \dfrac{11}{81} \text{ 이다.}$$

따라서 (i),(ii)에서 구하는 확률은

$$\dfrac{\dfrac{5}{54}}{\dfrac{5}{54} + \dfrac{11}{81}} = \dfrac{\dfrac{5}{54}}{\dfrac{37}{162}} = \dfrac{15}{37} \text{ 이다.}$$

12. **답** $\dfrac{1}{2}$

[풀이] 동전을 계속해서 던지면 시행은 언젠가 끝나므로 구하는 확률은 4 회 이내에 시행이 끝날 확률과 같다.

(i) 동전을 4 번 이하로 던졌을 때 상자에 구슬이 없어서 시행이 끝나는 경우와 그 확률은 다음과 같다.

2 개 → 1 개 → 0 개 : $\left(\dfrac{1}{2}\right)^2 = \dfrac{1}{4}$ 이다.

2 개 → 1 개 → 2 개 → 1 개 → 0 개 :

$\left(\dfrac{1}{2}\right)^4 = \dfrac{1}{16}$ 이다.

2 개 → 3 개 → 2 개 → 1 개 → 0 개 :

$\left(\dfrac{1}{2}\right)^4 = \dfrac{1}{16}$ 이다.

(ii) 동전을 4 번 이하로 던졌을 때 상자에 구슬이 5 개가 들어 있어서 시행이 끝나는 경우와 그 확률은 다음과 같다.

2 개 → 3 개 → 4 개 → 5 개 : $\left(\dfrac{1}{2}\right)^3 = \dfrac{1}{8}$ 이다.

따라서 (i), (ii)에서 구하는 확률은

$$\dfrac{1}{4} + \dfrac{1}{16} + \dfrac{1}{16} + \dfrac{1}{8} = \dfrac{1}{2} \text{ 이다.}$$

Part 5. 기하

18장 이등변삼각형

연습문제 실력다지기

01. 답 (1) 풀이참조
　　(2) 풀이참조
　　(3) $36°$, $72°$, $72°$
　　(4) 3
　　(5) 17 또는 19

[풀이] (1) 이등변삼각형의 꼭지각의 이등분선, 밑변 위의 높이, 밑변 위의 중선은 서로 완전히 포개어 합쳐 진다.

(2) 꼭지각이 $80°$ 라면 두 밑각은 $50°$ 이다.
밑각이 $80°$ 라면 나머지 밑각도 $80°$ 이고, 꼭지각은 $20°$ 이다.

(3) 꼭지각을 $x°$ 라고 하면, 삼각형 세 각의 합 $5x = 180$ 이므로 $x = 36$ 이다. 그러므로 이등변삼각형의 세 각의 크기는 $36°$, $72°$, $72°$ 이다.

(4) 주어진 한 변의 길이가 3이 등변의 길이라고 하면, 다른 밑변의 길이는 7이다. 그런데, $3 + 3 < 7$이 되어 삼각형이 되지 않는다. 따라서 밑변의 길이는 3이다.

(5) 나머지 한 변의 길이는 5 또는 7이다.
만약 나머지 한 변의 길이가 5이면, 둘레의 길이는 17이 되고, 만약 나머지 한 변의 길이가 7이면, 둘레의 길이는 19이 다.
따라서 17 또는 19이다.

02. 답 (1) $67°$　　(2) ②　　(3) 이등변삼각형

[풀이] (1) $\angle BDE = 90° - \dfrac{1}{2} \angle B$,

$\angle CDF = 90° - \dfrac{1}{2} \angle C$이므로

$\angle EDF = \dfrac{1}{2}(\angle B + \angle C)$

　　　　$= \dfrac{1}{2}(180° - 46°)$

　　　　$= 67°$

(2) $AC = AD$이므로

　$\angle ACD = \angle ADC = 45° + \dfrac{1}{2} \angle B$이다.

또, $\angle DCB = 45° - \dfrac{1}{2} \angle B$이다.

$BC = BE$이므로 $\angle ECB = 90° - \dfrac{1}{2} \angle B$이다.

그러므로 $\angle DCE = \angle BCE - \angle BCD = 45°$이다.
답은 ②이다.

(3) 한 외각의 이등분선과 삼각형의 한 변이 평행하면, 동위각과 엇각의 성질에 의하여 이등변삼각형이다.

03. 답 (1) 6㎝　　(2) 풀이참조
[풀이]
(1) 삼각형 ABD와 삼각형 EBD에서 BD는 공통이고, $\angle ABD = \angle EBD$, $\angle BAD = \angle BED = 90°$이므로 $\triangle ABD \equiv \triangle EBD$ (RHA 합동)이다.
$\triangle ABC$가 직각이등변삼각형이므로 $\triangle DEC$도 직각이등변삼각형이다.
$DE = EC = AD = b$, $AB = AC = a$라 하면,
$BC = a + b = 6$이고, $DC = a - b$이다.
따라서　$DE + EC + DC = b + b + a - b = a - b = 6$이다.

(2) $\angle BAD + \angle ABD = 90°$,
$\angle ABD + \angle DBC = \angle ACB$,
$\angle DBC + \angle ACB = 90°$이므로
$2 \times \angle DBC = \angle BAD = \angle A$이다.

따라서 $\angle DBC = \dfrac{1}{2} \angle A$이다.

04. 답 $\dfrac{180°}{7}$

[풀이] $\angle B = \angle C = 3\angle A$이므로
$\angle A + 3\angle A + 3\angle A = 180°$이다.

05. 답 $50°$
[풀이] DE가 $\angle CDA$의 내각이등분선이고,
$DF = EF$이므로 $\angle CDE = \angle FDE = \angle DEF$이다.
즉, $EF /\!/ CD$이고, 또 $\angle DCA = \angle FEA$이다.
따라서 $\angle BCA = \angle DEA$이다. 즉, $BC /\!/ DE$이다.
그러므로 $\angle B = \angle EDF$이다.
$\angle EDF = \angle a$라고 하면 $\angle ACB = 2\angle a$이다.
$\angle A + \angle B + \angle ACB = 180°$이므로
$30° + 3\angle a = 180°$이다. 이를 풀면
$\angle B = \angle a = 50°$이다.

06. 🖺 풀이참조

[풀이] $\triangle ABC$와 $\triangle AED$에서 $AB = AE$,
$BC = ED$, $\angle ABC = \angle AED$이므로
$\triangle ABC \equiv \triangle AED$ (SAS합동)이다.
그러므로 $AC = AD$이다.
즉, $\triangle ACD$는 이등변삼각형이다.
M은 CD의 중점이므로 AM은 CD를 수직이등분한다.
즉, $AM \perp CD$이다.

07. 🖺 $60°$

[풀이] EC를 연결한다. EA와 CB의 연장선의 교점을
F라 하자. 그러면, $\triangle AFB$는 정삼각형이다.
또, 삼각형 DEC와 삼각형 FEC에서
EC는 공통, $DE = FE = FC = DC$이므로
$\triangle EDC \equiv \triangle FEC$ (SSS합동)이다.
즉, $\angle D = \angle F = 60°$이다.

08. 🖺 풀이참조

[풀이] AB 위에 $AE = AD$가 되는 점 E를 잡는다.
그러면 $\triangle ADC$와 $\triangle AEC$에서 $\overline{AC}$는 공통,
$\angle DAC = \angle EAC$, $AD = AE$이므로
$\triangle ADC \equiv \triangle AEC$ (SAS합동)이다.
따라서 $CD = CE$이다.
또, $\angle B + \angle D = 180°$이므로 $\angle CEB = \angle CBE$이
다. 즉, $CE = CB$이다.
따라서 $CB = CD$이다.
[별해] 점 C에서 AD의 연장선에 내린 수선의 발을 M,
점 C에서 AB에 내린 수선의 발을 N이라 하면
$\triangle CAM \equiv \triangle CAN$이 되어, $CM = CN$이고,
$\angle CMD = \angle CNB = 90°$, $\angle CDM = \angle CBN$
이 되어, $\triangle CDM \equiv \triangle CBN$이다.
즉, $CD = CB$이다.

09. 🖺 $AO = 5$

[풀이] AC의 연장선 위에 $CE = BM$이 되는 점 E를 잡
는다. 그러면, 삼각형 BDM와 삼각형 CDE에서
$BM = CE$, $BD = ED$,
$\angle MBD = \angle ECD = 90°$이므로
$\triangle BDM \equiv \triangle CDE$ (SAS합동)이다.
즉, $DM = DE$, $\angle MDB = \angle CDE$이다.
삼각형 DMN과 삼각형 DEN에서
$DM = DE$, DN(공통),
$\angle MDN = \angle EDN = 60°$이므로
$\triangle DMN \equiv \triangle DEN$ (SAS합동)이다.
따라서 $MN = NE = BM + NC$이므로
$\triangle AMN$의 둘레 길이$= AB + AC = 2$이다.

10. 🖺 $AO = 5$

[풀이] AB 위에 점 C에서 변 AB에 내린 수선의 발을
D라 하자. CD와 AO와의 교점을 E라 하자.
또, BO의 연장선과 CD의 교점을 F라 하자.
$\angle ACF = \angle AOF = 40°$,
$\angle CAF = \angle CBF = 20° = \angle OAF$이므로
$\angle AFC = AFO$이다.
또, AF는 공통이므로 $\triangle AFC \equiv \triangle AFO$이다.
따라서 $AO = AC = 5$이다.

부록 : 몇 가지 정리에 대한 증명

정리 01.

[증명] ∠A의 이등분선과 밑변 BC와의 교점을 D라 하자.
△ABD와 △ACD에서 AB = AC, ∠1 = ∠2,
AD는 공통이므로 △ABD ≡ △ACD (SAS합동)이다.
즉, ∠B = ∠C(합동 삼각형의 서로 대응하는 각은 동일하
다.)이다.
[평론과 주석] 위의 증명 과정을 통해 다음과 같은 결론
을 얻을 수 있다.
BD = CD, ∠ADB = ∠ADC = 90°.
즉, AD는 밑변의 중선이면서 밑변의 높이이다.
이것이 바로 소위 말하는 "삼선합일"(즉, 성질 ②)을 증명
한 것이다.

정리 02.

[증명] ∠BAC의 이등분선과 밑변 BC와의 교점을 D라
하자. △ABD와 △ACD에서 ∠1 = ∠2,
∠B = ∠C, AD는 공통이므로
△ABD ≡ △ACD (SAS합동)이다.
즉, AB = AC(서로 대응하는 변은 동일하다.)

정리 03.

[증명] OC는 ∠AOB의 이등분선이므로
∠AOC = ∠BOC이다.
점 P에서 OA, OB에 내린 수선의 발을 각각 D, E
라 하자.
△PDO와 △PEO에서 ∠AOC = ∠BOC,
∠PDO = ∠PEO, OP는 공통이므로
△PDO ≡ △PEO (ASA합동)이다.
즉, PD = PE(서로 대응하는 변은 동일하다.)이다.

정리 04.

[증명] PD ⊥ OA, PE ⊥ OB이면
∠PDO = ∠PEO = 90°이다.
또 PD = PE, OP는 공통이므로
△PDO ≡ △PEO (RHS합동)이다.
∠AOP = ∠BOP(서로 대응하는 각은 동일하다.)이
므로 OP는 ∠AOB의 이등분선이다.

정리 05.

[증명] MN ⊥ AB이면 ∠PCA = ∠PCB = 90°이다.
또 AC = BC, PC는 공통이므로
△PAC ≡ △PBC (SAS합동)이다.
따라서 PA = PB(서로 대응하는 변은 동일하다.)이다.

정리 06.

[증명] PC ⊥ BC이므로
∠PCA = ∠PCB = 90°이다.
또 PA = PB이고, PC는 공통이므로
△PAC ≡ △PBC (RHS합동)이다.
따라서 AC = BC(서로 대응하는 변은 동일하다.)이다.
[평론과 주석] 이등변삼각형 PAB에서 중선 PC를 생각하면
PA = PB, AC = BC, PC는 공통이므로
△PAC ≡ △PBC (SSS합동)이다.
∠PCA = ∠PCB(서로 대응하는 각은 동일하다.)이
므로
∠PCA = ∠PCB = 180° ÷ 2 = 90°이고
PC ⊥ AB이다.
즉, 점 P는 AB의 수직이등분선 상에 있다.

연습문제 실력다지기

01. 답 (1) 6, 8, 10   (2) ③   (3) ①

[풀이] (1) 세 나무 막대기의 길이를 각각 a, b, c(단, $a < b < c$)라고 할 때, 직각삼각형이 되려면 $a^2 + b^2 = c^2$을 만족해야 한다.

이에 맞는 것을 찾으면, 6, 8, 10이다.

(2) $CD = 1$이라 가정해도 무방하다.

그러면, $CB = CA = \sqrt{3}$이고, $AD = \sqrt{3} - 1$이다.

따라서 $\dfrac{AD}{CD} = \sqrt{3} - 1$이다. 답은 ③이다.

(3) 점 E는 직각삼각형 ABC와 직각삼각형 ADC의 빗변의 중점이므로 $EA = EB = EC = ED$이다.

그러므로 삼각형 DBE는 이등변삼각형이고, 점 F는 BD의 중점이므로 $EF \perp BD$이다. 답은 ①이다.

02. 답 (1) 4.8

(2) $AD = 2$, $\dfrac{BC}{AC} = \dfrac{1}{2 + \sqrt{3}} = 2 - \sqrt{3}$

(3) $7^2 = 49$

[풀이] (1) 피타고라스 정리에 의하여 빗변의 길이는 10이고, 삼각형의 넓이 공식에 의하여

"$\dfrac{1}{2} \times 6 \times 8 = \dfrac{1}{2} \times 10 \times 높이$"이므로 높이는 4.8이다.

(2) $\angle BCD = 60°$이므로 $CD = \sqrt{3}$, $BD = 2 = DA$이다.

따라서 $\dfrac{BC}{AC} = \dfrac{1}{2 + \sqrt{3}} = 2 - \sqrt{3}$이다.

(3) 피타고라스 정리에 의하여 $A + B + C + D = 7^2 = 49$이다.

03. 답 $192\sqrt{3}$

[풀이] 정삼각형 ABC에서 높이는 $PQ + PR + PR$와 같다. 즉, 높이는 24이다.

정삼각형 한 변의 길이와 높이의 비는 $2 : \sqrt{3}$이므로

정삼각형 한 변의 길이는 $\dfrac{48}{\sqrt{3}} = 16\sqrt{3}$이다.

따라서 정삼각형의 넓이는 $\dfrac{1}{2} \times 16\sqrt{3} \times 24 = 192\sqrt{3}$이다.

04. 답 12

[풀이] $BD = x$라 하면, $DC = 14 - x$이다.

피타고라스 정리에 의하여 $AD^2 = AB^2 - BD^2$, $AD^2 = AC^2 - DC^2$이다.

즉, $13^2 - x^2 = 15^2 - (14 - x)^2$이다.

이를 풀면 $x = 5$이다.

따라서 $AD^2 = 13^2 - 5^2 = 12^2$이다.

즉, $AD = 12$이다.

05. 답 (1) $(90 - 30\sqrt{3})$m   (2) $30°$

[풀이] (1) 점 A에서 변 BC에 내린 수선의 발을 D라 하자.

$CD = x$라 하면, $AC = 2x$, $AD = BC = \sqrt{3}x$이다.

그러므로 $\sqrt{3}x + x = 60$이다.

이를 풀면 $x = \dfrac{60}{1 + \sqrt{3}} = 30(\sqrt{3} - 1)$이다.

따라서 $AD = 30(\sqrt{3} - 1) \times \sqrt{3} = 90 - 30\sqrt{3}$이다.

(2) $MA = MC = MB = MD$이고, $CD \perp AB$이므로 $\angle ACD = 2\angle A$이다. 즉, $3\angle A = 90°$이다.

따라서 $\angle A = 30°$이다.

실력 향상시키기

06. 답 $2\sqrt{3} + 2$(m)

[풀이] 카페트의 길이는 적어도 $AC + BC = 2 + 2\sqrt{3}$(m)이다.

07. 답 $\dfrac{\sqrt{3}}{2}$

[풀이] 삼각형의 한 변 위의 중선이 이 변의 절반이면 이 변이 마주 대하고 있는 각은 $90°$이다. 따라서 문제의 삼각형은 직각삼각형이다. 이를 이용하여 풀면 다른 두 변의 길이는 1, $\sqrt{3}$이다. 따라서 삼각형의 넓이는 $\dfrac{\sqrt{3}}{2}$이다.

[별해] 파프스의 중선정리과 이차방정식을 이용하여 구할 수도 있다.

두 변의 길이를 a, b라 하면, 파프스의 중선정리에 의하여 $a^2 + b^2 = 2(1^2 + 1^2) = 4$이고, $(a + b)^2 = 4 + 2\sqrt{3}$이므로 $ab = \sqrt{3}$이다.

a, b를 두 근이라고 하면 근과 계수와의 관계의 의하여 $x^2 - (1 + \sqrt{3})x + \sqrt{3} = 0$, $(x - 1)(x - \sqrt{3}) = 0$

이다. 즉, $a = 1$, $b = \sqrt{3}$ 또는 $a = \sqrt{3}$, $b = 1$이다.
이를 대입하여 삼각형을 구하면 세 변의 길이가 1, $\sqrt{3}$, 2
인 직각삼각형이 된다. 넓이는 $\dfrac{\sqrt{3}}{2}$이다.

08. 閨 $AO = 5$

[풀이] AF와 연결하면, $AE = CE$, EF는 공통,
$\angle AEF = \angle CEF = 90°$이므로
$\triangle FAE \equiv \triangle FCE$ (SAS합동)이다. 즉, $AF = FC$,
$\angle BFA = 60°$, $\angle BAF = 90°$이다.
그러므로 $AF = FC = 1$이라 하면, $BF = 2$이다.
따라서 $BF = 2FC$이다.

[풀이] 점 A에서 변 BC에 내린 수선의 발을 D라 하자.
$EF = 1$이라고 한다면,
$FC = 2EF = 2$, $EC = \sqrt{3}$,
$AC = 2EC = 2\sqrt{3}$, $AD = \dfrac{1}{2}AC = \sqrt{3}$,
$DC = \sqrt{AC^2 - AD^2} = 3$,
$BC = 6$이므로 $BF = BC - FC = 6 - 2 = 4$이다.
따라서 $BF = 2FC$이다.

09. 閨 $AD = 5\sqrt{3} + 10$, $CD = 10\sqrt{3} + 5$

[풀이] 점 B에서 변 AD, CD에 내린 수선의 발을 각각
E, F라 하면, $BE = FD = 5$, $BF = ED = 10$,
$AE = 5\sqrt{3}$, $CF = 10\sqrt{3}$이다.
따라서 $AD = 10 + 5\sqrt{5}$, $CD = 5 + 10\sqrt{3}$이다.

응용하기

10. 閨 $30°$ 또는 $120°$ 또는 $150°$

[풀이] 이등변삼각형이 예각삼각형일 때, 꼭지각은 $30°$이다.
이등변삼각형이 둔각삼각형이고 옆변 위의 높이가 밑변의
절반일 때 꼭지각은 $120°$이다.
이등변삼각형이 둔각삼각형이고 옆변 위의 높이가 다른 옆
변의 절반일 때 꼭지각은 $150°$이다.

11. 閨 (1) 풀이참조
(2) $\triangle ABC$가 둔각삼각형일 때 (1)의 결론은 여전
히 성립된다.

[풀이] (1) PD, PE, QE, QD를 연결한다.
직각삼각형 AEC와 직각삼각형 ADC에서
$QE = QD = AQ = CQ$이다.
그러므로 점 Q는 DE의 수직이등분선 위에 있다.
직각삼각형 BFE와 직각삼각형 BDF에서
$PE = PD = BP = PF$이다.
그러므로 점 P는 DE의 수직이등분선 위에 있다.
따라서 PQ는 선분 DE의 수직이등분선이다.
(2) (1)과 같은 방법으로 증명하면 된다.

부록 : 몇 가지 정리에 대한 증명

정리 01.
[증명] BC를 점 D까지 연장하여 $CD = BC$가 되도록
하고 AD를 연결한다. (즉, 직각삼각형ABC를 AC를
기준으로 접어 직각삼각형ADC를 만든다.) AC는 BD
의 수직이등분선이므로 $AB = AD$이다. 또
$\angle BAC = 30°$이고, $\angle ACB = 90°$이면 $\angle B = 60°$
이므로 $\triangle ABD$는 정삼각형이다.
즉, $AB = BD = 2BC$이고 $BC = \dfrac{1}{2}AB$이다.

정리 02.
[증명] BC를 점 D까지 연장하여 $CD = BC$가 되도록
하고 AD를 연결하면 AC는 BD의 수직이등분선이 되
므로 $AB = AD$가 된다.
또 $BC = \dfrac{1}{2}AB$, 즉, $AB = 2BC$이므로
$AB = BD = AD$, 즉, $\triangle ABD$는 정삼각형이다.
그러므로 $\angle B = 60°$이고
$\angle BAC = 90° - 60° = 30°$이다.

정리 03.
[증명] CD를 점 E까지 연장하여 $DE = CD$가 되게 하
고 EB를 연결한다.
$\triangle ADC$와 $\triangle BDE$에서 $AD = BD$,
$\angle ADC = \angle BDE$, $CD = DE$이므로
$\triangle ADC \equiv \triangle BDE$ (SAS합동)이다.

AC = BE이고, ∠A = ∠DBE이므로
AC∥EB이다.
또 ∠ACB = 90°이면 ∠EBC = 90°이다.
△ACB와 △EBC에서 AC = BE,
∠ACB = ∠EBC = 90°, BC는 공통이므로
△ACB ≡ △EBC(SAS합동)이다.

AB = EC = 2CD이므로 CD = $\frac{1}{2}$AB이다.

정리 04.
[증명] 이미 알고 있는 조건들로 DA = DC = DB이면
∠A = ∠2, ∠1 = ∠B(등변이면 등각)임을 알 수 있다.
또 ∠A + (∠1 + ∠2) + ∠B = 180°(삼각형 내각의 합 정리)이면 2(∠1 + ∠2) = 180°이다.
즉, ∠1 + ∠2 = 90°, 즉, ∠ACB = 90°이다.

20강 평행사변형과 그 특수 도형

연습문제 실력다지기

01. 답 ④
[풀이] 두 대각선의 교점을 지나는 직선을 기준으로 접으면 넓이가 이등분된다. 그러므로 무수히 많다. 답은 ④이다.

02. 답 (1) 36° (2) 30°
[풀이] (1) BE가 ∠ABC의 내각이등분선이므로 ∠AEF = ∠EBC이다. 그러므로 삼각형 ABE는 이등변 삼각형이다.
(2) 삼각형 ADE와 삼각형 BCE가 이등변삼각형이므로 ∠DEA = ∠CEB = 15°이다.
따라서 ∠AEB = 30°이다.

03. 답 (1) BE = DF 또는 AE ⊥ BD, CF ⊥ BD 또는 AE는 ∠BAD를 이등분하고 CF는 ∠BCD를 이등분함.
(2) ②
[풀이] (1) ① BE = DF이면 사각형 AECF가 평행사변형이다.
② AE ⊥ BD, CF ⊥ BD이면 사각형 AECF가 평행사변형이다.
③ AE는 ∠BAD를 이등분하고 CF는 ∠BCD를 이등분하면 사각형 AECF가 평행사변형이다.
(2) 직사각형 1가지, 평행사변형 2가지, 사각형 1가지를 만들 수 있어서 모두 4가지 사각형을 만들 수 있다.
따라서 답은 ②이다.

04. 답 (1) 풀이참조 (2) 12
[풀이] (1) △ADF와 △ADE에서 AB = AD,
∠FAB = 90° − ∠BEA = ∠EAD,
∠ABF = ∠ADE = 90°이므로
△ABF ≡ ADE(ASA합동)이다.
따라서 BF = DE이다.
(2) (1)에서와 같은 방법으로 △CDE ≡ △CBF이다. 그러므로 DE = BF이다.

사각형 ABCD의 넓이가 256이므로 DA = 16이고,
△CEF의 넓이가 200이므로 CE = 20이다.
피타고라스 정리로부터 $DE^2 = CE^2 - DC^2 = 144$이다.
그러므로 DE = 12이다. 즉, BF = 12이다.

05. 답 (1) 480송이 (2) $60°$
[풀이] (1) 피타고라스 정리에 의하여 AC = 8m이다.
그러므로 마름모 ABCD의 넓이는 24㎡이다.
따라서 심을 꽃의 총 수는 24 × 20 = 480송이이다.
(2) BF를 연결하면 △CDF ≡ △CBF(SAS합동)이다.
EF가 AB의 수직이등분선이므로 AF = FB이다. 즉,
∠FAE = ∠FBE = $40°$이다.
따라서 ∠CDF = ∠CBF = $60°$이다.

실력 향상시키기

06. 답 $2\sqrt{2}$
[풀이] 점 B에서 DC의 연장선 위에 내린 수선의 발을 F
라 하면 △ABE ≡ △CBF(RHA합동)이다.
즉, BE = BF이다. 따라서 정사각형 BEDF의 넓이는 8
이다. 그러므로 BE = $2\sqrt{2}$이다.

07. 답 $\dfrac{15}{2}$

풀이] BF, DE를 연결하면,
△DOE ≡ △BOE(ASA합동)이다.
그러므로 사각형 BEDF가 평행사변형이고, 마름모꼴
(EB = ED이므로)이다.
따라서 EF와 BD는 서로 수직이등분한다.
ED = x라 하면, BE = x, AE = $8 - x$이다.
피타고라스 정리에 의하여 $x^2 = 6^2 + (8-x)^2$이다.
이를 풀면 $x = \dfrac{25}{4}$이다. BD = 10이므로
$\dfrac{1}{2}EF = \sqrt{\left(\dfrac{25}{4}\right)^2 - 5^2} = \dfrac{15}{4}$이다.
그러므로 EF = $\dfrac{15}{2}$이다.

응용하기

08. 답 5
[풀이] 점 O에서 CA의 연장선과 CB에 내린 수선의 발
을 각각 G, H라 하면,
△OGA ≡ △OHB(ASA합동)이다.
즉, OG = OH이다.
따라서 사각형 OGCH는 대각선의 길이가 $4\sqrt{2}$인 정
사각형이다. 즉, CH = CG = 4이다.
그러므로 AG = HB = 1이다.
따라서 CB = 5이다.

09. 답 2
[풀이] ∠BAP의 내각이등분선과 변 BC, 변 DC의 연장
선과의 교점을 각각 E, F라 하자.
그러면 △ABE와 △ADQ에서 AB = AD,
∠BAE = ∠DAQ = α, ∠B = ∠D = $90°$이므로
△ABE ≡ △ADQ(ASA합동)이다.
그러므로 BE = DQ = $\dfrac{1}{2}$BC이다. 즉, E는 변 BC의
중점이다.
또, △ABE와 △FCE에서 ∠BAE = ∠EFC = α,
BE = EC, ∠AEB = ∠FEC이므로
△ABE ≡ △FCE(ASA합동)이다.
그러므로 CF = AB = 8이다.
PC = x라고 하면 직각삼각형 ADP에서
$8^2 + (8-x)^2 = (8+x)^2$이다.
이를 풀면 $x = 2$이다.

10. 답 풀이참조
[풀이] ∠PBD = ∠PBC = 45°이므로
∠CBD = 90°이다.
△PCB와 △PDB에서 PB는 공통이고, PC = PD
(조건)이다.
∠DPB = ∠APG
　　　 = ∠APE + ∠EPG
　　　 = $45°$ + ∠PFG
　　　 = $45°$ + ∠FPC
　　　 = $45°$ + ∠EPG

$$= \angle BPF + \angle FPC$$
$$= \angle CPB$$

이다. 따라서 △PCB ≡ △PDB(SAS합동)이다.
즉, BC = BD이다.

11. 답 풀이참조

[풀이] (1) CB의 연장선 위에 BE = DQ가 되도록 점 E를 잡고 AE를 연결한다.

△ABE와 △ADQ에서 AB = AD,
BE = DQ, ∠ABE = ∠ADQ이므로
△ABE ≡ △ADQ이다. 즉, AE = AQ이다.

또, △AEP와 △AQP에서 AE = AQ,
∠EAP = ∠QAP = 45°, AP는 공통이므로
△AEP ≡ △AQP(SAS합동)이다.
즉, EP = PQ이다.

EB = DQ이므로 PB + DQ = PQ이다.

(2) CB의 연장선 위에 BE = DQ가 되도록 점 E를 잡고 AE를 연결한다.

△ABE와 △ADQ에서 AB = AD,
BE = DQ, ∠ABE = ∠ADQ이므로
△ABE ≡ △ADQ이다.

즉, AE = AQ, ∠EAQ = 90°이다.

△PCQ의 둘레가 정사각형 둘레의 절반이므로
BP + DQ = PQ이다. 즉, EP = PQ이다.

또, △AEP와 △AQP에서 AE = AQ,
EP = PQ, AP는 공통이므로
△APE ≡ △APQ(SSS합동)이다.

그러므로 ∠EAP = ∠PAQ이다.

따라서 $\angle PAQ = \dfrac{1}{2}\angle EAQ = 45°$이다.

부록 : 평행사변형, 마름모, 직사각형, 정사각형의 몇 가지 성질, 결정 조건에 대한 증명

[정리] 01.

[증명] AC를 연결한다. AB∥DC이고 AD∥BC이므로 ∠1 = ∠3, ∠2 = ∠4(엇각 동일)이다.

또 AC = CA(공통변)이므로 △ABC ≡ △CDA (ASA)이다.

따라서 AB = DC, AD = BC(대응변 동일),
∠B = ∠D(대응각 동일)이고,
∠1 + ∠4 = ∠2 + ∠3, 즉, ∠A = ∠C이다.

[정리] 02.

[증명] AB∥CD이므로 ∠1 = ∠4, ∠2 = ∠3(엇각 동일)이다. 또 이미 알고 있는 조건들과 정리1로 AB = CD이다. 그러므로 △OAB ≡ △OCD(ASA)이다.

따라서 OA = OC, OB = OD(대응변 동일)이다.

[정리] 03.

[증명] AC를 연결한다. △ABC와 △CDA에서 AB = CD(이미 알고 있음), AD = BC(이미 알고 있음), AC = CA(공통변)이므로
△ABC ≡ △CDA(SSS)이다.

그러므로 ∠1 = ∠2, ∠3 = ∠4(대응각 동일)이다.

따라서 AB∥CD, BC∥AD(엇각은 동일하고 평행함), 즉, 사각형 ABCD는 평행사변형(정의)이다.

[정리] 04.

[증명] AC를 연결한다. AB∥DC이므로 ∠1 = ∠2(엇각 동일)이다. AB = DC(이미 알고 있음)이고 AC = CA(공통변)이므로 △ABC ≡ △CDA(SAS)이다. 그러므로 BC = AD이다.

따라서 정리 3에 의해 사각형 ABCD가 평행사변형임을 알 수 있다.

[정리] 05.

[증명] 사각형의 네 내각의 합은
$(4 - 2) \times 180° = 360°$이고 (이미 알고 있음)
∠A = ∠C, ∠B = ∠D이면
$\angle A + \angle B = \dfrac{1}{2} \times 360° = 180°$,
∠A + ∠D = 180°이므로
AD∥BC, AB∥CD(동측내각은 서로의 보각임)이다.
따라서 사각형 ABCD는 평행사변형이다.

[정리] 06.

[증명] AO = CO, BO = DO임은 이미 알고 있고,
또 ∠1 = ∠2(맞꼭지각)이므로 △AOB ≡ △COD (SAS)이며 AB = CD이다. 같은 원리로 AD = BC이다.

따라서 정리 3에 의해 사각형 ABCD가 평행사변형임을 알 수 있다.

정리 07.

[증명] 사각형 ABCD가 마름모이므로 DA = DC(마름모의 네 변은 동일)이고, AO = CO(대각선은 서로를 이등분함)이다.

그러므로 이등변삼각형 DAC에서 BD ⊥ AC이고 BD는 ∠ADC를 이등분한다.

같은 원리로 BD가 ∠ABC를 이등분하고 AC가 ∠BDA와 ∠BCD를 이등분함을 증명할 수 있다.

정리 08.

[증명] 사각형 ABCD는 평행사변형이므로 BO = DO(두 대각선은 서로 이등분함)이다.

또 AC ⊥ BD이고, 수선의 발은 점 O임은 이미 알고 있으므로 AB = AD(수직이등분선상의 한 점에서 양 끝 점까지의 거리는 동일함)이다.

따라서 사각형 ABCD는 마름모(정의)이다.

정리 09.

[증명] 사각형 ABCD는 직사각형이므로

∠ABC = ∠DCB = 90°이고 AB = DC이며 BC = CB(공통변)이다.

그러므로 △ABC ≡ △DCB(SAS)이고 AC = BD(대응각은 동일)이다.

정리 10.

[증명] 사각형 ABCD는 평행사변형이므로 AB = DC(대변 동일)이다.

또 AC = DB(이미 알고 있음), BC = CB(공통변)이므로 △ABC ≡ △DCB(SSS)이고,

∠ABC = ∠DCB(대응각 동일)이다.

또 AB ∥ DC(이미 알고 있음)이므로

∠ABC + ∠DCB = 180°(동측내각은 서로의 보각임)이고 ∠ABC = 180° ÷ 2 = 90°이다.

따라서 평행사변형 ABCD는 직사각형(정의)이다.

21강 사다리꼴과 중점 연결 정리

연습문제 실력다지기

01. 답 (1) ③ (2) 6 cm (3) 5 cm (4) 8

[풀이] (1) ① 대응하는 두 변과 그 사잇각이 같아야 두 삼각형이 합동이므로 거짓이다.

② 이등변삼각형은 점대칭 도형이 아니므로 거짓이다.

④ 두 변이 평행한 사각형은 평행사변형이다.

따라서 답은 ③이다.

(2) 중선의 길이는 $\dfrac{22-10}{2} = 6\,\text{cm}$ 이다.

(3) 사다리꼴의 윗변과 아랫변의 길이의 합이 10 cm 이므로 중선의 길이는 5 cm 이다.

(4) 삼각형 중점연결정리에 의하여 F는 AC의 중점이고, BC = 2 × EF = 8이다. 사각형 ABCD가 마름모이므로 CD = BC = 8이다.

02. 답 (1) 풀이참조

  (2) ∠AEF = 50°, EF = 6

  (3) 20

  (4) 12 cm

[풀이] (1) AB = CD, ∠B = ∠C, ∠A = ∠D (또는 AC = BD)

(2) EF는 AD, BC와 평행하므로 ∠AEF = 50° 이고,

$EF = \dfrac{AD + BC}{2} = 6$ 이다.

(3) 삼각형 중점연결정리에 의하여

$A_1B_1 = D_1C_1 = \dfrac{1}{2}AC = 4$ 이고,

$A_1D_1 = B_1C_1 = \dfrac{1}{2}BD = 5$ 이다.

또, 사각형 $A_1B_1C_1D_1$은 직사각형이다.

그러므로 사각형 $A_1B_1C_1D_1$의 넓이는 4 × 5 = 20이다.

(4) 삼각형 중점연결정리에 의하여

$ED = \dfrac{1}{2}AC = 4\,\text{cm}$, $DF = \dfrac{1}{2}AB = 3\,\text{cm}$,

$EF = \dfrac{1}{2}BC = 5\,\text{cm}$ 이므로

삼각형 DEF의 둘레의 길이는 12 cm 이다.

03. 탑 (1) (a) 풀이참조

(b) 사각형 ABFC는 평행사변형이다.

(2) 4

(3) 풀이참조

[풀이] (1) (a) △AEB와 △FEC에서

$CE = BE$, $\angle FCE = ABE$,

$\angle CEF = \angle BEA$이므로

△AEB ≡ △FEC(ASA합동)이다.

따라서 $AB = CF$이다.

(b) $AB = CF$, $AB /\!/ CF$이므로

사각형 ABFC는 평행사변형이다.

(2) 삼각형 BDA에서 삼각형 중점연결정리에 의하여

$EO = \dfrac{1}{2}AD = 1$이다.

$EO : OF = 1 : 2$이므로 $OF = 2$이다.

또, 삼각형 DBC에서 삼각형 중점연결정리에 의하여

$BC = 2OF = 4$이다.

(3) 등변사다리꼴 ABCD에서 $\angle BAD = CDA$이다.

$PA = PD$이므로 △APD는 이등변삼각형이다.

그러므로 $\angle DAP = ADP$이다. 따라서

$\angle BAP = \angle BAD - \angle PAD$

$\qquad = \angle CDA - \angle PDA$

$\qquad = \angle CDP$

이다. 또, $AB = DC$이므로

△ABP ≡ △DCP(ASA합동)이다.

즉, $PB = PC$이다.

04. 탑 ①, ②, ③, ④

[풀이] ① 삼각형 PBC가 이등변삼각형이고,

$\angle BPC = 150°$이므로 $\angle PBC = 15°$이다. (참)

② 삼각형 PAD가 직각이등변삼각형이고,

$\angle BAD = \angle CDA = 105°$이고,

$\angle ABC = \angle DCB = 75°$이므로

사각형 ABCD는 등변사다리꼴이다.

그러므로 $AD /\!/ BC$이다. (참)

③ $\angle ABC = 75°$, $\angle BCP = 15°$이므로

CP의 연장선과 AB와의 교점을 F라 하면,

$AB \perp CF$이다. 즉, 직선 PC와 AB는 직교한다. (참)

④ ②에서 사각형 ABCD는 등변사다리꼴이므로

변 AD(또는 변 BC)의 수직이등분선을 기준으로 대칭이다.

(참)

05. 탑 (1) $\dfrac{1}{2}$ (2) 4.5 cm

[풀이] (1) BF의 연장선과 점 A를 지나 BC에 평행한 직선과의 교점을 G라 하자. 그러면, 삼각형 EBD와 삼각형 EGA에서 $ED = AE$, $\angle BED = \angle GEA$,

$\angle GAE = \angle BDE$이므로 △EBD ≡ △EGA(ASA 합동)이다. 즉, $BD = AG$이다.

삼각형 FGA과 삼각형 FBC이 닮음비가 1 : 2인 닮음이므로 $AF : FC = 1 : 2$이다.

(2) 점 D를 지나 AB에 평행한 직선과 변 BC와의 교점을 E라 하자. 그러면, $\angle CDE = \angle DEC$이다.

즉, 삼각형 CDE가 이등변삼각형이다.

그러므로 $EC = 5.5$cm이다. 즉, $BE = 4.5$cm이다.

또, 사각형 ABED는 평행사변형이므로

$AD = BE = 4.5$cm이다.

실력 향상시키기

06. 탑 (1) 4개 (2) $AB > MN$

[풀이] (1) △AED, △EBC, △ABD, △ACD로 모두 4개이다.

(2) BD를 연결하고 BD의 중점을 P라 하고, PM, PN을 연결한다. 삼각형 중점연결정리에 의하여

$PM = \dfrac{1}{2}AB$, $PN = \dfrac{1}{2}CD$이다.

또, $AB = CD$이므로 $PM = PN$이다.

삼각형 PMN에서 $MN < PM + PN = AB$이다.

즉, $AB > MN$이다.

07. 탑 (1) $3\sqrt{3}$ (2) 12

[풀이] (1) AD, BC의 연장선과의 교점을 P라 하자.

그러면 삼각형 PAB는 정삼각형이다.

또, $\angle CAB = 30°$, $\angle ABC = 60°$이므로

$\angle ACB = 90°$이다.

피타고라스 정리에 의하여 $BC = 2$, $AB = 4$이다.

따라서 △PAB $= 4\sqrt{3}$이다.

그러므로 사다리꼴 ABCD의 넓이는 $3\sqrt{3}$이다.

(2) 점 A에서 변 BC에 내린 수선의 발을 E, 점 C에서 변 AB에 내린 수선의 발을 F라 하자.

그러면, $CF = 12$, $FB = 5$이다.

그러므로 피타고라스 정리에 의하여 $BC = 13$이다.

삼각형 ABE와 삼각형 CBF에서

$AB = CB = 13$, $\angle ABE = \angle CBF$,

$\angle AEB = \angle CFB = 90°$이므로

$\triangle ABE \equiv \triangle CBF$(RHA합동)이다.

따라서 $AE = CF = 12$이다.

08. 📋 41

[풀이] BN의 연장선과 AC와의 교점을 E라 하자.

그러면, 삼각형 ABN과 삼각형 AEN이 합동(ASA합동)이다. 그러므로 $AB = AE$, N은 BE의 중점이다.

삼각형 중점연결정리에 의하여 $EC = 2NM = 6$이다.

따라서 삼각형 ABC의 둘레의 길이는 41이다.

09. 📋 (1) 10.5   (2) $\dfrac{10}{3}\sqrt{2}$

[풀이] (1) 중선의 길이를 길게 하려면 사다리꼴 두 밑변의 합이 커야 한다.

윗변 $d = 7$, 아랫변 $a = 14$일 때(b, c는 두 옆변) 만들어진 사다리꼴의 중선이 10.5로 가장 길다.

다른 상황에서는 사다리꼴을 만들지 못하거나 사다리꼴을 만든다 하더라도 중선이 10.5보다 짧다.

(2) 두 밑변이 1과 4이고, 두 옆 변이 2와 3일 때 사다리꼴이 만들어진다. 이 사다리꼴을 $AB = 2$, $BC = 4$, $CD = 3$, $DA = 1$이라 하자. 또, 점 A, D에서 변 BC에 내린 수선의 발을 각각 E, F라 하자.

$CE = x$라 하면 $FD = 3 - x$이다.

피타고라스의 정리에 의하여 $2^2 - x^2 = 3^2 - (3-x)^2$이다.

이를 풀면 $x = \dfrac{2}{3}$이다.

그러므로 높이는 $\sqrt{4 - \dfrac{4}{9}} = \dfrac{4\sqrt{2}}{3}$이다.

따라서 사다리꼴 ABCD의 넓이는 $\dfrac{10}{3}\sqrt{2}$이다.

응용하기

10. 📋 ①, ②, ③, ④

[풀이] ① 변 BC의 중점을 F라 하면,

$EF = \dfrac{AB + DC}{2} = \dfrac{BC}{2} = BF = FC$이다.

그러므로 $\angle FBE = \angle FEB$, $\angle FEC = \angle FCE$이다.

즉, $\angle BEC = 90°$이다. (참)

② 변 BC의 중점을 F라 하면,

$BF = EF = FC$이다.

또, 삼각형 중점연결정리에 의하여

$2EF = AB + DC = BC$이다. (참)

③ BE의 연장선과 CD의 연장선과의 교점을 G라 하자.

그러면, $\angle BGC = \angle GBC$이다. 즉, $GC = BC$이다.

또, 삼각형 EAB와 삼각형 EDG가 합동(ASA합동)이므로 $AB = GD$이다. 즉, $GC = AB + DC$이다.

따라서 $AB + CD = BC$이다.

①에 의하여 $\angle BEC = 90°$이다. (참)

④ BE의 연장선과 CD의 연장선과의 교점을 G라 하자.

그러면, 삼각형 EAB와 삼각형 EDG가 합동(ASA합동)이므로 $AB = GD$, $EB = EG$이다.

즉, $GC = AB + DC = BC$이다.

그러므로 삼각형 GCB가 이등변삼각형이다.

또, 점 E가 BG의 중점이므로 CE는 BG의 수직이등분선이며, $\angle DCB$를 이등분한다.

11. 📋 풀이참조

[풀이] 점 A, D에서 변 BC에 내린 수선의 발을 각각 K, R이라 하자. 또 점 E, F에서 AD의 연장선에 내린 수선의 발을 각각 X, Y라 하자. 그러면

$\triangle AXE \equiv \triangle AKB$(RHA합동),

$\triangle DYF \equiv \triangle DRC$(RHA합동)이다.

그러므로 $AX = AK$, $DY = DR$이다.

$AD /\!/ BC$이므로 $AK = DR$이다.

따라서

$EP = XN = XA + AN = YD + DN = YN = FQ$

이다.

부록 : 사다리꼴과 몇 가지 정리에 대한 증명

정리 01.

[증명] 점 D를 지나고 AB에 평행한 직선과 변 BC와의 교점을 E라 한다. AD∥BE이고, DE∥AB이면 사각형 ABCD는 평행사변형이고 ∠B = ∠1이다.

그러므로 DE = AB = DC이고 ∠1 = ∠C(등변이면 등각)이다. 따라서 ∠B = ∠C이다.

같은 원리로 ∠A = ∠ADC이다.

정리 02.

[증명] 사다리꼴 ABCD에서 AB = DC이므로
∠ABC = ∠DCB(위의 정리 1)이다.

또 BC는 공통이므로 △ABC ≡ △DCB(SAS합동)이다.

따라서 AC = DB(대응변 동일)이다.

정리 03.

[증명] 점 D를 지나고 AB에 평행한 직선과 변 BC와의 교점을 E라 한다. AD∥BE, AE∥DC이므로 AECD는 평행사변형이다.

그러므로 AE = DC, ∠1 = ∠C이다.

또 ∠C = ∠B이므로 ∠1 = ∠B이다.

따라서 AB = AE = DC이다.

정리 04.

[증명] 점점 D를 지나고 AB에 평행한 직선과 변 BC의 연장선과의 교점을 E라 한다.

AD∥BC이므로 사각형 ACED는 평행사변형이다.

그러므로 DE = AC = BD이다.

따라서 ∠1 = ∠E(등변이면 등각)이다.

또 ∠2 = ∠E(동위각 동일)이므로 ∠1 = ∠2이다.

△ABD와 △DCB에서 ∠1 = ∠2, DB = AC, BC는 공통이므로 △ABC ≡ △DCB(SAS합동)이다.

따라서 AB = DC, 즉, 사다리꼴 ABCD는 등변사다리꼴이다.

정리 05.

[증명] 점 B_1을 지나는 EF는 EF∥AC이고, 각각 L_1, L_3와 점 E, F에서 만난다.

L_1∥L_2∥L_3으로 사각형 ABB_1E와 $BCFB_1$이 모두 평행사변형이다.

따라서 AB = EB_1이고 BC = B_1F이다.

또 AB = BC이므로 EB_1 = B_1F이다.

또 L_1∥L_3이면 ∠1 = ∠2, ∠3 = ∠4이므로
$△A_1B_1E$ ≡ $△C_1B_1F$(ASA합동)이다.

따라서 A_1B_1 = B_1C_1(대응변 동일)이다.

정리 06.

[증명] DE를 점 F까지 연장하여 EF = DE가 되게 하고 FC를 연결한다.

△ADE와 △CFE에서 EA = EC,
∠AED = ∠CEF이며, DE = EF이므로
△ADE ≡ △CFE(SAS합동)이다.

따라서 AD = CF이고, ∠ADE = ∠F이다.

즉, CF∥DA이므로
CF∥BD이다. 또 AD = BD에서 CF = BD이므로 사각형 BDFC는 평행사변형이다.

따라서 DF∥BC이고 DF = BC이다.

또 DF = DE + EF = 2DE이므로 DE = $\frac{1}{2}$BC이다.

따라서 DE∥BC이고 DE = $\frac{1}{2}$BC이다.

정리 07.

[증명] AN을 연결하고 연장하여 BC의 연장선과 점 E에서 만나게 한다. AD∥BC이므로 ∠D = ∠3이다.

또 ∠1 = ∠2이고, DN = CN이므로
△ADN ≡ △ECN(ASA합동)이다.

따라서 AN = EN이고 AD = EC(대응각 동일)이다.

또 점 M이 AB의 중점이면 MN은 △ABE의 중선이므로 삼각형의 중점 연결 정리로부터 MN∥BE이고

MN = $\frac{1}{2}$BE임이다.

BE = BC + CE = BC + AD, BE∥AD이므로

MN∥BC∥AD이고 MN = $\frac{1}{2}$(BC + AD)이다.

연습문제 실력다지기

01. 답 (1) $1 : 1$ (2) $\dfrac{1}{4}$ (3) 3

[풀이] (1) 처음 그림에서 $AB = 3k$, $BC = 2k$라 하면,

두 번째 그림에서 $AD = 2k$, $DB = k$이다.

따라서 세 번째 그림에서 $DB = BA = k$이다.

즉, $DB : BA = 1 : 1$이다.

(2) 삼각형 ADE와 삼각형 ABC는 닮음비가 $1 : 4$인 닮음

이므로 $\dfrac{DE}{BC} = \dfrac{1}{4}$이다.

(3) $BC = 1$이므로 $NC = \sqrt{3}$ 이다.

$MC = 3\sqrt{3}$ 이므로 $AC = 3$이다.

02. 답 (1) ①, ②, ③

(2) $\angle B = \angle D$ 또는 $\angle C = \angle AED$

또는 $\dfrac{AB}{AD} = \dfrac{AC}{AE}$

[풀이] (1) ① 합동인 두 삼각형은 닮음이다. (참).

② 꼭지각이 동일한 두 이등변삼각형은 두 밑각이 모두 같

으므로 닮음이다. (참)

③ 모든 정삼각형은 닮음이다. (참)

④ 모든 직각삼각형은 닮음이 아니다. (거짓)

따라서 옳은 것은 ①, ②, ③이다.

(2) $AB \times BE = AD \times BC$이므로 $\dfrac{AD}{AB} = \dfrac{DE}{DC}$ 이다.

즉, 삼각형 ADE와 삼각형 ABC가 닮음이다.

그러므로 $\angle 1 = \angle 2$의 조건에 다음과 같은 닮음이 되는

조건을 하나 추가하면 된다.

① $\angle B = \angle D$ 또는

② $\angle C = \angle AED$ 또는

③ $\dfrac{AB}{AD} = \dfrac{AC}{AE}$

03. 답 (1) 8 (2) $1 : 9$

[풀이] (1) $\dfrac{EF}{AB} = \dfrac{CF}{CB}$, $\dfrac{EF}{CD} = \dfrac{BF}{BC}$ 이므로

두 식을 서로 더하면 $\dfrac{EF}{AB} + \dfrac{EF}{CD} = 1$이다.

따라서 $EF = \dfrac{AB \times CD}{AB + CD} = \dfrac{400}{50} = 8$이다.

(2) 삼각형 ABE와 삼각형 ABC는 닮음비가 $1 : 3$인 닮음

이므로 $S_{\triangle ADE} : S_{\triangle ABC} = 1 : 9$이다.

04. 답 $5 : 3 : 12$

[풀이] $AP : PC = AM : DC = 1 : 3$,

$AQ : QC = AN : DC = 2 : 3$이므로

$AP = \dfrac{1}{4} AC$, $AQ = \dfrac{2}{5} AC$, $QC = \dfrac{3}{5} AC$이다.

따라서 $AP : PQ : QC = 5 : 3 : 12$이다.

05. 답 풀이참조

[증명] $\dfrac{OE}{BC} = \dfrac{AE}{AB}$, $\dfrac{OF}{BC} = \dfrac{DF}{DC}$ 이다.

따라서 $\dfrac{AE}{AB} = \dfrac{DF}{DC}$ 이므로 $\dfrac{OE}{BC} = \dfrac{OF}{BC}$ 이다.

실력 향상시키기

06. 답 9

[풀이] $\dfrac{PC}{PA} = \dfrac{AC}{AB} = \dfrac{6}{8} = \dfrac{3}{4}$ 이다.

$PC = 3k$, $PA = 4k$라고 하면

$\dfrac{PA}{PC} = \dfrac{PB}{PA}$ 로 $k = 3$이다.

따라서 $PC = 9$이다.

07. 답 12

[풀이] $\dfrac{S_{\triangle ADE}}{S_{\triangle BDE}} = \dfrac{AD}{BD}$, $\dfrac{S_{\triangle ABE}}{S_{\triangle BCE}} = \dfrac{AE}{EC}$ 이다.

그리고 $DE /\!/ BC$이므로 $\dfrac{AD}{BD} = \dfrac{AE}{EC}$ 이다.

따라서 $S_{\triangle EBC} = 12$이다.

08. 답 $\triangle AGD$, $\triangle GHF$, $\triangle CEH$

[풀이] $\triangle AGD$, $\triangle GHF$, $\triangle CEH$는 모두 $\triangle BDE$와 AA닮음이다.

09. 답 3

[풀이] $\triangle ABP$와 $\triangle PCD$가 닮음비가 $1 : \dfrac{2}{3}$ 인 닮음(AA닮음)이다.

$AB = x$라 하면 $x : 1 = x - 1 : \dfrac{2}{3}$이다.

이를 풀면, $x = 3$이다.

응용하기

10. 답 풀이참조

[풀이] 삼각형 ABP와 삼각형 MAP 닮음(AA닮음)이다.

그러므로 $\overline{AM}^2 = \overline{MP} \times \overline{MB} = \overline{AN}^2$,

$\overline{AP}^2 = \overline{MP} \times \overline{PB}$, $\overline{AB}^2 = \overline{BP} \times \overline{BM} = \overline{BC}^2$이다.

이로부터 $\dfrac{\overline{AN}^2}{\overline{BC}^2} = \dfrac{\overline{MB}}{\overline{PB}} = \dfrac{\overline{AP}^2}{\overline{PB}^2}$이다.

삼각형 PAN과 삼각형 PBC에서 $\dfrac{\overline{AN}}{\overline{BC}} = \dfrac{\overline{AP}}{\overline{PB}}$이고,

$\angle PAN = 90^\circ - \angle PBA = \angle PBC$이므로
삼각형 PAN과 삼각형 PBC는 닮음(SAS닮음)이다.
따라서 $\angle APN = \angle BPC$이다.

11. 답 (1) 3
　　　　(2) 풀이참조

[풀이] (1) $\dfrac{\overline{FG}}{\overline{GE}} = \dfrac{\sqrt{3}}{1} = \dfrac{3}{\sqrt{3}} = \dfrac{\overline{BG}}{\overline{FG}}$,

$\angle FGE = \angle BGF$(공통각), $\overline{BF} = \overline{BG} = 3$

(2) 점 P와 관련된 문제는

① $\overline{PC} /\!/ \overline{FG}$, ② $\overline{BP} = \overline{PR} = \overline{RF}$, ③ $\dfrac{\overline{AP}}{\overline{PC}} = 2$

등이다.

부록 : 닮거나 비례하는 몇 가지 정리에 대한 증명

정리 01.

[증명] $\triangle ABC \backsim \triangle A_1B_1C_1$이면 $\angle B = \angle B_1$이다.

또 $\angle ADB = \angle A_1D_1B_1 = 90^\circ$이면

$\triangle ABD \backsim \triangle A_1B_1D_1$이므로

$\dfrac{\overline{AD}}{\overline{A_1D_1}} = \dfrac{\overline{AB}}{\overline{A_1B_1}} = k$이다.

같은 원리로 "서로 대응하는 중선, 각의 이등분선의 비는 닮음비와 같다."를 증명할 수 있다.

정리 02.

[증명] 이미 알고 있는 $\triangle ABC \backsim \triangle A_1B_1C_1$으로

$\dfrac{\overline{AB}}{\overline{A_1B_1}} = \dfrac{\overline{BC}}{\overline{B_1C_1}} = \dfrac{\overline{CA}}{\overline{C_1A_1}} = k$를 얻을 수 있으므로

등비의 성질(가비의 리)로 $\dfrac{\overline{AB} + \overline{BC} + \overline{CA}}{\overline{A_1B_1} + \overline{B_1C_1} + \overline{C_1A_1}} = k$
이다.

정리 03.

[증명] 정리 1로 $\overline{AD} : \overline{A_1D_1} = k$임을 알 수 있으므로

$\dfrac{S_{\triangle ABC}}{S_{\triangle A_1B_1C_1}} = \dfrac{\dfrac{1}{2}\overline{BC} \cdot \overline{AD}}{\dfrac{1}{2}\overline{B_1C_1} \cdot \overline{A_1D_1}} = \dfrac{\overline{BC}}{\overline{B_1C_1}} \times \dfrac{\overline{AD}}{\overline{A_1D_1}}$

$= k^2$
이다.

정리 04.

[증명] $\overline{CA}$, $\overline{C_1A_1}$을 연장하여 점 O에서 만나게 한다.

$l_1 /\!/ l_2$로 $\triangle OAA_1 \backsim \triangle OBB_1$임을 알 수 있으므로

$\dfrac{\overline{OB}}{\overline{OA}} = \dfrac{\overline{OB_1}}{\overline{OA_1}}$이다.

즉, $\dfrac{\overline{OA} + \overline{AB}}{\overline{OA}} = \dfrac{\overline{OA_1} + \overline{A_1B_1}}{\overline{OA_1}}$,

$1 + \dfrac{\overline{AB}}{\overline{OA}} = 1 + \dfrac{\overline{A_1B_1}}{\overline{OA_1}}$, $\dfrac{\overline{AB}}{\overline{OA}} = \dfrac{\overline{A_1B_1}}{\overline{OA_1}}$이므로

$\dfrac{\overline{AB}}{\overline{A_1B_1}} = \dfrac{\overline{OA}}{\overline{OA_1}}$이다.

같은 원리로 $\dfrac{\overline{BC}}{\overline{B_1C_1}} = \dfrac{\overline{OB}}{\overline{OB_1}}$, $\dfrac{\overline{AC}}{\overline{A_1C_1}} = \dfrac{\overline{OC}}{\overline{OC_1}}$를 증명

할 수 있다. 그리고 $\triangle OAA_1 \backsim \triangle OBB_1 \backsim \triangle OCC_1$
로 $\dfrac{OA}{OA_1} = \dfrac{OB}{OB_1} = \dfrac{OC}{OC_1}$ 를 알 수 있으므로

$\dfrac{AB}{A_1B_1} = \dfrac{BC}{B_1C_1} = \dfrac{AC}{A_1C_1}$ 이다.

[평론과 주석]

① $L_1 /\!/ L_2$ 라면 정리는 성립된다. (비는 모두 1이므로)

② 지금까지의 평면 기하 교재는 모두 먼저 "평행선이 자른 선분이 서로 비례하는 정리"(증명하려면 당연히 매우 복잡함)를 설명하고, "닮은 삼각형"을 설명하였다. 우리는 여기에서 우선 "공리"형식으로 닮은 삼각형(세 닮은 삼각형의 결정 조건을 "공리"로 하였다.)을 설명하였기 때문에 이것으로 "평행선이 자른 선분이 서로 비례하는 정리"를 증명(이렇게 하면 많이 쉬워진다.)하였다.

23강 삼각형의 닮음 (Ⅱ)

연습문제 실력다지기

01. 📖 (1) 9cm　(2) 2　(3) 1 : 2　(4) $\sqrt{2} : 1$

[풀이] (1) 삼각형 ACD와 삼각형 ABC가 닮음(AA닮음)이므로 AC : AD = AB : AC이다.

즉, AB : AC = 3 : 2이므로 AB = 9이다.

따라서 AB = 9cm이다.

(2) AD : AB = DE : BC = 1 : 3이므로 AD = 2이다.

(3) $S_{\triangle ADE} : S_{사각형 DBCE} = 1 : 3$이므로

$S_{\triangle ADE} : S_{\triangle ABC} = 1 : 4$이다.

따라서 AD : AB = 1 : 2이다.

(4) $a : b = b : \dfrac{1}{2}a$이므로 $b^2 = \dfrac{1}{2}a^2$이다.

즉, $a = \sqrt{2}\,b$이다. 따라서 $a : b = \sqrt{2} : 1$이다.

02. 📖 9

[풀이] 점 A를 지나 BC에 평행한 직선과 변 DC, 선분 EF와의 교점을 각각 G, H라 하자.

HF = AB = GC = 7이고, DG = 3이다.

AE : AD = EH : DG = 2 : 3이므로 EH = 2이다.

따라서 EF = 9이다.

[별해] 일반적으로 AB = m, DC = n, AE = x,

ED = y일 때, EF = $\dfrac{my + nx}{m + n}$이 성립한다.

따라서 EF = $\dfrac{7 \times 1 + 10 \times 2}{1 + 2} = 9$이다.

03. 📖 (1) 1 : 10　(2) 7 : 9

[풀이] (1) 점 A를 지나 CB에 평행한 직선과 CE의 연장선과의 교점을 H라 하자.

그러면, 삼각형 AFH와 삼각형 DFC는 닮음(AA닮음)이고, AF : FD = 1 : 5이므로 AH : CD = 1 : 5이다.

즉, CD = 5라 하면, AH = 1, CB = 10이다.

삼각형 AEH와 삼각형 BEC는 닮음(AA닮음)이고,

AE : EB = AH : BC = 1 : 10이다.

(2) DA의 연장선과 CB의 연장선과의 교점을 F라 하면, CE가 ∠BCD의 내각이등분선이고, CE⊥AD이므로 삼각형 CFE와 삼각형 CDE는 합동(ASA합동)이다.

$\overline{AE} = 1$ 이라 하면, $\overline{ED} = 3$, $\overline{AF} = 2$이다.

따라서 삼각형 FAB와 삼각형 FDC는 닮음비가 $1 : 3$인 닮음이다.

$S_{\triangle FAB} = 4$이라 하면, $S_{\triangle FDC} = 36$, $S_{\triangle EDC} = 18$, $S_{사각형 AECB} = 14$이다.

따라서 사각형 ABCE와 삼각형 CDE의 넓이의 비는 $7 : 9$이다.

04. 답 $\dfrac{bc}{a + 2b}$

[풀이] $\overline{EO}$의 연장선과 변 DA와의 교점을 G라 하자.

그러면, $\triangle BOF \equiv \triangle DOG$(ASA합동)이다.

즉, $\overline{DG} = \overline{BF}$이다.

이제 $\overline{DG} = \overline{EF} = x$라 하면, $\overline{GA} = c - x$이다.

삼각형 EFB와 삼각형 EGA가 닮음이므로

$\overline{EB} : \overline{EA} = \overline{FB} : \overline{GA}$이다.

즉, $b : a + b = x : c - x$이다.

이를 정리하면, $x = \dfrac{bc}{a + 2b}$이다.

05. 답 (1) 풀이참조

(2) $\dfrac{1}{S_{\triangle ABD}} + \dfrac{1}{S_{\triangle BCD}} = \dfrac{1}{S_{\triangle BED}}$

[풀이] (1) $\dfrac{\overline{EF}}{\overline{AB}} = \dfrac{\overline{CF}}{\overline{CB}}$, $\dfrac{\overline{EF}}{\overline{CD}} = \dfrac{\overline{BF}}{\overline{BC}}$이므로

두 식을 서로 더하면 $\dfrac{\overline{EF}}{\overline{AB}} + \dfrac{\overline{EF}}{\overline{CD}} = 1$이다.

따라서 $\dfrac{1}{\overline{AB}} + \dfrac{1}{\overline{CD}} = \dfrac{1}{\overline{EF}}$이다.

(2) 점 A, E, C에서 내린 BD 또는 그 연장선에 내린 수선의 발을 각각 M, N, K라 하면,

$\overline{AB} : \overline{EF} : \overline{CB} = \overline{AM} : \overline{EN} : \overline{CK}$이다.

따라서 $\dfrac{1}{\overline{AM}} + \dfrac{1}{\overline{CK}} = \dfrac{1}{\overline{EN}}$이다.

즉, $\dfrac{1}{S_{\triangle ABD}} + \dfrac{1}{S_{\triangle BCD}} = \dfrac{1}{S_{\triangle BED}}$이다.

실력 향상시키기

06. 답 (1) $\dfrac{35}{12}$ (2) $\angle 1 = \angle 2$

[풀이] (1) 편의상 $\overline{BD} = 2k$, $\overline{DC} = 3k$, $\overline{AE} = 3m$, $\overline{EC} = 4m$라 하자.

점 A를 지나 BC에 평행한 직선과 BE의 연장선과의 교점을 G라 하자. 그러면, 삼각형 AEG와 삼각형 CEB는 닮음비가 $3 : 4$인 닮음이다. 그러므로 $\overline{AG} = \dfrac{15}{4}k$이다.

삼각형 AFG와 삼각형 DFB는 닮음비가 $\dfrac{15}{4} : 2$인 닮음이다. 그러므로 $\overline{AF} : \overline{FD} = 15 : 8$이다. 즉, $\dfrac{\overline{AF}}{\overline{FD}} = \dfrac{15}{8}$이다.

또, 점 B를 지나 AC의 평행한 직선과 AD의 연장선과의 교점을 H라 하자. 그러면, 삼각형 DAC와 삼각형 DHB는 닮음비가 $3 : 2$인 닮음이다.

그러므로 $\overline{BH} = \dfrac{14}{3}k$이다.

삼각형 FBH와 삼각형 FEA는 닮음비가 $\dfrac{14}{3} : 3$인 닮음이다. 그러므로 $\overline{BF} : \overline{FE} = 14 : 9$이다. 즉, $\dfrac{\overline{BF}}{\overline{FE}} = \dfrac{14}{9}$이다.

따라서 $\dfrac{\overline{AF}}{\overline{FD}} \times \dfrac{\overline{BF}}{\overline{FE}} = \dfrac{15}{8} \times \dfrac{14}{9} = \dfrac{35}{12}$이다.

(2) 점 E에서 변 AB에 내린 수선의 발을 F라 하자.

$\overline{CE} = 1$이라 하면, $\overline{EB} = 2$, $\overline{CD} = 2$, $\overline{AD} = 1$이다.

또, $\overline{EF} = \overline{FB} = \sqrt{2}$, $\overline{AF} = 2\sqrt{2}$이다.

삼각형 DCE와 삼각형 AEF는 닮음(SAS닮음)이다.

따라서 $\angle 1 = \angle 2$이다.

07. 답 (1) $1 : 1 : 1 : \dfrac{\sqrt{5} + 1}{2}$

(2) (a) 풀이참조 (b) $\overline{DE} = \dfrac{8}{3}$

[풀이] (1) $\overline{AB} = \overline{AD} = \overline{DC}$, $\overline{BD} = \overline{DC}$, $\overline{AD} /\!/ \overline{BC}$인 등변사다리꼴 ABCD를 생각하자. $\angle BDC$의 이등분선과 변 BC와의 교점을 E라 하자.

그러면, $\triangle DEC \backsim \triangle BDC$이고,

$\overline{BE} = \overline{ED} = \overline{CD}$이다.

$\overline{BE} = 1$, $\overline{EC} = x$라고 가정하면

$\dfrac{1}{x} = \dfrac{x + 1}{1}$, 즉, $x^2 + x - 1 = 0$,

$$\left(x+\frac{1}{2}\right)^2=\frac{5}{4},\ x+\frac{1}{2}=\frac{\sqrt5}{2},\ x=\frac{\sqrt5-1}{2}\text{이다.}$$

그러므로 $BC=1+\dfrac{\sqrt5-1}{2}=\dfrac{\sqrt5+1}{2}$ 이다.

(2) (a) $EB=EC$이므로 $\angle B=\angle FCD$이므로
AA닮음이고 닮음비는 $2:1$이다.

(b) 점 A에서 변 BC에 내린 수선의 발을 M이라 하고,
점 F에서 변 BC에 내린 수선의 발을 H라 하면,
$FH=2$이므로 $AM=4$이다.(닮음비가 $2:1$이므로)
또, $DE:AM=BD:DM=2:3$이다.

그러므로 $DE=\dfrac{8}{3}$이다.

08. 답 $3:2$

[풀이] BF의 연장선과 CD의 연장선의 교점을 G라 하면,
삼각형 CEG와 삼각형 AEB는 합동(ASA합동)이다.

즉, $DG=2CD=\dfrac{2}{3}AB$이다.

그러므로 삼각형 FDG와 삼각형 FAB는 닮음비가 $2:3$인
닮음이다. 즉, $AF:FD=3:2$이다.

09. 답 $\dfrac{AE}{AC}=\dfrac{1}{1+n}$ 일 때, $\dfrac{AO}{AD}\left(=\dfrac{AE}{AF}\right)=\dfrac{2}{2+n}$
이다.

[풀이] 점 D를 지나 BE에 평행한 직선과 변 AC와의 교점
을 F라 하자. $AE=1$, $EC=n$이라 하면, 삼각형 중점연
결정리에 의하여 $EF=FC=\dfrac{n}{2}$이다.

삼각형 AOE와 삼각형 ADF는 닮음이므로
$\dfrac{AO}{AD}=\dfrac{1}{1+\dfrac{n}{2}}=\dfrac{2}{2+n}$이다.

응용하기

10. 답 ③

[풀이] ① $\triangle DAF\equiv\triangle ABG$($SAS$합동)이므로
$\angle BAG=\angle ADQ$이다.
그러므로 $\angle QAD+\angle ADQ=90°$이다.
즉, $\angle AQD=90°$이다. 따라서 $AG\perp FD$이다. (참)

② DF의 연장선과 CB의 연장선과의 교점을 H라 하면,
삼각형 HFB와 삼각형 DFA는 닮음비가 $1:2$인 닮음이
다. 따라서 $HB=\dfrac{1}{2}AD$, $HG=\dfrac{7}{6}AD$이다.

삼각형 QHG와 삼각형 QDA는 닮음비가 $7:6$인 닮음이
다. 즉, $AQ:QG=6:7$이다. (참)

③ AG의 연장선과 DC의 연장선의 교점을 I라 하면,
삼각형 AGB와 삼각형 IGC는 닮음비가 $2:1$인 닮음이다.

따라서 $CI=\dfrac{1}{2}CD$, $ID=\dfrac{3}{2}CD=\dfrac{9}{2}AE$이다.

삼각형 PAE와 삼각형 PID가 닮음비가 $2:9$인 닮음이므
로 $EP:PD=2:9$이다. (거짓)

④ ③에서 $AF:DI=4:9$이므로 $FQ:QD=4:9$이다.
편의상 $S_{\triangle DGC}=3$이라 하면,
$S_{\triangle DBG}=2$, $S_{\text{사각형}DFBC}=12$, $S_{\triangle DFG}=7$이다.

또, $S_{\triangle QFG}=7\times\dfrac{4}{13}$, $S_{\triangle QGD}=7\times\dfrac{9}{13}$이다.

따라서
$$S_{\text{사각형}GCDQ}:S_{\text{사각형}BGQF}=3+\dfrac{63}{13}:2+\dfrac{28}{13}$$
$$=17:9$$
이다. (참)

11. 답 (1) $CP=2\sqrt2$

(2) $CP=\dfrac{24}{7}$

(3) $\dfrac{60}{37}$, $\dfrac{120}{49}$

[풀이] (1) $S_{\triangle PQC}:S_{\triangle ABC}=1:2$이고,
$\triangle PQC\backsim\triangle ABC$이므로 $CP^2:AC^2=1:2$이다.
따라서 $CP=2\sqrt2$이다.

(2) $PC+CQ$
$=PA+AB+QB$
$=\dfrac{1}{2}(AB+BC+CA)$
$=\dfrac{1}{2}(5+3+4)$
$=6$

(3) (i) 아래 왼쪽 그림과 같은 직각삼각형 ABC을 생각하자.
$\angle MPQ=90°$이고, $PQ=PM$일 때,
(또는 $\angle MQP=90°$, $PQ=QM$일 때,)

점 M은 △PQM을 직각이등변삼각형이 되게 한다.

이때, $PQ = \dfrac{60}{37}$ 이다.

(ii) 아래 오른쪽 그림과 같은 직각삼각형 ABC를 생각하자.
∠PMQ = 90°, MP = MQ일 때,
점 M은 △PMQ를 직각이등변삼각형이 되게 한다.

이때, $PQ = \dfrac{120}{49}$ 이다.

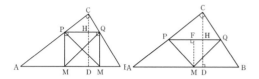

연습문제 실력다지기

01. 답 $\dfrac{10}{7}$ cm

[풀이]

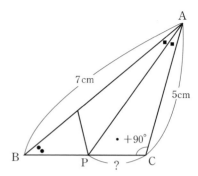

변 AB 위에 AD = 5 cm가 되는 점 D를 잡고, P와 연결한다. 그러면, △BDP에서,
∠BDP = ∠BPD = 90° − ●이다.
즉, △BDP는 이등변삼각형이다.
그러므로 BP = BD = 2 cm이다.
또, 내각이등분선의 정리에 의하여 BP : PC = 7 : 5이다.

따라서 $PC = \dfrac{10}{7}$ cm이다.

02. 답 $\dfrac{12}{5}$ cm²

[풀이]

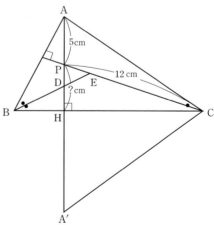

∠ABC의 내각이등분선 위에 점 C에서 내린 수선의 발을 R이라 하고, CR의 연장선과 변 AB의 교점을 T라 하자.
또, ∠BAC의 내각이등분 위에 점 C에서 내린 수선의 발을 S라 하고, CS의 연장선과 변 AB의 교점을 U라 하자.
그러면, BT = 8 cm, AU = 6 cm이다.
또한, △AUS ≡ △ACS ≡ △ACQ(RHA 합동)이 되어

US = CS = CQ, ∠ACS = ∠ACQ이고,

△BTR ≡ △BCR ≡ △BCP(RHA 합동)이 되어

TR = CR = CP, ∠BCR = ∠BCP이다. 또,

∠UCT + ∠PCQ

= (∠ACU + ∠BCT − ∠ACB)

　　+ (360° − ∠ACQ − ∠ACB − ∠BCP)

= 360° − 90° × 2 = 180°

이다. 그러므로 △CPQ = △CSR이다.

그리고 삼각형 중점 연결정리로 부터 SR // UT이고,

SR = $\frac{1}{2}$ × UT이므로 △CSR = △CUT × $\frac{1}{4}$이다.

그런데,

△CUT = △ABC × $\frac{4}{10}$

　　　= $\frac{1}{2}$ × 6 × 8 × $\frac{4}{10}$ = $\frac{48}{5}$㎠

이다.

따라서 △CSR = $\frac{12}{5}$㎠이다. 즉, △CPQ = $\frac{12}{5}$㎠

이다.

[풀이2]

변 AB 위에 AU = AC = 6cm, BT = BC = 8cm 가

되는 점 U, T를 잡고 CU와 CT의 중점을 각각 S, R

이라 하면

△AUS ≡ △ACS ≡ △ACQ(RHA 합동)이 되어

US = CS = CQ, ∠ACS = ∠ACQ이고,

△BTR ≡ △BCR ≡ △BCP(RHA 합동)이 되어

　TR = CR = CP, ∠BCR = ∠BCP이다. 또,

∠UCT + ∠PCQ

= (∠ACU + ∠BCT − ∠ACB)

　　+ (360° − ∠ACQ − ∠ACB − ∠BCP)

= 360° − 90° × 2 = 180°

이다. 그러므로 △CPQ = △CSR이다.

그리고 삼각형 중점 연결정리로 부터 SR // UT이고,

SR = $\frac{1}{2}$ × UT이므로 △CSR = △CUT × $\frac{1}{4}$이다.

그런데

△CUT = △ABC × $\frac{4}{10}$

　　　= $\frac{1}{2}$ × 6 × 8 × $\frac{4}{10}$ = $\frac{48}{5}$㎠

이다.

따라서 △CSR = $\frac{12}{5}$㎠이다.

즉, △CPQ = $\frac{12}{5}$㎠이다.

03. 답 $\frac{3}{2}$cm

[풀이]

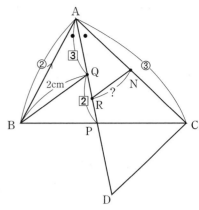

AP의 연장선 위에 AQ = PD가 되는 점 D를 잡고,

C와 D를 연결한다. 그러면,

AR : RD = (AQ + QR) : (RP + PD)

= (3 + 1) : (1 + 3) = 4 : 4 = 1 : 1 = AN : NC

이다. 따라서 점 R은 AD의 중점이다.

그러므로 삼각형 중점연결정리에 의하여 NR // CD이고,

NR = CD × $\frac{1}{2}$이다.

그런데 AP는 ∠BAC의 이등분선이므로 내각이등분선의

정리에 의하여 BP : CP = 2 : 3 = QP : DP이고,

△PBQ와 △PCD는 닮음비가 2 : 3인 닮음이다.

따라서 BQ : CD = BP : CP = 2 : 3,

CD = BQ × $\frac{3}{2}$ = 2 × $\frac{3}{2}$ = 3cm이다.

즉, NR = CD × $\frac{1}{2}$ = $\frac{3}{2}$cm이다.

04. 답 11cm

[풀이]

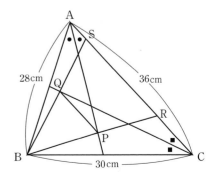

점 B를 AP에 대하여 대칭 이동시킨 점을 R이라 하면,

∠BAP = ∠RAP로부터 R은 변 AC 위에 있다.

따라서 BP = PR이고, AB = AR = 28cm이다.

점 B를 CQ에 대하여 대칭 이동시킨 점을 S라 하면,
∠BCQ = ∠SCQ로부터 S는 변 AC 위에 있다.
따라서 BQ = QS이고, CB = CS = 30cm 이다.
그러므로 SR = 28 + 30 - 36 = 22cm 이고,
△BRS와 △BPQ는 닮음비가 2 : 1인 닮음이다.

따라서 $PQ = SR \times \dfrac{1}{2} = 11$cm 이다.

05. 답 21

[풀이] AP의 연장선이 원과 만나는 점을 G라 하자.

그러면 $BP \cdot PC = AP \cdot PG = \dfrac{21}{4} \cdot \dfrac{3}{4} = \dfrac{63}{16}$

이다.

각의 이등분선의 정리에 의하여

$AB : BP = AO : OP = 3 : \dfrac{21}{4} - 3 = 4 : 3$이다.

따라서 $BP \cdot PC = \dfrac{3}{4}AB \cdot \dfrac{1}{4}AB = \dfrac{3}{16}AB^2$이다.

따라서 $AB^2 = 21$이다.

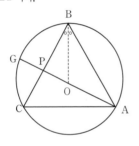

실력 향상시키기

06. 답 $\dfrac{49}{4}$ cm²

[풀이]

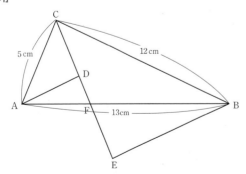

$\triangle BEF - \triangle AFD = \triangle BCE + \triangle ACD - \triangle ABC$
이므로

$\triangle BEF - \triangle AFD$

$= 12 \times 12 \div 4 + 5 \times 5 \div 4 - 12 \times 4 \div 2 = \dfrac{49}{4}$ cm²

이다.

07. 답 57°

[풀이]

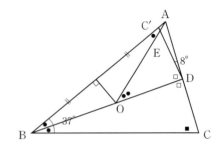

그림과 같이 ∠EOD = 37° 이고,
∠EDO = (180° - 8°) ÷ 2 = 86° 이다.
따라서 ∠OED = 180° - (37° + 86°) = 57° 이다.

08. 답 8 : 15

[풀이]

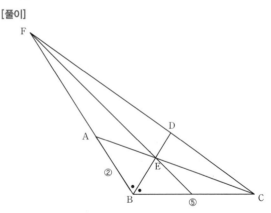

BA의 연장선(점 A 쪽의 연장선)과 CD의 연장선(점 D
의 연장선)과의 교점을 F라 하고, FE의 연장선(점 E쪽
의 연장선)과 BC와의 교점을 G라고 하면, 삼각형
BFC에서 변 BD를 축으로 대칭이 되므로
AF = GC = 3, BG = BA = 2이다. 따라서
△ABE : △AFE = BA : AF = 2 : 3,
△GBE : △GCE = BG : GC = 2 : 3,
△GFB : △GFC = BG : GC = 2 : 3
이다. 따라서
$\triangle GFC = \triangle GFB \times \dfrac{3}{2} = 7 \times \dfrac{3}{2} = \dfrac{21}{2}$,

$$\triangle DCE = (\triangle GCE - \triangle GCE) \times \frac{1}{2}$$
$$= \left(\frac{21}{2} - 3\right) \times \frac{1}{2} = \frac{15}{4}$$

이다. 그러므로

$$\triangle ABE : \triangle DCE = 2 : \frac{15}{4} = 8 : 15 \text{이다.}$$

$$\triangle RBC = \frac{BR}{BQ} \times \triangle QBC = \frac{6}{6+1} \times \triangle QBC$$
$$= \frac{6}{7} \times \triangle QBC$$

이다. 따라서

$$\triangle RBC = \frac{6}{7} \times \frac{1}{3} \times \triangle ABC = \frac{2}{7} \times \triangle ABC$$

이다. 즉, $\frac{2}{7}$ 배가 된다.

09. 目 $\frac{2}{7}$ 배

[풀이]

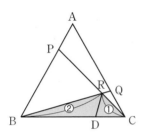

$AC = BC$, $AP = CQ$, $\angle PAC = 60° = \angle QCB$
이므로 $\triangle PCA \equiv \triangle QBC$이다.
따라서 $\angle PCA = \angle QBC$이다.
이것과 $\angle BQC = \angle CQR$으로부터
$\triangle QBC \backsim \triangle QCR$이다.
그러므로 $\angle QRC = \angle QCB = 60°$이고,
$\angle BRC = 180° - \angle QRC = 120°$이다.
$\angle BRC$의 이등분선과 BC와의 교점을 D라고 하자.
그러면, $\angle BRD = 60° = \angle CRQ$,
$\angle RBD = \angle RCQ$이다.
그러므로 $\triangle RBD \backsim \triangle RCQ$이다.
그리고 $RB : RC = 2 : 1$이다.
따라서 $\triangle RBD : \triangle RCQ = 4 : 1$이다.
또, RD가 $\angle BRC$의 이등분선이므로
$\triangle RBD : \triangle RCD = RB : RC = 2 : 1$이다.
이것으로부터
$\triangle RBC : \triangle RCQ = (4+2) : 1 = 6 : 1 = BR : RQ$
이 되어 $BR : RC : RQ = 6 : 3 : 1$이다.
또, $\triangle QBC \backsim \triangle QCR$이므로
$BC : CQ = CR : RQ = 3 : 1 = AC : CQ$이다.
그러므로
$$\triangle QBC = \frac{CQ}{AC} \times \triangle ABC = \frac{1}{3} \times \triangle ABC,$$

10. 目 $\frac{1}{15}$ 배

[풀이]

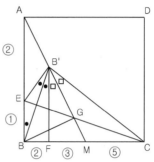

그림과 같이, 점 B'에서 변 BC에 내린 수선의 발을 F라고 하자.
그러면, $EB = EB'$와 $EB /\!/ B'F$로부터
$\angle EB'B = \angle EBB' = \angle BB'F$이다.
한편, $AB : BM = B'F : FM = 2 : 1$,
$B'C : MC = BC : MC = 2 : 1$로부터
$B'F : FM = B'C : MC = 2 : 1$이다.
그러므로 $B'F : B'C = FM : MC$가 되어 내각 이등분선의
정리로부터 $B'M$이 $\angle FB'C$의 이등분선이 된다.
따라서 $\angle FB'M = \angle MB'C$이다.
또, $\angle EB'C = 90°$이므로 $\angle BB'M = 45°$이다.
$B'M$과 EC의 교점을 G라고 하면, 대칭성에 의하여
$\angle B'BG = 45°$가 되고, BG는 점 B에서 AM에 내린
수선이 된다.
$\triangle ABM$, $\triangle BGM$, $\triangle AGB$는 서로 닮음이고,
$AB : BM = BG : GM = AG : GB = 2 : 1$으로부터,
$MG : BG : AG = 1 : 2 : 4$이다.
그런데, $BG = B'G$이므로
$MG : GB' : B'A = 1 : 2 : 2$이다.
따라서 $BF : FM = AB' : B'M = 2 : (2+1) = 2 : 3$이다.

M이 BC의 중점이므로 BF : FM : MC = 2 : 3 : 5가

되어 $BF = BC \times \dfrac{1}{5}$ … ①이다.

한편, $FM = BF \times \dfrac{3}{2}$,

$B'F = BF \times \dfrac{3}{2} \times 2 = BF \times 3$이다.

삼각형 BFB′과 삼각형 EBC는 닮음이므로
 EB : BC = BF : FB′ = 1 : 3이다.

따라서 AE : EB = 2 : 1이 되어

$AE = AB \times \dfrac{2}{3}$ … ②이다.

그러므로 ①, ②로부터, 삼각형 AB′E의 넓이는 정사각형

ABCD의 넓이의 $\dfrac{1}{2} \times \dfrac{1}{5} \times \dfrac{2}{3} = \dfrac{1}{15}$ 배이다.

25강 보조선을 이용한 각도 구하기

연습문제 실력다지기

01. 답 80°

[풀이]

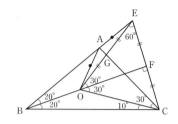

그림과 같이 점 C에서 BO의 연장선에 내린 수선의 발을
F, CF의 연장선과 변 BA의 연장선의 교점을 E, AC와
OE의 교점을 G라고 하자. 그러면, BO가 ∠ABC의 내
각 이등분선이므로 OC = OE이고,
∠EOF = ∠COF = 30°이다.
그러면, ∠OGC = 90°이다.
∠OEC = 60°이므로 ∠ECO = 60°이다.
따라서 ∠ECG = 30°이다.
그러므로 △CGO ≡ △CGE이다.
따라서 삼각형 AOE는 이등변삼각형이다.
그러므로
∠OAC = ∠EAC = ∠ABC + ∠ACB = 80°
이다.

02. 답 65°

[풀이]

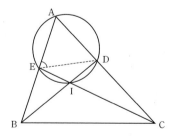

그림과 같이 BD와 CE의 교점을 I(즉, 삼각형 ABC의
내심)라 하고, 세 점 A, E, D를 지나는 원을 그린다.
∠ABC = 70°, ∠ACB = 50°이므로
∠BAC = 60°이고, ∠EAI = ∠DAI = 30°이다.
또, ∠IBC = 35°, ∠ICB = 25°,
∠BIC = 120°이다.

따라서 ∠EID = 120°이다. 그러므로
∠EAD + ∠EID = 180°이므로 점 I는 세 점 A, E, D를 지나는 원 위에 있다.
따라서 ∠DEI = ∠DAI = 30°,
∠AEC = ∠EBC + ∠ECB = 70° + 25° = 95°
이므로 ∠AED = 95° − 30° = 65°이다.

03. 답 150°

[풀이]

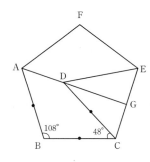

BA = BC, ∠ABC = 108°라는 사실에 주목한다.
이것으로부터 그림과 같은 정오각형 ABCEF를 작도한다.
∠BCD = 48°, ∠DCE = 108° − 48° = 60°
이다. 그러므로 삼각형 DCE는 정삼각형이다.
사각형 ABCD와 사각형 AFED는 AD에 대하여 대칭이므로 AD의 연장선과 변 CE와의 교점을 G라 할 때, 삼각형 DCG와 삼각형 DEG도 DG에 대하여 대칭이다.
따라서 ∠CDG = 60° ÷ 2 = 30°이다.
그러므로 ∠ADC = 180° − 30° = 150°이다.

04. 답 30°

[풀이]

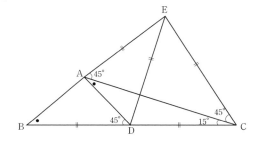

그림과 같이 점 C에서 변 BA의 연장선 위에 내린 수선의 발을 E라 하면, 삼각형 EBC는 직각삼각형이고, 점 D는 직각삼각형 EBC의 빗변의 중점이다.
따라서 BD = ED = DC이다. 또,

∠ABD + ∠BDA = ∠EAD = ∠EAC + ∠CAD
이다. 그런데, ∠ABD = ∠CAD이다.
따라서 ∠EAC = 45°이고, △EAC는 직각이등변삼각형이다. 즉, EA = EC이다.
△ABC와 △DAC가 닮음이므로
BC : AC = AC : DC,
$\overline{AC}^2 = \overline{BC} \cdot \overline{DC} = 2 \cdot \overline{DC}^2$이다.
그런데 △EAC가 직각이등변삼각형이므로
$\overline{AC}^2 = 2 \cdot \overline{EC}^2$이다. 따라서 △EAC이다.
즉 △EDC는 정삼각형이다.
따라서 ∠ACD = ∠ECD − ∠ECA = 15°이다.
그러므로 ∠CAD = 45° − 15° = 30°이다.

05. 답 20°

[풀이]

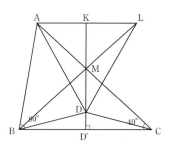

점 D에서 변 BC에 내린 수선의 발을 D′라 하고, DD′의 연장선과 변 AC의 교점을 M이라 하면, BM은 ∠ABC의 내각이등분선임을 알 수 있다.
또, 점 A를 지나고, 변 BC에 평행한 직선과 DD′의 연장선과의 교점을 K라 하고, AK의 연장선 위에
AL = AB = AD인 점 L을 잡는다.
그러면, 삼각형 BAL은 이등변삼각형이다.
∠ABM = ∠MBC = 40°이므로 ∠ALB = 40°이다.
그러므로 ∠ABM = ∠ABL = 40°이다.
따라서 점 B, M, L은 한 직선 위에 있다.
더욱이, 삼각형 AKM과 삼각형 LKM은 합동(ASA합동)이다. 그러므로 AK = KL이다.
따라서 삼각형 ADL은 정삼각형이다.
그러므로 ∠DAL = 60°이다.
즉, ∠DAC = 60° − 40° = 20°이다.

06. 📋 57.5°

[풀이]

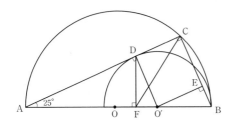

O'D, BC와 연결하고, O'에서 BC에 내린 수선의 발을 E라 하자. 그러면, O'D와 BC는 AC와 수직이다.

그러므로 ∠FDO' = ∠EO'B = 25°이다.

또, DO' = O'B이다.

따라서 삼각형 FDO'와 EO'B는 합동이다.

즉, DF = O'E = DC이다.

따라서 삼각형 FDC는 이등변삼각형이다.

그러므로 ∠CFB = $\frac{1}{2}$ × ∠FDC = 57.5°이다.

07. 📋 30°

[풀이]

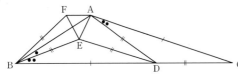

주어진 조건으로부터 ∠CAD = $2x$, ∠ABC = $3x$라고 하자. 삼각형 AD = DC이므로 삼각형 ADC는 이등변삼각형이다.

그러므로 ∠ACD = ∠CAD = $2x$이다.

삼각형 ABD의 내부에 삼각형 BDE와 삼각형 CAD가 합동(BE = ED = AD = DC, BD = CA)이 되도록 점 E를 잡는다.

그러면, ∠EBD = ∠EDB = ∠EDA = $2x$이다.

따라서 삼각형 EDA는 ED = AD인 이등변삼각형이다. 그러므로

∠ABE = ∠ABD − ∠EBD = $3x − 2x = x$이다.

점 E를 AB에 대하여 대칭 이동시킨 점을 F라 하자.

그러면, BF = BE, FA = EA이다.

즉, 삼각형 BFA와 삼각형 BEA는 합동이고,

∠FBE = 2 × ∠ABE = $2x$이다.

그런데, BF = BE = DE = DA이고,

∠FBE = ∠EDA = $2x$이므로 삼각형 FBE와 삼각형

ADE는 합동인 이등변삼각형이다.

즉, FE = EA = FA이다.

따라서 삼각형 FEA는 정삼각형이다.

즉, ∠FAE = 60°이고, ∠BAE = 30°이다.

그런데, ∠BAD = 30° + (90° − x)이므로

삼각형 ABD의 내각을 구하면,

180° = $3x + 4x + 120° − x = 120° + 6x$이다.

즉, $x = 10°$이다. 따라서 ∠ABD = 30°이다.

08. 📋 102.5°

[풀이]

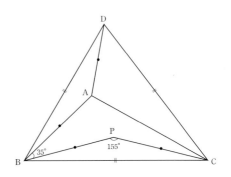

그림과 같이 정삼각형 DBC가 되도록 점 D를 작도하자.

∠PBC = ∠PCB = 12.5°이므로

∠ABD = 60° − (35° + 12.5°) = 12.5°이다.

그러면, 삼각형 ADB와 삼각형 PBC에서

∠ABD = ∠PBC, AB = BP, BD = BC이므로

△ADB ≡ △PBC이다. 즉, AB = AD이고,

∠BAD = 155°이다.

또, 삼각형 ABC와 삼각형 ADC에서 AB = AD, AC는 공통, BC = CD이므로 △ABC ≡ △ADC이다.

따라서

∠BAC = ∠DAC = (360° − 155°) ÷ 2 = 102.5°

이다.

연습문제 실력다지기

01. 📖 풀이참조

[풀이] $\overline{AD}$, $\overline{BE}$, $\overline{CF}$ 가 중선이므로

$$\frac{\overline{AF}}{\overline{FB}} = \frac{\overline{BD}}{\overline{DC}} = \frac{\overline{CE}}{\overline{EA}} = 1 \ .$$

따라서 $\dfrac{\overline{AF}}{\overline{FB}} \cdot \dfrac{\overline{BD}}{\overline{DC}} \cdot \dfrac{\overline{CE}}{\overline{EA}} = 1$.

즉, 체바의 정리의 역에 의해 세 선분 AD , BE, CF 는 한 점에서 만난다.

02. 📖 풀이참조

[풀이]

$\overline{AB} = c$, $\overline{CA} = b$, $\overline{BC} = a$ 라 두면,

$$\frac{\overline{AF}}{\overline{FB}} = \frac{b\cos A}{a\cos B} \ , \ \frac{\overline{BD}}{\overline{DC}} = \frac{c\cos B}{b\cos C} \ , \ \frac{\overline{CE}}{\overline{EA}} = \frac{a\cos C}{c\cos A}$$

이므로

$$\frac{\overline{AF}}{\overline{FB}} \cdot \frac{\overline{BD}}{\overline{DC}} \cdot \frac{\overline{CE}}{\overline{EA}} = 1.$$

즉, 체바의 정리의 역에 의해 세 선분 AD , BE, CF 는 한 점에서 만난다.

03. 📖 풀이참조

$\overline{AB} = c$, $\overline{CA} = b$, $\overline{BC} = a$ 라 두면,

$\overline{AD}$, $\overline{BC}$, $\overline{CA}$ 가 내각의 이등분선이므로 내각 이등분선의 정리에 의해,

$$\frac{\overline{AF}}{\overline{FB}} = \frac{b}{a} \ , \ \frac{\overline{BD}}{\overline{DC}} = \frac{c}{b} \ , \ \frac{\overline{CE}}{\overline{EA}} = \frac{a}{c} \ \text{가 된다.}$$

따라서

$$\frac{\overline{AF}}{\overline{FB}} \cdot \frac{\overline{BD}}{\overline{DC}} \cdot \frac{\overline{CE}}{\overline{EA}} = \frac{b}{a} \cdot \frac{c}{b} \cdot \frac{a}{c} = 1. \ \text{즉,}$$

체바의 정리의 역에 의해 세 선분 AD , BE, CF 는 한 점에서 만난다.

04. 📖 풀이참조

[풀이] $\angle A$ 의 내각의 이등분선이 $\overline{BC}$ 와 만나는 점을 D 라 하고, $\angle B$, $\angle C$ 의 외각의 이등분선들이 $\overline{AC}$, $\overline{AB}$ 의 연장선들과 만나는 점을 각각 E, F 그리고 점 A 에서 $\overline{BC}$ 에 평행선을 그어 $\overline{FC}$ 와 만나는 점을 G 라 하자.

이때, $\triangle ACG$ 는 이등변 삼각형이고 $\overline{AG} = b$ 이므로

$$\frac{\overline{AF}}{\overline{FB}} = \frac{\overline{AG}}{\overline{BC}} = \frac{b}{a} \ , \ \text{마찬가지로} \ \frac{\overline{CE}}{\overline{EA}} = \frac{a}{c} \ \text{가 된다.}$$

또한, $\overline{AD}$ 는 $\angle A$ 의 이등분선이므로 $\dfrac{\overline{BD}}{\overline{DC}} = \dfrac{c}{b}$.

따라서 $\dfrac{\overline{AF}}{\overline{FB}} \cdot \dfrac{\overline{BD}}{\overline{DC}} \cdot \dfrac{\overline{CE}}{\overline{EA}} = \dfrac{b}{a} \cdot \dfrac{c}{b} \cdot \dfrac{a}{c} = 1$ 이고 체바의 정리의 역에 의해 세 선분 AD , BE, CF 는 한 점에서 만난다.

05. 📖 $\dfrac{9}{8}$

[풀이]

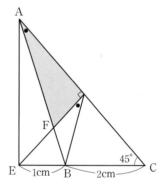

$\triangle ABC$ 와 $\triangle DBE$ 가 닮음이므로 $\overline{DE} : \overline{AC} = 2 : 1$ 이다. 그러면, $\overline{DE} = \overline{DC} = \overline{AD}$ 가 되어, $\triangle AED$ 가 직각이등변삼각형이 된다. 즉, $\triangle DEC$ 와 합동이다. 삼각형 DEC 와 직선 AFB 에 대하여 메넬라우스의 정리를 적용하면,

$$\frac{\overline{DF}}{\overline{FE}} \times \frac{\overline{EB}}{\overline{BC}} \times \frac{\overline{CA}}{\overline{AD}} = \frac{\overline{DF}}{\overline{FE}} \times \frac{1}{2} \times \frac{2}{1} = 1$$

이다. 따라서 $\overline{DF} : \overline{FE} = 1 : 1$ 이다.

그러므로

$$\triangle AFD = \frac{1}{2} \times \triangle AED = \frac{1}{2} \times \triangle DEC$$

$$= \frac{1}{2} \times \frac{1}{2} \times 3 \times \frac{3}{2} = \frac{9}{8} \ \text{이다.}$$

06. 답 $3:2$

[풀이]

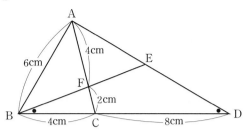

$\triangle ABD$와 $\triangle FCB$가 닮음이고, $\triangle EBD$가 이등변삼각형이다.

$\triangle ACD$와 직선 BFE에 대하여 메넬라우스의 정리를 적용하면

$\dfrac{AF}{FC} \cdot \dfrac{CB}{BD} \cdot \dfrac{DE}{AE} = 1$이다. 즉,

$\dfrac{4}{2} \cdot \dfrac{4}{12} \cdot \dfrac{DE}{AE} = 1$이다.

따라서 $DE : AE = 3 : 2$이다.

따라서 $ED = EB = 9x$이고, $AE = 9x \cdot \dfrac{2}{3} = 6x$이다.

$\triangle EBD$와 직선 AC에 대하여 메넬라우스의 정리를 적용하면 $\dfrac{EF}{FB} \cdot \dfrac{BC}{CD} \cdot \dfrac{DA}{AE} = 1$이다.

즉, $\dfrac{EF}{FB} \cdot \dfrac{4}{8} \cdot \dfrac{15}{6} = 1$이다.

따라서 $EF : FB = 4 : 5$이다.

그러므로 $FE = EB \cdot \dfrac{4}{9} = 4x$이다.

따라서 $AE : FE = 6 : 4 = 3 : 2$이다.

07. 답 528cm^2

[풀이] $\dfrac{AB}{PB} = p$, $\dfrac{AC}{QC} = q$라고 하자.

$\triangle APC$와 직선 BQ에 대하여 메넬라우스의 정리를 이용하면, $\dfrac{AB}{BP} \cdot \dfrac{PO}{OC} \cdot \dfrac{CQ}{QA} = 1$이다.

즉, $p \cdot \dfrac{7}{4} \cdot \dfrac{1}{(q-1)} = 1$이다.

따라서 $7p = 4q - 4 \cdots$ ①이다.

$\triangle ABQ$와 직선 PC에 대하여 메넬라우스의 정리를 이용하면, $\dfrac{AP}{PB} \cdot \dfrac{BO}{OQ} \cdot \dfrac{QC}{CA} = 1$이다.

즉, $(p-1) \cdot \dfrac{2}{1} \cdot \dfrac{1}{q} = 1$이다.

따라서 $2p - 2 = q \cdots$ ②이다.

①, ②로부터 $p = 12$, $q = 22$를 얻는다.

따라서 $\triangle ABC = \triangle PBC \times p = 44 \times 12 = 528\text{cm}^2$ 이다.

08. 답 $7:8$

[풀이]

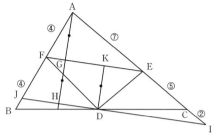

점 D를 지나고 EF에 평행한 직선을 긋고, AC와 AB와의 교점을 각각 I, J라 하자.

$\triangle AFE = \triangle FDE$이므로 $GH = KD = AG$이다.

따라서 점 F, E를 각각 AJ, AI의 중점이 되어,

$FJ : JB : CI = 4 : 1 : 2$이다.

$\triangle ABC$와 직선 JDI에 대하여 메넬라우스의 정리를 적용하면

$\dfrac{AJ}{JB} \cdot \dfrac{BD}{DC} \cdot \dfrac{CI}{IA} = 1$, 즉, $\dfrac{8}{1} \cdot \dfrac{BD}{DC} \cdot \dfrac{2}{14} = 1$ 이다.

따라서 $BD : DC = 7 : 8$이다.

09. 답 124.8cm^2

[풀이] $\triangle AFD$와 직선 EGC에 대하여 메넬라우스의 정리를 이용하면

$\dfrac{AG}{GF} \cdot \dfrac{FC}{CD} \cdot \dfrac{DE}{EA} = 1$, $\dfrac{AG}{GF} \cdot \dfrac{4}{12} \cdot \dfrac{4}{12} = 1$이다.

따라서 $AG : GF = 9 : 1$이다. 또 $\triangle CED$와 직선 AGF에 대하여 메넬라우스의 정리를 이용하면

$\dfrac{EG}{GC} \cdot \dfrac{CF}{FD} \cdot \dfrac{DA}{AE} = 1$, $\dfrac{EG}{GC} \cdot \dfrac{4}{8} \cdot \dfrac{16}{12} = 1$이다.

따라서 $EG : GC = 3 : 2$이다. 그런데,

$\triangle GAB = \triangle AFB \times \dfrac{9}{10} = \triangle ABC \cdot \dfrac{9}{10} \cdots$ ①

$\triangle GBC = \triangle EBC \cdot \dfrac{2}{5} = \triangle ABC \cdot \dfrac{2}{5} \cdots$ ②

이다. ①, ②로부터

$\square ABCG = \triangle GAB + \triangle GBC$

$\quad = \triangle ABC \times (0.9 + 0.4) = 96 \times 1.3 = 124.8\text{cm}^2$

Part 6. 종합

27^강 정수의 홀짝성 및 간단한 2색법

연습문제 실력다지기

01. 답 ③

[풀이] (i) 세 수 모두 짝수일 때, 즉, a, b, c 모두 짝수일 때, $\dfrac{a+b}{2}$, $\dfrac{b+c}{2}$, $\dfrac{c+a}{2}$ 모두 정수이다.

(ii) 두 수가 짝수이고, 한 수는 홀수일 때, 즉, a, b는 짝수이고, c는 홀수일 때, $\dfrac{a+b}{2}$는 정수이고, 나머지는 정수가 아니다.

(iii) 한 수만 짝수이고, 나머지 두 수는 홀수일 때, 즉, a는 짝수이고, b, c는 홀수일 때, $\dfrac{b+c}{2}$는 정수이고, 나머지는 정수가 아니다.

(iv) 모두 홀수일 때, 즉, a, b, c 모두 홀수일 때, $\dfrac{a+b}{2}$, $\dfrac{b+c}{2}$, $\dfrac{c+a}{2}$ 모두 정수이다.

따라서 어느 경우든지 최소한 하나는 정수이다.

그러므로 답은 ③이다.

02. 답 (1)

[풀이] (1) $2n+3 = 2(n+1)+1$이므로 임의의 홀수를 나타낸다.

(2) $4(n-1)+3$이므로 4로 나누어 나머지가 3인 홀수만 나타낸다.

그러므로 임의의 홀수를 나타내는 것은 (1)이다.

03. 답 ①

[풀이] n이 홀수이면 n개의 정수는 모두 홀수이고, 홀수개의 홀수들의 합은 홀수이므로 0이 될 수 없다. 따라서 n은 홀수가 아니다. $n = 4$일 때, -1, -2, 1, 2의 네 개의 수의 곱은 4이고, 네 수의 합은 0이다. 주어진 조건을 만족한다. 따라서 답은 ①이다.

04. 답 3

[풀이] $\overline{AC} = x$, $\overline{CD} = \overline{DB} = y$라 하면

$\overline{AC} = x$, $\overline{AD} = x+y$, $\overline{AB} = x+2y$,

$\overline{CD} = y$, $\overline{CB} = 2y$, $\overline{DB} = y$이다.

즉, $3x+7y = 23$이다. 여기서, x는 정수, y는 정수이다. 이를 풀면 $x = 3$, $y = 2$이다.

따라서 AC의 길이는 3이다.

05. 답 352만원

[풀이] 자리 하나당 비용이 갑은 1만원, 을은 9천 6백 원이므로 을 버스를 최대한 많이 빌리고 남은 것은 갑 버스를 빌리면 된다. 갑, 을 각각 x, y대 빌린다고 하면, $40x+50y = 360$, 그리고 y를 가장 크게 하려면 $x = 4$, $y = 4$이어야 한다. 그러므로 최소한의 자금은 $400000 \times 4 + 480000 \times 4 = 3520000$원이다.

실력 향상시키기

06. 답 (1) ② (2) 2, 4

[풀이] (1) x, y 중 하나는 짝수이어야 한다. 그런데 소수이므로 그 수는 반드시 2이어야 한다.

그러므로 다른 한 수는 1997이다.

즉, 해는 $(x, y) = (2, 1997)$, $(1997, 2)$으로 두 쌍이다.

(2) 밑변의 길이를 x라 하면, 옆 변의 길이가 $\dfrac{10-x}{2}$이고 짝수이므로 $10-x$가 짝수이어야 한다. 즉, x는 짝수. 그리고 옆 변 길이의 합이 밑변의 길이보다 커야 하므로 $10-x > x$. 즉, $x < 5$.

그러므로 가능한 x는 2, 4뿐이다.

07. 답 668개

[풀이] 피보나치 수열의 기우성은 홀수, 홀수, 짝수로 반복된다. 즉, 3번마다 한 번 씩 짝수가 등장하므로 짝수의 개수는 $\left[\dfrac{2014}{3}\right] = 671$개다.

📋 풀이참조

[풀이] 4×5의 직사각형의 단위정사각형에 교대로 검은색 흰색을 칠하자. 그러면 각각 10개씩 등장한다. 그런데 5개의 주어진 도형 중 다른 넷은 검은 색, 흰 색 두 개씩 차지하지만, 마지막 도형만 어느 한 색깔이 3개를 차지하고 다른 색깔은 1개를 차지한다. 그러므로 맞출 수 없다.

응용하기

09. 📋 284

[풀이] $2^2 + 3^2 + 4^2 + 5^2 + 6^2 + 8^2 + 9^2 = 284$이다.

10. 📋 669

[풀이] 홀수 조의 가장 큰 수를 $2a-1$, 그리고 n개라고 하면 $(2a-1) + (2a-3) + \cdots + (2a-2n+1) = 2001$이다. 즉, $2an - n^2 = 2001$이다.

$2a = n + \dfrac{2001}{n}$이고, n은 2001의 약수이어야 한다.

이 중 $2a$를 가장 크게 하는 값은 669이다.

28강 개수의 계산방법 (I)

연습문제 실력다지기

01. 📋 (1) 13가지 (2) 8가지

[풀이] (1) A에서 B를 거쳐 C로 가는 경우의 수는 $4 \times 3 = 12$가지이고, A와 바로 C로 가는 경우의 수는 1가지이다. 따라서 A에서 C까지는 경우의 수는 13가지이다.

(2) 다음과 같이 표를 만들어 생각한다.

○ : 켜져 있는 상태, × : 꺼져 있는 상태

A	○	○	○	○	×	○	×	×
B	○	○	○	×	○	×	○	○
C	○	○	×	○	○	○	×	○
D	○	×	○	○	○	×	○	×

따라서 모두 8가지이다.

02. 📋 (1) 18개 (2) 15개

[풀이] (1) ∠A, ∠B, ∠C에 각각 3개, 점 O를 꼭짓점으로 하는 예각이 6개, 그리고 점 D, E, F를 꼭짓점으로 하는 예각이 각각 1개씩이다.(점 D의 경우 ∠ADB 또는 ∠ADC 중 딱 한 각 만이 90°보다 작기 때문이다.) 그러므로 $3 \times 3 + 6 + 3 = 18$개이다.

(2) 1개짜리 삼각형이 6개, 두 작은 삼각형이 붙어있는 삼각형이 6개, 세 삼각형이 붙어있는 삼각형이 2개, 네 삼각형이 붙어있는 삼각형이 △ABC로서 1개이다. 모두 합하면 16개다.

03. 📋 13개

[풀이] (ⅰ) 최대 변의 길이가 1인 경우 : 1개

(ⅱ) 최대 변의 길이가 2인 경우 :

(2, 2, 2), (1, 2, 2)로서 2개

(ⅲ) 최대 변의 길이가 3인 경우 :

(1, 3, 3), (2, 2, 3), (2, 3, 3), (3, 3, 3)으로 4개

(ⅳ) 최대 변의 길이가 4인 경우 :

(1, 4, 4), (2, 3, 4), (2, 4, 4), (3, 3, 4),

(3, 4, 4), (4, 4, 4)로서 6개.

따라서 총 13개다.

04. 답 36개

[풀이] $3 \times 4 \times 3 \times 2 \times 1 \times \dfrac{1}{2} = 36$개이다.

05. 답 (1) 22 (2) 40개

[풀이] (1) $\overleftrightarrow{A_iB_j}$가 $4 \times 5 = 20$개, 그리고 $\overleftrightarrow{A_iA_j}$가 1개, $\overleftrightarrow{B_iB_j}$가 1개.

(2) 다음과 같이 가능한 경우의 수를 구하면 모두 40개이다.

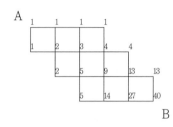

실력 향상시키기

06. 답 20

[풀이] 6개 중에 임의의 세 점을 잡으면 되므로
$_6C_3 = 20$개이다.

07. 답 21개

[풀이] (i) $a = 1$일 때, $c = 7$만 가능하므로 1개이다.

(ii) $a = 2$일 때, $c = 7$, 8이 가능하므로 2개이다.

(iii) $a = 3$일 때, $c = 7$, 8, 9가 가능하므로 3개이다.

(iv) $a = 4$일 때, $c = 7$, 8, 9, 10이 가능하므로 4개이다.

(v) $a = 5$일 때, $c = 7$, 8, 9, 10, 11이 가능하므로 5개이다.

(vi) $a = 6$일 때, $c = 7$, 8, 9, 10, 11, 12가 가능하므로 5개이다.

따라서 모두 21개이다.

08. 답 (1) 62 (2) 459번

[풀이] (1) $2^6 - 2 = 62$가지이다.

(2) 남자 한 명은 다른 17명의 남자와 악수를 하므로 남자들끼리 악수한 횟수는 $\dfrac{18 \times 17}{2} = 153$번이다.

남자 한 명은 다른 17명의 여자와 악수를 하므로
남녀 간의 악수한 횟수는 $18 \times 17 = 306$번이다.

따라서 $153 + 306 = 459$번이다.

09. 답 60가지

[풀이] $\overline{AO}$에서 두 점, $\overline{BO}$에서 두 점씩만 잡으면 화목선분 쌍이 한 쌍 존재한다. $\overline{AO}$에서 두 점 택하는 방법은 10가지, $\overline{BO}$에서 두 점 택하는 방법이 6가지이므로 총 60가지이다.

응용하기

10. 답 40

[풀이] 직사각형은 모두 $3 \times 6 = 18$개이다.

▢ 모양의 도형이 모두 8개이다.

▢ 모양의 도형이 모두 4개이다.

▢ 모양의 도형이 모두 4개이다.

▢ 모양의 도형은 모두 2개이다.

▢ 모양의 도형은 모두 2개이다.

▢ 모양의 도형은 모두 2개이다. 있

모두 더하면 $18 + 8 + 4 + 4 + 2 + 2 + 2 = 40$개이다.

11. 답 (1) 10개 (2) 15개

[풀이] (1) 네 상자에 들어가는 공의 개수를 각각 x, y, z, w라 하면, $x + y + z + w = 6$이고, 이 방정식의 해의 개수는 10개다.

(2) 번호가 1, 2, 3인 상자에 넣는 공의 개수를 각각 x, $y+1$, $z+2$개라 하면, $x + (y+1) + (z+2) = 10$, 즉, $x + y + z = 7$이 성립한다.(단, x, y, z는 자연수)

이 해의 개수는 15개다.

연습문제 실력다지기

01. 답 180 개

[풀이] 포함-배제의 원리로부터

$$209 - \left[\frac{209}{11}\right] - \left[\frac{209}{19}\right] + \left[\frac{209}{11 \times 19}\right] = 180 \text{이다.}$$

여기서, $[x]$는 x를 넘지 않는 최대의 개수이다.

[참고] $n = p_1^{e_1} p_2^{e_2} \cdots p_k^{e_k}$이라 할 때, n이하의 자연수 중 n과 서로소인 자연수의 개수는

$$n\left(1 - \frac{1}{p_1}\right)\left(1 - \frac{1}{p_2}\right) \cdots \left(1 - \frac{1}{p_k}\right) \text{이다.}$$

02. 답 19 명

[풀이] 동시에 참가하는 학생의 수를 x명이라 하면, 포함-배제의 원리에 의하여 $31 + 20 - x = 32$이다.

이를 풀면 $x = 19$이다.

03. 답 3 명

[풀이] 한 해 동안 계속 정기 구독한 여학생 수를 x명이라 하면, $25 + 26 - 23 + 25 + 15 - x = 56$이다.

이를 풀면 $x = 12$이다.

그러므로 상반기에만 정기 구독한 여학생 수는 $15 - 12 = 3$명이다.

04. 답 4 번

[풀이] 칼로 한 번 자르면 최대 2조각으로 나눌 수 있고,

칼로 두 번 자르면 최대 4조각으로 나눌 수 있고,

칼로 세 번 자르면 최대 7조각으로 나눌 수 있고,

칼로 네 번 자르면 최대 11조각으로 나눌 수 있다.

따라서 4번 잘라야 10조각 이상 작은 조각으로 나눌 수 있다.

05. 답 21 개

[풀이] 일단 진분수이면서 분자가 홀수인 기약분수인 수를 모두 쓰면, $\dfrac{1}{97}$, $\dfrac{3}{95}$, $\dfrac{5}{93}$, $\dfrac{7}{91}$, $\dfrac{9}{89}$, $\dfrac{11}{87}$, $\dfrac{13}{85}$,

$\dfrac{15}{83}$, $\dfrac{17}{81}$, $\dfrac{19}{79}$, $\dfrac{21}{77}$, $\dfrac{23}{75}$, $\dfrac{25}{73}$, $\dfrac{27}{71}$, $\dfrac{29}{69}$, $\dfrac{31}{67}$,

$\dfrac{33}{65}$, $\dfrac{35}{63}$, $\dfrac{37}{61}$, $\dfrac{39}{59}$, $\dfrac{41}{57}$, $\dfrac{43}{55}$, $\dfrac{45}{53}$, $\dfrac{47}{51}$로 모두 24개이다.

이 중에서 기약분수가 아닌 수는 $\dfrac{7}{91}$, $\dfrac{21}{77}$, $\dfrac{35}{63}$로 3개이다.

따라서 구하는 수는 모두 $24 - 3 = 21$개이다.

실력 향상시키기

06. 답 900°

[풀이] n각형의 대각선의 총 수는 $\dfrac{n(n-3)}{2}$이므로

$$\frac{n(n-3)}{2} = 14 \text{이고, 이를 풀면 } n = 7 \text{이다.}$$

7각형의 내각의 총합은 $5 \times 180° = 900°$이다.

07. 답 최대 7명, 최소 0명

[풀이] 국어, 영어, 수학만 우수한 성적을 거둔 학생 수를 각각 a, b, c, 국어와 영어, 영어와 수학, 수학과 국어 두 과목에서만 우수한 성적을 거둔 학생 수를 각각 d, e, f라 하고, 세 과목 모두 우수한 성적을 거둔 학생 수를 x라 하면, $a + d + f + x = 15$, $b + d + e + x = 12$, $c + e + f + x = 9$, $a + b + c + d + e + f + x = 22$이다.

(ⅰ) $x = 0$일 때, $a = 1$, $b = 0$, $c = 7$, $d = 12$, $e = 0$, $f = 2$이면, 주어진 조건을 만족한다.

따라서 구하는 최솟값은 0명이다.

(ⅱ) $x = 9$ 또는 8일 때, 주어진 조건을 만족하는 a, b, c, d, e, f가 존재하지 않는다.

(ⅱ) $x = 7$일 때, $a = 8$, $b = 5$, $c = 2$, $d = 0$, $e = 0$, $f = 0$이면, 주어진 조건을 만족한다.

따라서 구하는 최댓값은 7명이다.

08. 답 (1) 501개 (2) 60개

[풀이] (1) $10 = 2 \times 5$, $2 < 5$이므로 2014!을 소인수분해 했을 때, 5의 지수를 구하면 된다.

$$\left[\frac{2014}{5}\right] + \left[\frac{2014}{5^2}\right] + \left[\frac{2014}{5^3}\right] + \left[\frac{2014}{5^4}\right] = 501 \text{이므}$$

로 501개의 0이 있다.

(2) 1, 4, 7, $\cdots$, 697, 700에서 5의 배수는
$10 + 15 \times (n-1)$, $n = 1$, $\cdots$, 47이다.
이 중에서, 5^2을 인수로 갖는 수는 모두 10개, 5^3을 인수로
갖는 수는 1개, 5^4을 인수로 갖는 수는 1개가 있다.
따라서 1, 4, 7, $\cdots$, 697, 700을 모두 곱하여서 뒷부분
에 있는 0의 개수는 $47 + 10 + 1 + 2 = 60$개이다.

09. 답 528개
[풀이] 분자가 2010과 서로소이어야 한다. 그렇게 되는 경우
의 수는 528개이다.

응용하기

10. 답 12가지
[풀이] 2개씩 6번 올라가는 경우 : 1가지
2개씩 3번, 3개씩 2번 올라가는 경우 : 10가지
3개씩 4번 올라가는 경우 : 1가지
따라서 모두 12가지이다.

11. 답 ④
[풀이] 우선 세 개의 직선을 정삼각형 여섯 개가 나오게끔
긋는다. 그런 후 정육각형의 중심을 중심으로 세 직선을 조
금씩 동시에 회전하면 여전히 합동인 여섯 개의 도형이 나
온다.
따라서 무수히 많다. 즉, 답은 ④이다.

30강 도형개수 문제

연습문제 실력다지기

01. 답 (1) 11조각　(2) 14 또는 15　(3) 36개
[풀이] (1) 1번 자르면 최대 2조각으로 나뉘고,
2번 자르면 최대 4조각으로 나뉘고,
3번 자르면 최대 7조각으로 나뉘고,
4번 자르면 최대 11조각으로 나뉜다.
(2) n각형이라고 하자. 그러면,
$2002° < (n-2) \times 180° < 2002° + 360°$
이다. 이를 풀면 $n = 14$, 15이다.
(3) 가로에 있는 선분의 개수는 $1 + 2 + 3 = 6$개이고,
세로에 있는 선분의 개수는 $1 + 2 + 3 = 6$개이므로
직사각형의 개수는 $6 \times 6 = 36$개이다.

02. 답 (1) 20개　(2) 10쌍
[풀이] (1) 가장 작은 직각삼각형 1개와 넓이가 같은 직각삼각
형의 개수는 8개이다.
가장 작은 직각삼각형 2개와 넓이가 같은 직각삼각형의 개수
는 4개이다.
가장 작은 직각삼각형 4개와 넓이가 같은 직각삼각형의 개수
는 4개이다.
가장 작은 직각삼각형 8개의 넓이와 같은 직각삼각형의 개수
는 4개이다.
따라서 모두 20개의 직각삼각형이 있다.
(2) $\triangle AEF = \triangle ECF = \triangle FEB$이므로 3쌍이 생긴다.
$\triangle EOC = \triangle FOB$이므로 1쌍이 생긴다.
$\triangle AEB = \triangle BCE = \triangle BCF = \triangle ACF$이므로 6쌍
이 생긴다.
따라서 모두 10쌍이 생긴다.

03. 답 22
[풀이] 직사각형(정사각형 포함)인 평행사변형이
$(1 + 2) \times (1 + 2) + 1 = 10$개이다.
직사각형이 아닌 평행사변형이 모두 12개이다.
따라서 모두 22개의 평행사변형이 생긴다.

04. 답 21
[풀이] 변의 길이가 1, $\sqrt{2}$, $2\sqrt{2}$, $\sqrt{13}$인 정사각형의
개수를 구하면 각각 9개, 4개, 4개, 4개 있다.
따라서 모두 21개의 정사각형이 있다.

05. 🖎 3개

[풀이] 세 변을 (양의 정수) x, y, z이고, $x < y < z$라고 가정하면 $3x < 12$, $x < 4$이다.

$x = 1$, 2, 3을 각각 대입하여 확인하면

$(x, y, z) = (2, 4, 5)$, $(2, 3, 4)$, $(3, 4, 5)$만 성립한다.

실력 향상시키기

06. 🖎 344개

[풀이] F_n을 목판에 못으로 박힌 n번째 정사각형 격자를 나타낸다고 하면, 동일한 형태로 배치하고 고무줄로 묶어 만들어 낸 정사각형의 개수는

$(n-1)^2 + (n-2)^2 + \cdots + 2^2 + 1^2$이다.

문제에서 가정한 아홉 번째 격자에는 F_9과 F_8이 들어 있으므로

$(8^2 + 7^2 + \cdots + 2^2 + 1^2) + (7^2 + 6^2 + \cdots + 2^2 + 1^2)$
$= 344$(개)를 만들 수 있다.

07. 🖎 3개

[풀이] 직각이 되는 각을 기준으로 나눠서 생각한다.

(i) $\angle A = 90\,°$인 경우, 점 $P(0, 2)$이다.

(ii) $\angle B = 90\,°$인 경우, 점 $P(0, -2)$이다.

(iii) $\angle P = 90\,°$인 경우, 점 $P(0, 0)$이다.

따라서 가능한 점 P는 모두 3개이다.

08. 🖎 137개

[풀이] 정사각형 한 변의 길이를 기준으로 나눈다.

한변의 길이	$\frac{\sqrt{2}}{2}$	1	$\sqrt{2}$	2	$\frac{3\sqrt{2}}{2}$	$2\sqrt{2}$	3	4	5	합
개수	40	25	25	16	12	5	9	4	1	137

09. 🖎 114

[풀이] $AB = 6$이라고 가정하면,

$AF = 3$, $AD = 3\sqrt{3}$, $AO = 2\sqrt{3}$, $OD = \sqrt{3}$이다.

그림의 각 삼각형들은 4가지로 나눌 수 있다.

Ⅰ류는 세 변은 $\sqrt{3}$, 3, $2\sqrt{3}$이고,

Ⅱ류는 세 변은 $2\sqrt{3}$, $2\sqrt{3}$, 6이고,

Ⅲ류는 세 변은 3, $3\sqrt{3}$, 6이고,

Ⅳ류의 세 변은 6, 6, 6이다.

제Ⅰ, Ⅱ, Ⅲ류, 제Ⅱ, Ⅲ, Ⅳ류에서 임의로 한 삼각형씩 꺼내보면 반드시 한 변은 동일하고, 제Ⅰ, Ⅳ류(Ⅳ류에는 1개만 있음)의 "좋은" 삼각형이 아닌 것은 6쌍뿐이 없다.

따라서 좋은 삼각형은 모두 $16 \times 15 \div 2 - 6 = 114$개이다.

응용하기

10. 🖎 41

[풀이] 8개의 점으로 만들 수 있는 선분의 최대 개수는 $_8C_2 = 28$개인데, 25개의 선분만 있으므로 이 중에서 3개의 점의 쌍은 연결되어 있지 않다.

연결되어 있지 않은 3개의 점의 쌍을 연결한 선분을 $A_5 A_6$, $A_6 A_7$, $A_6 A_1$라 하자. 그러면, $A_5 A_6$을 한 변으로 하는 삼각형의 개수는 6개, $A_6 A_7$을 한 변으로 하는 삼각형 중 $A_5 A_6$을 포함하는 것을 제외하면 모두 5개, $A_6 A_1$을 한 변으로 하는 삼각형 중 $A_5 A_6$, $A_6 A_7$을 포함하는 것을 제외하면 모두 4개 이다. 즉, 삼각형이 되지 않는 최소 개수는 모두 15개이다.

따라서 구하는 삼각형의 최대 개수는

$_8C_3 - (6 + 5 + 4) = 41$개이다.

11. 🖎 190개

[풀이] 세 변의 길이를 (양의 정수) a, b, c, $a \leq b \leq c$, $c - a \leq 2$라고 하면 6가지 경우로 나눠 살펴볼 수 있다.

① $a = b = c = n$일 때, $n = 1$, 2, $\cdots$, 33이 가능하다. 즉, 33가지 방법이 있다.

② $a = b = n$, $c = n+1$일 때, $n = 2$, 3, $\cdots$, 33이 가능하다. 즉, 32가지 방법이 있다.

③ $a = b = n$, $c = n+2$일 때, $n = 3$, 4, $\cdots$, 32가 가능하다. 즉, 30가지 방법이 있다.

④ $a = n$, $b = n+1$, $c = n+1$일 때, $n = 1$, 2, $\cdots$, 32가 가능하다. 즉, 32가지 방법이 있다.

⑤ $a = n$, $b = n+1$, $c = n+2$일 때, $n = 2$, 3, $\cdots$, 32가 가능하다. 즉, 31가지 방법이 있다.

⑥ $a = n$, $b = c = n+2$일 때, $n = 1$, 2, $\cdots$, 32가 가능하다. 즉, 32가지 방법이 있다.

따라서 모두 $33 + 32 + 30 + 32 + 31 + 32 = 190$(개)가 있다.

부록. 모의고사

모의고사

영재 모의고사 1회

01. 답 225

[풀이] 10원짜리 동전이 x개, 50원짜리 동전이 y개, 100원짜리 동전이 z개 사용되었다고 하자. 그러면,

$10x + 50y + 100z = 1400$,

즉, $x + 5y + 10z = 140$ ··· ①이다.

여기서, x는 5의 배수이므로 $x = 5u$라 두고, 식 ①에 대입하고, 양변을 5로 나누면,

$u + y + 2z = 28$ ··· ②

이다. $u + y$는 짝수이므로 u와 y의 홀짝성이 같다.

(i) u, y가 짝수일 때, $u = 2a$, $y = 2b$, $z = c$라 하고, 식 ②에 대입한 후 정리하면, $a + b + c = 14$이다.

이를 만족하는 음이 아닌 정수해의 개수가 중복조합인 $_3H_{14} = {}_{3+14-1}C_{14} = 120$ (개) 이다.

(ii) u, y가 홀수일 때, $u = 2a+1$, $y = 2b+1$, $z = c$라 하고, 식 ②에 대입한 후 정리하면 $a + b + c = 13$이다.

이를 만족하는 음이 아닌 정수해의 개수가 중복조합인 $_3H_{13} = {}_{3+13-1}C$ $= 105$(개)이다.

따라서 (i), (ii)에 의하여 구하는 경우의 수는 모두 225개이다.

02. 답 60cm^2

[풀이]

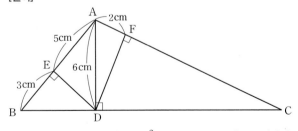

직각삼각형 ABD에서 $AD^2 = 5 \times 8 = 40$이고, 직각삼각형 ADC에서 $AD^2 = 2 \times AC$이므로

$40 = 2 \times AC$이다. 따라서 $AC = 20\text{cm}$이고,

$FC = 18\text{cm}$이다.

또한, 직각삼각형 ADC에서 $DF^2 = AF \times FC = 36$이므로 $DF = 6\text{cm}$이다.

따라서 $\triangle ABD = \dfrac{1}{2} \times 20 \times 6 = 60\text{cm}^2$이다.

03. 답 $\dfrac{11}{18}$

[풀이] $\left[\dfrac{b}{a}\right] \leq \dfrac{b}{a}$ 이고 $\left[\dfrac{b}{a}\right] = \dfrac{b}{a}$이면 $\dfrac{b}{a}$는 정수일 때

이다. 그런데 $\dfrac{b}{a}$가 정수일 때는

(i) $a = 1$, $b = 1, 2, 3, 4, 5, 6$

(ii) $a = 2$, $b = 2, 4, 6$

(iii) $a = 3$, $b = 3, 6$

(iv) $a = 4$, $b = 4$

(v) $a = 5$, $b = 5$

(vi) $a = 6$, $b = 6$

이다. 즉, 모두 14가지이다.

따라서 구하는 확률은 $\dfrac{b}{a}$가 정수가 아닐 때의 가지 수가

$36 - 14 = 22$이므로 $\dfrac{22}{36} = \dfrac{11}{18}$이다.

04. 답 (1) $\dfrac{10}{3}\text{cm}$ (2) $99 : 100 : 125$

[풀이] (1) 삼각형 ADC와 삼각형 ABC가 AA 닮음이므로 $AD : AB = AC : BC$가 성립한다.

즉, $AD : 4 = 5 : 6$이다. 그러므로 $AD = \dfrac{10}{3}\text{cm}$이다.

(2) 삼각형 EAD와 삼각형 ADC, 삼각형 ABC는 닮음비가 $\dfrac{10}{3} : 5 : 6$, 즉, $10 : 15 : 18$인 닮음이다. 그러므로 삼각형 EAD와 삼각형 ADC, 삼각형 ABC의 넓이의 비는 $100 : 225 : 324$이다. 따라서

$\triangle ABD : \triangle ADE : \triangle EDC = 99 : 100 : 125$이다.

05. 답 $\dfrac{8}{29}$

[풀이] 먼저 모든 경우의 수는 $_{30}C_2 = 435$ 이다. 꺼낸 2개의 공에 적힌 수를 각각 x, y라 하고, $x > y$ 라 하면, $x - y \geq 15$ 인 경우는

$y = 1$ 이면 $x = 16, 17, 18, \cdots, 30$ 이므로 15개,

$y = 2$ 이면 $x = 17, 18, 19, \cdots, 30$ 이므로 14개,

$y = 3$ 이면 $x = 18, 19, 20, \cdots, 30$ 이므로 13개,

$\cdots$

$y = 15$ 이면 $x = 30$ 이므로 1개이다.

따라서 구하는 경우의 수는

$$1+2+3+\cdots+15=\frac{15\cdot16}{2}=120 \quad \text{이다.}$$

따라서 구하는 확률은 $\dfrac{120}{435}=\dfrac{8}{29}$ 이다.

06. 🔲 $344\,(\text{cm}^2)$

[풀이] 높이가 같은 두 삼각형의 넓이의 비는 밑변의 비와 같으므로, $40:56=\text{BE}:\text{CF}=5:\text{CF}$이므로 $\text{CF}=7$ (cm)이다.

$\text{AE}=40\times2\div5=16\,(\text{cm})$이고, 다음 두 그림의 평행사변형의 넓이가 같으므로,

$\text{AD}\times16=\text{DF}\times22$이다.

따라서 $\text{AD}:\text{DF}=11:8$ 이다.

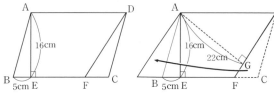

$\text{AD}=11k\,(\text{cm})$, $\text{DF}=8\,(\text{cm})$라 하면,

$\text{EF}=11k-5-7=11k-12\,(\text{cm})$이다.

따라서 $16+11k+8k+(11k-12)=79$이므로

$k=2.5$이다.

즉, $\text{AD}=27.5\,\text{cm}$, $\text{EF}=15.5\,\text{cm}$ 이다. 그러므로

$(27.5+15.5)\times16\div2=344\,(\text{cm}^2)$이다.

07. 🔲 263

[풀이] 2명이 만나는 지점은, 아래 그림과 같이 7곳이 있다. 예를 들면, 3번째의 지점에서 만나기 위해서, 천재가 AC를 최단경로로 진행되어, CD를 다니며, DB를 최단경로로 진행한다. 따라서 진행되는 방법은

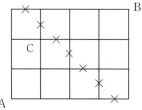

$_3\text{C}_2\times{}_3\text{C}_2=9$가지이다.

이와 같이 BD, DC, CA로 진행되므로,

$_3\text{C}_2\times{}_3\text{C}_2=9$가지이다.

따라서 모두 $9\times9=81$가지 방법이 있다.

같이 7곳에서 전부가 만나는 경우의 수를 더하면,

$$({}_3\text{C}_0\times{}_3\text{C}_0)^2\cdot2+({}_3\text{C}_0\cdot{}_3\text{C}_1)^2\cdot2+({}_3\text{C}_2\cdot{}_3\text{C}_2)^2\cdot3$$
$$=1^2\cdot2+3^2\cdot2+9^2\cdot3=263$$

이다.

08. 🔲 $\dfrac{5}{2}$

[풀이] 삼각형 중점연결정리로부터

$\text{WY}:\text{PT}=1:2$, $\text{PT}:\text{BE}=1:2\sim$이다.

따라서 $\text{WY}:\text{BE}=1:4$이다.

그러므로 $\dfrac{10}{4}=\dfrac{5}{2}$이다.

09. 🔲 33

[풀이] 10개의 점 중에서 두 개의 점을 선택하면 직선을 만들 수 있다. 그러나 동일 직선 위의 점에서는 한 개의 직선만 그을 수 있으므로 구하는 직선의 개수는

$_{10}\text{C}_2-({}_3\text{C}_2-1)\times6=33$개이다.

10. 🔲 $1\,\text{cm}^2$

[풀이] 삼각형 CED와 삼각형 EBD가 닮음(AA 닮음)이므로 $\text{DC}:\text{CE}=1:3$이다.

변 BC 위에 $\text{CE}=\text{CF}$가 되는 점 F를 잡는다. 그러면, 삼각형 CEF는 정삼각형이다.

삼각형 FBE와 삼각형 CED와 닮음(AA 닮음)이다.

$\text{DC}=1$이라고 하면, $\text{CE}=\text{CF}=\text{EF}=3$, $\text{BF}=9$,

$\text{AC}=\text{BF}+\text{FC}=12$

이다. 밑변의 길이의 비를 이용하면,

$\triangle\text{ECD}=48\times\dfrac{3}{12}\times\dfrac{1}{12}=1\,(\text{cm}^2)$이다.

11. 🔲 41 (가지)

[풀이] 어두운 부분의 방을 C라 하자.

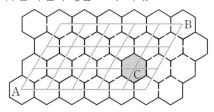

(ⅰ) A에서 B까지 가는 최단 경로의 수는 $\dfrac{8!}{5!3!}=56$(가지)이다.

(ii) 어두운 방을 C라 하면 A에서 C를 거쳐 B까지 가는 최단 경로의 수는 $\dfrac{5!}{4!} \times \dfrac{3!}{2!} = 15$(가지)이다.

따라서 (i), (ii)에서 구하는 방법의 수는 $56 - 15 = 41$(가지)이다.

12. 🖹 $\dfrac{15}{2}$ ㎝

[풀이]

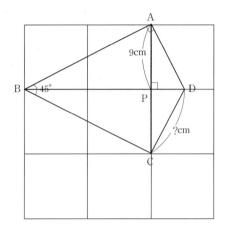

그림과 같이 한 변의 길이가 9㎝인 정사각형 9개로 큰 정사각형을 하나 만들고 그 안에 문제문의 그림을 옮긴다. 또, AB를 한 변으로 하는 정사각형을 그리고, 삼각형 CDP와 닮음인 삼각형 AEF를 그린다.

그러면, $EF : AF = 3 : 4$이므로 삼각형 AEF는 $EF : AF : AE = 3 : 4 : 5$인 직각삼각형이다.

마찬가지로, 삼각형 CDP에서 $PD : PC : CD = 3 : 4 : 5$이다.

따라서 $CD = PD \times \dfrac{5}{3} = \dfrac{9}{2} \times \dfrac{5}{3} = \dfrac{15}{2}$(㎝)이다.

[다른 풀이]

AD와 BC의 연장선의 교점을 E, 점 E에서 BD의 연장선에 내린 수선의 발을 H라 하자.

그러면, 삼각형 ABD, 삼각형 PBA, 삼각형 PAD가 닮음이므로

$BP : PA = AP : PD = BA : AD = 2 : 1$,

$BP = AP \times 2 = 18㎝$, $PD = AP \times \dfrac{1}{2} = \dfrac{9}{2}㎝$이다.

삼각형 ABE는 직각이등변 삼각형이므로 $AE = AB$이다. 즉,

$ED = AD$이다. 그러므로 $\triangle EDH \equiv \triangle ADP$이다.

따라서 $DH = DP = PD = \dfrac{9}{2}㎝$,

$EH = AP = 9㎝$, $BH = BP + PD + DH = 27㎝$이다.

여기서 $\triangle BPC \backsim \triangle BHE$이므로

$BP : PC = BH : HE$, $18 : PC = 27 : 9 = 3 : 1$이다. 이를 풀면, $PC = 6㎝$이다.

이로부터, $DP : PC = \dfrac{9}{2} : 6 = 3 : 4$가 되어 $\triangle DPC$는 $DP : PC : CD = 3 : 4 : 5$인 직각삼각형이 된다. 따라서 $CD = PC \times \dfrac{5}{4} = 6 \times \dfrac{5}{4} = \dfrac{15}{2}$(㎝)이다.

13. 🖹 228

[풀이] 3개의 상자 A, B C에 서로 다른 5개의 공을 임의로 넣는 경우의 수는 $_3\prod_5 = 3^5 = 243$이다. 이때, 상자에 있는 공에 적힌 숫자의 합이 13이상인 상자가 존재하는 경우의 수는 다음과 같다.

(i) 세 상자 중 어느 한 상자에 1, 3, 4, 5가 들어가고 2는 나머지 두 상자 중 어느 하나에 들어가는 경우의 수는 $3 \times 2 = 6$가지이다.

(ii) 세 상자 중 어느 한 상자에 2, 3, 4, 5가 들어가고 1은 나머지 두 상자 중 어느 하나에 들어가는 경우의 수는 $3 \times 2 = 6$가지이다.

(iii) 세 상자 중 어느 한 상자에 1, 2, 3, 4, 5가 들어가는 경우의 수는 3가지이다.

따라서 구하는 경우의 수는

$243 - (6 + 6 + 3) = 228$개다.

14. 🖹 $15 : 2$

[풀이] PQ의 연장선과 BC의 연장선과의 교점을 R이라 하고, 점 Q를 지나고 변 AD에 평행한 직선과 선분 BP와의 교점을 S라고 하자.

그러면, 삼각형 BPQ의 넓이가 평행사변형 ABCD의 넓이의 $\dfrac{1}{4}$이므로 $QS = \dfrac{1}{2} \times AD$이다.

삼각형 PSQ와 삼각형 PBR은 닮음비가 $2 : 5$인 닮음이므로

$BR = \dfrac{5}{4} \times AD$, $CR = \dfrac{1}{4} \times AD$이다.

삼각형 CQR과 삼각형 DQP는 닮음비가 $3 : 2$인 닮음이므로 $PD = \dfrac{1}{6} \times AD$이다.

그러므로 삼각형 DPT와 삼각형 BRT에서,

$$DT : BT = DP : BR = \frac{1}{6} : \frac{5}{4} = 2 : 15$$이다.

따라서 $BT : DT = 15 : 2$이다.

15. 📖 168480

[풀이] 남학생의 자리를 배치하는 방법의 수는

(ⅰ) 앞줄에 남학생 2명, 뒷줄에 남학생 1명의 경우 :
$$({}_5C_2 - 4) \cdot 4 = 24(가지)$$

(ⅱ) 앞줄에 남학생 1명, 뒷줄에 남학생 2명의 경우 :
$$5 \cdot ({}_4C_2 - 3) = 15(가지)$$

따라서 구하는 방법의 수는

$$(24 + 15) \times 3! \times 6! = 168480 \,(가지)이다.$$

16. 📖 336

[풀이] (ⅰ) 4명 모두가 점수가 다른 경우 :

1에서 8까지의 수 중에서 4개의 수를 선택하여 높은 수부터 차례대로 교순, 연우, 원준, 승우를 배열하는 경우와 교순, 원준, 연우, 승우를 배열하는 두 가지 경우가 있으므로 모두 ${}_8C_4 \times 2 = 140$가지이다.

(ⅱ) 2명의 점수가 같고, 나머지 2명의 점수가 다른 경우 :

1에서 8까지의 수 중에서 3개의 수를 선택하여 높은 수부터 차례대로 (교순=연우, 원준, 승우), (교순, 원준=연우, 승우), (교순, 연우, 원준=승우)로 배열하는 세 가지 경우가 있으므로 모두 ${}_8C_3 \times 3 = 118$가지이다.

(ⅲ) 2명씩 점수가 같은 경우 :

1에서 8까지의 수 중에서 2개의 수를 선택하여 높은 수부터 차례대로 (교순=연우, 원준=승우)로 배열하는 한 가지 경우가 있으므로, ${}_8C_2 = 28$가지이다.

따라서 (ⅰ), (ⅱ), (ⅲ)에 의하여 모두 336가지의 경우가 있다.

17. 📖 225

[풀이] (ⅰ) 5번 던져서 2가 3번 나오고, 홀수가 2번 나오는 경우 : 2, 2, 2, ○, ○을 일렬로 나열하고, ○에 1, 3, 5 중 한 개를 넣는 방법의 수와 같으므로

$$\frac{5!}{3!2!} \times 3 \times 3 = 90가지이다.$$

(ⅱ) 4번 던져서 2와 4가 각각 1번씩 나오고, 홀수가 2번 나오는 경우 : 2, 4, ○, ○을 일렬로 나열하고, ○에 1,

3, 5 중 한 개를 넣는 방법의 수와 같으므로

$$\frac{4!}{2!} \times 3 \times 3 = 108가지이다.$$

(ⅲ) 3번 던져서 6이 1번 나오고, 홀수가 2번 나오는 경우 : 6, ○, ○을 일렬로 나열하고, ○에 1, 3, 5 중 한 개를 넣는 방법의 수와 같으므로

$$\frac{3!}{2!} \times 3 \times 3 = 27가지이다.$$

따라서 (ⅰ), (ⅱ), (ⅲ)에서 구하는 방법의 수는

$$90 + 108 + 27 = 225 \,가지이다.$$

18. 📖 $54°$

[풀이]

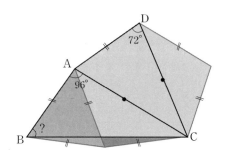

AD를 한 변으로 하는 정오각형 AECFD를 만들자.

그러면, $AB = AD = AE$,

$\angle BAE = 96° - (108° - 72°) = 60°$로부터

$\triangle ABE$는 정삼각형이다.

그리고 $AB = BE = EC$으로부터 $\triangle BEC$는 이등변삼각형이다. 또,

$\angle EBC = (180° - 60° - 108°) \div 2 = 6°$이므로

$\angle ABC = 54°$이다.

19. 📖 195

[풀이] 대각선의 교점의 개수는 육각형의 각 꼭짓점으로부터 4개의 점을 선택해서 만드는 사각형의 대각선의 교점의 개수와 같다. 그러므로 대각선의 교점의 개수는 ${}_6C_4 = 15$개이다.

구하는 삼각형은 삼각형의 한 점을 대각선의 교점으로 하고, 나머지 두 점을 육각형의 꼭짓점으로 선택하면 되는데, 그 대각선의 양 끝의 육각형의 꼭짓점을 제외해야한다.

따라서 $({}_6C_2 - 2) \times 15 = 13 \times 15 = 195$개이다.

20. 🔲 35cm

[풀이]

$BD = 7cm$ 이므로 $AD = 12 - 7 = 5cm$ 이다.

그러면, $BD : AD = 7 : 5 = BC : AC$ 이다.

따라서 내각이등분선의 정리에 의하여 CD 는 $\angle ACB$ 의 내각이등분선이다.

$\angle DCE = 90°$ 이므로 CE 는 $\angle ACB$ 의 외각이등분선이고, $BE : AE = BC : AC = 7 : 5$ 이다.

그러므로 $BA : AE = 14 - 10 : 10 = 2 : 5$ 이다.

따라서 $AE = 12 \times \dfrac{5}{2} = 30cm$ 이다.

그러므로 $DE = DA + AE = 5 + 30 = 35cm$ 이다.

영재 모의고사 2회

01. 🔲 66

[풀이] (i) $A \to P \to Q \to B$ 경로의 경우 :

$1 \times 1 \times \dfrac{6!}{4!2!} = 15$ (가지)

(ii) $A \to P \to R \to B$ 경로의 경우 : $1 \times 1 \times \dfrac{5!}{4!} = 5$ (가지)

(iii) $A \to P \to S \to B$ 경로의 경우 : $1 \times 1 \times 1 = 1$ (가지)

(iv) $A \to Q \to R \to B$ 경로의 경우 : $\dfrac{5!}{4!} \times 1 \times \dfrac{5!}{4!} = 25$ (가지)

(v) $A \to Q \to S \to B$ 경로의 경우 : $\dfrac{5!}{4!} \times 1 \times 1 = 5$ (가지)

(vi) $A \to R \to S \to B$ 경로의 경우 : $\dfrac{6!}{4!2!} \times 1 \times 1 = 15$ (가지)

따라서 모두 66가지이다.

02. 🔲 352㎠

[풀이] 삼각형 OQS 는 정삼각형이 되고, 정삼각형 ACE 의 넓이의 $\dfrac{1}{4}$ 가 된다. 또, 정삼각형 ACE 의 넓이는 정육각형 $ABCDEF$ 의 넓이의 $\dfrac{1}{2}$ 이다. 그런데, 삼각형 TOS 는 정삼각형 OQS 의 넓이의 $\dfrac{1}{2}$ 이므로 육각형 $OPQRST$ 의 넓이는 정삼각형 OQS 의 넓이의 $\dfrac{5}{2}$ 이다. 따라서 정육각형 $ABCDEF$ 의 넓이는 육각형 $OPQRST$ 의 넓이의 $\dfrac{16}{5}$ 이다. 그러므로

정육각형 $ABCDEF$ 의 넓이는 $110 \times \dfrac{16}{5} = 352㎠$ 이다.

03. 🔲 $\dfrac{4}{243}$

[풀이] 6개의 창에 색유리를 끼우는 모든 경우의 수는 3^6 (가지)이다.

1행에 서로 다른 색유리를 끼우는 경우의 수는 $3! = 6$ (가지)이다.

2행에 서로 다른 색유리를 끼우면서 바로 위의 창에 끼운 색과 다른 색유리를 끼우는 경우의 수는 2 (가지)이다.

따라서 구하는 확률은 $\dfrac{12}{3^6} = \dfrac{4}{3^5} = \dfrac{4}{243}$ 이다.

04. 🔑 $20°$

[풀이] 점 O가 삼각형 ABC의 외심이므로
$\overline{OB} = \overline{OC} = \overline{OA}$이다.
그러므로 $\triangle OBC$, $\triangle OCA$, $\triangle OAB$는 모두 이등변삼각형이고,
$2\angle OAB = 180° - 2\angle OBC - 2\angle OCA$
$= 180° - 60° - 80° = 40°$이다.
따라서 $\angle OAB = 20°$이다.

05. 🔑 44

[풀이] 직선 l, m에서 각각 두 개씩 점을 택할 때 사각형이 되고, 이 경우 사각형은 모두 사다리꼴이 된다. 윗변과 아랫변의 길이를 각각 a, b라 하면 $\frac{1}{2}(a+b) \times 2 = 5$에서 $a+b = 5$이다.

(i) $a = 1$, $b = 4$일 때,
　　$a = 1$인 경우의 수는 5(가지),
　　$b = 4$인 경우의 수는 2(가지)이므로
　　$5 \times 2 = 10$(가지)
(ii) $a = 2$, $b = 3$일 때, $4 \times 3 = 12$(가지)
(iii) $a = 3$, $b = 2$일 때, $3 \times 4 = 12$(가지)
(iv) $a = 4$, $b = 1$일 때, $2 \times 5 = 10$(가지)
따라서 (i), (ii), (iii), (iv)에 의하여 구하는 경우의 수는
$10 + 12 + 12 + 10 = 44$(가지)이다.

06. 🔑 240

[풀이] 직사각형 ABCD의 넓이를 S라 하자. 그러면, 삼각형 EFG의 넓이는 $S \times \frac{1}{4} = \frac{S}{4}$이다.

$\triangle BFH$와 $\triangle DEH$가 닮음이므로 $\frac{\overline{EH}}{\overline{HF}} = \frac{\overline{ED}}{\overline{BF}} = 2$
이고 $\frac{\overline{EH}}{\overline{EF}} = \frac{2}{3}$이다.

또, $\triangle BGJ$과 $\triangle DEJ$가 닮음이므로
$\frac{\overline{EJ}}{\overline{JG}} = \frac{\overline{ED}}{\overline{BG}} = \frac{2}{3}$이고 $\frac{\overline{EJ}}{\overline{EG}} = \frac{2}{5}$이다.
그러므로
$$\frac{\triangle EHJ}{\triangle EHG} = \frac{2}{5}, \quad \frac{\triangle EHG}{\triangle EFG} = \frac{2}{3}$$
이다. 따라서 $\frac{\triangle EHJ}{\triangle EFG} = \frac{2}{5} \cdot \frac{2}{3} = \frac{4}{15}$이므로

$$\triangle EHJ = \frac{4}{15}\triangle EFG = \frac{4}{15} \cdot \frac{S}{4} = \frac{S}{15}$$

이다. 그런데, 삼각형 EHJ의 넓이가 16이므로 $S = 240$이다. 따라서 직사각형 ABCD의 넓이는 240이다.

07. 🔑 5

[풀이] $\dfrac{{}_n C_1 \times {}_n C_1}{{}_{2n} C_2} = \dfrac{n^2}{\dfrac{2n(2n-1)}{2}} = \dfrac{n}{2n-1} = \dfrac{5}{9}$

이므로 이를 정리하면, $9n = 10n - 5$이다.
따라서 $n = 5$이다.

08. 🔑 81

[풀이]

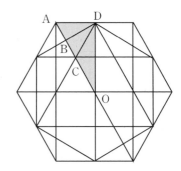

그림과 같이 각 꼭짓점을 연결하여 여러 개의 삼각형으로 나누면, 점 B는 선분 AC의 중점이고, 점 C는 선분 AO의 중점이기 때문에 점 B는 선분 AO를 $1:3$으로 나누고 있다. 따라서 $\overline{AO}:\overline{BO}$는 $4:3$이 된다. $\triangle DAO$와 $\triangle DBO$는 높이가 같은 삼각형이므로 밑변의 비가 그대로 정삼각형의 넓이의 비가 된다. 결국 $\triangle DAO$와 $\triangle DBO$의 넓이의 비는 두 정육각형의 넓이의 비와 같다. 따라서 (큰 정육각형의 넓이) : (작은 정육각형의 넓이) $= 4:3$ 즉, 108 : (작은 정육각형의 넓이) $= 4:3$이다.
따라서 (작은 정육각형의 넓이) $= 81$이다.

09. 🔑 26

[풀이] $1 \neq 2 = 2 \neq 1 = 1$처럼 이웃한 두 숫자가 같은가 같지 않은가에 따라 $=$, $\neq$를 두 숫자 사이에 둘 때, $=$가 연속하지 않는 방법의 수와 같다.
n개의 숫자를 위의 규칙에 따라 나열하는 방법의 수를 $f(n)$이라 하자.

그러면, $(n+1)$개의 숫자를 규칙에 따라 나열하는 방법은

(i) a_1, a_2, a_3, $\cdots$, $a_n \neq a_{n+1}$인 경우 : $f(n)$가지

(ii) a_1, a_2, a_3, $\cdots$, $a_{n-1} \neq a_n = a_{n+1}$인 경우 : $f(n-1)$가지이므로

$f(n+1) = f(n) + f(n-1)$ $(n \geq 2)$이다.

그러므로 $f(1) = 2$, $f(2) = 4$, $f(3) = 6$, $f(4) = 10$, $f(5) = 16$, $f(6) = 26$이다.

10. 답 104cm^2

[풀이]

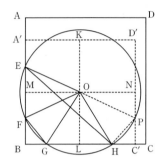

그림과 같이 두 대각선의 교점이 O가 되는 직사각형 A′BC′D′를 그린다. 점 O에서 각 변 BC′, C′D′, D′A′, A′B에 내린 수선의 발을 각각 L, N, K, M이라 하자. 또, EO의 연장선과 원과의 교점을 P라 하자. 그러면,

$\angle EOM = \angle PON$, $\angle EOM = \angle FOM$,

$\angle GOL = \angle HOL$

이다. 이로부터 $\angle FOG = \angle POH$이다. 따라서 삼각형 OFG와 삼각형 OHP는 합동이다.

그런데, 삼각형 OEH와 삼각형 OHP에서 밑변이 같고 $(EO = OP)$, 높이가 같으므로, 넓이가 같다. 즉,

$\triangle OEH = \triangle OHP$이다.

따라서 $\triangle OEH = \triangle OFG = 104\text{cm}^2$이다.

11. 답 $\dfrac{13}{14}$

[풀이] 5번 이상 공을 꺼낼 확률은 1에서 4번 이하에서 끝나는 확률을 빼면 되므로, 4번 이하에서 끝나는 경우의 확률을 구한다. 4번 이하에서 끝나는 확률은 다음 표와 같다.

1회	2회	3회	4회	확률
●	●	●		$\dfrac{3}{8} \times \dfrac{2}{7} \times \dfrac{1}{6} = \dfrac{1}{56}$
○	●	●	●	$\dfrac{5}{8} \times \dfrac{3}{7} \times \dfrac{2}{6} \times \dfrac{1}{5} = \dfrac{1}{56}$
●	○	●	●	$\dfrac{3}{8} \times \dfrac{5}{7} \times \dfrac{2}{6} \times \dfrac{1}{5} = \dfrac{1}{56}$
●	●	○	●	$\dfrac{3}{8} \times \dfrac{2}{7} \times \dfrac{5}{6} \times \dfrac{1}{5} = \dfrac{1}{56}$

그러므로 4번 이하에서 끝나는 확률은 $\dfrac{1}{14}$이다.

따라서 5번 이상 공을 꺼낼 확률은 $\dfrac{13}{14}$이다.

12. 답 $\dfrac{147}{10}\text{cm}^2$

[풀이]

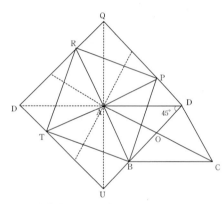

그림과 같이, 삼각형 AOD를 변 AD에 대하여 대칭이동시켜 삼각형 ADP를 얻는다. 이때, 사각형 ABDP에서 $AB = AP$이고, $\angle BDP = 90°$이다. 사각형 ABDP를 점 A를 기준으로 시계 반대방향으로 $90°$, $180°$, $270°$ 회전 이동시켜 사각형 APQR, ARST, ATUB를 얻고, 이 네 개의 사각형을 합하여 정사각형 DQSU가 생기고, 사각형 BPRT도 정사각형이 된다.

$AB = AO = 14 \div 2 = 7\text{cm}$이므로

□BPRT $= 7 \times 7 \times 2 = 98\text{cm}^2$이다. 또,

$BO = OD = x$라고 하면, $PD = x$이다. 그러므로

□DQSU $= 3x \times 3x = 9x^2$,

$\triangle PDB = x \times 2x \div 2 = x^2$

이다. 따라서 □BPRT $= 9x^2 - x^2 \times 4 = 5x^2$이다.

그러므로 □DQSU $= 98 \div 5x^2 \times 9x^2 = \dfrac{882}{5}\text{cm}^2$이다.

따라서 삼각형 $\triangle ABO = \dfrac{882}{5} \div 12 = \dfrac{147}{10}\text{cm}^2$이다.

13. 答 48

[풀이] (i) 크기 순으로 나열했을 때, 이웃한 항의 차가 1일 때, 네 개의 숫자는 3, 4, 5, 6 또는 6, 7, 8, 9 이어야 한다.

위의 두 경우에 대하여 홀수의 개수는 모두 $2 \times 3! = 12$ 이다. 따라서 $2 \times 12 = 24$가지이다.

(ii) 크기 순으로 나열했을 때, 이웃한 항의 차가 2일 때, 네 개의 숫자는 3, 5, 7, 9이어야 한다. 이때, 홀수의 개수는 $4! = 24$ 가지이다.

따라서 (i), (ii)에서 구하는 자연수 n의 개수는 $24 + 24 = 48$가지이다.

14. 答 72㎠

[풀이]

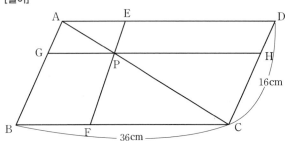

$AG : GP = PF : FC = 16 : 36 = 4 : 9$이고,
사각형 GBFP가 마름모이므로
$GB = GP = PF = FB$이다. 따라서
$AG : AB = 4 : (4+9) = 4 : 13$,
$FC : CB = 9 : (4+9) = 9 : 13$이다.

따라서 평행사변형 EPHD의 넓이는

평행사변형 ABCD의 넓이의 $\dfrac{4}{13} \times \dfrac{9}{13} = \dfrac{36}{169}$ 이다.

그러므로 평행사변형 EPHD의 넓이는

$338 \times \dfrac{36}{169} = 72$㎠ 이다.

15. 答 $\dfrac{4}{9}$

[풀이] 주사위를 3번 던질 때, 닫혀 있는 창문이 1개인 경우는 다음과 같다.

(i) 3번 모두 같은 눈이 나오는 경우,
예를 들어 (1, 1, 1)이면 1번 창문만 닫혀 있고, 나머지 창문은 열려 있다.
따라서 6(가지)이다.

(ii) 2회는 같은 눈, 1회는 다른 눈이 나오는 경우,
예를 들어, 1의 눈이 2회만 나오는 경우는
(1, 1, ○), (1, ○, 1), (○, 1, 1) 이므로
$3 \times 5 = 15$(가지)이다.
마찬가지로 2, 3, 4, 5, 6의 눈이 2회만 나오는 경우도 각각 15가지씩이다.
그러므로 $6 \times 15 = 90$(가지)이다.

따라서 (i), (ii)에서 구하는 확률은 $\dfrac{90 + 6}{6^3} = \dfrac{4}{9}$ 이다.

16. 答 27㎝

[풀이]

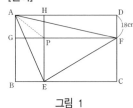 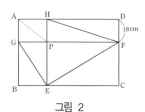

그림 1   그림 2

〈그림 1〉과 같이 점 F를 지나 AD에 평행한 직선과 변 AB와의 교점을 G, 점 E를 지나 AB에 평행한 직선과 변 AD와의 교점을 H라 하고, GF와 HE의 교점을 P라 하자.

그러면, $\triangle AEP = \triangle GEP$, $\triangle APF = \triangle HPF$ 이다.(〈그림 2〉참고)

따라서
$\square AGPH = \square ABCD - 2 \times \triangle AEF$
$= 4506 - 2 \times 2010 = 486$㎠ 이다.

그러므로 $BE = 486 \div 18 = 27$㎝ 이다.

17. 答 $\dfrac{1}{2}$

[풀이] A 지점에서 P 지점이 아닌 다른 곳을 지나가는 확률이 각각 $\dfrac{1}{4}$, $\dfrac{1}{4}$ 이므로 P 지점을 지나가는 확률은 $\dfrac{1}{2}$ 이다.

18. 🄳 80cm^2

[풀이]

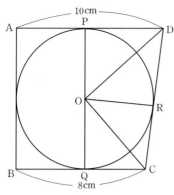

원의 중심을 O라 하고, 원과 세 변 AD, BC, CD와의
교점을 각각 P, Q, R이라 하자.
삼각형 POD와 삼각형 ROD에서, OP = OR, OD는
공통, $\angle$OPD = $\angle$ORD = 90°이므로
$\triangle$POD $\equiv$ $\triangle$ROD이다.
또, 삼각형 QOC와 삼각형 ROC에서, OQ = OR,
OC는 공통, $\angle$OQC = $\angle$ORC = 90°이므로
$\triangle$QOC $\equiv$ $\triangle$ROC이다.
$\angle$POR + $\angle$PDR = 180°,
$\angle$POR + $\angle$ROQ = 180°로부터,
$\angle$PDR = $\angle$ROQ이다. 같은 방법으로
$\angle$POR = $\angle$RCQ이다.
그러므로 사각형 PORD와 사각형 CROQ는 닮음이다.
따라서 삼각형 OPD와 삼각형 CQO는 닮음이다.
이제, AP = PO = OQ = BQ = x라고 하면,
OP + PD = 10cm, CQ + QD = 8cm에서,
PD = 10 - x, QC = 8 - x이다.
삼각형 OPD와 삼각형 CQO가 닮음이므로
PD : OQ = PO : QC,
$10 - x : x = x : 8 - x$,
$x^2 = 80 - 18x + x^2$이다. 이를 풀면 $x = \dfrac{40}{9}$이다.

따라서 $\square$ABCD = $(10 + 8) \times \dfrac{80}{9} \div 2 = 80\text{cm}^2$이다.

19. 🄳 $\dfrac{5}{18}$

[풀이] 처음 던진 주사위의 색깔이 빨간색 또는 파란색인 경우
와 노란색, 초록색인 경우로 나누어 생각해 본다. 처음 던진
주사위가 빨간색 또는 파란색일 확률은 $\dfrac{2}{3}$이고, 이때 두 번
째 던졌을 때 앞의 것과 같은 색깔이 나올 확률은 두 경우

모두 $\dfrac{1}{3}$이다.

처음 던진 주사위가 노란색이나 초록색일 확률은 $\dfrac{1}{3}$이고,
이때 두 번째 던졌을 때 앞의 색깔과 같은 색깔이 나올 확률은
두 경우 모두 $\dfrac{1}{6}$이다.

그러므로 구하는 확률은 $\dfrac{2}{3} \times \dfrac{1}{3} + \dfrac{1}{3} \times \dfrac{1}{6} = \dfrac{5}{18}$이다.

20. 🄳 1911cm^2

[풀이]

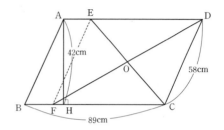

사각형 EFCD가 마름모가 되므로 오각형 ABFOE의 넓
이는 사각형 ABFE의 넓이와 마름모 EFCD의 넓이의
$\dfrac{1}{4}$의 합이다.

따라서 오각형 ABFOE의 넓이는

$(89 - 58) \times 42 + 58 \times 42 \times \dfrac{1}{4} = 1911\text{cm}^2$이다.

국내 교육과정에 맞춘 사고력 · 응용력 · 추리력 · 탐구력을 길러주는 영재수학 기본서

新영재수학의 지름길(중학 G&T)은 특목고, 영재학교, 과학고를 준비하는 학생들을 위한 학년별 필수 기본서로
핵심요점 ➡ 예제문제 ➡ 실력다지기 문제 ➡ 실력향상시키기 문제 ➡ 응용문제 ➡ 최종 모의고사까지 단계적으로
문제를 제시하여 구성하였습니다.

각 학년 학기별 15강의와 모의고사 2회로 총 90강, 모의고사 12회로 엄선한 2000여개 문제 이상이 수록되어 있습니다.

한 문제의 다양한 풀이방식으로 수학적 사고력의 깊이와 지능 개발에 탁월한 효과를 얻을 수 있습니다.

차후 대학 입시 준비시 대학별 고사(수리논술)와 학습 연계성을 가질 수 있습니다.

차근차근 공부하다 보면 수학에 단단한 자신감을 가진 수학영재로 성장할 수 있습니다.

Gifted and Talented
in mathematics step4

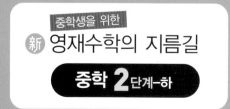

최상위권을 향한 아름다운 도전!

www.sehwapub.co.kr

＊도서출판 세화의 학습서 게시판에서 정오표 및 학습
자료를 내려받으실 수 있습니다.